U0290215

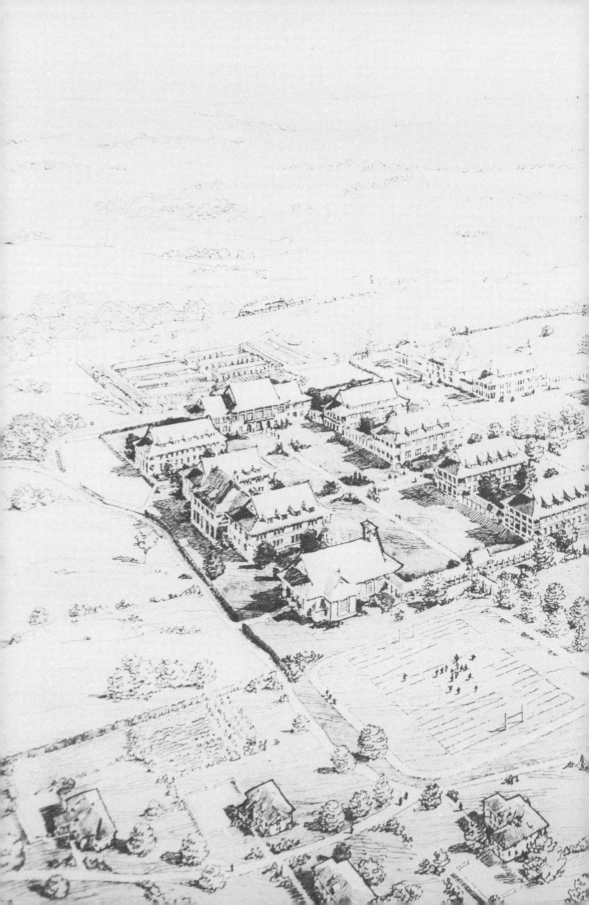

刘亦师 著

中国近代
建筑史
概论

WALLED CITY OF CHANGSHA
½ MILE DISTANT TO RIGHT (SOUT.
RAILWAY BEHIND CAMPUS COMPLETED 19
RUNNING 200 MILES NORTH TO HANKOW, 70
MILES SOUTH TO CANTON.
THE CAMPUS FRONTS ON THE SIANG RIVER ⅓ MILE
TO THE WEST. THE SIANG EMPTIES INTO THE YANGTSE
AT HANKOW, 20 HOURS AWAY BY STEAMER.

YALE IN CHINA
COLLEGE & HOSPITAL

CHANGSHA

CHINA

MURPHY AND DANA: ARCHITECTS: NEW YORK CITY

商籍印书馆
创于1897 The Commercial Press
2019年 · 北京

图书在版编目（CIP）数据

中国近代建筑史概论 / 刘亦师著. —北京：商务印书馆，2019
ISBN 978-7-100-17805-1

Ⅰ.①中… Ⅱ.①刘… Ⅲ.①建筑史—概论—中国—近代 Ⅳ.①TU-092.5

中国版本图书馆CIP数据核字（2019）第183111号

权利保留，侵权必究。

中国近代建筑史概论

刘亦师 著

商 务 印 书 馆 出 版
（北京王府井大街36号 邮政编码100710）
商 务 印 书 馆 发 行
北京新华印刷有限公司印刷
ISBN 978 - 7 - 100 - 17805 - 1

2019年9月第1版 开本710×1000 1/16
2019年9月北京第1次印刷 印张26

定价：85.00元

中國近代建築史概論

别克明題

本书的研究与出版受到以下基金或经费支持：

1. 国家自然科学基金

——项目号51308317："殖民地城市和建筑研究与中国近代建筑史研究的新范式"

——项目号51778318："制度·建筑·人：机构史视角下的北京现代建筑历史研究（1949–1966）"

2. 清华大学建筑系"双一流"学科建设经费

特申谢忱！

序

在中国近代建筑史研究的第一时期（20世纪40—70年代），有部分综合性的著述问世：

梁思成先生于1944年完成的《中国建筑史》"第八章　结尾——清末及民国以后之建筑"（《梁思成全集》第4卷，中国建筑工业出版社2001年版，第215—222页）曾论及中国近代建筑，可以说是较早的通史性述作。

1958年10月至1961年10月在建筑工程部建筑科学研究院主持下进行的中国近代建筑史编纂工作，是中国关于本国近代建筑史首次较具规模的研究、编纂，完成了《中国近代建筑史》（初稿）（1959年11月，未正式出版）以及在其基础上缩编的《中国建筑史》第二册《中国近代建筑简史》（中国工业出版社1962年版）。

1964年在香港出版的徐敬直所著《中国建筑之古今》［Gin-Djin Su, *Chinese Architecture—Past and Contemporary*, The Sin poh Amalgamated (H.K.) Limited, 1964］，其中"当代中国建筑"（Contemporary Chinese Architecture）部分，是关于中国近代建筑史研究的较重要的专述。

1979年7月，因应国内高等学校建筑学专业中国建筑史课程的教学需要，有学者编写了《中国建筑史》，其中"第二篇　中国近代建筑"基本为1962年《中国近代建筑简史》的翻版（中国建筑工业出版社1982年版），但内容大为简缩，其后多次再版。

上述关于中国近代建筑史的研究及综合性著述，为第二时期中国近代建筑史的研究（20世纪80年代至今）奠定了基础，但是，这个基础甚为薄弱。

第二时期中国近代建筑史研究延续至今已有三十余年，取得的成绩有目共睹。但是，《中国近代建筑史》的编写工作一直没有提上日程。

其中的原因，我曾说过："经过我们二十六年来坚持不懈的努力和辛勤耕耘，我们已经收获了丰硕成果。但是，我认为目前的中国近代建筑史的研究根基还不够坚实，特别是研究水平更待于提高，只有在理论层面的提升和对系统研究的把握，才能使中国近代建筑史研究在此前基础上有长足发展。……目前的中国近代建筑史的研究中，多有把建筑和资料仅停留在'符号'的表象层面上，缺乏考证，不作研究，认识没有深度的情况；再加上对比较的方法一无所知，就物论物，更使认识不能由表及里，看到实质，发掘出内涵。"［参见《中国近代建筑研究与保护》第八辑"第十三次中国近代建筑史学术年会会刊"（2012年）之"前言"，清华大学出版社2012年版］

在第四次中国近代建筑史学术年会（1992年10月·重庆）上，汪坦先生曾特别强调了中国近代建筑史研究工作中基础资料的重要性："我们过去曾花了很大的力量汇编《中国近代建筑总览》，并即将出齐第一辑共16个城市（地区）的分册。当然这还不够，许多重要城市地区尚没有轮到。……至少总得加倍，庶几能初步作为编撰中国近代建筑史的基础资料。"汪坦先生提到"至少总得加倍，庶几能初步作为编撰中国近代建筑史的基础资料"。就现在的情况看来，虽然三十多年过去了，汪坦先生的这个要求也似乎很难说已经达到了。虽然这几年有关部门，包括民间自愿者做过一些普查，但专业性较差，这样的普查结果作为研究的基础资料来说，尚有欠缺。

虽然我们现在所了解的比三十多年前多了许多，但就编写《中国近代建筑史》而言，所差还相去甚远。中国幅员辽阔，各地发展受交通体系影响很大，近代建筑历史状况差异很大。

对于中国近代建筑史研究来说，我感到自己知道得越多，才会发现自己知道得很少！往往刚刚看到一些资料，了解到一些新的情况，但往下扩展，进一步查阅时，则会发现未知的情况还有许多。

香港、上海等极少数大城市，包括沿海（沿长江）某些对外开放较早的城市，其近代建筑进程都具特殊性，不能代表中国近代建筑的历史进程。中国近代建筑历史进程中，包括19个省份、面积占全国近九成（86.6％）、人口占全国三分之二（59.1％）的中西部地区，其城市建筑形态在近代的变化和演进较东南部地区更具普遍性。在第二时期中国近代建筑史研究中曾涉及某些中西部地区（及东北）的个别城市，它们或是在地理位置上有其特殊性（伊宁、昆明、武汉、庐山、成都），或在文化政治方面有其独特性（重庆、长春）。

总体而言，迄今为止，对于中国近代建筑史研究工作来说，基础资料的收集整理工作还差得太多；对中西部地区，特别是对西部地区大多数城市了解太少，更谈不上研究。

在"目前的中国近代建筑史的研究根基还不够坚实"的现实情况下，聚集人员、分头编写、汇总归纳、整理成史的做法，是不可取的。中国有23个省4个直辖市5个自治区2个特别行政区，可以说，如果其中半数以上没有编写出自己的近代建筑史，那么，汇编出来的一部《中国近代建筑史》只能是无源之水、无本之木。

在"目前的中国近代建筑史的研究根基还不够坚实"的现实情况下，是否就无法进行《中国近代建筑史》的编写工作呢？当然可以写，且应着手进行；只是不应采取集体汇编的做法。

在第三次中国近代建筑史学术年会（1990年10月·大连）上，汪坦先生提出了关于编写《中国近代建筑史丛书》和各省、市、地区近代建筑史的一些基本想法："我想，以一套《中国近代建筑史丛书》的方式作为一个时期研究项目的成果也许是很合宜的；不妨以各种不同观点，以各省、市、地区为对象编写成史。……这样多方面深入地探讨，经过一些时日的辛勤耕耘，结合理论认识的提高，会给一部或数部全国性近代建筑史的编写带来良好的条件。"

汪坦先生这里提到"不妨以各种不同观点，以各省、市、地区为对象编写成史"，我的理解是，要想编一部《中国近代建筑史》，就首先必须有"以各省、市、地区为对象编写"的近代建筑史为基础。

鉴于中国幅员辽阔，各地发展受交通体系影响很大，近代建筑历史状况差异很大。只有"以各省、市、地区为对象编写"的近代建筑史才能反映出这种"历史状况差异"。在没有一定数量的"以各省、市、地区为对象编写"的近代建筑史问世的情况下，《中国近代建筑史》的编写就没有基础，不能反映中国近代建筑历史的真实状况。

陈伯超等人所著的《沈阳近代建筑史》（中国建筑工业出版社2016年版），是近年来难得一见的以市为研究对象的优秀作品。正如该书"后记"所说："《沈阳近代建筑史》一书的问世，是由一个勤奋的、肯于钻研的、具有强烈事业心的团队经历几十年努力的成果。从基础性研究入手，到系统研究、专题研究，直到编史研究，每一步都付出了辛勤与汗水。"

汪坦先生曾提到"经过一些时日的辛勤耕耘，结合理论认识的提高，会给一部或数部全国性近代建筑史的编写带来良好的条件"。我的理解是：对于实际的历史真相，不会只有一种解读。同时，我认为一部《中国近代建筑史》的编写应该由一个人来完成。以史为据，以史带论，论从史出，应该是研究者个人能动性的表现，而集体操作、分工编写是做不到这点的。

《中国近代建筑史》的编写，同《中国近代史》的编写有类似之处。不知是否有人统计过，《中国近代史》有多少种呢？名为《中国近代史》的著作很多，其中蒋廷黻的《中国近代史》只有几万字，可以说是一本小册子，但是蒋廷黻却给我们讲述了一个很不一样的、他所理解的中国近代史，蕴含着作者对中国前途命运最直接的现实政治思考。他的《中国近代史》证明了历史学是一门主观性最强的学问。

按照蒋廷黻所传承的新史学历史观，新史学就是要参与历史创造，而不仅仅是历史的记录和研究。我认为，在"目前的中国近代建筑史的研究根基还不够坚实"的现实情况下，发挥中国近代建筑史研究者的主观性，以自己的理解，以自己的视角，去写一本带有自己特点的《中国近代建筑史》是较为适宜的。

在这方面，梁思成先生、徐敬直先生已经有了开创性的著述。在中国近代建筑史研究的第二时期之初，赵国文在《中国近代建筑史的分期问题》一文中就"从中国三大阶梯的地理特点和近代西方建筑文化对中国的四次传播入手，构筑了中国近代建筑历史的时空框架"（《华中建筑》1987年第2期"中国近代建筑史研究讨论会论文专辑"），提出了新思路。而刘亦师所著的这部《中国近代建筑史概论》可以说是又做出了新的努力和探索。

清华大学自1995年开始，把研究成果和实践经验引入教学环节；并于2001年2月（2000—2001学年春季学期）正式开设《中国近代建筑史课程》（32学时）。

2005年春天，刘亦师随我读研期间，我曾考虑同他合编一本可供清华大学正在开设的《中国近代建筑史》课程使用的教材，他研读了此前的研究成果，对20世纪80年代以来国内的中国近代建筑史研究情况有所了解。2012年春天，刘亦师从美国加利福尼亚大学伯克利分校取得博士学位后回清华大学进博士后工作站进行中国近代建筑史研究；

2012 年秋天我退休后，刘亦师留清华接替我讲授《中国近代建筑史》课程并继续中国近代建筑史研究。

刘亦师随我读研期间，曾参与广西北海近代骑楼街道与外廊式建筑的考察研究，结合实际项目完成了《近代长春城市发展历史研究》（2006 年）硕士学位论文；在美攻读博士学位期间不仅进一步扩展研究视野，且密切关注国内相关研究的发展；在清华大学博士后工作站期间、留清华工作以来，更是在中国近代建筑史研究方面勤于耕耘，在许多方面有新的进展和建树。

刘亦师留清华接替我讲授《中国近代建筑史》课程已有八年，可以说对研究与教学已有了一定的切身体验。他深感"虽然课程内容随着研究的进展每年有所更新"，"确需一本教材作为辅助，而目前虽有皇皇数千万字的五卷本《中国近代建筑史》，但体量太大，线索分散，也不适合本科生教学使用"。为进一步推动中国近代建筑史研究，进一步提高《中国近代建筑史》课程授课水平，编写一本符合中国近代建筑史研究现实情况、适合中国近代建筑史教学实际需要的《中国近代建筑史》课程教材就提到了日程上来。

刘亦师的博士后研究报告主要讨论了近代建筑史研究的几个理论问题：中国近代建筑发展的主线、分期；近代建筑的特征；殖民主义与中国近代建筑史研究的理论框架，等等。他的研究提出：

1.近代化是中国近代建筑发展的主线，循三条路径交错进行：在外力影响下，由外国人主导的各种建筑活动；在不同时期，由中国政府主导的近代建设；以及由中国民间自身主导的、在城市化程度较低的地区进行的近代化建设。依据这一理论，他将中国近代建筑的发展分为四个时期。

2.中国近代建筑是产生于近代时期的政治、社会、文化条件下，并反映这些条件影响的那部分建筑。其具备如下几个特征：异质性、多样性、全球关联性、建筑样式的政策指向性及连续性等。

此外，基于档案研究和实地调研，刘亦师的研究在近代建筑师、近代建筑技术史、内陆地区的近代建筑发展等方面也有新发现。

在清华大学博士后研究报告基础上，经过近八年来的研究积累、教学实践，刘亦师所著的这部《中国近代建筑史概论》"采取的是不同以往按时序或按类型的方式来组织各章内容，甚至也不专在意某种建筑形式或风格流派，而是根据近代化的主线将近代建筑划归在三条路径中加以缕述"。正如他所说，"因为既有较宏观、较易懂的整体性描述，也收入相对艰深的案例研究，对选课的同学和广大近代建筑史爱好者能起到参考作用"。

刘亦师所著《中国近代建筑史概论》的问世，使我想到了现于北方工业大学任教的钱毅。钱毅曾在清华随我读研，结合实际项目完成《庐山牯岭近代建筑的保护与再利用研究》（2001年）硕士学位论文，后在日本东京大学取得博士学位。2007年7月至2009年6月在清华大学博士后工作站进行研究期间，钱毅也从自己新的角度对《中国近代建筑史》的编写做了进一步的探索。

钱毅的博士后研究报告尝试由个案的堆积发展至历史的叙述，采用通史的写作方法，即力图做到上下贯通地论述中国近代建筑整个发展过程，并对中国近代建筑史中重要的专题尽量做到面面俱到。

钱毅的研究主张：

1.兼顾历史先后顺序和专题完整性的写法。由于中国近代建筑历史的复杂性和不均衡性，编写教材应采用纪事本末的写法，同时兼顾历史的先后顺序。具体来讲，教材第一级目录"篇"基本依照时间的顺序编排，也兼顾空间的维度，将整个中国近代建筑历史各个专题史的叙述分别安排在所属的几个大的段落——"篇"中，而各"篇"之内的"章"一层级则基本围绕该时空领域内一个个专题，将其前因后果尽量交代完整。写作时还需时刻注意交代各时空领域之间的相互联系。

2.采用中国中心论、建筑本体论的视角。采用中国中心论，就是要抛开"西方中心论"等思想，真正以中国的视点论述中国近代建筑历史；建筑本体论，就是要以建筑为这部历史书的主角。考察中国近代建筑史，不必以政治事件为界，只有建筑、建筑事件及其发展才是建筑史学的核心研究对象。

3.采用客观的视角。采用客观的视角，即避免加入个人的意见，或采用激进、有争论的观点。对待当今尚在争论的问题，对各方意见均要进行客观的叙述。

值此刘亦师所著《中国近代建筑史概论》面世之际，期待着钱毅也能在博士后研究报告基础上从自己新的角度对《中国近代建筑史》的编写做出探索。

期待着刘亦师所著《中国近代建筑史概论》的面世，能带动有自己的理解、有自己的视角、有自己的特点的《中国近代建筑史》陆续问世，最好是能有几个版本。

2019年6月1日

云南·大理大学·和苑

目　录

第一章　绪论：中国近代建筑史及其教学

一、何谓中国近代建筑？——"中国·近代·建筑史"题解

1985年，在清华大学汪坦教授发起下，中国近代建筑史的研究重新起步。1986年在北京举办了第一次中国近代建筑史研讨会，是为中国近代建筑史学科正式建立的标志[①]。30多年来，中外学人伐山开辟，成果斐然可观。并且，"中国近代建筑史研究吸引了越来越多青年一代学人的关注与参与，这正是中国近代建筑史研究延续、发展、兴盛的象征"。[②]

作为从事中国近代建筑史的研究者，我们首先遇到的一个关键问题，就是在本学科不断发展和深入的今天，如何理解"中国"、"近代"和"近代建筑"等概念，及如何确定中国近代建筑史的研究范畴。为了更加全面地认识中国近代建筑及其历史，当务之急是应初步厘清中国近代建筑史研究的对象和内容。因此，本书开篇首先辨析"中国"、"近代"、"建筑史"等核心概念的内涵，并从这些概念的演变中考察本学科发展的某些大势。同时，我们提出研究中国近代建筑史时，应具备国际视野，把中国近代建筑的问题放在更广阔的历史背景中，采取多学科结合的方法进行。

[①]　1985年8月，汪坦教授发起的"中国近代建筑史研究座谈会"在北京举行，拉开了中国近代建筑史研究重新起步的序幕。1986年10月，在清华大学建筑系和建设部科技局的支持下，"中国近代建筑史研讨会"在北京召开。一般认为这是新的历史时期中国近代建筑史研究正式起步的标志。张复合：《中国近代建筑史研究二十年》，见张复合编：《中国近代建筑研究与保护》（五），清华大学出版社2006年版，第1—18页。

[②]　张复合：《关于中国近代建筑史之认识》，《新建筑》2009年第3期。

（一）"中国"

在传统观念里，中国近代建筑史中的"中国"一词在空间上限定了其研究对象，即近代时期建造在中国国土范围内（包括港、澳、台）的建筑。在本学科建立初期，"中国"主要是指中国城市，尤其是沿海沿江的开埠城市和受西方影响较大的传统政治中心城市。由中日合作进行的中国近代建筑调查，就全部集中在16个这样的城市[①]。

在这一时期，研究的对象首先是开埠城市租界内的洋风建筑，如领事馆、洋行、教堂等，这些建筑容纳了西方殖民主义的政治和经济机构，同时代表着西方近代文明，其形态与中国传统建筑的样式和格局完全不同。这一时期研究的另一个重点，是1920年代以后受过完整西方训练的中国建筑师在各主要城市设计的民族复兴式建筑。

之后，中国近代建筑史的研究范围逐渐延伸到城市化程度较低的地区，研究内容包括了近代民居和乡土建筑。例如，2004年的第九次中国近代建筑史会议即以开平碉楼为会议主题。在这一时期，"中国"的概念由受外力直接冲击下的名都巨埠逐步扩展到自发进行近代化的较偏远地区，业主已不限于外国殖民者而涵盖了社会各阶层。

同时，中国近代建筑史研究在空间范围上的扩展，也使建造者的身份（国籍、社会地位、文化取向）和政治意图受到更多的关注。本学科建立伊始，外国人如传教士及寓华建筑师在中国设计的作品，就自然而然地被当作是"中国的"近代建筑，而最先被加以研究。随着学科的发展，研究的重点转向了探讨建筑形式背后的建造意图及其在近代中国国家建构过程中的作用。例如，清末新政时期（1901—1911年）曾建造了一批"外廊式"衙署，如北京陆军部及长春吉长道尹衙署等。在外观上，它们与上海等地的领事馆等建筑都属于外廊式建筑，可是建造这些衙署的原因并非殖民主义的利益驱动，而恰恰相反，是为了反抗侵略、争取民族独立。形制虽然相似，但建筑所表达的含义则大不相同。因此，比较近代建筑在中国的空间分布，辨析其建造者的身份和建造意图，这将从物质建设方面的角度，为研究中国民族国家建构和近代化的复杂进程提供可靠、新颖的资料。

近年来，随着本学科国际交流合作的加强，新的史料、视角和研究方法不断涌现，

---

① 1991 年 10 月，中日合作完成了对 16 个城市的近代建筑调查。详见本书第五章。

对建筑上"中国"一词的理解也有了新的扩展，海外华人社区的建筑也被纳入研究的视野。例如，19世纪末，列强要求朝鲜对外开放，日本人尤其急切。1882年朝鲜发生"壬午兵变"，清朝出兵镇压。洋务派领袖李鸿章决定借机推动朝鲜向西方列强开放，以抵消日本日渐增加的影响。1884年4月清租界于仁川济物浦正式成立。19世纪末，西方世界中的中国形象是"野蛮"、"落后"、"不卫生"，而仁川清租界却代表了"近代"、"先进"（图1—1），成为洋务运动在中国以外的延伸。北美等地如旧金山唐人街建筑的中国特征长期以来都是现代建筑的对立面，但仁川清租界的形象与之意趣迥异，说明了唐人街及唐人街建筑所具的多样性[①]。

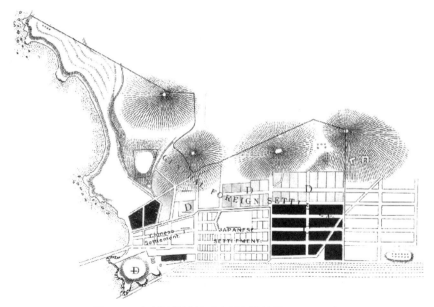

图1—1　仁川济物浦外国人居留地总平面，1884年

资料来源：韩国仁川历史资料馆提供。

---

① 19世纪中叶之后，西方列强在其殖民扩张过程中，急需输入大量的劳动力；而中国也被迫放弃了海禁政策，越来越多的中国人出洋谋生，全球各地的唐人街都形成于此时期。参见〔韩〕韩东洙：《关于仁川清朝租界的研究》，见张复合编：《中国近代建筑史研究与保护（六）》，清华大学出版社2008年版，第543—550页。Kay J. Anderson, "The Idea of Chinatown: The Power of Place and Institutional Practice in the Making of a Racial Category", *Annals of the Association of American Geographers*, 1987（77），pp. 580-598.

图1—2 旧金山唐人街生昌公司大楼，建筑师T. Patterson Ross & A.W. Burgren，1907年。

资料来源：*加州历史学会*（California Historical Society）提供。

因此，"中国"近代建筑的研究包含了三层内容，即近代时期在中国国土范围内的建筑，在海外为华侨建造（图1—2）及由华人建造的建筑[①]。"中国"观念的转变不但完善了中国近代建筑在全球分布的图景，也将中国近代建筑史的研究投置到更大的时空范围中。

（二）"近代"与"近代建筑"

作为历史研究，首先遇到的就是研究范围的确定，即时间与空间，以之界定研究内容，从而确立整个研究的结构框架。中国近代建筑史自学科建立至今，在"近代"的上下断限上争议较少。普遍接受的学术观点是与中国近代史的年限一致，即本学科研究的是"从1840的鸦片战争到1949年中华人民共和国成立这110年的历史，也就是中国半殖民地半封建社会从开始到终结的历史，同时还是中国的资产阶级民主革命从发生到胜利的

---

① 如华揽洪曾于1945年在法国南部城市马赛创办了自己的建筑师事务所。

历史"①。

　　然而，中外文化的交流源远流长，远在鸦片战争之前。个别的城市与建筑的形成和发展虽然在古代时期，但却具有近代时期的某种特性，学者们视为古代建筑体现出"近代性"，称之为"早发型"，也将其归入中国近代建筑史研究范畴②。例如，澳门的城市形成和发展发生虽远在中国社会进入近代历史时期三百多年前（明嘉靖十四年，1535年），却是中国近代建筑史的重要内容，第七次中国近代建筑史会议曾在澳门召开（2000年）。北京圆明园西洋楼（1745—1759年）和广州十三夷馆早期建筑（1800—1841年）等都属此类。

　　另外，我国建筑史学界一般也以1949年为界区分近现代建筑史，例如龚德顺等先生进行的中国现代建筑研究，就以新中国成立为起点。梁思成先生也曾说："在旧社会，建筑绝大部分是私人的事情。但在我们社会主义社会里，建筑已经成为我们的国民经济计划的具体表现的一部分。它是党和政府促进生产，改善人民生活的一个重要工具。建筑物的形象反映出人民和时代的精神面貌。"③

　　但是，由于历史具有连续性，研究1949年之后的建筑和城市形态，难免会向前回溯；反之亦然。而在形成一个稍长时段的范畴之后，会更有利于全面认识历史过程发展的轨迹。例如，长春曾作为伪满的"国都新京"，沦陷14年，大量的伪政权官衙、军政建筑主宰着城市景观。特殊的历史背景使长春由"消费型城市"向"生产型城市"的转变有其特殊性，城市的转型主要依靠1950年代新建的工业区完成。因此，研究长春的近代建筑不能割裂其与新中国成立初期工业化建设的联系。

　　综上所论，从历史的整体性、连续性角度来看，中国近代建筑史"上限"不能一概视为研究的起点，"下限"也不能简单视作研究的终结。借用历史学家张海鹏先生的话，"近代"的时限既有"沉沦"，也有"上升"④，研究对象的起讫点如何定，应视具

① 李良玉：《关于中国近代史的分期问题》，《福建论坛（人文社会科学版）》2002年第1期。
② 张复合：《中国近代建筑史2008~2009学年度春季学期教学大纲》，作者提供。
③ 梁思成：《建筑和建筑的艺术》，《人民日报》1961年7月26日，第7版。
④ 张海鹏：《关于中国近代史的分期及其"沉沦"与"上升"诸问题》，《近代史研究》1998年第2期。

体的研究对象及课题目的来定。

中国近代史（1840—1949年）是自给自足的封建经济瓦解、由农业文明向工业文明转型的历史，也是半殖民地半封建社会在中国发生、形成、衰落和转变的历史。近代化可认为是近代性在物质的、制度的、观念的三个层面的积累和扩展[①]。第一次鸦片战争之后，西方样式的建筑不但迅速改变了通商口岸的城市景观，而且在随之而来的西方生活方式和价值观的冲击下，中国的经济、社会、文化和政治生活也发生了深刻的改变。

本学科建立前期，中国"近代"建筑的研究在建筑样式上用力最大、成果较多。其中饶有趣味的，是对杂糅了中西风格建筑的研究。因为它们一方面是西方外来建筑的传播，趋新慕洋之风使生活方式也随之改变，另一方面是中国传统建筑在不同情况下的延续，反映了恪守民族本位的文化心态。"西方化"和"民族化"这两种建筑活动的互相作用，构成了中国近代建筑史的主线。

例如，广东开平是著名的侨乡，其周边散布了1800多座形态各异的碉楼，外观及细部各不相同、争奇斗艳。当地乡民对"近代性"质朴的理解造成了其住宅造型的千差万别。又如，在平面格局上，泉州地区传统民居的布置方式主导了内部空间的组织，而西式外廊只是作为装饰附加于入口或庭院内部，表现出对传统合院建筑体系的服从[②]。（图1—3）可见，中国近代建筑研究的重点已不限于立面造型，而是转向探讨外来建筑样式的本土化程度不断加深和生活方式改变的原因。

由于中国各地经济、政治和文化发展极不平衡，反映在近代建筑活动上，也呈现出多重复杂性。除了在物质形态上明显体现出外来影响外，还有一些"近代"建筑因袭或借用中国传统样式，虽然外观不脱传统建筑的意趣，却同样是从农业社会向工业社会转型时期，经济和政治体制的变化在物质形态上的反映，对研究近代中国融入世界秩序的进程尤具重要意义。

例如，清末新政改革只有废科举、兴学堂及派遣学生留学三项得到贯彻，但影响深远。全国各地，尤其较为富庶的农村地区，将传统的寺庙、祠堂改建为小学学堂的例子

---

① 尹保云：《什么是现代化——概念与范式的探讨》，人民出版社2001年版，第6页。

② 杨思声：《近代泉州外廊式民居初探》，华侨大学硕士论文，2002年，第22—45页。

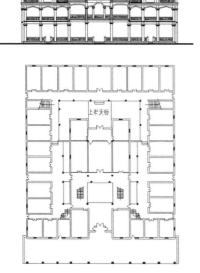

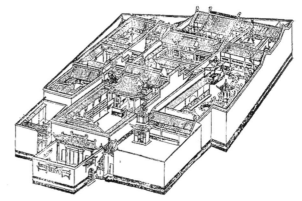

图1—3 泉州外廊式合院民居平面，晋江金井坑口村某宅，约1930年。

资料来源：杨思声：《近代闽南侨乡外廊式建筑文化景观研究》[D]，华南理工大学，2011年。

图1—4 汉口山陕会馆

资料来源：景庆义堂，《汉口山陕会馆志》，光绪二十一年（1895年）。

比比皆是。又如，汉口山陕会馆建筑曾经作为武汉地区规模最大的会馆建筑而存在，在建筑风格、材料和空间布局上都是典型的传统合院建筑。（图1—4）但是汉口山陕会馆在商业发展过程中的自我改造是推进汉口近代化前进的动力，并在此过程中产生了私有化和社会分工精细化，形成了有如西方的"市民社会"，是中国传统社会变迁中既保存旧的传统又容纳社会变迁的典型①。由此看来，我们对"近代建筑"可以这样定义：主要在1840年至1949年间建成，能反映中西文化交流影响和近代中国社会变迁的那一部分建筑。

综上所述，"近代"的概念并非静止的、绝对的和单一的，而是随着对近代中国社

---

① William Rowe，*Hankow: Commerce and Society in a Chinese City, 1796-1889*，Stanford University Press, 1984. 周德均：《近代武汉"国际市场"的形成与发展》，《湖北大学学报》2006年第2期。

会的政治经济发展的不断认识，呈现出动态的、相对的特征，并反映在物质、制度和思想各个层面。显然，中国"近代建筑"的研究内容除了外观形态，还应包括其所容纳的功能及其在近代中国国家建构中的作用。

（三）"建筑史"

中国近代建筑史学科创立于20世纪80年代中期，在基础资料和学科制度上经过近七年的准备之后，从1993年起，中国近代建筑史学科进入发展期[1]。

前文已提到，20世纪90年代以后，中国近代建筑史学界研究的重点从教堂、洋行、官衙等经典建筑转向兼顾骑楼、碉楼等乡土建筑，其地理分布则由通商大埠向边疆和城市化程度较低的地区扩展。另外，近代以来的建筑师传记、建筑教育、期刊、建筑思想等，都成为本学科研究的重要内容。随着研究领域的扩大，研究资料也起了变化，如台湾学人林沖的博士论文运用法令法规等史料对骑楼政策重新诠释，将之与实际的建设相比较，从一个侧面反映了1910—1930年代政府与民间的互动关系[2]。

可见，这一时期，中国近代建筑史研究的领域、视野和资料都发生了变化。这些变化与90年代以后中国大陆文史界研究的大趋势密不可分，即研究者的注意力逐渐从中心转向边缘、从主流转向支流、从经典转向世俗；从研究对象来说，从重点研究国家、精英、经典的思想，转向同时研究民众、生活、一般观念；从研究的空间来说，从重点研究中央、国家、都市，转向兼顾研究区域、边地、交叉部位[3]。这一转变，又暗合了要求拆解历史原有宏观的、直线式的"宏大叙事"（grand narrative），转而提倡"道在蝼蚁"以及多元、差异等后现代诉求。中国近代建筑史从着重研究建筑功能类型、技术和造型风格，到以专题、个案为对象，"见物见人"，从宏观描述到中微观的阐释，既反映了更多更实在的近代建筑活动，也有助于理解近代中国近代化过程的多样性和复杂性。

显然，专题史如中国近代建筑史的研究脱离不开其他社会历史领域。实际上，任何一座建筑都与社会历史有着千丝万缕的联系。并且，社会历史的发展是一个整体互动

---

① 本学科进入发展期的标志有二：组织加强和研究领域扩展；历史研究与保护利用相结合。
② 林沖：《骑楼型街屋的发展与形态的研究》，华南理工大学博士论文，2000年。
③ 葛兆光：《思想史研究课堂讲录》"引言"，三联书店2004年版。

的过程，政治、经济、文化、社会心理等都是相互联系、相互影响、相互制约的。近十年来，学者们认识到中国近代建筑史中的中微观研究不能就事论事，而应力求"上下延伸"、"横向贯通"，把建筑的问题放在更广阔的历史背景内，其诸多特征反易显明而突起。陈寅恪先生在《陈垣〈敦煌劫余录〉序》中说："一时代之学术，必有其新材料与新问题。"中国近代建筑史的研究在整体史观的指引下开展，才能拓宽视野，掌握新材料，研究新问题，把握这一时代学术的新动向。限于篇幅，本节仅举数例简略说明近代建筑史的研究应和其他史学分支，如城市史、政治史及学术史等纵横贯通，互为借鉴。

如建筑史和城市史的关系，前文已论及在近代城市转型过程中，新兴的政治和经济机构如同行业会等对城市空间和生活的影响，这是中国近代建筑史需要开展的课题之一。另外，日本人统治长春时期（1931—1945年），曾不遗余力地提倡植树造林，其目的不只是改造城市景观，更是为了"培育乡土观念"，为殖民统治的"长治久安、精诚团结"服务①。1942年是伪满"建国"十周年，在长春（"新京"）连续举办了十次各种博览会和运动会，这也是日本维持殖民统治、强迫东北人民参与太平洋战争的措施之一，当时为此修建了大量的永久和临时设施。（图1—5）研究这些从前在建筑史学者视野之外的建筑及与之相关的历史事件，有助于了解长春城市空间的发展历程，进而可以比较日本殖民主义与西方殖民主义政策上的异同及其原因。

建筑是城市景观的重要组成部分，中

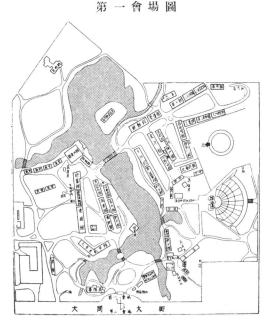

第　一　會　場　圖

图1—5　"建国十年纪念大东亚建设"博览大会第一会场（大同公园）平面布置图。

资料来源：《"满洲建国"十周年纪念》，1942年。

---

①　如为庆祝伪满每年4月21日的植树节，《大同报》"康德"九年（1941年）四月三日第二版发表文章，称"京门绿化周间……使都市的绿化彻底涵养、建立乡土精神"。

国近代建筑发展的历史与近代城市的发展变迁紧密相连。中外学者虽然在研究中国近代城市的阶级斗争、公共卫生、娱乐消费、社会各阶层（银行职员、黄包车夫、妓女等）的日常生活等等方面取得了丰硕成果，但至今除了个别论文以近代建筑为题，较少专著从建筑及其对人的各种活动的影响入手，研究其与整个城市变迁的关系。

再如，政治史、思想史与建筑史的关系十分密切。政治史和思想史的大事件，历来为史学家所重视，如清末新政时期就曾产生了一批西洋建筑风格的衙署和地方咨议局，而近代民族主义思潮的勃兴则是解释1900年前后民族复兴风格兴起的关键。然而，在这种"引人注目的历史"之外，另有一部分"沉默的历史"长期没有纳入研究者的视线。例如，伪满洲国的第一任"总理"郑孝胥在其任内（1932—1935年）曾竭尽全力提倡"王道主义"，其推崇的孔教与"节孝美德"被当作伪满"建国精神"。郑本人曾任张之洞的幕僚长，是洋务运动后期的主将，其子郑禹则任伪"新京"国都建设局局长，父子二人对长春城市形成的影响不容忽视。（图1—6）为了进行"有人的"历史研究，在中国近代建筑史中，因各种原因曾被忽视的政治人物和意识形态理论家也当成为研究对象，并加强对社会生活和大众文化的研究，丰富对建筑和相关历史事件的理解。

综上所述，不论"中国"、"近代"还是"建筑史"，其内涵都是一个发展和变化的历史建构过程。研究者需要拓展史学眼光，用全球化的观点重新检视中国近代建筑的源流影响。并且，专题史如中国近代建筑史的研究脱离不开其他社会历史领域，研究者

图1—6 "新京"孝子坟。伪满以"孝道"立国，修建大同大街时特地保留此坟而未将街道取直。

资料来源：《"国都新京"》，1941年。

应具全局观念，在研究中国近代建筑史时，采取多学科融合的方法，以实际的建设资料为基础，同时配合考察经济的、政治的、文化的各种发展情况，综观各种因素相互间的联系和影响，从而了解历史的全貌。

二、"中国近代建筑史"学科的形成与发展

中国近代建筑很早就引起了学者们的关注。梁思成先生于1944年完成《中国建筑史》，其最后一章概述了清末民初以至当时的建筑界的状况。1949年后，在建筑工程部建筑科学研究院主持下，曾编写出一部《中国近代建筑史》初稿①。可是，后来由于各种原因，直至1980年代中期，近代建筑的研究长期处于停顿状态。

1985年，在清华大学汪坦教授发起下，中国近代建筑史的研究重新起步。此后，20世纪八九十年代涌现出了一批中国近代建筑研究的著作，它们无论在研究方法、研究对象还是体例上都较之前出版的著作要科学而且完备，逐步确立了一种研究中国近代建筑的"范式"，深刻影响了后继的中国近代建筑史研究。也正是从这个意义上，我们说中国的中国近代建筑史学科是到20世纪80年代才形成的。从学术史的角度看，中国的中国近代建筑史学科的产生与形成主要是由于（1）新材料的发现；（2）史学新思想、新方法的输入；（3）我国改革开放以来城市建设的实际需求。

（一）新材料的发现、整理、出版与中国近代建筑史研究的兴起

随着我国改革开放的进行，欧美及日本的留学生开始到中国高校学习、进修，开展学术交流。1981年至1984年，在日本东京大学工学部建筑学科攻读博士课程、以《中国近代建筑史》为博士论文题目的村松伸到清华大学留学，并由时任清华大学建筑学院讲师的张复合先生协同，到中国各大近代城市进行实地考察。②村松伸当时调研所依据的资

---

① 1958年10月至1961年10月在建筑工程部建筑科学研究院主持下进行的中国近代建筑史编辑工作，是中国关于中国近代建筑史首次较具规模的研究。张复合：《中国近代建筑史研究与近代建筑遗产保护》，《哈尔滨工业大学学报》（社会科学版）2008年第11期。

② 村松伸：《中国建筑留学记》，东京：鹿岛出版会，昭和六十年。

料基本全部来自日本档案文献，而在协同调研过程中，张复合敏锐地意识到中国近代建筑的研究亟待开展，一门新的学科可能由此产生。1985年4月，清华大学建筑系汪坦教授和张复合向清华大学建筑系领导提交了《关于进行中国近代建筑史研究的报告》，提出"为了中国现代建筑今天的发展，为了中国建筑的未来，有必要尽早正确认识和评价中国近代建筑的历史"①。

1988年2月，汪坦率"中国近代建筑考察团"赴日访问并正式签署《关于合作进行中国近代建筑调查工作协议书》。日本东京大学以藤森照信为首的一批学者随即加入，中日学者正式开始了中国近代建筑研究上的合作②，协力对中国16个主要城市的近代建筑展开实地考察。③

1989年6月，《中国近代建筑总览·天津篇》在东京问世④，标志着中日合作取得了初步成果；1991年10月，中日合作进行的16座城市（地区）的近代建筑调查已全部完成，填制近代建筑调查表2612份。至1996年2月，《中国近代建筑总览》已出版16分册。由此得来的第一手资料回答了近代城市中"有什么"的问题，使后起的学者能在此基础上继续研究"为什么"会出现这些建筑现象，成为后继研究的坚实基础。

中国近代建筑的调查工作，当是中国近代建筑史研究的基础。对比较重要的一些城市着手调查、整理、编辑，并出版《中国近代建筑总览》有关分册，留下比较翔实的资料，如汪坦先生所说，"这既是今天开展研究之必须，也是为子孙后代之所计"。这些史料之发掘与利用，促生了中国近代建筑史学科的形成，并把中国近代建筑的研究推向

---

① 汪坦，张复合：《关于进行中国近代建筑史研究的报告》，1985年。

② 这一时期中日学者进行了频繁的学术交流。1985年11月，张复合赴香港考察；王世仁、路秉杰、张复合应邀参加为纪念东京大学教授村松贞次郎退官在东京召开的"日本及东亚近代建筑史国际研究讨论会"。这次国际研讨会是中国近代建筑史研究进入国际交流的开端。中国台湾地区学者李乾朗及黄秋月也参加了会议讨论。参见汪坦、张复合：《关于进行中国近代建筑史研究的报告》，1985年。

③ 1988年5月，"中国近代建筑讲习班"在天津举办；1989年4月，中日在烟台联合进行主要近代建筑实测活动。

④ 周祖奭、张复合、村松伸、寺原让治：《中国近代建筑总览·天津篇》，东京：日本亚细亚近代建筑史研究会，1989年。

了一个新的高度，使新的中国近代建筑史著作的出现成为可能。

（二）新思想及新方法之输入与中国近代建筑史研究模式的确立

20世纪70年代，日本建筑学会近代建筑委员会筹划了对日本国内近代建筑的大规模调查，并于1980年正式出版了由日本建筑学会主编的《日本近代建筑总览》。这是日本近代建筑史研究上的一座重要的里程碑。[①]

编纂此书主要利用普查的方法收集调查对象的信息。所谓普查，即调查人要走访指定调查区域的各种建筑。近代建筑的普查使研究者认识到多种多样的近代建筑的存在，使日本建筑史研究不再拘囿于"经典建筑"的范围，扩大了近代建筑史的研究对象，标志着建筑史研究的一大转折，并成为后一阶段的研究对象。这种调查方法也使日本近代建筑史的研究迎来了新的局面，而重视田野调查的实证主义方法也成为近代建筑研究的范式。如曾亲身参与过中日"总览"调研和编纂工作的西泽泰彦所说，就"研究方法而言，在编撰近代建筑总览时运用了的遗物调查、文献调查、访谈调查等方法……，可以说《近代建筑总览》是伊东忠太和梁思成等开创了建筑史研究以来的一个巅峰"。[②]

20世纪八九十年代开展的《中国近代建筑总览》的调查，也采用了登记普查表、文献调查和测绘三方面同时进行的方法。并且，由于之前研究和基础资料的匮乏，只能具体问题具体分析，先由个案开始，林林总总，从无到有，逐步积累。正如汪坦先生所说，"不打阵地仗，有准备地迎接遭遇战"。[③]同时，由于编纂《总览》是全国性分工合作的大课题，在编撰《总览》的过程中进行了讨论以及因此而深化的关于近代建筑概念的探讨。在这一过程中，由于有大量第一手的调研资料并积累了丰富的经验，所以当学者们对"近代建筑"进行再定义时，就不再只关注其建造的年代及其"历史的"价值，

---

① 日本建筑学会主编的《日本近代建筑总览》于 1980 年出版了第一版，1983 年出版了第二版（《新版日本近代建筑总览》），1998 年发布了"《新版日本近代建筑总览》追加登记表"。详见〔日〕西泽泰彦：《中日〈近代建筑总览〉的编撰与近代建筑史研究的理论和方法》，《建筑学报》2012 年第 10 期。

② 〔日〕西泽泰彦：《中日〈近代建筑总览〉的编撰与近代建筑史研究的理论和方法》，《建筑学报》2012 年第 10 期。

③ 汪坦：《第二次中国近代建筑史研究讨论会论文集》序，《华中建筑》1989 年第 2 期。

而是更重视是否体现出传统建筑中所没有过的新样式、意匠、结构、材料、用途、功能、平面等近代建筑的本质。中国近代建筑的研究对象和范围大为扩大。

可见，受到国外新史学思想、史学方法的影响，中国近代建筑史的研究从宗旨、内容到方法，都经历了一系列变化，这些变化在这时期发表和出版的一批论著上有所体现。[①]其结果，是研究中国近代建筑史的"范式"建立起来，并扩大了研究的对象和范围。这标志着中国近代建筑史作为一门学科正式形成。

（三）改革开放以来城市建设对近代建筑研究与保护的实际需求

中国近代建筑数量众多、类型繁杂且多位于城市繁华地带并仍在使用。随着改革开放的深入，如何加强对近代建筑的认识、对其进行再利用，也引起了越来越多的关注。1988年11月10日，建设部、文化部联合发布《关于重点调查、保护优秀近代建筑物的通知》。这个《通知》体现了在新的形势下，国家主管部门对近代建筑价值的认识和评价，并开始重视其保存与再利用问题。1991年3月，建设部城市规划司、国家文物局和中国建筑学会召集我国部分著名建筑专家和文物保护专家在北京召开"近代优秀建筑评议会"，并提出了《专家建议近代优秀建筑名单》[②]。

综上所述，新材料的发现、整理与出版，特别是与日本学者合作进行的《中国近代建筑总览》，促成了中国近代建筑史研究的兴起；史学新思想、新方法的输入，则扩大了"近代建筑"的研究对象，导致了中国近代建筑史内容的更新。而在改革开放时代，近代建筑的保护与再利用则成为国民经济和城市建设的重要组成部分，这也是中国近代建筑史研究在1985年应运而起、在异常薄弱的基础上艰难起步，但在20多年间能够不断发展、不断深入的重要原因之一。从这三个方面考虑，我们说中国近代建筑史学科是到

---

① 藤森照信、汪坦等：《全調查東アジア近代の都市と建築》（东亚近代的都市与建筑全调查），株式会社筑摩书房，1993年。赵国文：《中国近代建筑史纲目》，第三次中国近代建筑史研讨会交流论文（1990年10月，大连）。陈朝军：《中国近代建筑史（提纲）》，第四次中国近代建筑史研讨会交流论文（1992年10月，重庆）。

② 此名单涉及96个项目。参见：《近代优秀建筑评议会纪要》（1991年7月2日），清华大学建筑学院资料室藏。

20世纪80年代中期才形成的。

在基础资料的发掘整理方面，中日合作进行了中国近代16个重要城市两千多栋近代建筑的调查工作，出版的《中国近代建筑总览》是对中国近代城市及建筑的一次全面的、初步的普查，为近代建筑的研究和保护与再利用奠定了基础，受到广泛重视和各方面好评。同时，1986年10月由汪坦先生召集举办第一次中国近代建筑史研讨会议以来，由清华大学发起并在地方院校及政府有关部门的有力配合下，每两年都要举办一次中国近代建筑史研讨会，至今不辍。30多年来中国近代建筑史研究的15次学术年会共有855篇论文正式发表。这些资料是历年来这一领域研究成果的汇集，其最大的特点是覆盖面广，内容丰富，提供了大量的原始资料，反映着本学科研究的最新进展。

经过30多年的发展，中国近代建筑史研究的基础资料已经有了一定的积累，并能从中初步总结出中国近代建筑发展的全貌和基本特点。并且，中国近代建筑史学科由于成立时间较短，这一领域存在着非常多的研究上的空白。随着研究视野的不断拓展、研究方法的日益丰富，中国近代建筑的研究正处于迅速发展的时期。当前，在新的发展形势下，建筑设计业从增量转向以存量为主的设计，城市更新、旧建筑利用成为普遍关注的问题。搞清楚城市中大量存在的近代以来的建筑的历史沿革与价值定位就成为重要课题。因此，在既往积累的基础上开设"中国近代建筑史"的课程，将最新的研究成果融入其间，加强对学生跨学科方法和全球观念的培训，以学术研究指导建筑实践，将成为我国建筑院校深化教学改革的重要环节。

三、中国近代建筑史教学简况

长期以来，国内高等建筑院校所开设的"中国建筑史"课程包括三个有机组成部分，其中只有"中国古代建筑史"是必修课，而"中国近代建筑史"、"中国现代建筑史"则或由学生课下自修，或仅在课上一笔带过。相对于中国建筑史古代部分来说，无论在研究，还是在重视程度上，近现代部分仍然差距很大，大部分学校建筑史的教学仍未开设近现代部分。

对于"中国近代建筑史"而言，造成这一状况的一个很重要的原因，是中国近代建筑史是一门诞生于20世纪80年代的年轻学科,研究工作长期没有充分开展起来,而研究工作是教学的基础,缺少研究的学科是无法开展有效的教学的。

目前,中国近代建筑史的研究状况已得到很大改观:相关的研究工作已经进行了30多年,形成了相对稳定的研究队伍,正式出版发表的各种研究成果累计逾千万字,并积累了大量的图片、图纸等基础资料,可谓大端初具。因此,开设一门讲授我国近代建筑的发展历史及其美学与技术等内容的课程,不但是必要的,也是可行的。同时,中国近代建筑史的研究需要更广泛、更多样的途径将本学科的基本知识进行传播,开设"中国近代建筑史"的课程则提供了一个理想的平台,有利于教学和研究的结合。

自20世纪80年代以来,清华大学不但是中国近代建筑史学科创立的发起单位,一直担任学科会议召集之责,汇总了各种材料。并且,清华大学还是全国开设"中国近代建筑史"最早的学校(1996年),且一直持续至今,以教学经验论,不遑让于全国其他也开设了近代建筑史课程的高校,如南京大学、湖南大学等。因此,我们以清华大学的教学历程为例,综述其课程设置、教学形式等特征,并结合本学科所取得的最新进展,简要讨论中国近代建筑史教学所面临的问题,展望其未来的发展方向。

(一)中国近代建筑史课程的历史回顾:设置沿革、教学内容与方法

清华大学的"中国近代建筑史"教学工作最早是结合中国近代建筑史研究工作,自1990年开始在"测绘实习"教学环节中进行。1990年张复合教授带领清华建筑学院学生对北京市内主要近代建筑实测,开始把中国近代建筑史研究工作同教学结合起来。此后6年间,实测北京市内主要近代建筑93栋(处),完成图纸621张。

"中国近代建筑史"的课堂教学始自1994年,最初是以"讲座"、"概论"、"中国建筑史:清末民初部分"等形式小规模进行。到1996年秋季学期正式安排了16学时的"中国近代建筑史"课程。1999年"中国近代建筑史"被安排在四年级下学期(后改三年级下学期至今),为32学时的专业选修课,由张复合讲授。此时,学生的"外国建筑史"、"中国古代建筑史"教学都已结束,开始学习"中国近代建筑史"正当其时。自此清华大学"中国近代建筑史"的课堂教学逐渐步入正轨,持续至今。

通过该课程讲授,旨在帮助学生做到:掌握中国近代建筑历史时期划分的基本原则

和方法；认识到中国近代建筑同中国古代建筑、中国现代建筑在特性上有根本的区别、不同的体现，能够站在历史主义的角度、运用比较的方法去分析中西建筑文化在这一时期的演进过程。"中国近代建筑是多元文化下的历史见证，是我们珍贵的文化遗产，应当注意对其保护与再利用。同时，中国近代建筑是中国建筑史中承上启下的重要组成部分，应注意汲取其精华，以供当前设计之参考。"①

在教学内容方面，不同于以往中国建筑史以朝代为线索进行讲授，也未按照建筑类型作笼统的概观性扫描，而是以代表性的城市为重点进行讲授，易产生较直观的效果。这是中国近代建筑史教学区别于古建史教学的重要方面。教学主要着重于由于地理位置的差异而造成的一些主要城市建筑的发展、变化，以地域和交通为主线，并结合我国十余个城市的具体研究情况讲述。这一课程结合多年来我院师生对全国各地城市和地区的考察研究进行讲述，旨在寻求把握近代建筑历史规律，以认识现代建筑发展走向，指导现代建筑创作，确定近代建筑历史价值，以指导建筑文化遗产的保护与再利用。"中国近代建筑史"课程将研究和实践中的新进展和新成果充分融入到教学中，《教学大纲》基本上每年更新一次，教学内容连年不同。表1—1为张复合先生退休前最后一年（2011年）讲授该课的课程大纲。

表1—1　"中国近代建筑史"课程大纲（2011年）

周次	篇章	每次课讲授内容	备注
第1次课	北京：古都建筑的近代演变	清末承续型"西洋楼式"建筑；清末民初影响型"洋风"	①清末民初影响型及承续型之基督教堂建筑；②1920年代"传统复兴式"建筑；③1930年代"传统主义新建筑"。
第2—8次课	沿海城市	澳门、香港、广州	1860年台湾的安平（台南）、打狗（高雄）开为通商口岸；1895—1945年日据期间，设计多由日本建筑师主导。北海于1876年开放为通商口岸；海南省三亚市崖城镇为古崖州城，是中国最南端的古城。北海、海口、崖城皆以骑楼街为主要特征。
		北海、三亚、海口	
		台北、厦门	
		上海	
		青岛、烟台	
		天津	
		大连、营口	

---

① 张复合：《中国近代建筑史课程大纲》，张复合提供。

周次	篇章	每次课讲授内容	备注
第9—10次课	沿江城市	南京、庐山	同前
		武汉、重庆	
第11次课	邻边界城市	哈尔滨、伊宁、昆明	伊宁所处纬度与哈尔滨相当，是西部最大的沿边开放城市，多民族聚居地，民居建筑风格多样。
第12次课	内陆地区交通枢纽城市	沈阳、济南	同前
第13—14次课	内地城市、村镇侨乡	包头、太原、西安、长沙	长沙雅礼大学、湘雅医院的承续型建筑出自外国建筑师之手；中国建筑师设计的湖南大学工程馆则体现出世界现代主义潮流的影响。
		云南、贵州、四川、广东开平	开平市境内现存碉楼近两千座，开平碉楼是一种在广东侨乡出现的独特的中西文化交流的产物。
第15次课	长春：殖民城市	长春	长春是"伪满洲国"的"国都"，在1931—1945年这14年间其城市和建筑的发展有其特殊性。

相较1996年初设该课时，15年来新增加的城市有北海、三亚、海口、台北、伊宁、开平、长春等7处，课程结构的安排也产生了较大变化，授课重点由单一城市的近代建筑转向多城市、地区间比较为主。在这一过程当中，"中国近代建筑史"课程积极融入了相关研究的最新进展，在教学过程中积累了丰富的经验。

课程考察的形式为提交一篇3000字以上的期终论文，要求学生利用暑假到所选定课题的城市查阅资料、进行实地考察，在此基础上完成读书报告、调查报告和论文。从历年课程讲授情况来看，不少学生都以很高的热情投入到这项工作中，做了大量的现场调查、资料参阅工作。清华大学建筑学院2009级本科生代羽萍在其课程论文中写道："（所选研究的建筑）离家约两个小时车程，在google地图上都搜不到人民电影院的位置，只好凭借搜集到的资料去当地摸索。……感谢能有这样一个机会让我去了解家乡，了解家乡的建筑，关心家乡的历史。"

（二）中国近代建筑史教学的现状与展望

综观"中国近代建筑史"课程前15年（1996—2011年）的教学历程，可以看到下述授课内容和方法上的特征，也可由此发现这门课程所面临的一些问题，以待总结和改进。

第一，相对于中国建筑史古代部分来说，无论在研究，还是在重视程度上，近现代部分仍然差距很大，大部分学校仍未开设近现代部分。造成这一现象的主要原因和现实困难，是缺少一本覆盖面较广、内容较全、具有较强的代表性、权威性的《中国近代建筑史》教材。广大中国近代建筑教师和大学生、研究生往往感觉难以寻获一本合适的教材及参考书，能够在体系上以及具体论述上满足专业研究者的一般需要。编写一套这样的教材，成为本学科下一阶段深入发展的当务之急。

在目前没有正式教材的情况下，把有关出版资料和科研成果作为教学参考资料提供给学生是必要的。

第二，《中国近代建筑总览》16辑既是本学科最早、最具综合性的基础资料汇编，也为"中国近代建筑史"课程的教学提供了基本素材。早期的中国近代建筑史课程大纲设置基本上就是以16个近代城市为对象设计教学内容的。加上《中国近代建筑研究与保护》论文集的研究内容，为课程开设所做的积累较丰，且与实际联系紧密，所以在教学过程中收效良好。

但是，《总览》所关注的是沿海沿江的开埠城市和受西方影响较大的传统政治中心城市。在中国近代建筑历史进程中，包括19个省份、面积占全国近九成、人口占全国三分之二的中西部地区，关于其城市建筑形态在近代的变化和演进等研究显得十分薄弱，而比较其与东南沿海地区之间的异同，对于深化中国近代建筑史研究是十分必要的。针对中国近代建筑史的学术史的讨论也指出了现有研究的深度及广度均不足、研究存在明显的学科局限、研究的地域性差别和不平衡性明显等问题[1]。

中国近代建筑史在未来的发展趋势，是研究将向成果较少的"边缘"（详本书第

---

[1]　有关研究对象的地域和研究者背景等不均衡性，参见李菽楠：《中国近代建筑史研究25年之状况（1986—2010）》，清华大学博士论文，2012年。

十四章）扩展。在"中国近代建筑史"教学中如何及时体现中国近代建筑史研究的新进展，改善不同区域的研究和资料的不平衡性，是未来教学中需要注重的环节。

第三，中国建筑史学科成立初期的研究主要着重于由于地理位置的差异而造成的一些主要城市建筑的发展、变化。受此影响，中国近代建筑史课程的授课方式主要以沿海、沿江、内陆这三种不同地区的城市为线索，分城市逐一详述。根据这种课程编排方式，每节课各自独立成篇。但是，每节课之间却缺乏紧密的联系，无法提炼整个历史发展的线索，从而难以描绘历史发展的全貌。

因此，为了能从整体上描述近代建筑的全景，我们认为应加强中国近代建筑史讲授的理论性。具体而言，是在课程设置上将全部内容划分为两大部分，即理论部分与实例部分。理论部分着重论述中国近代建筑研究的几个基本问题，从近代建筑的历史分期、近代建筑的定义、近代建筑的类型、近代建筑的特色、中国近代建筑史研究的理论框架、研究方法、研究资料的类型等等各个侧面逐一论述，尽力使学生对近代建筑的发生与发展能形成一个整体、连贯的印象，不为各时期、地域的不同现象所割裂。同时，理论部分的授课旨在加强学生对城市建筑的关联性、近代建筑的全球关联性，以及研究近代建筑的跨学科方法等的认识，为他们将来继续深造打下基础。

而在实例部分，则按照地理空间的分布，分别论述华东、华北、中南、东北、西北、西南及港澳台地区的建筑，根据不同学校和授课教师的实际情况，选取重要的城市，展开比较研究，针对"理论部分"所涉及的内容加以详述。

第四，传统的中国建筑史教学注重课堂讲授，对建筑的实地考察环节多集中在测绘实习上。对中国近代建筑史的教学而言，我国的很多高校就是近代化的重要成就，如清华大学、北京大学、武汉大学、厦门大学等，其校园规划及校园建筑本身就是中国近代建筑史研究的对象。因此，在中国近代建筑史的教学中加入实地考察的环节，组织学生走出教室，亲身参详其样式、材料、功能、空间布局、艺术手法等，既改进了传统的以课堂讲授为主的教学方式，又有利于教学与实际相结合。如果校园中有近代建筑保护和再利用项目的施工工地，则教学效果更加理想。

综上所论，笔者在上述四点的基础上，对中国近代建筑史的教学进行了一定改动，使之较从前有了较大变化。下表为清华大学建筑学院2018年春季学期该课程的安排。

表1—2　"中国近代建筑史"课程大纲（2018年）

周次	章节		内容概要
1	导论	中国近代建筑史的基本概念与领域、视野、方法	基本概念：中国·近代·建筑史 身边的近代建筑：清华大学早期规划与建设为例
2			主线·分期·特征·方法·资料类型 全球视野：田园城市思想与田园城市运动
3	第一部分	外力主导下的近代化（一）：外廊式建筑的类型与分布	外廊式：中国近代建筑的原点及其在中国的分布与传播的三种不同形式（天津、广州、北海等为例）
4		外力主导下的近代化（二）：殖民主义影响下的城市与建筑	西方殖民主义的租界与租借地 日本殖民主义影响下的城市建设（长春为例）
5		外力主导下的近代化（三）：基督教建筑与中国近代社会	13所基督教会近代大学的校园及建筑
6		外力主导下的近代化（四）：基督教建筑与中国近代社会	美国建筑师亨利·墨菲设计三例：湘雅、燕京、铭贤
7	校庆日/清华大学校园考察（在校同学自愿参加）		
8	第二部分	中国政府主导的近代化：民族主义与传统复兴建筑	民族主义与民族国家建构：在中国近代城市建设上的体现·学生选题报告（一）
9	第三部分	中国民间自发的近代化：闽粤侨乡建筑及骑楼建筑	五邑侨乡碉楼；泉州、漳州、金门等闽南民居及骑楼·学生选题报告（二）
10	第四部分	东北地区的近代建筑	沈阳、哈尔滨、大连、营口、"满铁"附属地城市等
11		华北地区的近代建筑	北京、天津
12		华东地区的近代建筑	上海、南京、青岛、济南
13		中南地区的近代建筑	武汉、长沙、广州、海口
14		中国"边缘"的近代建筑：西南、西北	重庆、成都、昆明、贵阳、包头、西安、兰州
15		中国"边缘"的近代建筑：澳门、台湾、香港	澳门、台湾、香港
16	第五部分	历史连贯性视野下的近、现代建筑史研究	我国近现代城市道路横断面设计及其技术标准研究——跨越1949年界限之研究一例

总而言之，在国民经济迅猛发展、城市建设日新月异的今天，认真地回顾我国近代这段不太久之前的历史，缕析近代以来的城乡发展和建设，正是当下城镇化发展走向深入的必要条件。我们开设"中国近代建筑史"的课程，目的就是要帮助学生厘清中国近代历史发展的基本事实，探索其发展规律，在此基础上重现近代中国建设的历史画面。只有在充分了解其历史的源流发展，穷源竟委，才能建立起能对之阐释的相应理论，指导现时代的城镇建设。作为一门年轻的学科，中国近代建筑史的领域仍在不断扩大，各种研究方法也在持续地发展、完善之中。相应地，如何在我国各大高校的建筑系里因地制宜地设置中国近代建筑史的课程，使之既体现这些研究成果，拓展研究视野，也促进"中国建筑史"教学的进一步完善，这些都有待于我们的进一步思考和努力。

四、本书的篇章结构

本章主要辨析了"中国"、"近代"、"建筑史"等核心概念及其内涵的变迁，还考察了中国近代建筑史这一学科创设的背景与清华大学建筑学院有关该课程讲授的情况。下一章基于以往对全国近代建筑的研究，总结中国近代建筑的三点特征，并简述中国近代建筑史研究中应注意的若干要点和方法，提出从史料而史论、由案例研究而理论建构的研究步骤。中国近代建筑史研究中所用的史料及其应用方法是构成学科特点的关键因素，也是与中国古代建筑史或西方建筑史研究区分开来的重要标志。因此第三章根据笔者历年所用和所见的史料缕析对它们分类和使用的方法。

第四章从宏观角度论证了以近代化为主线来考察中国近代建筑的发展，较其他方式更有包容性和说服力。在近代化的主线之下，不同地区、性质的近代建筑循三条路径交错进行：在外力影响下，由外国人主导的各种建筑活动；在不同时期，由中国政府主导的近代建设；以及由中国民间自发进行的近代化建设。依据这一理论，又将中国近代建筑的发展分为四个时期。第四章是本书最重要的部分，据此决定了全书其余部分的体例。综合而言，本书前四章勾勒出中国近代建筑的一个基本图景，不是围绕著名建筑物或具体案例研究而是从宏观上对各种现象进行总结和概括，有利于初涉中国近代建筑史领域的爱好者较为简明扼要地了解我们研究的对象、资料和方法。

第五章以一种特殊的建筑样式——外廊式建筑为研究对象, 对这类建筑研究的过程也反映了本学科领域扩张、研究深入的过程。编写此书以至讲授中国近代建筑史这门课程的目的, 都不只是按时序胪列若干建筑事件, 而是试图呈现关于这门学科自身的智慧, 亦即学术史的启示。

第六章和第七章论述的都是关于殖民主义及其与中国近代城市建设的关系。第六章从宏观角度论述我国三种不同的殖民地半殖民地城市建设类型: 早期以英、法为代表的租界, 较后的以德、俄为代表的租借地, 以及日本在伪满洲国的建设, 提出全球比较殖民主义的研究框架。第七章以日本殖民主义在长春的建设为例, 考察其与西方殖民主义的联系与区别。

第八章和第九章都与基督教与中国近代社会的变迁有关。第八章用较长篇幅对13所基督新教大学的校园规划和建设逐一简述, 第九章则比较研究美国建筑师亨利·墨菲的3所校园设计, 从这些案例研究可以了解如何根据一手史料开展"过程性"研究。

以上五章所述都是外力主导下的近代化的不同内容。第十章是中国政府主导的近代化建设, 第十一章是民间自发进行的近代化建设。这七章合在一起, 具体阐明了第四章提到的3条路径的演进过程。这几章内容或许选例不够全面、论述缺乏细节, 但这种体例和叙事方式有利于在有限篇幅内把纷繁复杂的近代建筑现象进行梳理后, 以较清晰的图景呈现出其发展的脉络。

第十二章讨论的是与近代建筑业有关的、新出现的职业、事物和机构, 即建筑师、建筑教育、建筑团体、建筑期刊。第十三章简述了支撑近代建筑出现和发展的建筑技术的各方面情况。第十四章论述了"中心/边缘"这一研究中国近代建筑史的理论框架, 并简述了澳门、台湾和香港的近代建筑发展及其与大陆的关系。最后一章(第十五章)选取前面各章未涉及的一些内容和潜在课题, 启发读者从不同研究视角观察和认识近代建筑。

第二章　中国近代建筑的基本特征与研究方法

前一章我们提到中国近代建筑可以笼统地定义为"1840年至1949年间出现的建筑"，由于时值清末、民国年间，也可称之为"清末民国建筑"。但是对中国近代建筑的研究而言，我们关注的是那些体现了近代中国社会变迁的近代建筑。具体来说，即能够通过研究这一部分建筑在形制、技术、思想等方面应变递嬗的过程，考察传统与现代的关系、中外关系以及社会结构、生活和意识的种种变迁。

按此定义，广大内陆地区由于延续着"中古的"政治、经济、文化环境，不能反映出近代政治条件的影响，这些地区内近代建成的建筑，如衙署、庙宇和大量的民房等，它们属于"清末"或"民国"建筑，但不在我们讨论的"近代建筑"的范围内。不仅如此，大城市中的很多建筑也不能体现或有意规避了外来影响，它们也不属于近代建筑。最典型的例子是清末重修颐和园的工程，它虽然"集中国古典园林造园艺术之大成"，但作为整体而言不是中国近代建筑研究的对象。

相反，由宗祠、寺庙改建成的近代小学，或是传统形制的会馆、公所，由于在旧格局中容纳了新的生活内容，是中国社会大变局中既保存了旧传统又体现了社会变迁的典型，这些则是近代建筑研究的重要组成部分。因此，建筑的形态、其所使用的建造技术和材料，及其体现的使用功能和社会功能，是评判研究的对象是否属于近代建筑的几项指标。

近代中国风雷激荡，社会生活、社会结构和社会意识都发生了剧烈转变。近代时期的时间跨度既长，中国的国土又十分广袤，区域差别十分明显。相应地，近代建筑在不同时空背景下发生、发展的情况尤其复杂，这也是中国近代建筑的一个重要特征。如何避免迷失在头绪纷乱的建筑现象中，有效地整理、利用历史材料，从而勾勒出近代建筑发展的完整图景呢？本章着眼于中国近代建筑的整个发展过程，旨在总结它的几个重要特征，希望达到"张网挈纲，振衣得领"的效果，并阐述开展中国近代建筑史研究的基本方法与步骤。

一、中国近代建筑的基本特征

（一）中国近代建筑形制的异质性与多样性

陈旭麓先生曾评价清末洋务运动是一场"东一块西一块的进步"，零零碎碎，缺少整体规划，"但是中国社会从中世纪到近代的最初一小步实始于这种支离斑驳之中"[①]。这种支离斑驳（mosaic）既体现在新生事物与周边环境的异质性上，也体现在其表现形式的多样性上，形成了诸如不同色彩的碎片拼合成的图样[②]。回顾中国近代建筑产生和发展的整个历史图景，"支离斑驳"正是对其恰如其分的概括，具体体现在如下几个方面。

在时间上，1840年鸦片战争以后的五口通商，促成了近代建筑的集中出现，因此改变了一些开埠口岸的城市景观。但是，由于中国近代的开始并没有产生政权更迭，社会的变革是缓慢、有限地进行的。中国绝大部分地区的近代开端远远迟于第一次鸦片战争，"甚至有相当地方根本没有经历近代阶段……仍然保持着古代的政治、经济、文化环境，并未呈现出任何近代政治条件的影响"。[③]同时，近代城市的社会变迁，也不都是暴风骤雨式的剧变，更多的新事物是在潜移默化中逐渐形成的。与社会变迁同样不可忽视的是，传统的因素在几经改造后，仍在各个方面保持下来，并对社会产生着相当影响。在近代化发展不够充分的地区，这种影响更为巨大。

---

① 陈旭麓：《近代中国社会的新陈代谢》，三联书店2017年版，第97—98页。

② Mosaic 意指"马赛克"式的图样。该词也被运用于景观生态学中，除了指异质的景观单元的类型组成和空间配置外，还强调研究人与环境系统间相互作用的生态学过程。重视历时性变化及相互作用的观点，也与近代建筑研究的目的一致。另见 Richard Forman，*Land Mosaics: The Ecology of Landscapes and Regions*，Cambridge: Cambridge University Press, 1995。

③ 陈朝军：《中国近代建筑史（提纲）》，第四次中国近代建筑史研讨会交流论文（1992年10月，重庆）。

在地理分布上，沿海、沿江和沿铁路干线的城市受外来影响较早较大，出现了租界、铁道附属地等形式的新城区，直接引入了西方的规划模式和建筑类型、样式和建造方式。随着西方势力的不断扩大，这些建设模式渐次深入到中国内地，如传统的政治中心城市北京、济南、成都、昆明等，它们也成为清末"新政"及至南京国民政府时期体现近代城市化与城市近代化的主要地区。

然而，由于中国幅员广大，外国殖民势力未能真正渗透至城市化程度较低的广大地区，进行了大量建设的开埠城市只有有限几个，在事实上造成了"我虽全许，谅彼力亦尚不能全开"的局面①。同时，中国地区间的文化风俗及经济发展水平差异巨大，也因此造成了近代建筑在各地发展的多样性和不平衡性。

在发展路径上，与西方文化接触较深、城市化程度较高的通都巨邑和城市化程度较低的地区，近代建筑的发展轨迹完全不同。如在上海、汉口等地，里弄式住宅成为居住的重要形式。在政府提倡下，家庭结构也渐打破了大家族聚居方式而以核心家庭为主，生活方式上则多采用西式家具和新式设施。而在侨乡泉州等地，虽然在民居的门脸和角楼上采用了西式样式，但是整个空间仍按照院落组织，强调了传统的生活方式对外来因素的主导。

在建筑质量和规模上，1900年以前的各处租界，建筑大多为二、三层的砖木结构，建筑样式多为外廊式，取材、建造尽量因应当地的供应能力，虽然给时人的观感因大不同于传统的中国社会而令人印象深刻，但与当时西方的建设水平相去甚远。20世纪以后，外国的在华利益日渐扩大，来华的各色人等日益增加，为与其商业规模和文明开化程度相匹配，上海、天津、汉口等地开始出现了宏大华丽的西方古典式建筑和新式的高层建筑，同时期西洋流行的建筑样式也被迅速引进。1920年代以后，中国的建筑师陆续学成归国，也设计建成了一大批具有代表性的近代建筑。

即使同一建筑样式在不同地区也出现了各种变形样式。如广州、海口等大城市的骑

---

① 王芸生：《六十年来中国与日本》卷三，大公报馆出版部，民国二十一——二十三年（1932—1934年），第168页。

楼多是成片成排地出现，形成具有连续性柱廊的骑楼街①。其临街层用于经商，走廊部分可防雨防晒，二楼以上则住人，可高达六层。而在位置偏远、商品经济尚较不发达的地区，骑楼则主要作为住宅使用，有时甚至单独建造，不像广州、海口的骑楼那样联排成为商业街，而成为民居的一种。这种骑楼一般两层，业主多为当地农民或渔民，以传统做法和工艺为主建造，西方元素则作为点缀活跃了立面的形象。海南崖城县临高地区和广西北海市合浦县的骑楼民居可算是这一类骑楼的典型例子。

　　无论从时间、空间还是发展的轨迹上看，近代建筑的发展都反映了近代化进程的不同路径及多样的表现形式。这种多样性也反映出由于近代以来一直缺乏一个统一的、具有强烈近代化意识的中央政府，中国近代化建设因而明显缺乏统一性。19世纪中叶以后，清政府在太平天国运动和第二次鸦片战争的内外夹攻之下，中央政府的权力逐渐向地方强人转移，地方各自为政，使中央的政令难以通达，部署无法实现②。近代化的建设不是处于无序自发的状态，就是陷于上下冲突的困顿中。历史学家称近代中国的现代化是"畸形的、屡遭挫折的，甚至可说是失败的现代化"③。还有的学者根据中国早期现代化缓慢被动、缺乏动力的特点，将近代中国的现代化历程称作"传动性"的现代化④。这些说法都反映了中国早期近代化是一个缓慢曲折、断断续续的过程，受到外部千丝万缕的影响，中外关系错综复杂。正是由于这些原因，才造成了中国近代建筑的丰富多样，

---

①　商业骑楼街的开间以单开间居多，以广州为例，其层数一般为2—4层，个别达5—6层；底层层高一般为4—5米，开间为3—5米，个别较窄的仅2—3米，特别宽的约为6米。进深一般较大，常为10—20米，有的甚至可达30—50米。统计数字见林琳：《广东骑楼建筑的历史渊源探析》，《建筑科学》第22卷第6期，2006年。

②　关于近代化的开展，洋务派"起初只知道国防近代化的必要。但是他们在这条道路上前进一步以后，就发现必须再进一步；再进一步，又必须更进一步。……近代的国防不但需要近代的交通、教育、经济，并且需要近代化的政治和国民"。详蒋廷黻：《中国近代史》，上海古籍出版社1999年版。

③　章开沅、罗福慧主编：《比较中的审视：中国早期现代化研究》，浙江人民出版社1993年版，第29页。

④　虞和平提出"传动性"这一提法："研究中国现代化的学者，大多认同1949年之前的中国早期现代化是一种'外源性'现代化（也有学者称之为'传导性'现代化）。"见虞和平主编：《中国现代化历程》第一卷，江苏人民出版社2001年版，第18页。实际上，中国早期现代化的这种特点，主要反映了外国对中国早期现代化的最初促动作用，因而称之为"传动性"可能更为合适。

色彩斑斓。

（二）中国近代建筑产生与发展的全球关联性

中国近代史是一部世界主动走向中国、中国被迫被卷入到资本主义世界体系之中的历史。鸦片战争之后，中国受到西方列强政治、军事、文化等不断的侵蚀，一部分中国人或被动或主动地卷入到了外国在华的经济和文教活动中，从而触发了中国传统社会生活、社会结构和社会意识的剧变。不管是否自愿或自觉，近代中国社会已不是原来的传统社会。

同样地，近代以来的中国的建筑活动已经成为世界建筑发展的一部分，具有全球性的特征。中国近代建筑的出现和早期发展是与列强在中国推行其经济和文化的殖民政策分不开的：殖民主义的发展"不但需要物质征服亚非殖民地，更需要殖民地在思想和文化上倾慕仿效其宗主国"[①]。列强对殖民地除了军事占领外，还以自身社会为样本，在殖民地建立了一整套司法、卫生、文教体系。西方化社会体系的建立也加速了西方思想在殖民地的传播，从而加深了殖民地对西方的依赖程度，而这些都在殖民地的物质环境建设中得到具体反映。

以外廊式建筑为例，其最早产生于英国殖民地印度，经过英国本土的改造，成为适宜欧洲人居住的建筑形式，同时被用作展示殖民者权威和欧洲先进文明的象征，在心理上对本地居民加以威慑。这一源起于热带殖民地国家的建筑样式，曾作为"帝国主义扩张的工具"，随着殖民主义在世界各地传播，并为亚非国家所效仿，以之为样本修建了一大批政府机关建筑。

西方殖民主义不但彻底改变了我国通商口岸的城市景观，并且，随之而来的西方生活方式和价值观使中国的经济、社会、文化和政治生活也发生了巨大变化。新式学堂、警察局、邮政局、公园、百货商店等从西方引进的机构和设施开始出现，对城市生活的改变具有深远影响。同时，西方的各种政治、社会和文化思潮也通过不同媒介在中国广

[①]　Prasenjit Duara, "The Discourse of Civilization and Pan-Asianism", *Journal of World History,* 12.1（2001），pp.99-130.

泛传播，并反映在物质建设上。以教会的活动为例，从19世纪末到20世纪初，美国基督教会在华兴办高等教育、设立医院、开发避暑地等诸多社会活动，都可视作是受到进步主义（progressivism）思潮影响的传教士们在中国的实践，而西方的工艺美术样式也被广泛运用于避暑地和教会大学校园内的住宅上①。

第二次鸦片战争之后，列强扩大了在华权益，其在开埠城市的建设从妥协将就的"外廊式"发展为西方建筑师来华设计，带来了西方最新的建筑样式。如工艺美术运动、新艺术运动和装饰艺术运动及国际主义的思潮，均在很短时间内被引入上海、天津、哈尔滨等大城市，构成了早期现代主义在西欧和北美之外发展的重要环节。另外应该注意的是，在20世纪前期，现代主义以其激进的意识形态不为发达的资本主义国家所接受，反而在经济条件落后，而有实现近代化和民族国家强烈诉求的非西方国家里得到迅速发展，中国的情形同样如此。

但是，建筑样式的出现有其特殊的形成背景和历史含义，而其移植则产生了不同于母国的社会和文化意义。最明显的例子是流行于1895—1910年前后的新艺术运动（Art Nouveau）样式在中国的传播。这一新样式最初出现在西欧，大量模仿自然界植物弯曲、舒展的形态作为装饰主题，虽然建筑构图仍遵循古典主义庄重、对称、均衡等法则，但放弃了严格的柱式和烦琐的装饰，表达了超越传统样式、继而推进西方文明进步的强烈社会意识，可谓是西欧的新建筑风格的真正开端②。

我国的新艺术风格建筑虽然分布广泛，却不具此深刻的社会含义。例如，俄国在哈

---

① 进步主义起源于1890年前后的美国，由一批社会活动家如传教士、企业家和进步官僚发起，旨在通过加强市政管理、城市建设、社会教育、修建铁路等现代化运动，提倡社会公平，促进社会文明的发展。美国的工艺美术运动是进步主义运动的一个重要组成部分，通过提倡使用天然的建筑材料和暴露结构，反映其人文主义和精神层面的追求。详 Robert Winter, "The Arts and Crafts as a Social Movement", *Record of the Art Museum*（Princeton University）Vol. 34, No. 2, Aspects of the Arts and Crafts Movement in America（1975）。另见 Robert M. Crunden, *Ministers of Reform: The Progressives' Achievement in American Civilization, 1889-1920*, New York: Basic Books, 1982. Jackson Lears, *No Place of Grace: Antimodernism and the Transformation of American Culture, 1880-1920*, New York: Pantheon Books, 1981。

② Rosalind Williams, *Dream Worlds: Mass Consumption in Late Nineteenth-century France*, Berkeley: University of California Press, 1982, pp.157-159.

尔滨大量使用这一"最新的样式"炫耀国力，将之广泛用于官方建筑上，如哈尔滨火车站和中东铁路管理局，一直到1920年代末还有其尾声余响。然而"与其说哈尔滨的新艺术运动建筑是受西欧的影响，倒不如说它是沙俄控制远东的对外政策的产物"[①]。又如，日本在日俄战争（1904—1905年）中取胜后，由"南满洲铁道株式会社"组织在"满铁"沿线的各主要城市建造了大和旅馆，其中长春大和旅馆即是典型的新艺术风格建筑（图2—1）。长春是当时日俄在东北的势力分界点，为修建堪与欧洲城市和近在咫尺的哈尔滨相媲美的宏伟建筑，大和旅馆包括其室内装潢使用了欧洲正在流行的新艺术风格。当时日本人在长春附属地规划上刻意展示"科学"与"进步"，因此新艺术风格的旅馆和折衷主义样式的火车站、巴洛克式的邮局同时建成，不过是日本殖民者矜夸其成功西方化的一种表达方式，与西欧的新艺术运动旨趣完全不同。

图2—1　长春大和旅馆。设计人市田菊治郎，1907年

资料来源：李重编：《伪"满洲国"明信片研究》，吉林文史出版社2005年版。

进入20世纪以后，由于上海、天津等通商大埠在国际经济中的地位日益重要，一批受过专门训练的西方建筑师陆续来华开办事务所，所以能更直接地引入西方最新的建筑

①　〔日〕西泽泰彦：《哈尔滨近代建筑的特色》，见侯幼彬、张复合等编：《中国近代建筑总览·哈尔滨篇》，中国建筑工业出版社1992年版，第7页。

样式①。如1920年代末的装饰艺术（Art Deco）摩天大楼和流线型（Art Moderne）住宅就同时在纽约和上海等大量出现，形成了类似的城市景观，这是当时的中国大城市融入世界体系的证明。由于装饰艺术运动的主题力图回归历史主题，因此在西方被视作现代主义对旧传统的"反动"，缺乏开创性。然而，我国留学归来和本土培养的最早一批建筑师正是在这一大环境中成长起来的②，其抽象中国传统装饰的能力也得到实际锻炼，成为他们在稍后南京政府时期大展身手的必要准备。对我国近代装饰艺术运动的评价自当有不同于西方之处。

西方现代化理论其中之一是研究世界体系，即把整个世界作为一个体系，将经济、政治、文化、历史、地理等多种学科充分结合，进而对整个社会体制进行整体的把握和分析。从这个意义上说，近现代任何单一国家的国民经济都不是一个自足的体系，而各国之间的经济联系和贸易往来就是世界资本主义的资本积累过程，由此带来了资本、技术、人员和思想在全球范围内的流通。

同时，19世纪末期以来，随着英法的殖民政策转向"地方合作"（association），殖民当局进行了大规模的殖民地建设和社会改革实验，他们希望通过这些活动，使伦敦和巴黎能借鉴殖民地的这些经验，在本国实施社会改革③。如此一来，殖民地与宗主国之间不再是简单的依附关系，传统的"边缘"和"中心"的关系也被倒置了。在我国，由于日本侵占东北，建立伪满政权，其一系列的城市建设也含有以之为范本试图改造暮气深重、矛盾重重的日本社会的意图④。

---

① 伍江：《上海邬达克建筑》，上海科学普及出版社 2008 年版。

② 如赵深、童寯设计的大上海大戏院（1933 年）及南京外交部大楼（1934 年）、陆谦受设计的上海中国银行大楼（1936 年）、卢镛标设计的汉口中一信托公司（1929 年）及四明银行（1936年），等等。关于中国装饰艺术运动的实践，参见童乔慧、武云霞、郑红彬等人的文章，见张复合编：《中国近代建筑史研究与保护》（六），清华大学出版社 2008 年版。张复合编：《中国近代建筑史研究与保护》（七），清华大学出版社 2010 年版。

③ Gwendolyn Wright, T*he Politics of Design in French Colonial Urbanism*，Chicago: University of Chicago Press, 1991. Paul Rabinow, *French Modern: Norms and Forms of the Social Environment*, Cambridge: MIT Press, 1989.

④ Louise Young, *Japan's Total Empire: Manchuria and the Culture of Wartime Imperialism*, Berkeley: University of California Press, 1998.

总之，考察中国的近代建筑，应将重视其全球性的特征联系当时世界建筑界的大背景加以研究。如果将这些建筑活动投置在世界背景中，以全球视野研究其产生及背后的动因，比较统一建筑样式在不同地区间的差异及原因，则有利于我们从较高的位置来认识近代中国城市和建筑的全貌，并理解其所产生的语境及对其后所产生的影响。

（三）中国近代建筑风格样式的指向性与连续性

中国近代建筑的另一个特征是其建筑样式具有明显的指向性，体现在政治诉求、文化政策和社会意识等方面。仔细辨析近代建筑的建造者与建造意图，则可以更准确地把握这种指向性。

自古以来，物质建设和建设样式都服务于政治的需要。近代时期是中国民族主义思潮兴起、民族国家建构的重要时期，建筑样式具有更明显的传达政治意图的功能。例如，在1928—1937年的南京国民政府时期，由中国人主导的一系列城市规划和建设，都具有明显的民族性特征，期望以传统文化为旗帜，表达民族性、近代性及政权的正统性。

需要指出的是，中国在1920年代末开始的一系列城市规划试验是出于政治的需要，其普遍的出发点并不是解决城市面临的问题，更谈不上通过规划解决社会矛盾。由于是向西方学习的产物，而不是面对紧迫的城市问题，因此中国最初进行的近代城市规划试验，其目的并不是为了解决城市问题，而更多的是实现统治者建设民族国家的政治理想。

近代建筑的样式也可反映出文化政策的变化。例如，上海等开埠口岸的早期西式建筑，不论是领事馆还是洋行办公楼，或是住宅，差不多都采用外廊式。"庚子事变"以后，鉴于我国民族主义运动声势的不断高涨，西方殖民者不得不反思其殖民政策，转而采用较为温和的方式，表现出对本土文化的尊重和合作的意愿。其姿态从不屑一顾、完全隔离到努力适应、融合其中。在文化和教育领域这一点体现得尤其明显[①]。这一时期由外国人建造的外廊式建筑，虽然平面和早期的"买办式"相差无几，但普遍采用了中

---

① 在 20 世纪之交兴建的教会大学中，颇为流行大屋顶形式的建筑，用于教学楼、体育馆、图书馆、教堂等。其产生的社会背景，详 Jeffrey Cody, *Building in China : Henry K. Murphy's "Adaptive Architecture," 1914-1935*, Hong Kong: The Chinese University of Kong Kong, 2001. Jessie Lutz, *China and the Christian Colleges, 1850-1950*, Ithaca and London: Cornell University Press, 1971.

国民族形式的大屋顶，"它的平面采用的是'殖民地式'建筑形式但是立面却没有一点'殖民地式'建筑的味道"[①]（图2—2）。随着殖民政策的变迁，外廊式建筑的象征意义也发生了根本的改变。

甲午战争以后，中国的近代化历程从器物层面的革新，逐渐转向制度层面的革新[②]。"变器"带来了生活内容的改变；社会、政治制度的变化，

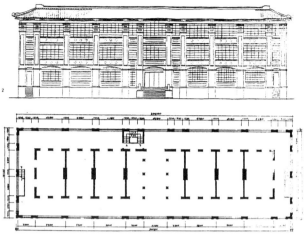

图2—2　岭南大学马丁堂平、立面图

资料来源：谢少明：《岭南大学马丁堂研究》，《华中建筑》1988年第3期。

引起了社会习尚、生活方式的变革；西方文化的侵蚀，尤其是"庚子之变"后袭来的欧风美雨，使社会意识发生剧变，导致了物质建设上种种趋洋慕新的情形逐渐为大众所接受。1901年"新政"开始以后，一些与租界毗邻的区域和中国自开商埠地，民族资产阶级效仿列强，竞相主动吸取西方文化，民间商业建筑多贴上了"洋式店面"。但它们同时也最低限度地保留了传统匾额和招幌等文化认识单元，反映出强烈的民族意识。如哈尔滨道外区的中华巴洛克建筑群、北京香厂新市区和天津、济南等地自开商埠地的洋式店面街[③]，都是社会意识发生转变、主动进行西化的典型例子。

除此之外，中国近代建筑在建筑风格上还体现出很强的连续性。这种建筑样式上的

---

①　谢少明：《岭南大学马丁堂研究》，《华中建筑》1988 年第 3 期。

②　章开沅、罗福慧主编：《比较中的审视：中国早期现代化研究》，第 356—357 页。

③　刘松茯：《近代哈尔滨城市建筑的文化表征》，《哈尔滨建筑大学学报》2002 年第 2 期。〔日〕西泽泰彦：《哈尔滨近代建筑的特色》，侯幼彬、张复合等主编：《中国近代建筑总览·哈尔滨篇》，中国建筑工业出版社 1992 年版。董豫赣、张复合：《北京"香厂新市区"规划缘起》，《第五次中国近代建筑史研究讨论会论文集》，中国建筑工业出版社 1998 年版。荆其敏：《租界城市天津的过去、现在及未来》，《新建筑》1999 年第 3 期。张润武：《济南近代建筑概说》，张润武、张复合等编：《中国近代建筑总览·济南篇》，中国建筑工业出版社 1995 年版。

连续性反映了鸦片战争以来几代中国人对近代化的一致追求。虽然洋务派、维新派和民国的各种改革派的事业最后都失败了，但是，要以"近代化"来改变"中古"的面貌，则体现了历史的逻辑。以外廊式建筑为例，自从十三行于1850年在广州重建开始算起，其建造与传播横亘了几乎整个中国近代时期[①]。考察"外廊式"建筑的形制和意义的变迁，从物质建设的角度，可以为分析近代化和城市化在近代中国的进程提供可靠、新颖的资料。

杜赞奇在解释亚非国家的去殖民化运动时说，"一战"之后反帝、反殖民主义运动的蓬勃发展，主要受到非西方文明的复兴（亦即反西方话语霸权）和社会主义思潮的推广（亦即反西方资本主义）这两种现象的影响[②]。这一学说有助于我们理解为什么各个时期在象征国家权威的政府建筑上，中国传统建筑元素都作为标志符号出现。中国的文化源远流长，具有很强的延续性和独立性。以中国文化为旗帜对抗外国的侵略、进行近代化建设，形成了我国独具特色的民族主义运动。在建筑上，不论是国民党统治时期的"民族固有形式"，日伪在长春的"兴亚式"建筑，还是1950年代的以"民族的形式表达社会主义的内容"，都返归中国传统建筑样式寻找出路，成为中国现代主义运动的一部分。

可见，近代建筑的连续性使我们能跨越1949年的分界线，在更长的时段上考察民族形式建筑的发展及其所反映的社会政治状况。同时，由于这种连续性，1949年后对国民党统治时期和日伪时期城市建设的利用和改造相对容易得多。如上海1920年代的中国银行职员住宅和伪满城市的诸多社员住宅[③]，已初具社会主义单位大院的雏形。长春在新中国成立初期除了更改街道名称，绝大多数伪满建筑被保留下来；50年代，在伪满官厅建筑集中的新民大街，伪满的"兴亚式"建筑被改造成医院和教学楼，而在原"伪帝宫"的地基上则新建起地质宫（1953年），并建成了同样使用了民族样式的大屋顶和细

---

① 刘亦师：《中国近代"外廊式建筑"的类型及其分布》，《南方建筑》2011年第2期。

② Prasenjit Duara, "Introduction: The Decolonization of Asia and Africa in the Twentieth Century" in P. Duara ed., *Decolonization - Perspectives from Now and Then*, 2003, Taylor & Francis.

③ 有关上海中国银行的职员住宅，见 Wen-hsin Yeh, "Republican origins of the *danwei*", Xiaobo Lu（ed.）, *Danwei: the Changing Chinese Workplace in Historical and Comparative Perspective*, London: M.E.Sharpe, 1997；有关"满铁"社员住宅，见王湘、包慕萍：《沈阳满铁社宅单体建筑的空间构成》，《沈阳建筑大学学报》（自然科学版）1997年第3期。

部装饰的吉林省图书馆（1958年），进一步完善了新民大街统一的建筑形象。

综上所述，中国近代史上的现代化，实际上是一种缺乏统一组织、散漫无序的近代化。其过程固然起伏跌宕、历尽曲折，但是中国人对求富求强的近代化追求却是始终如一的。中国近代化的这些特征也在近代建筑上一一得到反映。

从中国近代建筑的上述特征，可看到研究工作的两个基本着眼之处。第一，对近代时期移植流转进入中国的西方建筑样式应进行系统的分类和清理。以建筑样式的流变为主线编写建筑史的方法久遭诟病，但分类辨析建筑样式的工作，对我们从总体上认识近代建筑的种类和分布无疑是有益的[①]。国内在这方面尚未见原创性研究，西方建筑样式在中国具体怎样转变适应也就无从谈及。

第二，中国近代建筑是中国近代化进程的直观反映，因此，近代建筑的研究应该置于中国近代史及至世界史的大框架下进行，以反映其时的社会发展和社会关系为鹄的。研究视野需扩大到全球，研究方法也当多样化，充分借鉴相关学科的研究经验和成果，才能不断发现新问题和新材料，丰富我们对近代建筑历史的认识。

二、中国近代建筑史研究方法撮要

（一）重视史料发掘与案例积累

历史研究要求言必有据，而研究者的基本功就是详尽地占有材料。只有花大力气掌握一手史料，才能真正有所作为。也只有通过史料发现历史联系，才能进而形成理论、提升认识。

中国近代建筑史研究的发展也是建立在文献整理和实地考察的基础之上的。尤其是这一学科创立至今不过30年，史料工作仍处于初步阶段。因此，在未来很长一个时期

---

① 对历史建筑进行分类总结，西方学者在这方面已做了很多工作，值得借鉴。如 Nikolaus Pevsner，*A History of Building Types*，Princeton: Princeton University Press, 1976. Marcus Whiffen，*American Architecture since 1780*，Cambridge: The MIT Press, 1969. Bryan Little，*English Historic Architecture*. London: B.T.Batsford Ltd., 1964。

内需要集全力搜集和整理史料，并将研究对象有效地扩展到内陆和城市化程度较低的地区，这一点在国内的新生代学人中无疑已形成了共识。在下一章我们还要详细论述中国近代建筑史所用史料的类型等问题。

由于近代建筑历史研究的学科特点，除了历史研究中最基本和最常见的文献资料如史籍、方志和各类档案外，对场地和建筑实体本身的踏勘、测绘，及对其空间、材料、结构、样式、思想来源等进行分析，并在全球图景下开展比较研究，也是近代建筑研究史料的重要组成部分，主要包括以下三方面内容。

首先，2010年以来，针对现存建筑开展的系统调查和保护工作，对此前已有既有研究的城市或地区进行了更翔实的实地调研和全面测绘。这些一手资料为下一步的比较研究和专题研究进行了铺垫。同时，建筑史学者参与到对近代优秀历史建筑进行修复和保护的实际工程中，施工现场的"考古"式研究令学者对当时的建造方式和结构、构造等做法有了更进一步的认识，成为"行而致知"的过程，体现了近代建筑史研究的重要特色。

其次，青年一辈学人藉由各种机会（考察、实际工程、合作研究等）深入到此前研究未涉及的地区，就此开展一系列的调研和资料整理工作。例如，对香港1949年后的建筑师群体进行的研究[①]及本书第十四章将提及的山西太谷县铭贤学校，都是既往近代建筑史研究视域中的"边缘"区域，近年在学者努力之下，逐渐显现出了由边缘而进入主流的趋势，引起越来越多的关注。

第三，由于越来越多的学者有机会到国外深造和进修，因此能收集到诸多此前无法接触的一手资料，不但大大扩展了本学科的研究对象和内容，还使近代建筑史的研究越来越具有国际色彩。如存放在耶鲁大学的墨菲档案就是典型的例子，通过比对墨菲设计的清华早期校园建筑如清华大学大礼堂的原设计图和依据现存建筑测绘而来的实测图，明显可见其建筑结构选型的变化，切实推进了对清华大学早期校园规划和建设历史的认识。

上述三方面工作都属于史料开掘意义上的创新。青年学者甚至选修近代建筑史课程

---

① Wang Haoyu, *Mainland Architects in Hong Kong after 1949: A Bifurcated History of Modern Chinese Architecture*, PhD dissertation, Hong Kong University, 2008.

的本科生已经成为各地档案发掘和实地踏勘的主力军。这些基本史料的发现形成了偏重于叙述的案例式研究的基础。它们可能在研究深度上暂时缺少全景式的联系和比较，但为将来的理论建构做好了必要的准备。

前一章我们引用过陈寅恪先生的名句，"一时代之学术，必有其新材料与新问题。采用此材料，以研求问题，则为此时代学术之新潮流"。[①]取得和运用新史料，发现和解决新问题，这是中国近代建筑史研究的一个特征。因为近代以来诸多类型的史料如图纸、信函、会议记录等在国内已毁损不存，但同样的资料还能设法在国外找到。此外由于研究视野的扩展，此前未获重视的材料也可能发挥重要作用。

（二）掌握和应用跨学科研究方法

每个学科都有本学科在产生、发展过程中形成的赖以生存的研究方法，即"本门功夫"。例如，社会学离不开调查，考古学离不开发掘，历史学离不开考证，建筑学离不开图示分析等等。可以说，虽然经历了30年的发展，近代建筑史的本门功夫仍然是实地调研和详密地搜集和考证史料即史料学。只有通过对史料的系统搜集、整理、考证，以及对建筑实物的细致考察，才能对建筑历史问题做出令人信服的解释。

在本门功夫之外，新生代学人不少曾在海外接受过系统的学术训练，更加熟悉以美国为中心的挟带着社会学、人类学及诸多自然科学成果的西方建筑史研究范式，视野得以拓展，眼光更加通达，在研究视角的选择和研究方法的使用上也较前更显丰富和多元。但应注意的是，研究方法固然变化多端，但不论采取何种方法，其目的都在于对史料进行分析，所谓"言必有据"，此之谓也。

我国早有"史无定法"之说，强调的就是历史研究在方法论上的包容性和创新性，即既要恪守本门功夫又要博采众长。当需要进行实地考察时，就用民俗学或考古学的方法；当需要进行数据统计时，就用计量学或统计学的方法[②]；在其他史料残缺而需要进行

---

①　陈寅恪：《陈垣〈敦煌劫余录〉序》，收入陈寅恪：《金明馆丛稿二编》，上海古籍出版社1980年版，第236页。

②　郑红彬：《近代在华英国建筑师研究（1840—1949）》，清华大学博士学位论文，2014年。

访谈以采集口碑资料时，就用口述史的方法①。

总之，打破学科间的藩篱、利用其他学科方法开展近代建筑史的研究，无疑是未来发展的方向。但历史研究的基础仍是史料，我们仍需加强对史料的理解和系统学习，利用考据学的知识考订史料，"考而后信"，再利用史料学加以系统整理，即"类而辑之，比而察之"。在此基础上，根据近代建筑研究课题因对象、条件的不同和具体需要，不排斥任何学科的有效方法，并不断对其调整和改造加以使用。

此外，中国历史学界长期以来都是采用"抄卡片"的方式来搜集和积累资料，但近十来年各种关于近代以来报纸杂志和国图、上图书籍的数据库、系统软件开发出来以后②，运用数据库也成为近代建筑史研究的"本门功夫"之一，并大大提高了工作效率。但技术进步所带来的这些便利只是将历史学家从史料爬梳中部分地解放出来，却不能代替历史学家对更大范围的资料的全面掌握，更取代不了运用一定的理论和方法对史料的分析和考辨。

（三）汇集个案研究、建构理论框架

理论是基于对大量具体事实的梳理而形成的一套阐释体系，其对芜杂的历史现象所做的提炼和升华，能够揭示出现象背后的深层机理。随着史料的积累和研究视野的不断开拓，历史研究从过程描述向理论的描述转化，反映了一个学科的进步和成熟。张复合先生曾将2010年以后称为近代建筑史的"深化"阶段，并指出"考察研究向理论层面提升，凸显学术性"和"组织健全完善，加强引导性"将是这一阶段的重要特征③。

中国近代建筑史的研究主要由以下三个层面的内容组成：（1）物质层面的研究，即述录具体的建筑和事件，以及相关的建筑样式、技术、材料等基本状况；（2）由建筑的物质形态所反映出的社会结构层面的研究，包括与社会群体、社会阶层、社会阶级、

---

① 刘亦师：《中国建筑学会60年史略——从机构史角度看中国现代建筑史研究》，《新建筑》2015年第2期。

② 如大成老旧期刊、晚清民国报纸杂志数据库、《人民日报》全文数据库，以及外国的各种报刊历史资料电子数据库如 New York Times 等。

③ 张复合：《中国近代建筑研究三十年》，作者提供。

国家制度、经济秩序等之间的相互关系；（3）关于建筑观念和思想传播和接受的研究，包括意识形态、宗教信仰、价值观念对城市和建筑形态的影响。越是偏重物质层面的研究，越具有客观性，比较容易通过史料来解决，因而也容易形成定论，这又是进行其他层面研究的前提和基础。越是偏重思想意识的研究，就越是需要通过各种理论来阐述，就越需要较强的思辨能力和想象能力对基本史实加以概括和抽象从而提炼出规律。

对中国近代建筑史而言，其理论研究主要包括两方面内容。首先，是针对不同近代建筑现象，试图搭建相应解释框架的努力。其次，是从史学史角度对学科本身之发展所做的检讨，即重新审视近代建筑发展的主线、分期、时限等关键问题，并研究概念内涵、价值标准、认识特点等等如何递嬗演替的过程。通过学术史的视角考察近代建筑史研究的发展，也更加深刻地反映出研究领域如何扩张和研究方法如何变得多样化。较为典型的例子是对本领域的一些基本概念重新考察和思考，如前文所述及的"中国"、"近代"、"近代建筑"，其"内涵都是一个发展和变化的历史建构过程"。再以"外廊式建筑"研究的发展过程为例（详本书第五章），随着实地调研资料的积累，对这一建筑类型的认识早已超越了1993年所提出的范畴，从一个侧面反映了本学科在过去10多年内，研究的领域、视野和资料都发生了变化。

历史研究从过程描述向理论的描述转化、融入社会科学研究方法和开展跨学科研究，以及研究对象的革新趋势，这些不但是现代西方史学的一种普遍潮流，也若隐若现地反映在近年的中国近代建筑史研究上。黄宗智曾指出美国的中国近代史研究中，对理论的运用容易陷入四个陷阱中，即不加批判的运用、意识形态的影响、西方中心主义的影响和文化主义的影响[1]。如何避免这些已知的和未察的陷阱，仍需坚持以史料为根本，一方面不辞辛劳地获取一手资料，坚持开展深入的案例研究，另一方面也需具有高度的理论自觉，由史料而史论，集腋成裘地建起一套理论体系，才不失为深入开展中国近代建筑史研究的一条途径。

---

① 黄宗智、张世功：《学术理论与中国近现代史研究》，《学术界》2010 年第 3 期。

第三章　中国近现代建筑史史料类型及其运用

一、史料与中国近现代建筑史研究的关系

史料是"人们编纂历史和研究历史时所采用的资料"。[1]搜集史料、鉴别史料和运用史料构成了史学研究的重要内容。充分了解不同史料类型的特征及其获取途径，系统地搜集和整理史料，是开展历史研究的重要前提。受德国兰克史学巨大影响的傅斯年曾在20世纪20年代提出"史学就是史料学"。此说常被指偏激，但也可见史料对于史学研究的重要性。伴随史学研究产生的史料学，其目的就在于研究搜集、鉴别和运用史料的一般规律和方法，并总结资料的来源与获取途径。

国内各高校和社科院历史专业的研究生基本上都开设了史料学的课程[2]。但由于建筑学在我国属于工科，训练的核心内容是对形式的感知和表达，论文的写作及其学术规范则处于从属地位。建筑史的教学中也很少谈及如何进行史料搜集及其考证的问题。近年来开设的建筑历史课程名目众多、内容丰富，但对所用材料的类型、源头及使用方式，缺少系统严格的训练，多依赖学生自己的理解和感悟。

另一方面，中国近代建筑史研究的史料种类繁夥，如档案、期刊、报纸等，均为近代产生的新史料。如何搜集、鉴别、运用这些史料，是区别于中国古代建筑史研究的重要标志，也是导致近现代建筑史的研究方法突破和研究重心转移的根本前提。梁思成、

---

① 严昌洪：《中国近代史史料学》，北京大学出版社 2011 年版，第 2 页。

② 同上书，"序言"。我国高校的中文系则多为本科生开设文献学的课程，名称不同，主旨同为讲授如何搜集、鉴别和运用文献资料。裘锡圭、杨忠：《文史工具书概述》，江苏教育出版社2006 年版。

林徽因、刘敦桢等第一代建筑史学家[①]在20世纪30年代采用实地考察、测绘与文献考证相结合的"二重证据法"，从而建立起研究中国传统建筑的史学研究框架，垂80余年不替。随着研究的深入和技术的发展，中国古代建筑史研究的对象和内容较前丰富得多，但一直少见根据原始档案对设计方案的演变与建造过程的研究。这种现象是由中国古代建筑史可用的史料缺少关于建造的直接、详细的记录所决定的。

而近代以来，中国由于被卷入西方主导的资本主义世界体系之中，与西方的往来日益密切。西方列强及日本在北京驻公使、在通商口岸设领事，到中国旅游、进行贸易者日众，产生了诸多完整保存至今的一手资料，从不同视角记载了从军政要闻到地方习俗的各种情况，很多资料直接、间接与近代以来的城市和建筑相关。这种史料类型上的巨大丰富，使我们治中国近现代建筑史者有可能采用不同研究方法、从不同视角开展研究，这也可以说是区别于古代建筑史研究的重要特征。

然而，系统地论述近现代建筑史史料类型与运用的问题，除本学科建立伊始时曾有所讨论外，经久未见，与本学科当前的发展和近来近代史领域各种数据库层出不穷的现状极不相符，有必要尝试梳理当今中国近现代建筑史研究中所用史料的类型及其如何使用的若干问题。因此本章将讨论本学科的另一核心内容——中国近现代建筑史所用史料的类型及如何使用的问题，由此体现出区别于中国古代建筑史研究的重要特征，并澄清一些基本的史学概念如史料的种类、信度、考证等。本科在读的同学们应该尽早了解这些常识、尽快熟悉学术规范，为将来的学术道路铺平道路、少走弯路。

二、史料学概说

在系统学习史料学的基本内容如史料的类型、信度和考证等基础上，并对前人分类方式及其标准有所了解之后，才能较为准确地认识中国近现代建筑史的史料种类与其特征。

（一）原始资料与间接资料

原始资料也被称为"第一手资料"或"原料"，语出英国史学家克兰普（C.Crump）

---

① 彭怒、伍江：《中国建筑师的分代问题再议》，《建筑学报》2002 年第 12 期。

所著《历史与历史研究》一书①，曾经史学家何炳松译为中文作为大学教材。一手史料（或原料，primary sources）指最初的材料，意谓由此以上"无可再追"的材料。间接材料（亦称二手史料或次料，secondary sources）指由现存的或可寻的原料之中变化而出的著作②。档案馆中的各种文件、私人的日记及其收藏的文件等，都是当事人的报告和记述，未经编辑出版，无疑都是一手资料。反之，论文或专著是根据这些史料加以分析和连缀而成的，属于间接资料③。

例如，我们研究清华大学早期校园规划与"四大工程"的建设，源头最后找到校长周诒春与墨菲的谈话备忘录，从而得知他们商定的设计原则（因经济原因不采取类似雅礼大学那样的大屋顶样式）和设计内容（任务书），以及茂旦洋行的设计图纸、设计说明及各方讨论的信函等，这些就是一手史料（详本书第九章）。对这些史料进行裁选和组织、进而形成一家之言的各种研究，就属于间接材料。

古代由国家设馆编写的"正史"，实际上是从各种实录和时人对历史事件的记载等记录中摘录编纂所成，其参考的原始材料即很多第一手材料早已佚失，我们无法综核稽查，但在古史研究中又不能不用。中国古代建筑史研究使用的史料即多为此类。加之士大夫阶层对匠人营造的学问向不重视，留下的记录支离破碎，亦少可靠的图纸为依凭，难以据之复原建造的过程④。

但近代以来，包含了大量历史细节的档案受到重视，加以有大量的外文资料可供利用，同时报纸杂志数量剧增，甚至可利用对亲身参与者的访谈加以补充。因此，可用于近代史研究的资料"不但数量远远超过古代史，而且质量也处于较优越的地位。因为近代史的研究，基本上采用当事人或当时的直接观察或直接记载为主，即所谓第一手材

---

① C. G. Crump, *History and Historical Research*, London: George Routledge and Sons, Ltd., 1928, p.67.

② 陈恭禄：《中国近代史资料概述》，中华书局1982年版，第24—25页。

③ 但是否正式出版物并非权衡一手资料还是间接资料的唯一标准，如历史上的各种期刊杂志，以及现今正式出版的档案资料集如《北京档案史料》，则均属一手资料。

④ 现存宫廷营造档案最早的为明永乐时期者。清代皇家工程的档案较全，近常为学者参引。明清档案建筑类史料汇集为《明清宫廷建筑史料长编》。各种碑记、题刻和造园笔记是古代建筑史和园林史学者应用较多的史料类型，但篇幅上都比较短小。

料。我们研究古代史，限于材料，便不能做到"①。所以，对中国近现代建筑史的原创性研究而言，发掘、鉴别、利用一手资料十分重要。

（二）史料的价值、可信度与考证

史料既分为一手史料和间接史料，其价值自然有高下之别也。史料价值的高下，不在作者文字表达的技巧、结构组织的能力，而以记载事迹的真实性为主要的标准。史料形式多样，除普通印行的论著、已出版的档案、已公开的文件外，还有自藏的稿本、流传很少的图纸、未经整理的档案和未公开的文件，等等。我们利用印行书籍、整理过的档案及已经公开的文件等，没有什么困难；但高水平、原创性的研究更应利用未经整理的公文档案和未公开的文件。得之不易的史料常常有助于拓展研究的深度、充实历史的细节。例如，《建筑学报》是海内外对1949年以后中国现代建筑史研究的重要资料来源；但北京市规划院和建筑设计院还保存了颇多未公开发行的内部资料，尤其是这个时期还能对五六十年代北京城市建设的亲历者进行访谈，取得诸多珍贵的私藏文件和口述史料，这有助于还原历史图景、揭橥历史动因。

史料还有可信度的问题。决定史料可信的价值，"一为求得材料的来源；一为求得其他可信的记载，证明某一史料所述的事迹，即所谓旁证。如果没有独立的记载为证，就不能取信。凡无根源的记载，无旁证的记载，都无可信的价值"。②一般来说，政府的公文档案显然信度层级较高，历史照片、信函以及报纸的记载也都比较可信。相比而言，诗歌、小说、招贴画等虽能反映当时代的某些生活场景，但毕竟经过文艺化的处理，需要谨慎对待。信度较低的是口述史料，需比对档案、图纸等交叉验证，遵守古人所谓"孤证不立"的原则，下去伪存真的功夫。

陈恭禄先生早已提到："怀疑是研究的起点，我们阅读史料，发现某一事件记载的情节不同于他书，进而追求其原因，辨明它的是非。我们为找到问题，将各种关于某件事件的记载作一比较，便能发现情节的异同。……把有出入的地方，一一追问到底，参

---

① 陈恭禄：《中国近代史资料概述》，第 11 页。

② 同上书，第 347 页。

考其他可信的材料，就是考证。"①在近现代建筑史研究中还应形成对图纸、文献的描绘与现实情形的差异的高度敏感。我们考证一种史料所述或所绘情节与内容的真伪，若能有所发现，便可写成有价值的论文。这足以说明，对史料的记载与现实情况相对比并加以分析、考索，经常成为一项研究的起点。

举例而言，清华大礼堂自1922年建成以来一直是该校的标志性建筑。在其设计人——亨利·墨菲的档案中发现了其设计图纸，但其剖面图明显与现状不符，因大礼堂的穹顶没有开顶洞，根本无法自穹顶采光，显示了初步设计与实际建造间的巨大差别。此外，研究者根据剖面设计图上标示的"Guastivino Domes & Ribs"的字样（系错拼），查找并系统研究了20世纪以后深刻影响了美国城市形象的关斯塔维诺穹顶建造体系。并组织对大礼堂进行了全面测绘，比对原始设计图进行研究，发现了大礼堂建造与清华早期校园规划的重要关联，还原了"设计—修订—建造"的历史过程，也解释了何以用混凝土薄壳替代原设计方案的原因。（图3—1、3—2）

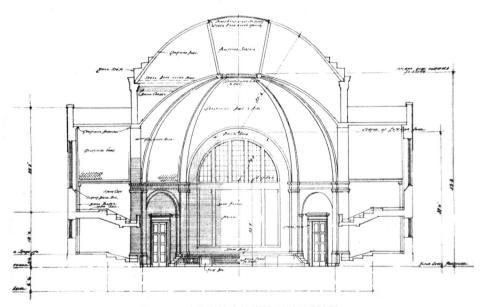

图3—1　清华学校大礼堂的原剖面设计图

资料来源：耶鲁大学墨菲档案，档案号231.14。

---

① 陈恭禄：《中国近代史资料概述》，第342页。

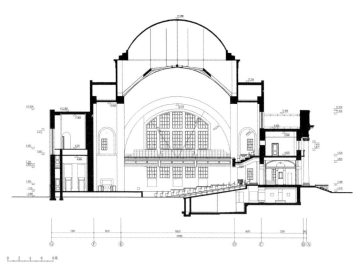

图3—2　清华大礼堂测绘图，2013年

资料来源：程昆、杨冪等测绘。

另一个例子，是墨菲应孔祥熙之邀设计的铭贤学校（今山西农业大学）图书馆，设计图纸保存完好。但其正方形平面明显与实地考察观测的矩形形态不一致。（图3—3、3—4）根据曾参与亭兰图书馆设备采购的李忠履记述，"铭贤新馆乃该校校长孔庸之先生独力所捐建，于二十四年夏即聘天津基泰工程司开始设计画图，以作建筑准备，同时经基泰工程司介绍由天津风记木厂担任建筑工作"。[①] 李的记述发表于图书馆工程甫竣之时，可信度较高，也说明该建筑已完

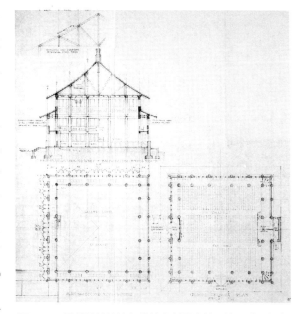

图3—3　墨菲设计的铭贤学校亭兰图书馆设计图（局部）

资料来源：欧柏林大学档案馆，图纸照片档。

① 李忠履：《山西铭贤学校图书馆概况》，《图学季刊》第十卷第三期，1936年，第487页。

图3—4 亭兰图书馆实景，2015年

资料来源：作者拍摄。

全不同于墨菲的原设计。可见，哪怕是得之不易的一手史料，也必须通过精细的考察确定其价值。同时考证又经常促成一项新的研究，为写作创造了条件。

（三）史料的分类

20世纪初我国新史学兴起后，"取地下之宝物与纸上之遗文相互释证"的二重证据法受到历史学家的重视，史料类型因此扩大到之前士大夫甚少注意的实物方面，如梁启超在其《中国历史研究法》中即将史料分为文字记录者和"在文字记录以外者"如口碑、史迹、模型等。

如何对类型众多的史料分类，史家历来意见不一。持"近代化"史观的史学家陈恭禄将可用的史料分为公文档案、书札、日记及回忆录、记录（如报刊、笔记等）、正史等数类[1]。荣孟源提出可根据史料的形式、性质、版本和内容分门分类，而以形式的分类为主，可分为书报、文件、实物和口碑4大类[2]。今人严昌洪在此基础上，根据当前近代史的学科特征和研究条件，将近代史料细分为10类：档案史料、奏议政书、书札日记、传记、文集、志书、报刊、中外笔记及见闻录、口碑与文物、丛书及史料选辑[3]。上述种种，均有利于我们加深对史料的认识。但考虑到近代史研究与建筑史研究的学科差别，

---

① 陈恭禄：《中国近代史资料概述》。

② "书报"包括历史著作、文献汇编、报纸杂志等各种出版物，"文件"包括政府档案、团体文件和私藏文件，"实物"包括"生产工具、生活资料、武器与刑具、货币、度量衡具、印信、建筑与墓葬、模型与雕塑、照相与绘画、语言文字、碑刻及砖瓦、纪念物"等12种，"口碑"包括回忆录、调查记、群众传说、文艺作品等。详荣孟源：《史料与历史科学》，人民出版社1987年版，第18—26页。

③ 严昌洪：《中国近代史史料学》，第15页。

还有必要重新加以整合和分类，例如文字类史料既不能太笼统，也不必分得过于细碎。

在中国近代建筑史学科成立之初的1988年，重庆大学杨嵩林发表《关于中国近代建筑史料工作方法浅见》一文[①]，提出实物、图片、文字及口碑4种分类法，体现了自梁思成以来我国建筑史学研究重视实地考察和图像资料的传统，同时注意到口碑和口述史料的重要性。但其中的实物和图片在形式上有所重复，而仅提"文字"又太过笼统，不能体现出与中国古代建筑史在搜集和运用史料方面的本质区别。

30年来，虽然中国近代建筑史研究取得了长足发展，但未见赓续针对史料的专门、系统的讨论。随着近年来研究水平的提高与国际合作的加强，此前未知的史料陆续公之于众，同时科学技术突飞猛进，使大量史料得以电子化并成为可供方便检索和使用的专业数据库，深刻改变了近现代建筑史的研究对象、内容和方法，促使研究重心的转移，及至形成新的研究范式。

三、中国近现代建筑史研究的史料类别与运用举例

根据中国近现代建筑史学科的特征及研究现状，下文对所用的一手资料按其呈现形式，分为实物与图像、档案、报纸杂志、其他文字史料和访谈口述共5类，论述这样分类的依据及获取的途径，再分别举例说明运用之法与所需注意的若干问题。

（一）实物及图像史料

实物针对的是保留至今的近现代建筑与物质环境，图像则在此之外还包括已湮灭不存的那一部分建筑。

获取实物史料的主要途径是通过田野调查而取得某个城市中近代建筑的分布、权属、设计图纸及其他相关信息如实地照片等，这是本学科创立之初就广泛采用的研究方法。对实物的调查延续了古代建筑研究所采用的测绘技术，将三维的实物转化为二维的图纸，弥补了图像资料（visual materials）的不足。1990年代出版的《中国近代建筑总

---

① 杨嵩林：《关于中国近代建筑史料工作方法浅见》，《华中建筑》1988 年第 3 期。

览》系统普查了中国16个近代城市里的建筑，就是建立在田野调查基础上汇集而成的。这方面的例子近年来还有很多，如哈尔滨工业大学建筑学院对俄国建造和管理的中东铁路的系统普查[①]等。

由于近代摄影术的传入，来源于报刊、档案馆或私人收藏的历史照片成为研究和修复近代建筑和近代街区的重要依据，由此常常能辨识出很多有用的历史信息，正所谓"图胜于言"也。一些历史照片会因共同的主题被结集出版为画册，如《清国北京皇城写真帖》[②]《故宫摄影集》[③]。除照片外，还有不同时期的各种邮票、明信片也记录了当时的实景，如"长春明信片"[④]就是研究近代长春建设的重要一手资料。月份牌、招贴画等因反映了当时的政治、经济生活情况，常有鲜明的主题和时代感，也常被用于近现代建筑史的研究，但其信度则不如历史照片。

另一种图像史料是大至城市规划、小至室内陈设的各种设计图纸，通过仔细识读并结合图签和图注吐露的信息能揭示很多的历史细节。不过，设计过程的曲折也可能造成设计图与竣工图的差别，需要进行鉴别和研究，前文提及墨菲的清华大学礼堂设计和建造即为一例。

实物史料与各种类型的图像史料是建筑史研究中最重要的一种材料，其不但来源于历史上留存的"纸上遗文"，还有今人根据研究需要绘制的测绘图或分析图等，对其灵活运用也是体现建筑史研究的专业属性的重要标志。

（二）档案

档案是"凡具有查考使用价值、经过立卷归档集中保管起来的各种文件材料。包括收发电文、会议记录、电话记录、人事材料、技术文件、出版物原稿、财会簿册、印

---

① 刘大平、王岩：《中东铁路建筑材料应用技术概述》，《建筑学报》2015年第6期。陈思、刘松茯：《中东铁路的兴建与线路遗产研究》，《建筑学报》2017年第S1期。

② 东京帝室博物馆：《清国北京皇城写真帖》，东京：小川一真出版部，1906年。

③ 清室善后委员会刊行：《故宫摄影集》，民国十四年（1925年）。

④ 李重主编：《伪"满洲国"明信片研究》，吉林文史出版社2005年版。

模、照片、影片、录音带及具有保留价值的各种文书"。①而从更广泛的意义上说，未经归档、整理的社团（或单位）文件及私人文件，同样也属于档案资料，是重要的史料类型。早些年经整理和翻译出版的《工部局董事会议记录》②就是重要的档案汇编，有助于加深对上海公共租界建设和管理的了解，也直接催生出了一批研究成果③。

不论是政府档案，还是社团或私人文件，都提供了大量的历史细节，使得近现代建筑史的研究可以个案为基础，深入考察各方的往还讨论与建筑方案的演变过程。这些根据文本细读恢复的历史细节使场景更加丰满，真正做到见人见物，显现"人"、制度与事件间的牵制与互动关系，也使对建筑的研究可以融入近代中国社会发展和国家建构过程的大脉络中。这是近现代建筑史研究中的重要特征。

从语种上说，档案可分为中文和外文档案，而大量地利用外国记载是治近代史的一大特色。西方列强及日本的商人、传教士、游客等皆深入内地，怀着不同目的搜集、述录与政治、社会和民情有关的见闻情报。外交人员则对于我国发生的事件，常有详细的报告递交本国政府，并提出建议，供其采纳。这些材料已有一部分公布或结集出版，是近代史研究中极重要的史料，很多涉及近代城市和建筑的内容。又如，英国外交部（Foreign Office）、殖民地部（Colonial Office）对商埠的英租界内建筑、规划有较多往来信函的记录，也涉及东北和北京等地使馆建筑的内容，时间为1904年至1930年代，为近代建筑史研究所尤其关心的时段。这些档案经英国国家档案馆电子化成为数据库，包含大量与租界建设及同时期重要建筑事件的记载，但这些档案尚未得到充分利用。

从归属上说，档案可分为官方档案和私人档案，又可细分中央（国家）档案馆、地方（政府）档案馆、机构（如某部委、学校或其他事业及生产单位）档案馆和私人集藏等，材料的内容因收集目的和归档章程的不同而多不重叠，各有特色。其中，有些官方的政令档案被结集出版，如《伪满政府公报》，在考察城市规划和建筑法规、房地产管

---

① 辞海编辑委员会：《辞海》，上海辞书出版社1980年版，第1295页。
② 上海市档案馆：《工部局董事会议记录》，上海古籍出版社2001年版。
③ 张鹏：《都市形态的历史根基：上海公共租界市政发展与都市变迁研究》，同济大学出版社2008年版。王方：《"外滩源"研究》，东南大学出版社2011年版。感谢同济大学李颖春整理相关信息。

理规定时可以方便利用，但更多内容仍需在市、县档案馆和城建档案馆中查找。

我国自古就有档案和档案制度，但这些历史材料长期不受重视，历代散佚毁损严重，直至20世纪初还曾发生过著名的"八千麻袋"事件，《清史稿》也未利用档案史料。而西方史学重视公文档案，始于19世纪德国史学家兰克（Leopold von Ranke），他利用威尼斯保存的档案史料开展研究，"开了搜集研究史料的新途径，成绩昭著。其他史学家采用他的方法，公文及档案史料，遂为历史工作者编写政治和外交史籍及科学论文不可缺少的材料"。[①]西方治城市史和建筑史的学者也深受兰克史学的影响，对史料尤其是档案文件特别重视。以Brenda Yoeh对19世纪—20世纪30年代新加坡的城市史研究为例[②]，作者根据各类档案和一手资料，着眼于政府与民间对不同空间的控制和冲突，对历史过程和细节的描述令人信服。书后将所征用的资料类型分为以下数类：（1）非公开出版文献，包括大英帝国政府档案（伦敦）、殖民地当局（新加坡）档案、法院诉讼档案、私人档案；（2）官方出版文献，包括各类政府部门的公报、年报、调查统计、法令、地图与规划方案图等；（3）正式出版的著作（二手文献）。这些可为近现代建筑史研究者参鉴。

国外对档案的保存和利用得益于起步较早及积累的经验，且开放程度较高。如历史悠久的耶鲁大学神学院收藏有与美国公理会有关的12所教会大学的大量资料，其中不少文件和照片已可在网站上下载[③]。另如美国基督教青年会的大宗档案收藏于美国明尼苏达大学，公理会在华北的相关档案则已由美国犹他大学电子化[④]，如山东临清华美医院的相关材料。甚至很多籍籍无名的小学校也收藏了与中国近现代建筑史研究相关的档案，如茂旦洋行设计的第一处重要项目——康涅狄格州的卢弥斯学校（Loomis Institute），大量的细部设计图纸和信函、报道都存于该校的小小档案室中，别处再无副本（详本书第九章）。

---

① 　陈恭禄：《中国近代史资料概述》，第51页。

② 　Brenda S. A. Yeoh, *Contesting Space: Power Relations and the Urban Built Environment in Colonial Singapore*，Kuala Lumpur: Oxford University Press, 1996.

③ 　https://web.library.yale.edu/divinity/digital-collections.

④ 　https://collections.lib.utah.edu.

海内外的部分档案资料早已呈现出电子化共享使用的特征。例如，台湾地区"中研院"近代史所将所藏的清末及民国时期外部、商部等多种档案电子化，并公布在网上[①]，清朝总理衙门关于租界和租借地的建设以及民初外务部关于清华学校的建设等内容就与之相关。前述内容丰富的英国国家档案馆殖民地部和外交部档案，也已上网可查[②]。此外，西方传教士的部分档案也被整理为专门的数据库，如英国Gale Scholar旗下的"中国从帝制到共和：传教士、汉学与文化期刊（1817—1949）"[③]，检索和利用非常方便。

应该注意的是，境外档案资料的收藏地点和内容同样分散，需要研究者努力加以汇集。以留存的墨菲档案为例，其主要部分藏于耶鲁大学主图书馆的手稿与档案部，但耶鲁大学神学院特藏部也收藏了不少他与业主的信函和图纸，还有一些则根据项目的所在地被分散保存，如卢弥斯学校和俄亥俄州的欧柏林大学（Oberlin College）等地。根据新查得的档案，就能进一步完善墨菲在近代中国项目的地理分布情况，推动墨菲研究向内陆的扩展，并改变之前的一些既有观点，如墨菲"适应性"设计风格受雅礼会传教士影响颇多，也可考证出墨菲的合伙人丹纳（Richard Dana）的历史贡献[④]。反之，如果遗漏了若干重要史料，对结论自然会产生一定影响。

（三）报纸杂志

报纸和杂志是伴随着中国近代社会产生和发展起来的一种新媒介和新史料[⑤]。如研究上海，《申报》是不可缺少的史料来源，且在1930年代曾出版过《申报·建筑专刊》[⑥]；杨嵩林也提到过《北华捷报》和《字林西报》对建筑史研究的作用[⑦]；而研究伪满时期

---

① Archives.sinica.edu.tw. 详情见张嘉哲：《"中研院"近史所档案与史料的数字经验》，"海外文献的收藏与中国近现代史研究"国际学术研讨会论文集（加印本），复旦大学，2016年10月。

② http://www.archivesdirect.amdigital.co.uk/FO_China.

③ "China from Empire to Republic: Missionary, Sinology and Literary Periodicals." 清华大学图书馆所购买的使用页面网址为 http://gdc.galegroup.com/gdc/artemis/?p=CFER&u=tsinghua。

④ 刘亦师：《墨菲研究补阙：以雅礼、铭贤二校为例》，《建筑学报》2017年第7期。

⑤ 严昌洪：《中国近代史史料学》，第171页。

⑥ 刘源，陈翀：《〈申报·建筑专刊〉研究初探》，《建筑师》2010年第2期。

⑦ 杨嵩林：《关于中国近代建筑史料工作方法浅见》，《华中建筑》1988年第3期。

的城市建设和管理就需要参考由日本人出资创办的《盛京日报》和《大同报》，上面登载了建筑法规条令、政治仪式举行的细节等内容。利用报纸和杂志作为主要史料开展研究，这也是近现代建筑史不同于古代建筑史的重要区别之一。

报刊的内容，大部分是时人对时事的闻见和记述，同时登载的政府通令和法规，包括一些广告，都具有史料价值，有利于对我们了解历史事件的进程和时人的思想认识。有些报刊由于对某些重大事件的全过程，进行过连续、集中的报道，往往可补公私档案资料的不足。但往往报纸文章时效性强，篇幅较小、深度不足。而专业性杂志则弥补了这一缺点，针对某些问题和案例记录更加详尽和深刻，如《满洲建筑协会杂志》《中国建筑》《建筑月刊》均登载了不少对新建项目的分析，提供了完整的图纸甚至模型照片，弥足珍贵。但有时综合性的刊物也提供了对近代建筑史研究有用的重要信息，如发行量较小的英文杂志《远东评论》（The Far Eastern Review），其副标题为"工程、金融、商业"，显示该杂志的办刊主旨和主要内容，因此有颇多内容与城市和交通建设有关。罗森就从《远东评论》上找到了墨菲介入之前的清华学校各建筑分布图，是迄今发现的最早的总平面图①。

近代以来的报刊种类众多、内容丰富，难以悉数翻阅，只能根据研究课题快速浏览。目前中文报纸，仅《申报》和《人民日报》做到图文电子化，其他众多报刊除少数如《直报》《盛京时报》等重刊影印者外，多为缩微胶卷甚至纸本，分散保存在各图书馆中，只是仍嫌使用不便，日后全面电子化并提供检索势必大大有助于研究的开展。因此，这方面可提升的空间极大。

相对而言，期刊杂志已经大规模电子化成为专业数据库，便于检索，替代了一部分目录学的功能。我国的近代期刊数据库以"大成故纸堆"为代表，继之由上海图书馆推出"晚清、民国期刊全文数据库"，收录更全，且仍在不断更新中。新中国成立后，新创办了大量的专业期刊如《建筑学报》（1953年创刊），是海内外学人研究中国现代建筑史的重要史料来源。杂志按月或旬出版，总量毕竟较小。天津人民出版社目前已着手

① 罗森：《清华校园建设溯往（清华大学建校九十周年纪念）》，《建筑史论文集》（第14辑），清华大学出版社2001年版，第24—35页。

影印《中国建筑》《建筑月刊》《营造学社汇刊》《新建筑》等典型建筑杂志，可与网上资源结合使用，查阙补漏。

国外在推进利用报刊方面不遗余力。《纽约时报》早已电子化，美国国会图书馆近年又推出美国历史报刊数据库（Chronicling America：Historic American Newspapers，1836—1922），包括《太阳报》（The Sun）在内的10余种老旧报纸，也可网上检索。英国最近推出了包括大量19世纪报刊文献在内的庞大数据库（Gale Scholar）①，前文提及的《远东评论》及著名的《泰晤士报》（The Times Digital Archive，1785年以来）和《伦敦新闻画报》（Illustrated London News Historical Archive，1842年以来）均可全文检索。英美的新闻报纸类数据库还可以通过NewsVault报纸整合检索平台检索②。追踪报刊方面的技术发展、熟悉不同数据库的特征与利用方法，的确可以"有效提高科研质量及产出"。

利用民国时代期刊提供的信息，对研究近代中国的城市规划和建设有很大助益，也常能开发新课题、新视角。如我国近代城市中种植行道树的观念形成于民初，自此才逐渐成为道路建设和城市生活必不可少的部分。搜检近代期刊中有关行道树种植和管理的文章，涵盖法令、宣传和科普多类，不但涉及植物学、气候学和风景园林等专门知识，对其的维护和管理则考验着若干市政部门联合执法的执行力，"能以行道树的种植和管理见诸近代国家建构的进程"③。

近现代时期发行的画报类杂志与建筑史研究直接有关，如新中国在海外发行的《人民画报》为不少国外大学购藏，该刊用彩色照片的形式记录了很多重要的建筑事件。新闻史家韩丛耀曾搜集、汇纂近代报刊中的图像部分，如《申报》《点石斋画谱》等，撮要加以分析，出版了6卷本的《中国近代图像新闻史》④。其主要不足是将"近代"限定于1840至1919年间，因此一些重要报刊如《北洋画报》等未被录入。建筑史界尚缺少这

---

① https://www.gale.com/uk，其中清华大学购买的19世纪报刊文献登录网页为 http://gdc.galegroup.com/gdc/ncco/atp/AboutThisPublicationPortletWin?mCode=4WHC&action=e&windowstate=normal&mode=view&userGroupName=tsinghua。

② http://find.galegroup.com/dvnw/start.do?prodId=DVNW&userGroupName=tsinghua.

③ 刘亦师：《民国时期行道树种植观念之形成与普及述探》，《风景园林》2016年第4期。

④ 韩丛耀：《中国近代图像新闻史（1840—1919）》，南京大学出版社2011年版。

种尝试，为后续研究提供一个清晰的文献获取路径。

针对重要的建筑类期刊从《建筑月刊》《中国建筑》到《建筑学报》的研究为数颇多，但研究的对象较少触及不常见的期刊，如近代时期的《新建筑》；研究方法亦待完善，以突破统计数据的刻板印象。此外需注意，电子化的期刊数据库常收录不全，因此有条件时应当查找原本以获取全面的认识。

（四）其他文字资料

资料汇编是一手史料的一种，如各种建筑和城市规划的技术规范汇编就与近现代建筑史研究直接相关。而文集是将重要人物发表和未公开发表的论文、专著、日记、信函、电文等文件结集而形成的出版物。文集中有许多历史文件和历史记录，章学诚在《文史通义》中即指出："文集一人之史也，家史、国史与一代之史亦将取以证焉。"近代以来的著名建筑学家如朱启钤、梁思成、刘敦桢、童寯等人的文集已被整理出版。

一些机关、组织凡逢十甚至逢五年庆典时，常编辑出版纪念册，成为机构史研究的重要参考资料，至今亦然①。如伪满政府在庆祝其"建国"十周年时（1942年）出版了系列书籍，是研究当时城市建设以及政治仪礼与城市空间关系的重要史料，如研究1942年在"新京"举办的"大东亚建设博览会"就须参考《"建国"十周年祝典并纪念事业志》《纪念大东亚建设博览会》等资料②；山西太谷县的铭贤学校在庆祝其创立25周年时出版了《铭贤廿周纪念》③，包含不少图文信息，是研究该校规划和建设的重要资料。

近代以来出版了大量建筑和城市规划方面的书籍，既有专著也有译本，质量参差不齐，但对近现代建筑史的研究各有其用。一些数据库如"瀚文书库图书"④可以检索下载部分书籍，但毕竟不全，并非针对近现代建筑史研究而搜罗建设。还有一些建设史料是

---

① 如中国建筑学会成立 50 年、60 年时皆出版纪念集，《建筑学报》创刊 60 年（2014 年）时除当年 9、10 期合集以志纪念外，另出版纪念集。清华大学建筑设计院和同济大学建筑设计院各自庆祝其创立 60 年时也出版了纪念集。

② "建国十周年祝典事务局"：《"建国"十周年祝典并纪念事业志》，1942 年，非卖品；"大东亚建设博览会事务局"：《满洲"建国"十周年纪念大东亚建设博览会》，1942 年，非卖品。

③ 铭贤廿周纪念委员会编：《铭贤廿周纪念》，中华书局 1929 年版。

④ http://hwshu.com/front/index/toindex.do.

研究民国乃至新中国城市规划制度的重要文件，如民国时期有关中山陵的建设曾出版过《总理陵园小志》《孙中山先生陵墓工程报告》和《总理陵园管理委员会报告》，是研究这一重要工程的基本史料。但很多材料当时印量不大，现在查索不便，如《大上海都市计划》原本存于上海市城市规划设计研究院，但"纸张脆弱，不堪使用"，所以影印重版就成为必要的工作。

（五）传记及口述史料

传记中的自传也即回忆录，常包含众多生动鲜活、未见诸官方档案的历史信息，但问题是由于自传作者的记忆或存偏差，其作为史料信度较低，所谓"孤例不正"，必须与其他材料交叉印证才能稳妥使用。史学家为重要人物撰写的传记或年谱，虽非一手资料，但有其利用价值。

口碑、传说早在司马迁时代已得到重视，向工匠的请教、访谈也是梁思成等人在1930年代的研究清式"做法"所采取的方法之一。现今健在的80、90岁前辈建筑人，多为1949年前受教育而亲身参与了新中国建设者。对于新中国成立以来的城市建设的历史研究，历史当事人的口述是拓展史学空间、廓清历史谜团的重要渠道。这是因为，文献史料对一些重大事件和政策缺乏详细记载或难以查阅，而一些当事人的口述史料则可以对这些历史事件、政策发生和出台的经过进行详细的阐述，使我们对文献的理解更加深入和全面。以往的60余年恰在口述可及的取材时限之内，珍惜和梳理这份口述史料将对中国现代建筑史的研究直接起到完善体系和丰富材料的作用。在历史文献和实物相结合的二重证据法的基础上，辅之以口述史料开展历史研究，也可望实现建筑史研究框架之突破与研究方法之转移。

四、结论

笔者根据历年来所见、所用的史料，结合今天学科发展的现状，尝试对中国近现代史研究中所用的各种史料加以分类并提供如何获取的线索，再略以近年国内外研究的一些例子说明其使用。应注意的是，对近现代建筑史料进行分类与对近现代建筑发展加以分期一样，均需与时俱进，随着研究条件和历史认识的改变而加以调整。

古今史料性质不同。"古代的文件，除编入书中者外，原件存留到今天的为数很少。而近代的文件，多数还未编入书中，却是近代史上的重要史料。"[①]赖德霖曾统计刘敦桢《中国古代建筑史》的323个注释的资料来源，"这些资料有8种来自四库的经部，60种来自史部，7种来自子部，23种来自集部。此外还有2种来自古代绘画，92种来自现代考古发现"[②]，其他则为二手资料。刘、梁、林时代的建筑史研究气势恢宏地勾勒出中国传统建筑结构与样式发展的历史脉络，但由于古代没有现代意义上可供使用的报纸、杂志和档案，毕竟缺少丰满的历史细节，如确定佛光寺的建造年代已属不易，遑论重现其设计方案的更迭与建造过程的曲折。

综观近年来中国近现代建筑史的研究取向，已有趋势从研究样式演变和为设计提供指导，演进到根据一手资料重现历史场景，如研究设计和建造过程，体现了大量有张力的历史细节，在此基础上探讨民族性与国家建构等理论问题。这种与古代建筑史研究的重要区别正是由近代以来大量涌现的一手资料造成的。

在近现代建筑史研究中"动手动脚"去发现新的一手资料，充分占有和灵活运用这些资料，极有必要。而包含海量近代文献的数据库层出不穷，为中国近现代建筑史的研究提供了巨大便利；传统历史研究入门必修的目录学，或已逐渐为数据库搜索技术所取代，但其前提是充分了解数据库的现状与发展，而通常这些信息最先来自其他学科（如历史学、地理学），闭门造车绝难跟上时代的步伐。同时，由于近现代建筑史的研究取向体现出与人文社会科学接近的趋势，学科间的交流与信息沟通势在必为。如何了解其他学科的基本常识、开展学术交流，以及如何有效获得一手资料，从而更新研究方法和视角、扩大研究领域，这是从事近现代建筑史研究者在新时代所必须面对和解决的问题。

---

① 荣孟源：《史料和历史科学》，第 20 页。

② 赖德霖：《经学、经世之学、新史学与营造学和建筑史学：现代中国建筑史学的形成再思》，《建筑学报》2014 年第 9、10 合期。

第四章　中国近代建筑发展的主线与分期

近代中国历史是中国历史上极其重要的一段时期。它是自1840年起，在炮口的逼迫下，中国社会蹒跚地走入近代、艰难开始近代化的一段历史。同时，它也是世界主动走向中国、中国被迫卷入到资本主义的世界体系的历史。在这一时期，中国的社会结构、社会生活和社会意识都发生了飚转豹变，具有其自身的特性。以这段历史为对象的学科，是一个自成体系的学科[①]。

在近代时期，中国从传统农业社会走向现代社会，正如时人和后世论史者所指出的那样，开中国"千古未有之奇变"，其影响遍及整个社会的方方面面。而建筑以其物质形态能直观地反映一国政治、社会、文化的发展面貌，历来为史学家所重视。如梁思成所说："建筑之规模，形体，工程、艺术之嬗递演变，乃其民族特殊文化兴衰潮汐之映影；一国一族之建筑适反鉴其物质精神，继往开来之面貌。今日之治古史者，常赖其建筑之遗迹或记载以测其文化，其故因此。该建筑活动与民族文化之动向实相牵连，互为因果者也。"[②]研究中国近代建筑的形制、技术、思想及其应变递嬗，无疑能加深我们对中国近代历史和近代社会变迁的认识。

自从20世纪50年代编纂"三史"（中国古代建筑史、中国近代建筑史、建国十年之建设成就），尤其是80年代中期中国近代建筑史研究正式起步以来，相关国内外论著

---

①　张海鹏：《中国近代通史》(第一卷)，江苏人民出版社2006年版，第38页。

②　梁思成：《中国建筑史》，百花文艺出版社1998年版，第12页。

至少有10多种①。此外，以中国地区和城市的近代建筑为题或志书一类的著作，为数则更多②。

考察这些中国近代建筑史著述，可以看出它们在编写体例上的一些共同特点。以《中国近代建筑简史》为例，全书分为"概论"、"城市的发展与变化"、"新类型建筑的发展"、"建筑技术的发展"、"建筑形式与建筑思潮"及"革命根据地建筑"几章。这些章节各自独立成篇，选择若干重大历史事件逐一叙述，或合并叙述，大体上类似于中国传统史书的"纪事本末体"。80年代中期以后，随着专项研究的深入，在编纂近代建筑史方面，大都也采取了这一体例。其中最具典型的是杨秉德主编的《中国近代

① 建筑工程部建筑科学研究院"中国近代建筑史编辑委员会"编（执笔人：杨慎初、黄树业、侯幼彬、吕祖谦、王世仁、王绍周）：《中国近代建筑史（初稿）》，建筑科学研究院科学情报编译出版室，1959年，未正式出版。建筑工程部建筑科学研究院建筑理论及历史研究室"中国建筑史编辑委员会"编（执笔人：侯幼彬、王绍周、董鉴泓、吕祖谦、王世仁、黄树业、黄祥鲲）：《中国建筑史》第二册《中国近代建筑简史》，中国工业出版社1962年版。Gin-djin Su（徐敬直），*Chinese Architecture—Past and Contemporary*，Hong Kong: The Sin poh Amalgamated (H.K.)Limited, 1964.《中国建筑史》编写组编写：《中国建筑史》，中国建筑工业出版社1982年初版；1986年第二版；1993年新一版（第三版）；2001年第四版；2004年第五版。王绍周主编：《中国近代建筑图录》，上海科学技术出版社1989年版。Alfred Schinz, *Cities in China*（城繁论简），Stuttgart: Axel Menges, 1989. 赵国文：《中国近代建筑史纲目》，第三次中国近代史研讨会交流论文（1990年10月，大连）。陈朝军：《中国近代建筑史（提纲）》，第四次中国近代史研讨会交流论文（1992年10月，重庆）。藤森照信，汪坦等：《全調查東アジア近代の都市と建築（东亚近代的都市与建筑全调查）》，株式会社筑摩书房1993年版。《中国近代城市与建筑》编写组编著，杨秉德主编：《中国近代城市与建筑》，中国建筑工业出版社1993年版。邹德侬：《中国现代建筑史》，机械工业出版社2003年版。李海清：《中国建筑现代转型》，东南大学出版社2004年版。赖德霖：《中国近代建筑史研究》，清华大学出版社2007年版。邓庆坦：《图解中国近代建筑史》，华中科技大学出版社2009年版。

② 卢绳：《河北省近百年建筑史提纲》，1963年5月，清华大学建筑学院资料室存。《河南近代建筑史》编辑委员会：《河南近代建筑史》，中国建筑工业出版社1995年版。陈从周、章明主编，上海市民用建筑设计院编著：《上海近代建筑史稿》，上海三联书店1988年版。伍江：《上海百年建筑史（1840—1949）》，同济大学出版社1997年版。于维联主编，李之吉、戚勇执行主编：《长春近代建筑》，长春出版社2001年版。张复合：《北京近代建筑史》，清华大学出版社2004年版。李乾朗：《台湾近代建筑》，台北：雄狮图书股份有限公司1980年版。西泽泰彦：《图说：满州都市物語》，東京：河出书房新社1996年版。

城市与建筑》，介绍了13个城市及其近代建筑的历史演变，每个城市自成一章。赖德霖著《中国近代建筑史研究》也围绕不同的专题研究组织全书。

专题研究的体例类似以历史事件为中心撰述的"纪事本末体"。清人编纂的《四库提要》评价这一体例"每事各详起讫，自为标题，每篇各编年月，自为首尾，经纬明晰，节目详具，前后始末，一览了然"，章学诚也认为纪事本末体有臭腐化为神奇之效，赞扬它"决断去取，体圆用神"。可是，不难看出，用纪事本末体编纂的史书事与事之间缺乏联系，无法提炼整个历史发展的线索，从而难以描绘历史发展的全貌。胡绳也曾评论用类似"纪事本末体"编纂的近代史书的叙述方法"往往会错乱了各个历史事件的先后次序，拆散了许多本来是互相关联的历史现象，并使历史发展中的基本线索模糊不清"。①同样，以此体例书写近代建筑史，较难系统地论述各专题间及其与整个中国近代建筑发展史的关系。

因此，要全面了解近代中国各个地区建设的不同进程及其相互间的关联影响，还原中国近代建筑的全貌，必须首先明确贯穿中国近代建筑发展的主线是什么？这一主线能否以及如何反映中国近代建筑发展的大势？具体的历史分期是怎样的？这些也是当前要建立完整的中国近代建筑史学科体系、使研究继续走向深入所迫切需要解决的问题。

一、中国近代建筑发展的主线

中国近代建筑史的研究在1986年重新起步后，前述的一批史学著作虽然突破了"革命史范式"，在具体问题的分析上不再局限于用阶级立场评价人物和事件，注意到了政治状况、经济发展、思想文化对近代建筑发展的关系，但却都普遍缺少足以反映中国近代建筑发展全貌的线索。在研究对象是中国近代建筑这一宏阔主题时，更加有必要提出一条能够揭示纲领、贯通全局的线索，据此选取和组织材料，反映历史和研究者本身的逻辑要求。

---

① 《历史研究》编辑部编：《中国近代史分期问题讨论集》，三联书店1957年版，第2页。

20世纪50年代以后的很长一段时间内，由"三次高潮、四次战争、二次运动"为主线的"革命史范式"主导了中国近代史的研究，研究范式的单一化导致了"陈陈相因，了无新制"。改革开放以后，现代化事业成为国家和人民共同关注和进行的主要事业，中国近代史研究中以现（近）代化为主题的主张也再次被提了出来。"从1840年鸦片战争以后，几代中国人为实现现代化作过些什么努力，经历过怎样的过程，遇到过什么艰难，有过什么分歧、什么争论，这些是中国近代史的重要题目。以此为主题来叙述中国近代历史显然是很有意义的。"[①]这一观点，逐渐成为我国近代史学界的共识。

根据中国近代建筑史学科的特点，有必要对"近代化"和"现代化"作比较明确的区分：即为了区别新中国成立之后，在中央政府统一部署下、以工业化为中心的现代化，我们主张将1949年之前这一段称作"早期现代化"或"近代中国的现代化"（简称为"近代化"），把之后这段称为"现代化"。

我们认为，从近代以来中国人所一直追求的目标和中国近代建筑的实际发展趋向来看，近代化无疑是一条贯穿始终的线索，而且比其他线索的涵盖面更宽。其他线索，如阶级斗争线索、殖民主义线索、反帝反封建线索、资本主义化（西方化）线索、民族主义运动线索、经济发展线索等，几乎无一不与近代化有关，可以说近代化"是一条由多股线条绞合而成的缆线"[②]。因此，以中国建筑的近代化为主线，关注由近代建筑所反映出的中西关系和政局及社会的变迁，讨论近代建筑在形制、技术、思想等方面应变递嬗的过程，有利于我们加深理解中国近代建筑的发展轨迹，也为一般大众提供了基本的价值判断的依据。

具体而言，根据不同的实施主体，中国建筑的近代化大致沿着三条路径发展，其相互之间则又彼此交错影响、互为补进，它们基本构成了中国近代建筑发展的全景。

第一条路径是在外力影响下，由外国人主导的各种建筑活动，如租界、外国人避暑地和租借地城市的建设及各类教会建筑的建设等等。一些西方学者用以描述中国近代化

① 胡绳："《从鸦片战争到五四运动》再版序言"，详胡绳：《胡绳全书》第6卷（上），人民出版社1998年版，第8页。

② 虞和平：《中国现代化历程》（第一卷），江苏人民出版社2001年版，第27页。

道路的"冲击—回应"的理论模式，带有明显的"西方中心"偏见，不足以说明近代中国社会发展的全部内容。然而，中国近代化的一个主要特点是西方主动进入中国、而中国被迫融入世界体系。不能否认，近代中国的现代化确是在发达的西方国家的影响下进行的，并以之为蓝本来改进中国传统社会。

例如，西方人在近代中国的通商口岸建设租界，成为展示西方近代文明的若干窗口。近代开眼看西方的士绅和知识分子中的不少人如郭嵩焘、容闳、王韬、康有为等等，正是首先从租界那里获得传统之外世界的直观印象。"览西人宫室之瑰丽，道路之整洁，巡捕之严密，乃始知西人治国有法度，不得以古旧之夷狄视之。"①由直观而生羡慕而生比较而生追求，之后才有改革的思潮和实践。

因此，近代时期由外力主导的各种建设是考察中国近代建筑发展的一条重要线索，也显著体现了不同历史时期的中西关系。以教会大学中的外廊式建筑为例，到20世纪之交，随着我国民族主义运动声势的不断高涨，这一时期由外国人建造的外廊式建筑，虽然平面和早期相差无几，但在外观上普遍采用了中国民族形式的大屋顶②。随着殖民政策的演变，外廊式建筑的象征意义也发生了根本的改变。探讨这些外力主导下进行的建设及其与近代中国政治和世风民情变迁的关系，可见中国近代历史的进程与中外关系的发展，较"冲击—回应"模式或"帝国主义"模式复杂、丰富得多。

第二条路径是由近代时期的中国政府主导的建设，按时间顺序又可分为"新政"及以前时期的清政府、北洋政府和国民政府（及其地方军阀政府）等各时期。甲午战争的失败以及《辛丑条约》的签订，促发了民族主义运动的勃兴，这一运动旨在救亡图存、追求民族独立，并进一步审视中国传统与近代化的关系。从此以

---

① 《康南海自编年谱》，中国近代史资料丛刊《戊戌变法》（四），上海人民出版社1957年版，第115页。

② Jeffrey Cody，"American Geometries and the Architecture of Christian Campuses in China"，Daniel Bays，*China's Christian Colleges: Cross-Cultural Connections, 1900-1950*，Palo Alto: Stanford University Press, 2009.Philip West，*Yenching University and Sino-western Relations, 1916-1952*，Cambridge: Harvard University Press, 1976. 徐卫国:《近代教会校舍论》，《华中建筑》1988年第3期。

后，建设统一、富强的民族国家的目标成为近代中国各方的共同诉求。建构民族国家的努力体现在由政府主导的各种建设上，大致经过了西方化（"新政"时期的官署建筑）到民族化（国民政府时期的南京与上海等地的建设）的过程，这也是民族主义兴起、发展的具体反映。

例如，清政府施行"新政"是中国近代史上第一次由政府主导、自上而下推行的近代化事业。"新政"中曾产生了一批"外廊式"建筑，如长春吉长道尹公署（1908年）。①在外观上，这座建筑与上海等地的外廊式建筑并无太大区别，可是建造吉长道尹公署是为了反抗殖民侵略、争取民族独立。

同时，随着近代化的进行，不同时期的官厅建筑的建筑样式也发生了变化。例如，清末"新政"时期在中央设立资政院，在地方开办咨议局，成为这一时期衙署建筑的典范。而不论北京的资政院还是各地的咨议局，都仿效西方建筑风格，尤其是资政院由德国建筑师罗克格参照德国柏林国会大厦设计，体现了清政府仿照西法、蓄意革新的意图。而南京政府成立后进行的一系列城市建设，从建设民族国家（nation state）的需要出发，则以传统文化为旗帜，在主要的官方建筑上采用中国固有形式，"所以发扬光大本国固有之文化"。②

1927年以后的这些城市规划和"传统复兴式"建筑的共同特征，是都使用了西方最新的技术，某些方面也受到西方审美观的影响③，但都是在传统文化的旗帜下进行民族国家建设，以此体现国家主权和民族尊严。它们一方面昭示了民族主义建设建立在对传统文化资源利用的基础上，另一方面又竞相标榜以空间格局和建造技术为特征的"近代性"，急欲说明其与传统文化绝不完全一致，而更多的要显示近代特征、新国民性以及统治的正统性。由官厅建筑样式的前后变化折射出中国近代化进程的一个重要方面，即民族国家建构的过程。

---

① 张复合编：《中国近代建筑研究与保护（三）》，清华大学出版社2003年版。

② 李传义：《武汉大学校园初创规划及建筑》，《华中建筑》1987年第2期。

③ 为了与历史和传统建立起联系，国民政府时期（1928—1937）南京的重要的公共建筑周边都围合了一个大花园。但是这些花园中有意去除了传统园林曲折、私密的特征，转而强调恢宏与公共性，审美取向由传统的散点透视转向凡尔赛式的一点透视。

　　第三条路径是由中国民间自身主导的近代建设，尤其见之于城市化程度较低的地区，包括诸多内陆城市和侨乡。中国幅员广大，经济、社会发展十分不平衡，受西方冲击进入近代后，区域发展的不平衡现象更加严重。即使在甲午战争开辟租界的高潮时期，实际上进行了大量建设的开埠城市只有有限几个。中国的内陆城市在数量上是绝对的多数，地方的主事者本身对"近代性"和西方的认识不如城市知识阶层系统、深刻，大多因趋新慕洋而停留在表面的模仿。而中央政府历来对农村的实际控制力有限。所以它们的近代化并无清晰单纯的轨迹可循，而表现为纷繁多样的方式，如泉州、漳州等地的"洋楼"民居、开平碉楼、崖城骑楼等。基于这一事实，有的史学家将中国早期的现代化称之为"乡村的"近代化，而大城市以外地区的建设所体现的多样性也是中国近代建筑近代化进程中的一个突出特点。

　　中国近代建筑近代化所循的这三条路径基本概括了近代建筑发展的图景。同时，这些路径间相互的影响与促动，则反映了近代中国内部因素和世界的外部因素共同作用的结果。对于中国建筑而言，承认最初的近代化挑战来自西方，并非单纯的"外因论"，因为外因必须通过内因才能起作用。挑战来自外部，如何回应挑战则多取决于内部，而各种回应方式的效果如何，则是内因和外因共同作用所致。西方史学的"冲击—反应"模式、"帝国主义"模式基于西方中心主义，片面夸大了西方冲击和扩张的影响；但纯粹强调从中国内部发现变化依据的观点同样难窥全豹。

　　同时，我们可以看到，在面对中国近代建筑这样宏大的研究对象时，既需要深入细致的专题研究，也需要揭示纲领的宏观叙事，使二者有机结合、相得益彰。缺少个案的研究，建筑史好比被抽去了血肉，空留一副骨架；而缺少一条笼罩全局的主线，则难以反映中国近代建筑整体的发展规律，诸多的案例无法形成系统的、关联的图景，不能为"一般大众提供价值判断的根据"[①]。因此，只有全面了解了近代中国各个地区建设的不同进程及其相互间的关联影响，才能还原中国近代建筑的全貌。

---

　　①　〔日〕村松伸：《东亚近代建筑研究三十年之我见》，收张复合编：《中国近代建筑研究与保护（七）》，清华大学出版社 2010 年版。

二、中国近代建筑发展的分期

分期是通过划分历史时期研究历史的一种方法，通过集中同一时期内相对稳定的那些特征，比较不同历史时期之间的质的差别，从而发现其发展规律。对中国近代建筑的历史进行分期，有利于展示中国近代建筑的历史进程与特点，因此是"确立中国近代建筑史基本理论框架的重要问题"[①]。而由于理论框架和研究方法的不同，也导致了分期方式的不同。

现有的中国近代建筑史分期，有"三史"教材、杨秉德、赵国文、陈朝军、陈纲伦、邹德侬等提出的不同方案。兹将各种论著的分期方案列表比较如下：

表4—1　部分著作关于中国近代建筑历史分期的方案比较

作者	论著	发表年代	近代建筑的历史分期
中国近代建筑史编辑委员会	《中国近代建筑史》（初稿）	1959（未正式出版）	1）19世纪中叶至1919年 2）1919年至1940年代末
中国建筑史编辑委员会	《中国建筑史》第二册《中国近代建筑简史》	1962（中国工业出版社）	1）1840—1895年：产生初期 2）1895—1919年：发展时期 3）20世纪20年代至30年代：重要发展期 4）20世纪30年代末至1949年：停滞期
王绍周	《中国近代建筑概观》	1987（《华中建筑》1987/2）	1）1840—1895年 2）1895—1919年 3）1919—1937年 4）1937—1949年
赵国文	《中国近代建筑史的分期问题》	1987（《华中建筑》1987/2）	1）1840—1863年(肇始期) 2）1864—1899年(工业发展期) 3）1900—1927年(组织建立期) 4）1928—1948年(第一实践期) 5）1949—1977年(第二实践期)

[①]　杨秉德：《中国近代建筑史分期问题研究》，《建筑学报》1998 年第 9 期。

续表

作者	论著	发表年代	近代建筑的历史分期
陈朝军	《中国近代建筑史（提纲）》	1992 （第四次中国近代史研讨会交流论文，重庆）	1）1840—1853年(五口通商时期) 2）1864—1900年(殖民内侵时期) 3）1865—1894年(同治中兴时期) 4）1894—1911年(瓜分豆剖时期) 5）1911—1924年(民族复兴时期) 6）1924—1937年(技术进步时期) 7）1937—1949年(抗日战争时期) 8）1949—1959年(尾声)
陈纲伦	《从"殖民输入"到"古典复兴"——中国近代建筑的历史分期与设计思想》	1991 （《第三次中国近代建筑史研讨会论文集》，中国建筑工业出版社）	1）19世纪中叶至20世纪初："殖民输入"期 2）1909年至1926年转折："国际折衷主义"期 3）1926年至1933年结束："古典复兴"期
杨秉德	《中国近代城市与建筑》	1993 （中国建筑工业出版社）	1）1840—1900年：初始期 2）1900—1937年：发展盛期 3）1937—1949年：凋零期
邹德侬	《中国现代建筑史》	2003 （机械工业出版社）	20世纪20年代末至40年代：现代建筑发源及弱势时期（归并入中国现代建筑史）
邓庆坦	《图解中国近代建筑史》	2009 （华中科技大学出版社）	1）1840—1900年(初始期) 2）1901—1927年(发展期) 3）1927—1937年(兴盛期) 4）1937—1949年(凋零期)

这些分期方案反映了几个具体问题。第一，这些论著中有的受"革命史范式"的影响，在研究近代建筑时将1919年"五四"运动年作为重要的分水岭，还有的将太平天国运动失败的1864年也单列出来。如早期的著作都以1919年的"五四"运动为重要年代划分近代建筑发展的历史时期。直到1980年代以后，"革命史范式"对中国近代建筑史的分期仍有一定影响。

第二，有些论著则主张将现代建筑1949—1977的发展并入到近代建筑史中；有的将1934年以后或1920年代以后的近代建筑划分出来并入到中国现代建筑史。

有关中国近代建筑的时限与研究对象，就中国近代建筑史整体而言，基本上是研究1840—1949年间建造的、能反映近代化进程的那部分建筑。虽然近代时期的政权更迭导致社会动荡，但是实现包括工业化在内的现代化，是近代以来中国人思想上始终未曾忘却的情结，贯穿了整个近代史的始终，分割研究难以取得整体的认识①。因此，以近代化为主线，在中国近代历史的大脉络中考察近代中国的建筑发展，分析其发生、发展和曲折，也利于讨论其与建国后的建设活动的关联。

第三，很多著作将1937年全面抗战爆发至1949年新中国成立之间的十几年称作"中国近代建筑的停滞时期"或"凋零期"。而本学科的最新研究成果表明，这一时期内的实际建设情形要丰富、复杂得多。

由于我们以近代化为主线，在具体的分期上与上述各方案既有相似之处，也有很大的不同，仍将运用相应的研究体系对之加以解释。

大体说来，中国近代化的思想和理论轨迹，总括起来，可分为三阶段。从魏源等人的"师夷长技"到洋务派的"练兵"、"制器"，再到民族资产阶级上层的"商战"，是第一阶段。这时近代化的思想还是朦胧曲折的。从甲午战争以后到20世纪20年代，即从"维新变法"到"三民主义"和《实业计划》，是第二阶段。此时近代化观念已充分形成，呼之欲出。20世纪二三十年代是第三阶段，"近代化"一词已普遍使用，思想界展开了中国近代化道路的大讨论，近代化的理论和思想已经十分明确和丰富。更重要的是，这一时期内国民政府北伐成功（1926—1927年）并在南京设立中央政府，为国家建设提供了各种必要条件，开始了所谓"黄金十年"时期。这是我们按照近代化主线对中国近代建筑史进行分期的理论根据。

因此，结合中国近代化的思想和实际的建设情形，中国近代建筑的发展可分为四个时期，示如下表：

---

① 章开沅、罗福惠主编：《比较中的审视：中国早期现代化研究》，浙江人民出版社1993年版，第82页。

表4—2　中国近代建筑发展的四个历史分期

分期	重要年份	该年政治史大事件	近代思想史大事件	中国近代城市形态演变	近代建筑样式的发展演变	近代建筑技术及教育的发展	思想变迁
近代建筑的发轫期（1840—1895）	1840	第一次鸦片战争开始	"师夷长技以制夷"	五口通商，租界出现，但大部分城市未受冲击	1.内陆地区建筑受西方冲击较小，或在工艺、技术等方面延承传统做法；2.西方折衷式建筑引入租界。	西方建筑的结构体系及建造技术于19世纪70年代之后被系统译介引进（如江南制造总局译刊）	"中体西用"
	1860	1.第二次鸦片战争结束2.洋务运动开始	1."制器"、"商战"、"利权"2."中学为体，西学为用"	开埠城市数量增多，西方影响变大			
	1895	甲午战争结束、《马关条约》签署					
发展期（第一阶段）（1896—1927）	1897	"租借地"出现	1.戊戌变法2.民族主义思想兴起3.立宪运动+地方自治："师夷"→"变法"，"变器"→"变道"4.孙中山发表《实业计划》（1921）	1.租借地城市发展（德占青岛，俄占旅大等）；2.俄国铺设中东铁路；3.张謇等人开展地方近代化运动；4.日本在南满地区经营"满铁"附属地；5.北洋政府主导下的新城开发及城市公园制度；6.建筑保护运动开始（曲阜，1922）	1.由外国人统一规划建设的殖民地城市出现；2.教会大学建筑主动模仿中国传统形式；3."新政"新区建筑仿效租界建筑样式；4.广州、厦门等地陆续出现新骑楼建筑。	1.钢筋混凝土结构被引进（岭南大学马丁堂，1906）；2.外国施工承包公司在华业务扩大；本土公司承接部分重要项目；3.外国建筑师在华活动加强；4.中国第一代建筑师登上历史舞台。	西方化→近代化
	1898	戊戌维新					
	1901	《辛丑条约》签署；清政府实行"新政"					
	1905	日俄战争结束；清政府预备仿行宪政					
	1911	辛亥革命					
	1927	北伐成功					

分期	重要年份	该年政治史大事件	近代思想史大事件	中国近代城市形态演变	近代建筑样式的发展演变	近代建筑技术及教育的发展	思想变迁
发展期（第二阶段）（1928—1937）	1928	南京国民政府成立	1.文化建设 2."全盘西化"与"现代化"道路之争	1."首都计划"（1928）；2.上海、武汉及广州等城市规划；3.地方政权的建设（东北、山西、西南、江西等）；4."新京"规划（1932）等伪满城市规划及建设。	1.民国政府主导下的"中国固有形式"建筑；2.长春的日本"兴亚式"建筑。	1.钢筋混凝土结构建筑大量出现（南京、上海、长春）；2.近代建筑教育体系形成；3.营造学社、建筑师协会等组织成立。	民族认同＋近代化
	1931	"九一八"事变					
	1937	"七七事变"					
发展期（第三阶段）（1937—1949）	1938	国民政府内迁		1.战时内陆城市的城市化及近代化发展；2.解放区的城镇发展；3.日本侵占地城市规划，如大同及北平城市计划；4.主权统一背景下民国政府设想的全面规划，如大上海规划。	1.工业内迁促进内陆地区的建设发展；2.延安的生产、居住模式等成为新中国成立后单位空间的原型。	日本现代主义建筑师在华设立事务所（远藤新、前川国男）或参与殖民地建设项目（坂仓准三、丹下健三等）	
	1941	太平洋战争爆发					
	1943	治外法权收回					
	1945	抗战胜利					
	1949	新中国成立					

　　上表选取甲午战争（1895年）、南京政府成立（1928年）、全面抗战爆发（1937年），作为划分中国近代建筑史发展的几个重大事件。其他一些关键年代，如洋务运动开始（1861年）、清末"新政"开始（1901年）、日俄战争（1905年）、国民政府收回治外法权（1943年）等，也对近代城市和建筑的发展产生了巨大影响，能从一个侧面体现出中国近代化的进程。但是，我们还是要避免以政治史的大事件来划分近代建筑的发展阶段。例如，1911年清政府的统治虽然戛然而止，但从近代化的观点看，辛亥革命只

是近代国家建构过程中的一个环节，在建设上也未体现出什么巨大变化。相似的例子，还有1864年太平天国运动失败、1898年戊戌变法、1919年"五四"运动等。

同时，上表也显示了1840年以来中国近代城市形态和近代建筑样式发展演变与政治史、文化史及社会思想变迁等因素之间的关系，说明近代建筑是近代中国政治、经济、思想等因素发展、互动的结果。我们将与近代城市与建筑发展关系密切的近代历史上的重大事件简要勾勒如下，并说明分期的理由。

1840年的鸦片战争是中国近代化准备阶段的始点，自此以外廊式建筑为代表的西方建筑不但改变了通商口岸的城市景观，也使近代中国社会发生了深刻的改变。但直到60年代，中国的早期工业化才开始了为期三十年的艰难起步，发起以"洋务"为内容的自强新政，创办了一批军事工业和民用工业。

但是，洋务运动不是由朝廷统一部署、在全国推动的运动，守旧、保守、反对的势力普遍存在，致使洋务运动难以取得像明治维新一样的效果。1895年甲午战争败于日本，清政府被迫签订的《马关条约》允许外国人在中国开设工厂，使外国在中国的侵略进入一个新的阶段。一些租界城市由于大量开办工厂，发展更为迅速。[1]同时，列强趁机强占优良港口，1897—1898年出现了青岛、大连等五个租借地，俄国且又取得在东北修建铁路及营建铁路附属地的权力。更重要的是，甲午惨败唤醒了"吾国四千余年大梦"（梁启超），民族主义运动从此成为"中国近代史上一个重要的主导力量"，孜孜谋求建立能与西方和日本相抗衡的近代民族国家。[2]因此，甲午战争的结果标志着洋务运动的失败并开启了中国政治、思想的新局面，并深刻影响了此后中国近代城市和建筑的发展。

综上所述，我们以1895年为界划分近代建筑的发展，将之前的55年称之为"发轫期"，其大致的形态是散乱、缺乏统一组织的。而之后中央政府虽仍旧羸弱但开始努力

---

① 如天津原先只有英、法、美租界，1900年后德国也在天津占有租界，其后不久俄、奥、意、比四国又在天津占租界，形成了八国租界，城市范围扩大好几倍。

② 余英时：《中国现代的民族主义与知识分子》，《近代中国思想人物论：民族主义》，台北：时报出版公司1985年版，第562页。另见 Rebecca Karl, *Staging the World: Chinese Nationalism at the Turn of the Twentieth Century*, Durham: Duke University Press, 2002。

担负起统筹近代化的重责（如清末"新政"、北洋政府时期的从工商部到各省政府的实业厅相继制订《实业计划》及至南京国民政府时期的各项举措）。《辛丑条约》之后，清政府推行"新政"，新锐官员纷纷仿效租借地进行新城区的规划与建设，试图通过西方化达到近代化，藉此与租借地相抗衡。此外，地方的近代化事业也渐次展开。而中国民族主义的兴起则成为各方势力所不能忽视的重要因素。

在中国近代城市建设史上，北伐成功、民国南北统一的1928年是另一个重要的分水岭。北伐成功之后，民族自强和建设民族国家的呼声达到高潮。1928年民国迁都南京之后的所谓"黄金十年"期间，由民国政府主导实施了上海等地的城市规划和建设，其共同的特点是参考传统礼制进行行政区的布置，并在主要的官方建筑上采用民族形式，反映了建设统一、文明的民族国家的愿望。这些建设特别加强了对民族性的表达，期望以传统文化为旗帜，表达民族性、近代性及政权的正统性，旨在通过民族、文化认同达到政治认同。在这一时期，随着对近代化与西方化关系认识的不断深入，近代化已不再仅限于等同"西方化"。在1933年《申报》发起的"中国近代化问题"讨论和1935年关于中国文化建设的论争中，涉及的内容已相当全面，认识也达到了相当的深度①。

1937年"七七事变"之后，日本的侵略分散了近代化建设的力量，严重阻碍了我国近代化的进程。1937年以后的建筑活动，相比"黄金十年"，确实在建设规模和范围上都呈明显萎缩之势，但也不是完全停顿不前，并非开了近代化的倒车。

全面抗战爆发以后，国民政府被迫播迁西南。在长期抗战的思想下，一部分沿海城市的人口与工业也向内陆迁移，使得40年代的诸多内陆省份（如川滇黔等）的工业和文教事业有了一定的发展，客观上使中国近代化发展极不均衡的状况得到初步改变，也使近代建筑的活动较多地扩展到这些内陆地区。同时，在抗日战争极其艰难的条件下，中国共产党领导下的抗日根据地进行了一些建设。其中，延安的新建设在当时最具影响。八路军还开展了大生产运动，驻军垦殖，也进行了一些相应的建筑活动，如359旅开垦的南泥湾即为著名的新型居民点，其中各种设施和机构齐全。延安时期的这些建设所反映

---

① 章开沅、罗福慧主编：《比较中的审视：中国早期现代化研究》，第78—79页。

出的自给自足、集体主义等思想，已具备了建国后单位空间的雏形[①]。

而在受战火影响较小的伪满洲国，虽然在1937年完成了"首都建设五年计划"（1933—1937年），长春和其他东北城市的建设仍断断续续地进行着。1942年时值伪满"建国"十周年，日伪政府在长春及其他东北城市举办了各种庆典，并修建了一批建筑。它们也是20世纪40年代中国近代建筑史的组成部分。

1937年以后的13年，近代建筑的活动不但规模缩小，技术和美学上也只能因陋就简。可是其发展的缓慢曲折，却也暗合了整个中国建筑近代化发展的大势，即"是一种缺乏统一组织、散漫无序的现代化，其过程则起伏跌宕，关系错综复杂"。实际上，1949以前的一百多年，在外国频繁侵略、战乱不断的大环境下，就整体而言，近代化事业都是局部的、零星的和缺乏统一组织的[②]。所以，我们认为1937年以后的近代建筑活动属于近代化过程的另一个发展阶段，不宜简单地称之为"凋零"或"停滞"。

总而言之，我们的目的，是按照新的分期方法，探索中国近代建筑发展的内在逻辑，充分体现二十多年来中国近代建筑史的研究成果。这种分期方法，不尽与中国近代史的分期相一致，而是依据实际的建设资料，在近代中国政治史和思想史的大脉络下进行近代建筑史的研究。上述的分期能够体现中国近代建筑发展的大势，反映近代化进程中的外部殖民侵略和内部民族奋争这两个主题，有利于我们在头绪纷繁的各种现象中理解其发展的规律与特征，从而更好地把握近代建筑自身的特色。

---

① 延安在1937年不过是数千人的边陲小镇，经过几年的建政整改，发展经济，各种类型的新建筑不断出现，设施不断完善。1942年边区人民政府制订了城市建设计划，至1943年延安居住人口已达14000人（机关、学校人员未计入）。David Bray, *Social Space and Governance in Urban China*, Stanford: Stanford University Press, 2005, p.95.

② 张海鹏指出，区别1949年前后的现代化事业，是"符合历史事实的，是有必要；不做这种区别，一概用现代化的框架加以研究，正是忽视了发展中的事物的本质的区别"。详张海鹏：《中国近代通史》（第一卷），第143页。

第五章　外力主导下的近代化：近代外廊式建筑与中国近代建筑史研究

一、"中国近代建筑的原点"——我国外廊式建筑及其类型与分布

藤森照信先生于1993年第5期《建筑学报》发表《外廊样式——中国近代建筑的原点》一文[①]，提出"外廊式样"建筑的出现是中西方文化碰撞的最初产物，为中国近代建筑之开端[②]。藤森先生在文中对中国"外廊式"建筑的定义可归纳为如下三方面：

（1）时间上，"外廊式"建筑在中国出现于19世纪中叶，在20世纪之后则为更地道的古典主义所完全替代。

（2）外廊是这一建筑样式的决定因素。外廊是用由石材和混凝土建造的，这些材料和建造工艺都非本土所固有，有时需从外国引进。

（3）"外廊"还带有文化上的含义，即外廊成为其居民的日常生活不可分割的一

[①]　《外廊样式——中国近代建筑的原点》一文最先在1992年于重庆举办的第四次中国近代建筑史研究讨论会上发表。详〔日〕藤森照信撰、张复合译：《外廊样式——中国近代建筑的原点》，《建筑学报》1993年第5期。

[②]　藤森先生的原文是，"在中国近代建筑刚开始出现的时候，决不像后来所表现的那样多姿多彩，而只有一种样式，这就是本文要论及的'外廊样式'"。后继研究对此论点的质疑及补充，集中在外廊式是否是早期西方建筑进入中国唯一的建筑样式（如外廊式在中国大量出现以前，澳门的近代建筑即形成了独特风格；另见杨秉德：《早期西方建筑对中国近代建筑产生影响的三条渠道》，《华中建筑》2005年第2期）。但外廊式建筑的出现并广泛用于领事馆等殖民主义权力机构，使中国城市景观由此发生了彻底改变，从此意义上讲，外廊式建筑"原点"的地位庶几无疑。

部分。①

该文发表后被频繁引用，产生了广泛影响，众多学者陆续加入到外廊式建筑研究的行列中。因此，藤森文发表至今十多年间，外廊式建筑研究的一个重要特点就是研究对象的显著扩张。藤森照信曾在他的论文中指出，"外廊式"建筑不但被用作住宅，同时也被用于办公楼、洋行、俱乐部等建筑类型。自藤森文于1993年发表以来，对"外廊式"建筑的研究对象扩大到教会建筑，如位于台湾淡水的教士楼和长春的天主教堂主教府。

另外，早期日本学者所研究的"外廊式"建筑是融居住和办公为一体的殖民机构，它们与当地环境格格不入、相互隔离，是殖民地文化的典型产物。这种空间上的隔离反映了社会生活和文化上的巨大差别。所以之前我国就有学者就称之为"殖民地式"②。甲午战争的失败以及《辛丑条约》的签订，促发了旨在抵御外侮、追求民族独立的民族主义运动的勃兴。在这一民族觉醒的大背景下，清政府发起了一场自上而下的宪政改革运动，其中也曾产生了一批"外廊式"建筑，虽然形式相似，但其建造的背景与意图与之前"殖民地式"均大相径庭。

随着中国近代建筑史学科的发展，我国学者拓展了外廊式建筑研究的对象及范围。其后果，造成了藤森文中"外廊式"定义所不能解释的诸多现象。从学术史的观点回溯这一重要概念如何从清晰到模糊，可以从一个侧面反映中国近代建筑史学科发展的历程。

基于文献资料和实地调研，本文将外廊式建筑分为三种类型，即中国传统的廊式建筑（包括坛庙及民居）、洋式廊屋及合院式外廊民居。本节对这三种类型逐一说明，并综述其分布的特点、原因及社会意义。

---

①　"这种外廊成为不可缺少的。有的仅在居室前单面设置，有的则四面都有。……外廊成为住宅中最舒适的空间，在这里，殖民者吃便餐、喝茶、吸烟、谈笑、编织、读书、下棋，以至享受午睡之乐。"详〔日〕藤森照信撰、张复合译：《外廊样式——中国近代建筑的原点》，《建筑学报》1993年第5期。

②　伍江在其对早期上海近代建筑的研究中指出，这些早期西式建筑的形式，来自西方人在印度、东南亚等西方殖民地建造的外廊式建筑，亦称"英国殖民地式"建筑。见伍江：《上海百年建筑史（1840—1949）》，同济大学出版社1997年版，第19—20页。

（一）中国传统的廊式建筑

"廊"很早就被运用在我国各个等级的封建礼制传统建筑中。如，在礼制等级较高的坛庙建筑中，"副阶周匝"的形制，即围绕主殿的一圈外围廊，至少存在了一千年（如山西太原晋祠圣母殿，及明代苏州北寺塔等例）。一些佛塔的底层也绕有围廊，如辽代应县佛宫寺释迦塔和建于南宋的苏州报恩寺塔。而无论在皇家园林或江南私人园林中，廊道也早已成为组织景观布局和视线流线的一个重要元素。

在较为因陋就简、随地制宜的民居建筑中，根据当地不同的气候、地理等特征和风俗习惯，室外的廊衍生出各种变体，广泛灵活地应用在这些民居建筑上，它们或为在建筑外附加一层屋檐形成廊下空间，如江浙一带水乡的汉族民居、东北的朝鲜族民居、西藏和川西北的藏族民居，或为吊脚楼，如鄂西的土家族民居、贵州的侗族民居和湘西的苗族民居。

三亚市崖城县周边村镇的外廊民居是这一类中较为典型的例子。崖城地处海南岛最南边，终年气候闷热潮湿，且夏季有台风。这些自然条件要求当地的民居利于遮阳通风，但楼层又不能建得过高。因此，遮阴纳凉的外廊成为建筑中必需的部分，于是形成了崖城本地的外廊式民居（图5—1）。崖城民居多建于20世纪前后，主体穿斗木作，月梁部分施有精致的雕刻。外廊附加在主屋外，进深通常2米左右，形成遮阴蔽日的廊下空间。受外来思想的影响，后期的很多外廊上还附加了西方建筑元素。由于夏季常有台风，它们的外形低矮，主屋与外廊的屋面几乎接为一体，与江浙一带的檐廊形象迥异。

由此可见，廊被广泛使用在传统建筑中，方式各不相同：从北方佛寺道观建筑中以达到端凝庄重的目的，到南方

图5—1　崖城传统的外廊式民居（2009年摄）

民居建筑中主要是遮阴蔽日的气候上的考量，廊的用途各异，或为强调皇权的威严，或为体现当地的生活习惯。千百年来，"外廊"建筑元素的这些形象和功能在民族记忆中产生了文化积淀，广大民众对之熟稔于心。因此，近代以后，较偏远地区建造的外廊式建筑经过本土匠人的改造，虽仍带有西化符号，却不脱传统建筑的意趣。

（二）洋式廊屋建筑（bungalow）

洋式廊屋是占有独立地块、独幢建造的外廊式建筑。从业主的身份看，洋式廊屋又可细分为三类，其分布各有特点。第一种即藤森先生已论述的，早期由外国人或其买办在商埠城市建造的该类建筑，国内学者也称"殖民地式"或"买办式"。第二种由中国政府建造，不但分布在各个沿海沿江口岸，也深入到内陆的行政中心城市。第三种以中国政、商、学界精英阶层私人力量为主建造，地点不限于城市。

1.洋式廊屋在中国传播的第一种途径

传播之初是由西方殖民主义势力在中国的扩张造成的，即藤森文中的"外廊式"建筑。早期在上海、广州等地建成的领事馆和洋行等外廊式建筑，设计者多为以牟利为目的来华洋商，并无专业建筑师的参与。建造者无意在上海久留，没有长久的发展计划。因此这些建筑主要为应付眼前所需，缺乏考究的细部和法式，一度被建筑史家斥之为"简陋而绝无建筑之美"。[①]

这种洋式廊屋的"舶来"特性是显而易见的。藤森先生在文中业已指出，这类廊屋一般为一层或两层的砖石结构建筑，体量通常比中国传统的木结构建筑大，外观变化较少且可从其细微的变化清晰辨其建造的大致时代。[②]这种廊屋屋顶的各边缘笔直而无曲折，且主体建筑的至少一边附建了由西方柱式支承的外廊。建筑形式上引入的拱廊式是英国古典主义的变种，为适应热带气候和殖民者的生活需要演变形成的。这些特征都是

---

①　伍江指出："这种简陋的建造方式，主要是为当时财力及建筑技术条件的限制，但也不能说与当时多数外国人的短期行为无关。许多人并不打算在上海久留，只是抱着探险的心理想捞一把就走。"参见伍江：《上海百年建筑史（1840—1949）》，第 19 页。

②　详〔日〕藤森照信撰、张复合译：《外廊样式——中国近代建筑的原点》。另如村松伸在烟台外廊式建筑的研究中，也根据拱券形式的不同判断其建成年代的先后。参见〔日〕村松伸：《烟台近代建筑在东亚近代建筑史中的地位》，《中国近代建筑总览·烟台篇》，中国建筑工业出版社 1992 年版。

廊屋与本土建筑的不同之处。

更重要的是，廊屋空间的组织不同于传统建筑依内院布置的格局，而是以廊屋前后的花园替代内院，使建筑位居划定地块的中央，内部用楼梯联系上下层空间使布局紧凑。

根据田代辉久的研究，1850年重建的十三行是中国最早出现的外廊式建筑[①]。清政府腐败无能，列强的殖民势力不断扩张。五口通商以后，首当其冲建设的是各口岸的外国领事馆建筑。这一时期领事馆建筑都采用了外廊样式，随之，各类洋行、商行、银行、学校、会馆和民宅都广泛地采用了外廊式，除东南沿海和长江中下游设有租界的城市之外，还影响到北方城市天津以及山东半岛的烟台等地，"几乎一度成为19世纪后半叶一种通用的式样"。

各商埠都持续建造了大批"外廊式"建筑，用于推行殖民政策和管理侨务的领事馆及进行经济掠夺如洋行等机构。例如，上海的早期西式建筑，不论是领事馆还是洋行办公楼，或是住宅，差不多都采用这一形式（图5—2）。1895年清廷在中日甲午战争中惨败，被迫陆续割让台湾及五处租借地。在这些新占据的地区，列强也兴建了一批洋式廊屋建筑，如台湾淡水的日本领事馆及刘公岛的英国水师团练楼。

因为这种建筑并非来自欧洲本土，而是西方人在亚洲殖民地的创造，因而国内一些学者也将这一建筑风格称之为

图5—2　上海早期"买办式"洋式廊屋，外廊式建筑的原型
资料来源：Edward Denison and Guang Yu Ren, *Building Shanghai*, West Sussex: Wiley-Academy, 2006, p.48.

---

① 〔日〕田代辉久：《广州十三夷馆研究》，《中国近代建筑总览·广州篇》，中国建筑工业出版社1992年版，第9—25页。

"买办式"（compradoric，亦音译为康白度式）。根据《辞海》的释义，"买办"在我国指外国资本家在旧中国设立的商行、公司、银行等所雇用的中国经理。[①]随着殖民主义在中国的扩张，买办经济贸易体系被建立起来，一个新的"买办资产阶级"逐渐发展成熟，成为官僚资产阶级，是旧中国统治的社会支柱之一[②]。同时，在建造洋式建筑时，需要中国买办居间肆应，这种风格遂被称为"买办式"[③]，很巧妙地把一个社会政治名词变成了一个建筑学术语。

外廊附加于建筑，是在热带为了抵御炎热的气候而产生的一种建筑发明，但是在长江流域的城市如上海、汉口等地，"对住在这些房子里的人来说，设计者似乎只记得炎热的夏天，而忘了这些地方的阴冷而且潮湿的冬季"[④]。不但如此，在中国北方城市如烟台、天津等地，冬季北风凛冽，进深很大的外廊根本不利于冬季宝贵的阳光进入室内。

---

①　"买办"一词源于葡萄牙语，原指欧洲人在印度雇用的当地管家。在清初专指为居住广东商馆（十三行）的外商服务的中国公行的采买人或管事人。鸦片战争后，废止公行制度，外商乃选当地中国商人代理买卖，沿称买办。其性质既是外商的雇员，也是独立商人，代为外国资本家推销商品，从中牟取暴利。鸦片战争以后，"买办制度"随着洋行业务的开展而发生了变化。买办阶层同外商利益上的共同点使其成为中国历史上一个极具独特色彩的集团，他们成了西方国家在政治上和经济上侵略和控制中国的工具。这些买办阶层既经营钱财的进出和保管，也参与业务经营和商品交易事宜，并常常代表洋行深入内地进行购销业务；同中国商人商定价格，订立交易合同，并凭借本身的地位，在货物的收付上取得双方的信任。参见辞海编辑委员会：《辞海》（缩印本），上海辞书出版社 1979 年版，第 108 页。

②　《汉语大词典》"买办资产阶级"条目："殖民地、半殖民地国家里，勾结帝国主义并为帝国主义侵略政策服务的大资产阶级。买办资产阶级依靠帝国主义，跟本国的封建统治势力也有极密切的联系。在旧中国，买办资产阶级掌握政权，发展成为官僚资产阶级。"见罗竹风编：《汉语大词典》卷 10，汉语大词典出版社 1992 年版，第 168 页。

③　据 Edward Denis 的研究，由于"买办式"是由广州传来，与外商有着长期和广泛来往的广东商人在上海早期的城市建设中也扮演了重要角色。最初在上海建成的廊屋通常只有一层，而后慢慢以两层为主，"由外国人做出设计，材料则由广东运来"，主体建筑外附建了宽敞的通高四面或前后外廊。见 Edward Denison and Guang Yu Ren, *Building Shanghai*, West Sussex: Wiley-Academy, 2006, p.47。另见 Chaolee Kuo, *Identity, Tradition and Modernity: A Genealogy of Urban Settlement in Taiwan*, Dissertation at Katholieke Unversitteit Leuven, 1992。

④　Chaolee Kuo, *Identity, Tradition and Modernity: A Genealogy of Urban Settlement in Taiwan*. Dissertation at Katholieke Unversitteit Leuven, 1992, p.45.

图5—3 天津法国领事馆外观

资料来源：张复合提供，1988年。

为了适应当地严寒的冬季，不得不用玻璃将外廊封闭起来，使外廊成为日光室。因此，外廊完全失去了其存在的本来意义，而退化成一种建筑符号。（图5—3）

因为它们多作为领事馆和洋行，"买办式"廊屋也成了列强权势和文化先进性的象征。洋式廊屋的样式与殖民地当地的居住形式大相径庭，被鼓吹成欧洲为"蒙昧的"殖民地带来现代文明的具体成就，象征着殖民统治的合法性。因此这一建筑样式成了推进欧洲的殖民主义的"利器"（tool of empire），造成殖民地国家城市空间各部分相互隔离的局面。在一些国家，其遗毒为患至今。①

2.洋式廊屋在中国传播的第二种途径

这是通过清政府的一系列新政改革而深入到内陆大城市的。象征着"现代性"的外廊式建筑样式代表了清末政府改革宪政、全力西化和抗击外侮的政治诉求。和"买办式"廊屋一样，中国政府建造外廊式衙署的着眼点也主要是这一建筑样式的象征意义，只不过另具含义。

清朝末年，各级地方建造了一批仿效西方建筑形式的新式政府建筑。其中位于延吉的延吉道尹公署和位于长春的吉长道尹公署，均位于东北的吉林省。19世纪末，沙俄陈兵我国东北，图谋实现"黄俄罗斯计划"；日本则以占领东北作为推行"大陆政策"的关键步骤，不惜与俄兵战。为了应对俄、日的挑衅滋扰，清末镇边的爱国官吏采取了各种积极措施，包括东三省官制改革、开办实业（如吉林机器局）、提倡教育、兴办报纸

---

① 有关后殖民主义时代城市形态与殖民政府时期城市政策的关联，以印度尼西亚为例，见 Abidin Kusno, *Behind the Postcolonial: Architecture, Urban Space, and Political Cultures in Indonesia*, New York: Routledge, 2000.

等，这两座衙署建筑就是在这种大背景下建造起来的。

延吉道尹公署在清末著名爱国将领吴大澂主持下建于1905年（图5—4）。公署现仅余一座建筑，混杂了较多的中国传统建筑元素。其屋面铺设中式的小青瓦，正脊也类似北方庙宇的做法。但主体建筑为青红砖间隔砌成的厚重外墙，颇类似于英

图5—4　延吉道尹公署（2008年摄）

国的传统砖工技艺，并且外墙的开口处多为拱券，可明显见其受西方建筑的影响。有趣的是，该建筑的外廊为木材建造，并附带了多处传统建筑的做法，如雀替、栏杆、望板等，与主体的西洋元素杂糅并立。

为了适应东北的严寒气候，外廊避暑遮阴的功能退居末位，其样式也出现了明显的改变。木质的外廊突兀于主体建筑之外，容易使人联想起蓟县独乐寺主殿平座层的形象。从功能而言，这一外廊避暑遮阴的功能已不复存在，反而可以为办公人员提供一处观游远眺的平台，这也与中国传统楼阁建筑的意趣相一致。

长春吉长道尹公署创设于清末光绪三十四年（1908年）十月，格制远较延吉道尹公署宏大。道尹公署初名吉林西路兵备道，主理行政兼办外交事务，为长春最高地方官员的衙署。衙署的主要建筑（大堂）是一座名副其实的单层"外廊式"建筑。石材建成的外廊四面环绕着主体建筑，外廊由西式柱式支承半圆拱券，并装饰了精美的线脚。长春位于东北腹地，冬季气候寒冷，可是此处外廊仍深达2.4米[①]（图5—5）。衙署建筑设计所追求的是高大、雄伟的设计风格，也是想以此来同日本"满铁"附属地的建筑作抗争。因此，表达抗击侵略和争取民族独立的意愿压倒了对自然气候的考虑，成为设计中关心的

───────────

①　陈苏柳：《长春市吉长道尹公署建筑考证及保护研究》，收于张复合编：《中国近代建筑研究与保护（三）》，清华大学出版社2003年版，第501页。吉长道尹公署原物已被拆毁，2004年在原址重建，惜外墙构造和重要的线脚细部等未能全部复原。

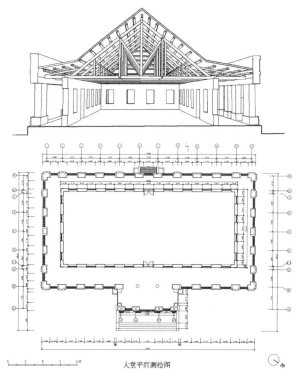

图5—5　长春吉长道尹公署大堂测绘图
资料来源：敖然绘制，2012年。

最主要方面。

由于日本殖民者的经济侵略，东北的地方政权一方面对"满铁"附属地的用地和建设等进行种种限制，抵制日本人，一方面加紧建设与"满铁"附属地相抗衡的由中国人行使主权的新市区。当时长春的地方长官颜世清为了制止长春"满铁"附属地的南扩，将其衙署吉长道尹公署建在商埠地的最北头，直接毗邻"满铁"附属地南界。中国地方政府把衙门建在自己管辖区域的前沿，显然有阻止日本人继续向南扩张的意义。[①]

因此，在外观上，这座建筑与上海等地的"买办式"（或"殖民地式"）建筑并无太大区别，可是建造吉长道尹公署的原因并非殖民主义的利益驱动，而恰恰相反是为了反抗侵略、争取民族独立。形制虽然相似，但建筑所表达的含义则大不相同。

3.洋式廊屋在中国传播的第三种途径

最后，洋式廊屋也通过比较"温和"、"低调"的方式传播，主要集中在僻远的避暑地。这些主要用于居住的廊屋，主要取其适宜居住的特性，尺度较小，所以不像前两者那样虚张声势，咄咄逼人。洋式廊屋住宅在空间布局上显得紧凑，外观和建造方法上也体现出亲近自然的特点，表现了其适宜居住的性格，因此不但备受来华外国人的钟

---

① 关于吉长道尹公署之记述参见于维联主编，李之吉、戚勇执行主编：《长春近代建筑》，长春出版社2001年版。

爱，也为中国上层社会所广泛接受。除了在大城市零星分布外，[1]这种廊屋住宅主要集中在位于山区的避暑地。

在远离大城市的偏远地区如庐山等地，到20世纪二三十年代，一直都在继续修建廊屋别墅，业主多为民国政治、商业和知识界的精英人物。在这些避暑地，廊屋是作为度假别墅（vacation house）而建造的，力图体现其主人的生活品位和财力的雄厚。这一建筑现象与"班格庐"（bungalow）作为"第二住宅"（second house）在19世纪中叶的英国和20世纪初的美国普遍流行相类似。只不过20世纪初英国，广大工人阶级已经能负担这种"第二住宅"，造成了这一建筑形式在英国本岛的广泛传播。在美国流行的廊屋住宅是用木材为主，主要构件在工厂预制、现场组装，为的是满足日益庞大的中产阶层对独幢住房的需求，能快速建成。而中国的廊屋别墅始终只是上层社会才享有的特权。我国庐山、鸡公山的廊屋别墅兼用木石，旨在体现屋主的身份地位，因此考究得多。

为了表现远离尘嚣的城市而趋近自然的生活态度，新建的廊屋别墅都特别重视外廊。外廊上的休憩娱乐等活动成为回归自然的重要标志。[2]而在建造方式上，除了使用代表着"现代性"的昂贵材料如混凝土，更多地使用了手工生产和施工的木材作为围护结构，使建筑更好地融合在自然中。这种建筑手法，与美国西部大约同时期所流行的"工艺美术运动"趣味相近。只不过廊屋在美国的传播成为郊区化运动的先导，最终彻底改变了整个国家的居住和生活模式，而在中国廊屋别墅的建造则数量极少且影响范围极为有限。

更值得注意的是，洋式廊屋并不仅仅是一种居住形态，而更重要的是它具体而微地体现了现代化和西方化在中国的进程。例如，在殖民地国家，廊屋象征着一个"西式的"核心家庭的"现代"居住方式，这与为适应聚族而居、数代同堂的"传统"住居形

---

① 如梁启超位于天津的私宅及书斋（饮冰室）。

② 有关外廊和内部空间的象征意义及其使用与城市内公寓住宅的不同，详见 Anthony King, "A Time for Space and A Space for Time: the Social Production of the Vacation House"，收于 Anthony King（ed.），*Buildings and Society: Essays on the Social Development of the Built Environment*，London, Boston: Routledge & Kegan Paul, 1980。

成了鲜明的对比。廊屋别墅的不断建造，说明大城市精英阶层已经不满足于在表面上描摹仿造西方建筑元素，在居住方式上也慕洋趋新，西方化程度更为加深。

（三）合院式外廊住宅

中国幅员广大，经济、社会发展十分不平衡，受西方冲击进入近代后，区域发展的不平衡现象更加严重。即使在甲午战争后开辟租界的高潮时期，实际上进行了大量建设的开埠城市只有有限几个。内陆城市在数量上一直占绝对的多数。

受外力影响较小的内陆城市，由于相对封闭的地理位置与落后的经济基础，其社会文化模式比较稳定，导致了近代建筑绝大多数以延承传统形式和传统建造方式为主。与开埠城市和受西化思想较深的政治中心城市不同的是，西方的文化和技术是以断断续续、不成体系的方式传入这些内陆城市的。在近代中西文化交流中，中国虽然是弱势的一方，但在这些内陆城市中传统势力却仍占据主导的位置，以固有的惯性和方式抵抗或冲淡西方影响的渗透。

在城市化程度较低的地区，近代化的模式不同于通商大埠，其起因并非由列强冲击或政府发起，而是由下而上自发形成的。这些地区近代化的力量由当地的进步士绅所领导，经济上独立于政府，能较自由地将西方文化进行改造而与本土文化结构相适应。这一点在表现民间生活观念和价值取向的居住建筑上体现得尤为明显。

例如，位于闽南的泉州既无租界地，西化又不彻底，市政设施及工业发展滞后，因而没有出现洋行、领事馆、货栈、现代工厂等近代建筑类型，构成城市"近代"景观的主要是民国时期大量建造的中西合璧住宅。泉州的近代住宅多为在东南亚经商而积累了一定财富的华侨投资兴建，平面格局基本为传统的大厝民居[①]，多数住宅在正门的门面外设置西式外廊，从门外看，颇为类似于洋式廊屋，但内部空间布置则完全不同（图1—3）。另外，在不少例子中，外廊被移到院落内部甚至偏置于院落的一角

---

① 大厝是泉州民居中典型的住宅类型，有三开间、五开间、带护厝、突山庭堂等布局，平面两翼对称，横向扩展布局。内部空间常见有"四屋看厅"或"六屋看厅"等形制。纵深有二落、三落、五落不等，以庭为组织院落单元，廊和过水贯穿全宅。在传统住宅中，较多运用砖、瓦，多用石砌基础和红砖砌筑外围墙，多采用硬山屋顶。

（图5—6），"发生了较大程度的衍化与变异"，可以认为是"外廊式样在泉州发生了进一步的中国化"。①

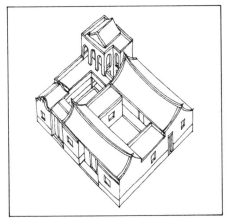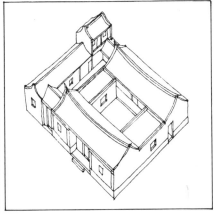

图5—6　外廊式合院民居外廊退到院落内部角落

资料来源：李乾朗：《金门民居建筑》，台北：雄狮图书公司1978年版，第24页。

在平面格局上，泉州地区传统民居的布置方式主导了内部空间的组织，围绕着内院排布各房间，而外廊只是作为装饰附加于入口或庭院内部，表现出对传统合院建筑体系的服从。检视从1910年代以降建造的泉州外廊式住宅，可见外廊在民居中的位置从主入口移至内院，直至偏置于院内的一隅，其重要性不断下降，不再像廊屋中那样，是一种决定性的建筑元素了②。另外，因为当地施工者多系农民，不但对西方建筑无全面的理解，更在建筑过程中随意发挥，因此当地的民居既与租界的外廊式建筑迥乎不同，也区别于庐山等地的外廊式别墅。

这些"门面外廊"汲取了当地匠人的自由创造和奇思妙想，变化的丰富程度远非大城市的"买办式"可相比拟，体现了浓重的乡土风味。在一些住宅还可见白色灰泥塑成的各种中国传统纹理图案，说明当地人在面对外来事物时有意地赋予了泉州本地的诠

---

① 参见杨思声：《近代泉州外廊式民居初探》，华侨大学硕士论文，2002年，第52页。

② 杨思声：《近代泉州外廊式民居初探》，第22—45页。另见潘华：《泉州近代历史地段的保护及规划》，《小城镇建设》2004年第4期。

释，亲切宜人。在民居中，外来的建筑体系（建筑形式、建筑结构、建筑材料乃至建筑空间）以更为灵巧的方式与传统建筑思想发生着碰撞与融合，这与大城市中洋行、官衙冰冷高傲的西洋装饰形成了鲜明对比。

中国另一些近代"乡土"建筑与泉州外廊式民居的处理极为相似。例如，另一处侨乡开平的碉楼上也多有这种用灰泥将各种人物、神兽等形象甚至民国国旗做成装饰主题的做法。这反映了政治对当时都市空间的影响力，并化为具体图像，转换成民间装饰的一部分。在这些例子中，新旧材料、新旧形式、新旧结构往往共存于一幢建筑中，并加入了大量地方传统的装饰处理，充分体现了外来建筑样式的本土化特点。

这种具有强烈民俗风味的建筑形式之所以在沿海诸省侨乡大量出现，是由近代华侨经济的特点所促成的[①]。华侨经济为外廊式建筑提供了必要的物质准备，大量侨汇直接构成了外廊式建筑的建设资金，而华侨的投资、开发带来的新材料、新技术也为外廊建筑的建设提供了保证。住宅主人为了炫耀在海外的经济成就，往往力图将自己的住宅建得恢宏阔气且与众不同，由此也造就了侨乡民居形态的丰富多样。泉州的外廊式住宅一直持续建造至1940年代末。

早期上海等地的"买办式"廊屋虽由外国殖民者所建，但这批最早的上海西式建筑已开始同古老的中国建筑文化相融合，如屋面多采用中式小青瓦铺装。可是至少在平面格局上仍遵循了西方的生活习惯，如在独幢建筑前后另设开敞的花园，内部再无庭院。随着西方建筑形式进入中国内陆，传统生活方式和价值观念仍占据主导地位，为表现"开明先进"或满足猎奇心理而引入的西建元素成为点缀院落住宅的标志，但整个住宅仍遵循轴线和院落布局。

从沿海沿江到内陆，外来建筑样式的本土化程度不断加深。从近代早期的"买办

---

① 侨汇经济在近代泉州占有很大比例。据《泉州华侨志》记载："在 1938 年以前 10 多年间泉州各县侨汇⋯⋯总量在 20 世纪初相当于全省可统计（厦门和福州）侨汇量的 95％，20 年代后半期为 94％弱，30 年代前半期约为 90％，至 1938 年为 70％强。"在泉州近代华侨家庭收入中，侨汇有时竟达十之七八的比重，几乎成了侨乡经济的最大来源。此外华侨还在泉州投资、捐资，这一切都使得泉州近代社会经济主要成为了一种华侨经济。见杨思声：《近代泉州外廊式民居初探》，华侨大学硕士论文，2002 年，第 10—11 页。

式"廊屋到外廊式衙署、廊屋别墅，直到晚期的外廊式院落住宅，从这一过程中可以看到一种外来的建筑风格如何地进入中国社会，在经过不同程序的折中和妥协后，为追求现代化的中国各阶层所接受。

二、从外廊式建筑看中国近代建筑史研究的进展

"外廊式"建筑的出现和传播是与近代中国的社会发展变迁互为因果的。而有关"外廊式"建筑的研究则是一个新兴学科的形成与壮大的缩影。如果脱离开中国近代建筑史在1980年代中期建立与发展的大背景，就不能全面理解"外廊式"建筑研究的重要性。

1986年在北京举办了第一次中国近代建筑研讨会，是为中国近代史学科正式建立的标志。在这次会议上，藤森照信先生作了题为"日本近代建筑史研究的历程"的报告，并表达了把在日本研究近代建筑的经验与中国学者们共同分享的愿望。自此，中日学者彻力合作，对中国16个主要城市的近代建筑展开实地考察。由此得来的第一手资料回答了近代城市中"有什么"的问题，使后起的学者能在此基础上继续研究"为什么"会出现这些建筑现象及其他问题，为后继研究奠定了坚实的基础。这种强调实地考察的研究方法也反映了重考据和实物的日本学术传统。①藤森先生关于"中国近代建筑的历史是始自外廊样式的"这一论点，正是建立在这一次全国性普查基础上的。

在广州近代建筑调查中，藤森先生指导的研究生田代辉久对建于1850年的广州十三行进行了复原。从复原图上可见这些商行从外观上看，都采用了外廊样式②。但是田代的复原图只能判定十三行的临街立面带明显西化色彩，至于其内部空间的布置是否仍围绕院落组织，则无从知晓。（图5—7）

_____

① 中国近代建筑的调查工作，当是中国近代建筑史研究的基础。对比较重要的一些城市着手调查，编辑《中国近代建筑总览》有关分册，留下比较翔实的资料，如汪坦先生所说，"这既是今天开展研究之必须，也是为子孙后代之所计"。

② 〔日〕田代辉久：《广州十三夷馆研究》，《中国近代建筑总览·广州篇》，中国建筑工业出版社1992年版，第9—25页。

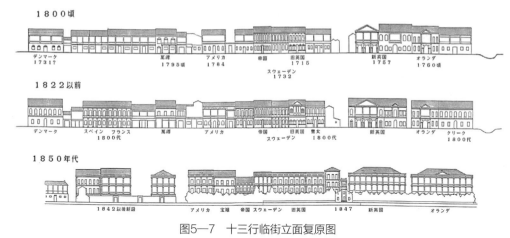

图5—7 十三行临街立面复原图

资料来源：〔日〕田代辉久：《广州十三夷馆研究》，《中国近代建筑总览·广州篇》，

中国建筑工业出版社1992年版，第21—23页。

藤森先生的助手村松伸在1992年出版的《中国近代建筑总览·烟台篇》一书中，发表专文讨论烟台山英国领事馆及旧馆，得出烟台最早的外廊式建筑出现在1872年的结论，并注意到外廊样式不适用于中国北方地区[①]；藤森指导的博士研究生西泽泰彦则以北京的日本领事馆为题（图5—8），探讨外廊样式之所以在严寒地区被采用，其原因并非追求舒适，而是更关注这一建筑形式的象征意义，即西方近代文明的优越感。[②]

外廊式建筑的产生和发展，与近代中国的社会发展变迁及国家建构的种种努力休戚相关，而外廊式建筑的研究自始即与中国近代建筑史的学科发展密切相关。如李传义所总结的："自1988年以来，他们（日本学者）同中国学者合作调查16城市近代建筑，其根本目的也在于了解外廊建筑在中国的演变与发展。这一结论从双方合作调查测绘实例中可以得到证实。他们选择的重点测绘实例大多都是中国现存的外廊建筑。"[③]

---

① 〔日〕村松伸：《烟台近代建筑在东亚近代建筑史中的地位》，《中国近代建筑总览·烟台篇》，中国建筑工业出版社1992年版。

② 〔日〕西泽泰彦：《实测报告：日本公使馆旧馆》，《中国近代建筑总览·北京篇》，中国建筑工业出版社1993年版。

③ 李传义：《外廊建筑形态比较研究》，收于汪坦、张复合主编：《第五次中国近代建筑史研究讨论会议论文集》，中国建筑工业出版社1998年版，第13—20页。

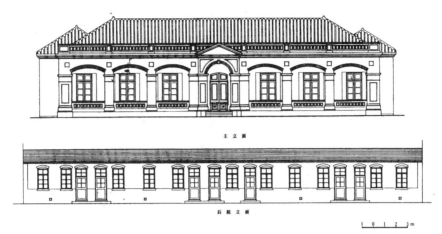

图5—8　北京日本领事馆测绘图（上：主立面、下：后院立面）

资料来源：〔日〕西泽泰彦：《实测报告：日本公使馆旧馆》，《中国近代建筑总览·北京篇》，

中国建筑工业出版社1993年版，第35页。

截至1992年，中日学者完成了16个主要城市的普查，其中12册已由中国建筑工业出版社正式出版①。1993年藤森文发表，其立论"外廊式"建筑是中国近代建筑的原点，正是建立在基础资料和学科制度近七年的准备之上的，与同时期召开的一系列学术会议一起，是中国近代建筑史这一学科基本建立并走向成熟的重要标志。

"外廊式"建筑的研究初步描绘了近代建筑在中国的出现与发展，对本学科的研究有提纲挈领的作用。因此，藤森文发表后，众多学者陆续加入到外廊式建筑研究的行列中。在过去16年间，外廊式建筑研究的一个重要特点就是研究对象的显著扩张。其后果，造成了藤森文中"外廊式"定义所不能解释的诸多现象。

藤森照信曾在他的论文中指出，"外廊式"建筑不但被用作住宅，同时也被用于办公楼、洋行、俱乐部等建筑类型。自藤森文于1993年发表以来，对"外廊式"建筑的研

---

①　1988年4月中日合作在烟台联合进行重要近代建筑的实测活动；1989年6月，《中国近代建筑总览·天津篇》在东京问世；1991年10月，中日合作完成了16个城市（地区）的近代建筑调查，填制调查表2612份，中日合作圆满完成。至1993年12月，《中国近代建筑总览》北京、厦门、重庆、昆明以及庐山五个分册问世，《第四次中国近代建筑史研究讨论会论文集》正式出版。至1996年底，通过中日合作共出版《中国近代建筑总览》十六个分册。

图5—9　长春天主教堂主教府（2004年摄）

究对象扩大到教会建筑，如位于台湾淡水的教士楼和长春的天主教堂主教府[①]。（图5—9）

早期日本学者所研究的"外廊式"建筑是融居住和办公为一体的殖民机构。它们与当地环境格格不入、相互隔离，是殖民地文化的典型产物。这种空间上的隔离反映了社会生活和文化上的巨大差别。所以之前我国就有学者称之为"殖民地式"。甲午战争的失败以及《辛丑条约》的签订，促发了旨在抵御外侮、追求民族独立的民族主义运动的勃兴。在这一民族觉醒的大背景下，清政府发起了一场自上而下的宪政改革运动，其中也曾产生了一批"外廊式"建筑。虽然外观相似，但这些建筑显然不宜再笼统称之为"殖民地式"。

例如，从外观上看，位于东北腹地长春的吉长道尹公署即是其中典型的一例。但是，建造这座衙署的目的和使用这种样式所要表达的含义则与北京的日本领事馆建筑大相径庭。另外，长春的地理纬度较天津和烟台更高，冬季更寒冷，外廊的象征意义也更加明显。（图5—5）

20世纪之交，随着我国民族主义运动声势的不断高涨，西方殖民者也不得不反思其殖民政策，转而采用较为温和的方式，表现出对本土文化的尊重和合作的意愿，姿态上从不屑一顾、完全隔离到努力融合于其中。在文化和教育领域这一点体现得尤其明显[②]。这一时期由外国人建造的外廊式建筑，虽然平面和早期的"买办式"相差无几，但普遍采

---

① 有关淡水教士楼，见第本书第十四章。

② 在 20 世纪之交兴建的教会大学中，颇为流行大屋顶形式的建筑，用于教学楼、体育馆、图书馆、教堂等。其产生的社会背景，详 Jeffrey Cody，*Building in China : Henry K. Murphy's "Adaptive Architecture," 1914-1935*，Hong Kong: The Chinese University of Kong Kong, 2001。

用了中国民族形式的大屋顶，
"它的平面采用的是'殖民地
式'建筑形式但是立面却没有一
点'殖民地式'建筑的味道"①
（图5—10）。随着殖民政策的
演变，外廊式建筑的象征意义也
发生了根本的改变。

　　而在士绅阶层等民间力量
自建的民宅等建筑中，外廊则被
用作门脸附加在外，内部空间仍
由传统的院落和轴线所主导（图
1—3）。这些住宅通常都出现在
外来殖民势力和政府影响力较小
的偏远地区，又由当地士绅所投
资兴建，它们的建造背景、形制
和意图，与上海、北京等大城市
的外廊式建筑也不能混为一谈。

　　19世纪末，上海、天津等通
商大埠在国际经济中的地位日益

图5—10　广西北海市外廊式合院民居瑞园（2005年摄）

图5—11　延安枣园中央办公厅旧址，1943（2013年摄）

重要，吸引了一批受过专门训练的西方建筑师陆续来华进行设计，1920年代以后，在欧
美和日本留学学习建筑的学生陆续归国，形式上作为权宜之计的洋式廊屋逐渐被古典复
兴主义和正在当时欧洲流行的建筑风格所取代。因此，藤森文指出1900年前后外廊式建
筑逐渐消失。但是，在城市化程度较低的地区，中国的上流社会一直在陆续建造廊屋别
墅，如庐山的外廊别墅在1920年代后仍屡见出现，1940年代延安的中央办公厅各建筑亦
用外廊式修建（图5—11），而泉州的外廊式合院住宅的修建更是延续到解放前。可见，

---

　　①　谢少明：《岭南大学马丁堂研究》，《华中建筑》1988年第3期。

"外廊"建筑的建造几乎横贯了整个中国近代时期。

综上所言，从外廊式研究的进展可以查看中国近代建筑史学科研究发展变化的某些趋势。藤森照信先生于1993年提出"外廊式样"建筑的出现是中国近代建筑的开端。藤森文发表后，我国学者的后继研究在空间和时间两方面均拓展了"外廊式"的含义，更全面地描绘出"外廊式"建筑在中国的分布状况，推动了中国近代建筑研究的发展。研究对象由"买办式"建筑扩展到政府衙署再到民间住宅，其空间分布由巨埠大邑向城市化程度较低地区转移，充分说明了中国近代化具有不同模式。而有关泉州等地外廊式民居的研究，其关注的重点不再仅仅局限于立面的造型和风格，而是深入到住宅内部的空间组织和生活方式上，对"现代性"的研究从器物深入到了思想层面。并且，外廊的象征意义也并非一成不变，而是与中国国内的政治和思想变革以及列强殖民政策的变迁密切相关。随着藤森文中"外廊式"的定义逐渐显得偏狭，中国近代建筑的研究则走向了全面和深入。"外廊式"建筑研究的这段历史从一个侧面反映了本学科在过去20多年内，"领域、视野和资料都发生了变化"。

自从外廊样式的十三行于1850年在广州出现以来，外廊样式就在中国植根发展，其分布北抵东北、南迄台湾，地域间彼此的气候和文化特征差别巨大；其建造与传播又横亘了几乎整个中国近代时期。因此，外廊式建筑的这两个特点决定了中国外廊式建筑形式的多样性。

"外廊式"建筑研究所涉及的问题，远远超出一种建筑样式或居住形式本身。自晚清以降，"外廊式"建筑不但改变了通商口岸的城市景观，而且在随之而来的西方生活方式和价值观的冲击下，中国的经济、社会、文化和政治生活也发生了深刻的改变。因此，分析近代化和城市化在近代中国的进程，"外廊式"建筑在物质建设方面提供了可靠、新颖的资料。外廊样式曾被广泛应用于各种建筑类型，如领事馆、洋行、公馆、住宅、兵营、大学校舍及教堂。又因为它是中西文化早期碰撞、结合的产物，建筑处理上难免有妥协将就的地方，因此考察这些"异于常情"的做法，对于理解西方文化是怎样进入中国社会并为之所接受的过程，也不无裨益。

外廊式建筑研究的另一个重要特点是研究方法越来越多样化。藤森文沿承了日本学者重考据与田野调查的学术传统，这也是研究中国近代建筑的基本方法。随着外廊式建筑研究的发展，有的学者在研究中运用了大量的实物测绘以探讨外廊随时间的发展变化的关系。另有学者对法规、条令等文本进行重新诠释，将之与实际的建设相比较，等等。①

外廊式建筑在中国的建造前后达一个世纪之久，贯穿了整个中国近代时期。而这正是西方殖民主义势力到达顶点然后衰颓的一个世纪，也是中国自给自足的封建经济解体、逐步融入世界经济体系的时期。因此，外廊式建筑在中国的出现和流行绝非孤立的事件，而是和殖民主义和资本主义的扩张一道，成为"全球化"进程的一环②。看似孤立的各个问题可以归并在同一框架下加以讨论，并使从前被忽视的问题被纳入研究视野。

例如，南亚是殖民地廊屋的起源地，之后这种建筑形式回传到英国及其他地区，如西非、东南亚、澳洲和北美，但在每个地区得以传播的原因各不相同。以美国为例，20世纪初汽车已在美国普通家庭普及，而工艺美术运动提倡回归自然的思想使住宅取用当地的木材建造，低廉的造价成为廊屋在全美流行的动因，并最终演变成声势浩大的郊区化运动③。如果将外廊式建筑的研究投置在全球背景中，比较研究其流行背后的动因，能使我们更全面地认识现代建筑的发展轨迹。

---

① 泉州外廊式民居的研究中出现了大量的测绘图和轴测分析图，对理解空间布局大有裨益，如杨思声、谢鸿权等人的研究；林冲的博士论文已注意到法令法规等史料的运用，比如，在骑楼政策上，曾在规章方面制定了《临时取缔建筑章程》以及《取拘建筑15尺宽度骑楼章程》，作为兴建骑楼的参考依据。

② 西方学者们认为全球化的并非是第三次技术革命以来的创造，而是久已存在的现象。例如，欧洲的地理大发现和全球范围内的殖民扩张即是将西方文明带到各大洲的一场全球化运动。英国建筑史学家 Anthony King 是研究全球化与建筑和城市关系的专家，相关著作如 *Global Cities: Post-imperialist and the Internationalization of London*, London; New York : Routledge, 1990。

③ 廊屋（bungalow）最先在美国东岸出现，但数量有限；随着淘金热和西部开发，阳光充足的加州促进了其大量的建造，继而向东部回传。有关廊屋在美国的起源与流行，参见 Clay Lancaster, "The American Bungalow", *The Art Bulletin*, Vol. 40, No. 3 （Sep., 1958）, pp.239-253. Janet Ore. Jud Yoho, "'the Bungalow Craftsman,' and the Development of Seattle Suburbs", *Perspectives in Vernacular Architecture*, Vol. 6, Shaping Communities （1997）, pp. 231- 243.

第六章 外力主导下的近代化：殖民主义的影响（上）

——殖民主义与中国近代城市和建筑

我国的近代建筑产生于鸦片战争以后上海、广州等口岸城市的租界当中。第二次鸦片战争（1856—1860年）以后，外国强开的租界几乎遍布中国沿海和沿江区域，从此外国租界成为构成中国近代城市形态的重要因素。甲午战争（1895年）之后，日本加入到瓜分中国的行列中，并同时出现了完全由外国人规划并付诸实施的城市如青岛等五处租借地；也正是在这一时期，民族主义思想被系统地引进中国。同时，日本从台湾开始通过侵略战争陆续攫取殖民地，从此开始了"非西方民族"进行海外殖民统治的经历。在日本殖民统治初期，日本所效仿的大多直接取诸西方既有的殖民统治经验。然而1932年日本在我国东北建立"满洲国"，鼓吹"王道主义"，刻意标榜不同于西方的殖民政策，并且不遗余力地将这些政策体现在城市建设上。可见，我国近代的殖民地半殖民地城市与殖民建筑具有显著的多样性。

国外尤其是英语国家很早就开展了有关西方殖民主义的理论与历史的研究，在殖民建筑与城市史研究方面也积累了丰硕成果，但针对日本殖民主义和殖民建筑与城市的研究成果显得较为匮乏。在我国，殖民主义史的研究是我国学术界近10来年才逐渐开拓的一个研究领域，对殖民地半殖民地城市和建筑的研究更是严重不足。目前，我国这方面的研究不但数量很少、不成系统，而且多将注意力集中在空间的形式分析上，对殖民主义政策对城市建设的影响没有形成完整的论述。因此，开展关于殖民主义和殖民地建筑与城市的全面系统的研究，是我国建筑史学界一项迫切而重要的任务。

各种殖民主义的起源和变迁贯穿了全部中国近代建筑的发展，是从整体上研究中国近代建筑史的重要线索。以外国殖民政策的变迁及其对我国近代城市建筑的影响为主线，分析其与中国近代民族主义间的复杂关系，考察殖民政策在近代城市建设上的具体体现，关注由殖民主义在近代建筑上所反映出的中西关系和政局及社会的变迁，可以从一个重要的侧面考察中国近代建筑发展的全过程，凸显研究的整体性和全球维度，并能超越建筑学传统的形式分析，从而形成有效研究中国近代建筑史的理论框架。

一、"殖民主义"释义

殖民主义是西欧列强从15世纪开始的全球扩张运动。在资本主义的推动下，近代殖民主义的大潮席卷了整个世界，"在从分散到整体的世界史过渡中，殖民主义在其中充当了'不自觉的工具'"[①]。

对"殖民主义"（colonialism）一词的理解，东西方学者都有着自己的不同见解。《辞海》解释"殖民地"是"强国以武力或经济开拓本土以外之地域，而获得其统治权者谓之"，而"殖民主义"是指在殖民地施行的各种经济、政治和文化政策的总和[②]。而西方学者则或将之视为一种学说，或当成一种现象，还有的将其看成一个历史过程。例如，按《韦氏新国际大辞典》的解释，"殖民主义"这一词条有着两种含义。其一，"殖民主义是一些政治、经济政策的综合体，以控制其他地区和民族"。其二，"殖民主义是指在获取和维护殖民统治过程中的行为、方式和观念"。[③]又如，《美国百科全书》："殖民主义被看成是对附属国进行政治与经济控制而产生的复合物。……殖民体系即是由一些殖民帝国所建立起来的控制系统。其目的是为了更好地对殖民地和附属国进行统治和剥削。"[④]可见，除了政策之外，思想、文化和社会制度也是认识殖民主义的几个重要方面。

殖民帝国一般都要摧毁殖民地社会中所保存的传统文化，并以宗主国的文化取而代

---

① 王助民、李良玉：《近现代西方殖民主义史》，中国档案出版社 1995 年版，第 9 页。

② 舒新诚、沈颐、徐元浩等主编：《辞海》，中华书局 1936 年版，第 1604 页。

③ *Webster's Third New International Dictionary*，Chicago: G.&C. Merriam Co., 1984, p.447.

④ *The Encyclopaedia Americana*（Vol. 7），Chicago, 1993，p. 298. 转引自高岱、郑家馨：《殖民主义史（总论卷）》，北京大学出版社 2003 年版，第 149 页。

之。所谓的"文明使命"（civilizing mission）——将欧洲"先进"的科技及道德和其他社会准则带到欧洲以外的地区——成为标榜殖民扩张法统（"合法性"）的重要论据。因此，殖民主义并不仅仅只意味着剥削殖民地人民的财富和自由，而且要求殖民地认同宗主国的社会制度和准则，仿行西方行政、卫生、城市建筑等模式，在殖民地建立一个西方式的"文明"社会。这种文化属性成为殖民政策的重要组成部分，对辅助和协调殖民统治有着不可低估的作用。正因为殖民主义和西方霸权主义与生俱来，殖民主义也激发了19世纪末以后殖民地的民族主义浪潮。

全球关联性是殖民主义的另一个重要特征。殖民主义是维系以殖民宗主国为"中心"和广大殖民地为"外围"的世界体系的关键机制，通过考察殖民主义的发生、发展和衰落的历史进程，有利于我们全面认识世界体系的形成和发展。因此，"殖民主义在任何对现代世界体系的阐释中都居于核心地位"[1]。

此外，殖民主义也不是单一或静止的概念。按民族的不同，殖民主义可分为由西方（欧美）民族主导的殖民主义和由非西方（日本）民族进行的殖民主义两大类。而西方殖民主义中不但各国间的殖民政策差异很大，同一国家在不同地区的殖民主义政策也大不相同[2]。同时，随着国际形势的发展和殖民地国家日益高涨的民族主义，各国的殖民政策均发生了显著变化。通过探讨不同殖民政策的差异及其产生原因，分析其转变与国际政治和全球殖民体系间的关系，考察抽象的殖民政策如何体现在具体的城市建设上，也因此能够理解城市空间变迁的根源。

---

① 董正华：《长波理论与殖民主义史研究》，《北京大学学报》1988年第2期。Albert Bergesen（ed.），*Studies of the Modern World System*，London: Academic Press, Inc., 1980, pp. 231-277.

② 西方的殖民主义在早期（1500—1815年）以葡萄牙和西班牙在美洲的扩张为主，在盛期（1815—1945年）以英国和法国为主导，形成了殖民扩张浪潮，西欧列强和美国都加入其中。主要的殖民帝国对不同的殖民地采取了不同的政策。以英国对待殖民地人民为例，其对印度、埃及等以当地民族占人口主体的殖民地，在文化、宗教和城市生活等方面进行严格的隔离和管制，而对澳大利亚、加拿大等以白种移民为人口主体的殖民地，政策则相对温和。详 Lawrence J. Vale, *Architecture, Power and National Identity*, New Haven: Yale University Press, 1992。另见 David Kenneth Fieldhouse, *The Colonial Empires: A Comparative Survey from the Eighteenth Century*, New York: Delacorte Press, 1967。

综上，殖民主义不仅是政策、原则、观念和管理办法，而且还是各类相关经济、政治和社会政策的综合体，世界殖民体系本身具有全球维度。将殖民主义看成是一个历史发展过程，而不仅把它当成一些政策、现象或观念的综合体，全面研究其对城市建设及城市景观的影响，是开拓对殖民主义更加全面的认识的新思路。

二、殖民地城市和建筑研究的起源与发展：学术史的考察

西方列强在进行殖民扩张的过程中，存在一些共同的特征。大体上，西方的殖民主义政策都建立在以严格的种族区分和隔离为基础的等级制度上，在文化政策和城市建设上则经历了从以贬斥当地文化为目的的"同化政策"（assimilation）到积极融合当地文化的"合作政策"（association），在城市空间中则体现为相互隔离的、以种族来划分的不同区域（图6—1）。然而，日本作为一个非西方民族，在其周边亚洲推行殖民主义时，它的殖民政策及其在城市建设上的反映，都与西方有着较多不同（图6—2）。

因此，根据殖民统治种族的不同，也根据其与我国近代殖民地城市和建筑研究的相关性，我们将殖民主义分为西方和非西方（日本）两个基本类型，分别就其研究对象、内容和方法，综述殖民地城市和建筑研究的起源和进展。

图6—1 法属阿尔及利亚首都阿尔及尔（Algiers）航拍照片，1935年。右上方阿拉伯人聚居的旧城（the Casbah）与左下方供法国殖民者居住的法国新城（Place du Gouvernement）形成了强烈对比。

资料来源：Zeynep Çelik, *Urban Forms and Colonial Confrontations：Algiers under French Rule*, Berkeley：University of California Press, 1997, p.3.

图6—2 伪满洲国"五族协和"宣传画。鼓吹民族协和是日本在伪满殖民政策的主要特征之一

资料来源：小林英夫：《満洲の歴史》，東京：講談社2008年版。

（一）西方殖民地城市和建筑研究

西方学者开展对西方殖民主义起源与发展的研究为时甚久，已经形成较成体系的"殖民史学"（Colonial Studies）。西方学术界也很早就开始研究殖民地建筑，这方面可回溯至19世纪末西方建筑史家们对亚洲和非洲等"非西方"的殖民地建筑的描绘①。其中，《弗莱彻比较建筑史》中的那张"建筑之树"最广为人知。以西方建筑样式为主干、"非西方"的各种建筑样式为旁支的划分，体现了典型的西欧中心主义和社会达尔文主义。对殖民地建筑的研究除了满足人们的好奇心，主要是用"他者"形象，突出西方建筑样式的"主干"地位。

殖民地建筑与城市规划成为独立的研究对象是20世纪六七十年代的事。在这一时期，后现代主义思潮兴起，激进的社会革新运动此起彼伏，解构"宏大叙事"、转而研究日常生活和局部问题成为西方学界的一种潮流。英国学者Anthony King较早地引入社会科学的多种方法，有效地拓展了殖民主义城市和建筑研究这一领域。King在其印度殖民城市建筑的研究中，关注社会各阶层、各种族的不同生活空间，除了宫殿、官邸和新德里的宏大规划方案以外，还专门讨论了民居空间所体现出的西方影响和西方化进程②。

---

① Earnest B. Havell, *Indian Architecture, Its Psychology, Structure and History from the First Muhammadan Invasion to the Present Day*, London: J. Murray, 1913. Ananda Coomaraswamy, *Visvakarma: Examples of Indian Architecture, Sculpture, Painting, Handicraft*, London: Messrs, 1914.

② Anthony D. King, *Colonial Urban Development: Culture, Social Power and Environment*, London ; Boston: Routledge & Paul, 1976.

他的另一本著作研究英国殖民地的一种居住类建筑廊屋（bungalow），讨论其产生根源及其在亚洲、欧洲、非洲及北美的传播。这种殖民地的建筑样式源起于殖民地的印度，但是迅速回传至英国本土，加之其时正蓬勃发展的资本主义所积累的财富和人们对休闲娱乐的需求，使之对英国的居住和社会消费模式产生了深刻的影响[1]。从一种建筑类型切入，观察殖民主义在全球范围内的扩张与各种技术、物资、思想等的流转，同时观照由此带来的各种社会变迁，这是Anthony King对后继殖民地建筑学学者影响最深之处。

20世纪80年代以降，后殖民主义掀起了批判西方中心主义的思潮，在各个文化领域开始对西方强加于其他民族的文化想象和叙述方式进行解构。余波所及，建筑学的研究也深受影响。那一时期建筑史家竞相重写"以西方建筑样式递嬗演替为中心的西方建筑史"，从而使其成为涵盖其他文化类型的全球建筑史，研究对象也扩展到"平民"（commoner）、"日常"（everyday）等建筑类型。由此产生的一批著作其影响力至今不衰[2]。在这一时期，学术视线持续下移，使从前被忽视的研究对象如"非西方"文化等被纳入到研究视野中，同时社会科学的理论与方法更多地介入到殖民地城市建筑史的研究中。其中，美国加州大学伯克利分校大力倡举跨学科研究为基本方法，在研究"非西方"和"主流之外"的现代主义的诸多领域取得显著成就。

历史上的西方殖民地由于属于这一类的"非西方"社会和文化，又因其积累了较充分的档案文献，因此殖民地城市和建筑研究开始勃然兴盛，迅速产生了一大批有影响力的著作。伯克利分校人类学系的Paul Rabinow和从伯克利分校建筑系毕业、任教于哥伦比亚大学建筑学院的Gwendolyn Wright的专著分别从不同层面探讨了法国在东南亚和北非等地的殖民政策及其与城市建设的密切关联，并关注了"人"（技术官僚和规划技术人员）的重要作用[3]。Gwendolyn Wright提出殖民地是宗主国进行国内社会改良的"实验

[1]　Anthony D. King, *The Bungalow : the Production of A Global Culture*，London, Boston: Routledge & Kegan Paul, 1984.

[2]　William Curtis，*Modern Architecture Since 1900*，Oxford Oxfordshire: Phaidon, 1982. 另见 Spiro Kostof, *A History of Architecture: Settings and Rituals*，New York: Oxford University Press, 1985。

[3]　Paul Rabinow，*French Modern : Norms and Forms of the Social Environment,* Cambridge, Mass.: MIT Press, 1989. Gwendolyn Wright，*The Politics of Design in French Colonial Urbanism*，Chicago: University of Chicago Press, 1991.

场"，在殖民地进行的城市规划和建筑创作可看作是试图解决宗主国"存在的政治的、社会的和美学问题等诸种矛盾"的实验。可见，殖民地的统治经验及其城市建设的各种实验，在当时具有超越水平从而对宗主国的社会和政治发生了一定影响。这些研究丰富了人们对宗主国和殖民地间复杂关系的理解。

随着西方殖民地城市和建筑研究的不断深入，不但研究范围有了很大拓展，从英、法两个老牌殖民帝国直至意大利、荷兰、德国、西班牙、美国等在全世界的殖民地[1]，研究对象也更多关注市民生活与城市空间等方面[2]，基本形成了殖民地城市史的研究范式。这些研究所共同关心的一个问题，是殖民政府为了验证其统治的"合法性"在当地添设了哪些新机构，从而导致城市空间的变化并构成独具特色的殖民地城市面貌。另外，新兴的本地精英阶层成为殖民统治的代理人，其生活方式的变化如何反映在建筑空间上，传统元素如何向着现代转变，也是殖民地建筑研究的一个重点。

近年来，随着后殖民主义理论的发展，西方学术界不满于"东方主义"（Orientalism）将殖民地研究划分为截然对立的两极（强势的统治者与处于弱势的被统治者），发展出"第三空间"（third space）的概念，指在统治者和被统治者这两极之间，还存在广大的中间地带，殖民者和被殖民者并非单纯的压迫和被压迫关系。而且当地民众能够灵活利用其本土的文化属性和传统习惯，以之与统治者折冲肆应，令统治者局部地改变统治政策以达其自身目的[3]。这种受后殖民理论影响的"强权—反抗"模式越来越多地为

---

① Erick Eyck，*Bismarck and the German Empire*. S. L，Allen and Unwin, 1950. Robert Reed，*Colonial Manila: The Context of Hispanic Urbanism and the Process of Morphogenesis*，Berkeley: University of California Press, 1978. Kusno, Abidin，*Behind the Postcolonial: Architecture, Urban Space, and Political Cultures in Indonesia*，New York: Routledge, 2000. Mark Gillem. *America Town: Building the Outposts of Empire*，New York: Routledge, 2004. Mia Fuller，*Moderns Abroad : Architecture, Cities and Italian Imperialism*，London ; New York : Routledge, 2007.

② Jyoti Hosagrahar，*Indigenous Modernities: Negotiating Architecture and Urbanism*. London; New York: Routledge, 2005. Swati Chattopadhyay，*Representing Calcutta: Modernity, Nationalism, and the Colonial Uncanny*，London; New York: Routledge, 2005.

③ Homi Bhabha（ed.），*Nation and Narration*，New York: Routledge, 1994. Nezar AlSayyad（ed.），*Forms of Dominance: On The Architecture and Urbanism of the Colonial Enterprise*，Aldershot; Brookfield, Vt.: Avebury, 1992.

新近的殖民地城市和建筑研究所采用①。

殖民地建筑研究的另一大门类是博览会，即关于殖民秩序的表现形式的研究。英、法、西、葡、美、意、荷等国都曾在其本土举办过大规模的"世界博览会"（world fair）或"殖民地博览会"（colonial exposition）（图6—3），其在殖民地的建设与经济成就是展示的主要内容②；同时，在殖民地也曾举办过许多产品展览会或工业博览会③。博览会的举办目

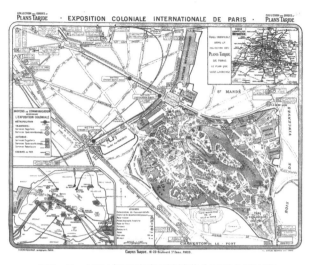

图6—3　1931年巴黎殖民地博览会展馆总平面图

资料来源：Patricia Morton，*Hybrid Modernities: Architecture and Representation at the 1931 Colonial Exposition, Paris*, Cambridge, Mass. : MIT Press, 2000，p.132.

的与空间、展品、仪式程序等安排，都反映了每个国家当时的殖民政策与具体实践。

可见，在西方，除了建筑学和城市规划，人类学、地理学、社会学、政治学等都是殖民地城市及建筑研究研究的范畴，形成以关注社会关系、消费方式、资本流动及全球化关系为特征的研究范式。其关注的内容不只限于空间的形式分析，而是旨在探求形式背后的制度、社会、文化等动因，以及人与物质空间的复杂的互动关系。

①　Brenda Yeoh，*Contesting Space: Power Relations and the Urban Built Environment in Colonial Singapore*，Kuala Lumpur: Oxford University Press, 1996.

②　Patricia Morton，*Hybrid Modernities: Architecture and Representation at the 1931 Colonial Exposition, Paris,* Cambridge, Mass. : MIT Press, 2000. Zeynep Çelik，*Empire, Architecture and the City: French-Ottoman Encounters, 1830-1914.* Seattle: University of Washington Press, 2008.

③　Michael Vann，"All the World's a Stage"，Especially in the Colonies: L'Exposition de Hanoi, 1902-3. Martin Evans（ed.），*Empire and Culture: The French Experience, 1830-1940*，New York: Palgrave MacMillan, 2004.

（二）日本殖民地城市和建筑研究

英语专著对日本殖民地的系统研究工作在早期以介绍为主①，涵盖了日本殖民地生活各方面，如经济、种族政策、土地政策、公共卫生、教育等，但针对城市规划和建筑则显得非常薄弱。

从20世纪80年代开始，北海道大学越泽明教授围绕台湾和伪满洲国的城市规划和近代建筑出版了数本专著，提供了日据时期关于各地城市规划的翔实资料②。但越泽明的研究对日本殖民政策及其他外部因素的关注较少，缺乏对城市规划的历史成因的全面描述。这方面名古屋大学西泽泰彦有关我国东北城市建设的专著有所补充，但其范围限于东三省③。此外，日本建筑史家如稻垣荣三等出版的著作，间或涉及殖民地建筑及建筑家，如岸田日出刀、坂仓准三等。近年来，西方学界对日本的第一代现代建筑家也开始了系统研究，其中关于前川国男的研究成果最丰④。但这些建筑师在伪满洲国和其他日本殖民地如何进行实践，以及这些经历对他们各自职业生涯发生了怎样的影响，这方面研究仍显不足，成为建筑史研究上一个较大的盲区。

近年来，以杜赞奇（Prasenjit Duara）为代表的西方汉学家提出以"新殖民主义"（New Imperialism）的理论框架考察日本殖民地的历史，从殖民政府与民间社团组织等关系、经济发展政策等角度入手，论证了日本在满洲的殖民统治在政策和表现形式上和传统的西方殖民主义有较大的不同，而更类似于"二战"以后美苏通过经济补助和外交

---

① Ramon Myers and Mark Peattie（ed.），*The Japanese Colonial Empire, 1895-1945*，Princeton: Princeton University Press, 1984. William Beasley，*Japanese Imperialism, 1894-1945*，Oxford: Oxford University Press, 1987.

② 越泽明：《满洲国的首都计划》，东京：日本经济评论社 1988 年版。〔日〕越泽明：《中国东北都市计划史》，黄世孟译，台北：大佳出版社 1986 年版。

③ 西泽泰彦：《日露の接点から首都へ：图说满洲都市物语》，东京：河出书房新社 1996 年版。西泽泰彦：《图说：满铁——"满洲"的巨人》，东京：河出书房新社 2000 年版。

④ Jonathan Reynolds，*Maekawa Kunio and the Emergence of Japanese Modernist Architecture*，University of California Press, 2001.

策略建成的势力范围[①]。同时，日本曾以西方帝国主义的受害者自居，以此为号召联合亚洲国家对抗西方列强的侵略，粉饰其殖民侵略的本质。日本的殖民主义因与殖民地"同文同种"，这和西方强调差别、秩序的殖民主义有着许多不同，而日本殖民者也机敏地利用这一点推行其殖民统治，力图以之证明其"合法性"和"正当性"。"新殖民主义"理论的提出对从整体上研究日本殖民主义城市建设有较大作用。

虽然西方建筑界对英、法等老牌殖民帝国的海外殖民城市的研究已十分深入，但对日本殖民地城市和建筑的整体性研究则尚待发展。因此，分别考察日本不同时期的殖民地城市的城市规划和建筑，如以台北、汉城（今首尔）和"新京"（今长春）三个"首都"为例，采用比较殖民主义的研究方法，从国际视野考察日本殖民政策的演变及其在城市建设上的不同反映，由此认识日本殖民城市和建筑的共同特征，可明确日本殖民城市在空间创造上的特异性。在这个方向上的持续研究无疑将有利于拓展中国近代建筑史研究的视野和领域。

三、中国近代殖民地半殖民地城市与建筑研究

殖民主义是我国近代城市和建筑产生和发展的重要原因，它不但改变了通商口岸的城市景观，而且在随之而来的西方生活方式和价值观的冲击下，中国的经济、社会、文化和政治生活也发生了巨大变化，如新式学堂、警察局、邮政局、公园、百货商店等从西方引进的机构和设施成为城市生活的重要组成部分，也是中国近代建筑史研究的主要对象。

马克思针对英国对印度的殖民统治曾提出过著名的"双重使命"的命题，即"一个是破坏性的使命，即消灭旧的亚洲式的社会；另一个是建设性的使命，即在亚洲为西方

---

① Prasenjit Duara，"The Imperialism of 'Free Nation'：Japan, Manchukuo, and the History of the Present"，In Aron Stoler, Carole McGranahan and Peter Perdue ed.，*Imperial Formation*，Santa Fe: School for Advanced Research Press, 2007.

式的社会奠定物质基础"[①]，来说明殖民地客观上建设性的一面。但是，近代中国不像印度那样，从未彻底沦为某一列强的殖民地，而西方殖民势力也未真正渗透至城市化程度较低的广大地区。我国的台湾（1895—1945年）和东北（1905—1945年）都曾遭受日本的殖民统治。并且，日本在台湾的早期殖民政策与西方列强如出一炉[②]，但随着日本的外交政策从"脱亚入欧"转向"大亚细亚主义"，其殖民政策和城市建设上出现了相应变化。因此，我国近代以来，不但列强交相侵入，其殖民政策也各不相同，"不好把马克思关于英属印度所进行的分析，原封不动地运用到其他殖民地"[③]，而需要在考察近代殖民地城市的实际建设的基础上，建立起合适的理论体系加以阐释。

按照外国在我国殖民地的不同类型，中国近代殖民地半殖民地城市与建筑的研究可分为三大类：第一，早期的以英国和法国为代表的租界建设；第二，以较晚的德国和俄国为代表的租借地建设；第三，日本殖民主义政策的前后变迁及其在城市建设上的反映。

（一）英法殖民主义与外廊式建筑

在19至20世纪初，英国和法国是世界上最大的两个殖民帝国。鸦片战争以后的一长段时期中，英、法扮演了使中国演变成半殖民地半封建社会的主导角色，在我国攫取了大量利益并催生出租界这一新的城市形态。因此，考察英、法殖民主义对中国近代城市和建筑发展的具体影响，是非常有必要的。

前一章我们详细讨论过作为中国近代建筑"原点"的外廊式建筑（国内也曾称"殖民地式"或"买办式"），它主要指随着英、法殖民主义势力在中国的扩张，在广州、

---

① 马克思：《不列颠在印度统治的未来和结果》，中央编译局：《马克思恩格斯选集》第2卷，人民出版社1972年版，第75页。

② 夏铸久：《殖民的现代性营造——重写日本殖民时期台湾建筑与城市的历史》，《台湾社会研究季刊》2000年第12期。

③ 李安山：《对研究"双重使命"的几点看法》，《北大史学》（第3辑），北京大学出版社1996年版，第56页。

上海等地的、租界产生的一种建筑样式①。外廊样式源起于热带殖民地国家，杂糅了东西建筑语汇的建筑形式，曾作为"帝国扩张的工具"，随着殖民主义在世界各地出现。在我国，它首先被广泛用于英国和法国的领事馆等殖民主义权力机构，并使近代的城市景观发生了彻底改变②。（图6—4）因为它们既是英、法殖民地在中国的产物，又是英法在全球推行殖民政策一个重要环节，因此，从整体上考察英法租界中这些外廊式建筑的产生与传播，能加深了解英、法西方殖民世界体系与我国近代建筑发展的关系，将全球维度带入研究中；也有助于理清中国近代建筑的发展脉络，使建筑史的研究脱离形式分析的窠臼而深入到政治制度和社会生活等层面。

图6—4 上海外滩全景，1850年

资料来源：Edward Denison and Guang Yu Ren, Building Shanghai, West Sussen: Wiley-Academy, 2006, p.47.

在我国，严峻的外部殖民侵略压力和内部的民族自强运动是贯穿近代化过程的两个基本线索。外廊式建筑的发展纵贯了我国近代建筑发展的全过程，甲午战争以后又和兴起的民族主义相缪辐，显现出错综复杂的关系。考察其类型与分布，是研究英、法对华的殖民主义政策及其如何影响中国近代建筑发展的一条重要途径，也为分析近代化和城市

---

① 五口通商以来，英、法在各地的租界中均建有数量不等的外廊式建筑。第二次鸦片战争以后，以英、法为主导的外国势力开始侵入其他地区，如天津、汉口、烟台、营口、北海等，并同时大量建造外廊式建筑。

② 对外廊式建筑是否是我国近代建筑的起始点，后继研究的质疑和补充，主要集中在外廊式是否是早期西方建筑进入中国唯一的建筑样式。但外廊式建筑的出现并广泛用于领事馆等殖民主义权力机构，使中国城市景观由此发生了彻底改变。从此意义上讲，外廊式建筑可谓是"中国近代建筑发展的原点"。

化在近代中国的进程，从物质建设方面提供了可靠、新颖的资料^①。

（二）租界和租借地城市与建筑的比较研究

在我国近代社会早期，租界曾是主要的殖民地城市形态。在开放的商埠之中，上海的变化尤其明显。上海的外滩地处苏州河与黄浦江交汇处，是沿黄浦江长约1500米的滨江地带。外滩上并排而立近30座建筑，其中不少如汇丰银行、沙逊大厦、中国银行等，都是我国近代建筑中的经典。这些建筑，连同东侧的大道、绿化带，连同黄浦江，形成了外滩的主要风貌，也是上海租界的象征。（图6—5、6—6）

图6—5　上海外滩，1940年代

图6—6　上海外滩全景鸟瞰（张复合提供，2004年）

① 详本书第五章。

在租界内，当地的行政管理权被外国所剥夺，并建有外人的市政机构和警察武装。这种由各国在同一城市中分别实施的规划，造成了租界在空间上相互隔离、事权上各自为政的格局（图6—7）。以近代上海的城市发展为例，由工部局、公董局及华界地方政府三个政权并存的特殊政治格局而形成的公共租界、法租界、华界的城市格局，不可避免地使城市的发展产生了极大的不平衡和不协调，造成割据、畸形发展。其结果，"在市政建设上，局部有序、全局无序、城市土地利用混乱和城市功能结构不合理，居住与工厂混杂，绿化过分缺乏且分布极不均匀，也是民族矛盾与阶级矛盾在城市中的反映"①。

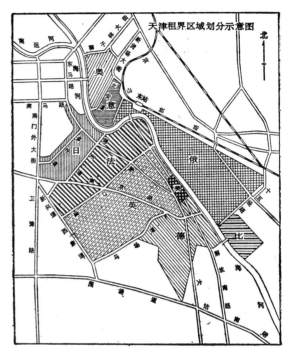

图6—7　天津九国租界区域划分示意图，1912年

资料来源：天津市政协文史资料研究委员会编：《天津租界》，天津人民出版社1986年版。

同时，由于各自为政，租界里的建筑活动也带有很大的随意性。例如，汉口租界除了流行古典主义形式之外，也体现出各国传统文化的影响，不同风格、不同时期的建筑出现在租界内，反映出近代开埠城市建设的混乱。如原汉口中华基督教会总堂，反映出中西混杂现象，正面四根高直向上的尖柱立在封火墙上。教堂入口门斗以及披檐又用地方瓦材做成，且披檐两侧还有马头墙，带有明显的地方色彩②。

甲午战争以后，列强掀起了瓜分中国的高潮，出现了新的殖民城市形态，即五处租借地（德占青岛、俄占大连、英占九龙及刘公岛、法占广州湾）和俄国及日本在东北的

---

①　费成康：《中国租界史》，上海社会科学院出版社1991年版，第22页。

②　李传义：《汉口旧租界近代建筑艺术的历史反顾》，《华中建筑》1988年第3期。

铁道附属地。与上海、天津等租界的"拼贴式"格局不同，租借地出现了整体性的西方式古典城市规划，如俄罗斯风格的哈尔滨（1896—1935年）、大连（1896—1905年）以及德国风格的青岛（1897—1914年）。（图6—8、6—9）较之租界，租借地的殖民化程度更深，中国在租借地内丧失了更多的国家主权。例如，在所有租借地中，居民都完全受外国殖民当局的司法管辖，使租借地等同于租借国领土。此外，租借地的最高行政长官是租借国直接任命的总督，而行使租界行政管理权的，主要是租界开辟国驻当地的领事[①]。这一时期内，殖民主义城市规划从城市局部地区走向一个完整城市的规划，"也是中国近代城市规划史上最早的由规划而建设的完整城市"[②]。

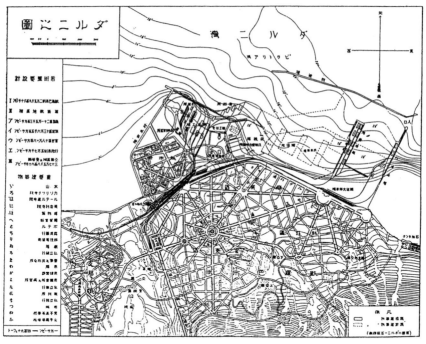

图6—8　帝俄时代的大连都市计划，1899年

资料来源：越泽明：《中国东北都市计划史》，黄世孟译，台北：大佳出版社1986年版，第52页。

---

① 王助民、李良玉：《近现代西方殖民主义史》，中国档案出版社1995年版，第313页。

② 李百浩：《中国近现代城市规划历史研究》，东南大学博士后研究报告，2003年，第11页。

图6—9　德占时期的青岛规划，1910年

资料来源：华纳：《德国建筑艺术在中国》，Ernst & Sohn，1994年，第184页。

除了规划上的完整，重要的官方建筑式样的统一，也是租界城市的重要特征。由于这些地方原来是没有城市建设、建筑风格混乱的小渔村或边疆集镇，殖民者得以不受既有传统的影响，一切重来进行规划和建筑设计，完整地把体现本国民族风格的建筑样式输入进来。

例如，青岛在德占时期以近代欧洲公共建筑形式为主，官邸、别墅、商店、住宅多建于市南区沿海一带，层高不超过三层，限高18米。房屋设计多样化是青岛近代建筑的一大特点，"合理运用不同色彩的石料，做光面或毛面的处理，是使建筑物达到多样化的一种手段"[①]。但是这种建设的多样性却处在一定的强制规范之下，因此这些不同欧洲风

———————————

[①]　宋福进、翁序六：《青岛近代建筑的历史特点》，汪坦，张复合主编：《第四次中国近代建筑史研究讨论会论文集》，中国建筑工业出版社1993年版，第74—80页。

格的尖塔、梯形瓦屋面和建材能有机结合，作为一种提炼符号在青岛一直影响至今。很多建筑采用红瓦、黄墙、石基及富于变化的屋顶坡顶的德国风格，从多样中求得一致。

同时，文化移植建筑在租界城市会出现与这种式样原本意义相去甚远的现象。例如，哈尔滨"新艺术运动"是在西欧这一样式兴起同时引入的。西欧的新艺术运动的样式同当时总的气氛是一致的，自然和谐，崇尚简洁美。其在哈尔滨出现，却是为了炫耀俄国的国力，表现出"高人一等"的心态。俄国殖民者不仅仅把新艺术运动看作是一种"新样式"，更主要的是通过它夸示其国力。但是，在哈尔滨"人们并不把新艺术运动理解成同既存的样式相对抗而产生的新样式，而被看作是由建设的主体（东清铁路公司）'导入'的样式"①，直到20年代后期西欧早已不流行这种式样时仍有建造。在哈尔滨，城市建设中导入的新艺术运动样式，如同其他古典样式和哥特样式一样，毫无区别地被予以吸收。在西欧，新艺术样式被用于住宅和一些公共建筑，在哈尔滨则被大量用于官方建筑。

可见，较之租界，租借地的殖民化程度更深，除了在名义上仍是中国领土之外，整个城市实际上就是列强的殖民地②。以青岛和大连为例，它们不仅是德国和俄国在我国进行殖民统治和城市建设的典型代表，也是西方在中国推行殖民政策所达到的高峰。然而，现有研究大多以单一城市为研究对象，对西方殖民主义政策的发展及其对我国近代城市建设的不同影响缺少整体性的综合研究。因此，缕析两国的殖民政策如何落实在城市建设上及其如何与城市生活相关联，比较其与较早的英、法殖民政策间的关系，兼顾各国那个时代的全球殖民政策，将会使西方在我国殖民统治和建设的历史图景得以完善。

（三）日本殖民主义政策之变迁及其在近代城市建设上的反映

甲午战争以后，日本通过历次侵略战争逐步攫取了诸多海外殖民地，其中主要的

---

① 〔日〕西泽泰彦：《哈尔滨新艺术运动建筑的历史地位》，汪坦主编：《第三次中国近代建筑史研究讨论会论文集》，中国建筑工业出版社1991年版，第72—74页。

② 中国在租借地内丧失了更多的国家主权。例如，在所有租借地中，居民都完全受外国殖民当局的司法管辖，使租借地等同于他国领土。此外，租借地的最高行政长官是宗主国直接任命的总督，而在租界行政管理权的，主要是宗主国驻当地的领事。详费成康《中国租界史》，第313页。

有：中国的台湾（1895年）、南满（1905年）、朝鲜（1910年）及"满洲国"（1932年）。日本的殖民政策随着国际形势的转变而发生着显著的变化。从最初的"脱亚入欧"、全力模仿西方的制度和器物，到华盛顿会议上对西方列强产生失望，进而到1920年代末以降转而"联亚抗欧"和鼓吹"泛亚主义"及"大东亚共荣圈"。日本殖民政策的这些演变，也反映在其海外殖民地的城市建设上，尤以其殖民地的首都城市最为显著①。

日本作为一个亚洲国家，其殖民政策既有在其形成初期明显仿效西方老牌殖民帝国（英、法、荷等）之处，也有之后别出心裁、不同于西方的地方。在日本所占殖民地，台北和汉城的城市规划都是仿效西方规划中讲究"卫生"、"秩序"等原则，将旧城肌理彻底抹去而重建规整的新城，使新旧形成鲜明对比，以彰显其殖民统治的"正当性"。日本在台湾和汉城的早期殖民政策仿效西方列强，以规整理性的城市规划和宏伟的西式政府建筑象征文明和秩序，在东北也用各种西方建筑样式急切地表达了与西方列强均等的意图。而随着日本的外交政策从"脱亚入欧"转向"大亚细亚主义"，殖民政策和城市建设上出现了相应变化。

此外，日本在伪满洲国就大肆鼓吹以"孝悌忠义"、"大同"等儒家伦理为核心的"王道主义"，宣扬"五族协和"，在城市空间的划分上曾明令不许实行种族隔离（虽然事实上种族隔离仍然存在），且在东北各地修复了不少孔庙、关岳庙、娘娘庙等文化场所，提倡旧道德和传统风俗。日本在伪满洲国提出以传统东方文化为纽带联系殖民地各族人民、进行殖民统治，这些城市规划理论和实践都是与西方殖民主义大相径庭的，也从一个方面体现了日本作为一个"非西方"的殖民国家追求有别于其西方对头、探索别具一格的近代化道路的努力。我们下一章将详细讨论日本殖民主义者在长春的城市规划和建设。

应当注意到，国外对日本殖民主义及其殖民地城市和建筑的整体性研究十分薄弱，而国内建筑界对殖民主义这一领域则基本不存在系统的研究。1988年出版的《中国大百科全书》"建筑·城市规划·园林"卷中没有收录任何关于"长春"、"新京"或"伪满建筑"的词条。2000年以后，有关伪满时期的城市规划和建筑的研究才逐渐多起来。

---

① 刘亦师：《近代长春城市面貌的形成与特征（1900—1957）》，《南方建筑》2012年第5期。

而在中文文献中，关于日本殖民时代的台北和汉城的城市规划和建设，则一直付之阙如。至于从比较殖民主义的视角比较研究这三个日本殖民地"首都"城市，探讨其殖民政策的演变如何反映在具体的空间创造上，以及如何从殖民政策与空间建设的关系的角度探讨日本军国主义对外侵略扩张的本质，也未见系统的论述。因此，从比较殖民主义的角度对日本的"非西方"殖民"首都"城市（台北、汉城和长春）的规划和建设进行比较研究，将会取得若干重要成果，从而填补国内外殖民主义建筑与城市研究的许多空白。

总之，我国近代史学界在20世纪50年代以后长期处于"半殖民地半封建社会"的历史叙述范式下，对帝国主义和殖民主义进行的批判往往停留在意识形态层面，殖民地内的多种生活被简约得只剩下侵略和反侵略、压迫和反压迫的斗争。改革开放以来，向"近代化"范式转换的主流学术界失去了探讨殖民主义的兴趣，在谈到殖民地时，一般会套用马克思关于英国对印度殖民统治的双重使命的命题。这两种倾向都使得学界在对殖民主义探讨时一般都将视角限定在政治或经济领域；并且，西方和日本殖民主义在我国近代时期的发展，形成了与任何其他国家都不相同的经历。因此，对我国近代殖民地半殖民地城市和建筑的研究，需要首先建立起一套合理的理论框架，以比较研究为主要的分析方法，而以历时性（考察的时间跨度较长）和整体性（研究对象为多个殖民地城市）为主要特征。

比较研究的内容可分为三类，即前述的西方国家殖民政策之间的比较（早期的英、法与较晚的德、俄）、日本殖民政策转变前后的比较以及西方和日本殖民政策的比较等三个层面。其中，系统的引介、综述西方殖民主义城市研究的理论框架及研究方法并将之体系化，这对将来的工作将起到牵引指目的作用。而鉴于国内外对日本殖民主义及其殖民地城市和建筑的整体性研究均较为匮乏的现状，对日本的"非西方"殖民城市的规划和建设进行长时段和总体性的比较研究，也将会取得若干重要成果，从而拓展殖民主义建筑与城市研究的新领域。通过比较研究，我们能进一步理解殖民主义政策的演变是如何体现在城市建设上的，达到超越建筑学传统的形式分析，而深入探讨空间图式形成背后复杂的历史动因的目的。

列强在我国推行殖民主义，其过程贯穿着中国近代建筑的全部历史，而且和民族主义的兴起有着紧密联系。有效地开展对近代建筑的总体性研究，而不仅是停留在对某些历史过程的描述和对局部问题的阐释上，这将有助于对其本质的总体把握和理解。

此外，在西方殖民主义扩张的背景下，世界各国包括中国和日本，已被卷入了资本主义的世界体系。在研究西方和日本在我国的殖民政策和城市建设时，不能将之视为孤立的事件，而应建立起全球比较殖民主义的研究框架，真正使中国近代建筑史的研究体现出种整体性的宏观视角和注重系统结构的理论思维。

总之，以各国殖民主义的起源和发展为基本线索，讨论殖民政策变迁及其对近代城市和建筑发展的影响，考察殖民政策如何体现在城市建设上，分析殖民地与宗主国间的关系，能够形成研究中国近代建筑史的一种新范式，它最有价值的部分在于其全球视野、植根于中国实际的理论框架和多学科交汇的分析方法。

第七章　外力主导下的近代化：殖民主义的影响（下）

——近代长春的城市发展

本章在比较殖民主义的框架下讨论长春的城市发展。日本殖民主义相比西方殖民主义，本质同样是残暴和掠夺性的，但就城市建设而言，日本殖民主义在伪满洲国的政策又体现出其在物质环境建设上有别于西方殖民主义的新内容和新含义。我们通过建设伪满"首都"的典型例子，考察日本殖民者如何企图达到"对内笼络人心，亦为对外宣扬国威"的目的。

本章首先按长春的城市性质缕述其自1900年以后的发展，再对"新京"规划加以重点分析，从伪帝宫的选址、孝子坟的保存等案例讨论日本殖民主义政策在城市建设上的具体体现。

一、近代长春城市面貌的形成与特征

长春在发展初期是清政府的东北边疆集镇，其政区设置可上溯至1800年，负责"招抚流民，垦种荒地"[①]。和很多近代东北城市一样，长春城市近代化的开端始于1900年前后沙俄中东铁路的铺设。1905年日俄战争以后，长春成为日俄两国在东北"势力范围"

---

① 长春地方的政区设置始于清嘉庆五年五月（1800年7月），治所称长春厅，并在道光四年（1825年）向北迁于相当于今天南关区的地方（时称"宽城子"）。"宽城子"指的是城墙东西面宽大过南北距离，这个不正式的名称本身就意味着这原是一个不重要的小镇。1885年，当地居民为了防御马贼的骚扰，修筑了砖木结构的城墙。参见王季平主编：《吉林省编年纪事》，吉林人民出版社1989年版，第35页。

的分界点。为了与俄国竞争，日本"南满铁路株式会社"主持建设了规模较大、设施完善的长春"满铁"附属地。因此，在日俄战争以前，长春仅是中东铁路的一个普通站点，之后其城市地位提升为交通枢纽和地区经济中心。

伪满洲国成立之后，"奠都"于长春，其重要性再次"上升"，成为伪满统治全东北的"政治中心"，城市人口迅速攀升，从1931年的12万人增长到1945年的60余万人。在这一时期，长春的城市化速度居全国首位[①]。1945年日本战败后，苏军和国民党曾先后接收长春，但由于战乱频仍，民生凋敝，城市建设一直陷于停顿。长春解放后，城市生产和生活迅速得到恢复。而随着"一五"计划开始实施，长春的城市面貌有了另一次重要改变，奠定了它今天工业、教育、文化中心的格局。

近代长春城市的发展经历了波澜曲折的进程，随着其城市职能的三次转变，城市面貌和城市生活也发生了巨大变化。在这一过程中，对"近代性"的理解与表达是随着历史发展不断变化的，而这种变化直观地体现在长春的城市建设上。

（一）铁道枢纽时期（1900—1931年）

1.长春中东铁路附属地及其建设

光绪二十四年（1898年），沙俄通过《中俄密约》攫取了在我国东北修筑中东铁路及其支线的特权[②]。两条铁路线形成横亘东北地区的"T"字形交通路网（图7—1），全线于1903年建成通车。藉由修建横亘东北的中东铁路，俄国势力全面侵入到东北全境。伴随着沙俄经济侵略，新的规划方法和思想也被引入，对东北城市之后的发展发挥了重要影响。

沙俄中东铁路附属地主要包括两大部分，一是路基和车站占地，二是在重要站点和

---

① 何一民主编：《近代中国城市发展与社会变迁（1840—1949）》，科学出版社2004年版，第236页。

② 中东铁路西起满洲里，途经齐齐哈尔、哈尔滨，东迄海参崴，横贯内蒙古及黑龙江两省。其支线北起哈尔滨，经长春、沈阳，直达大连，支线总长2800公里。参见吴晓松：《近代东北城市建设史》，中山大学出版社1999年版，第45—49页。

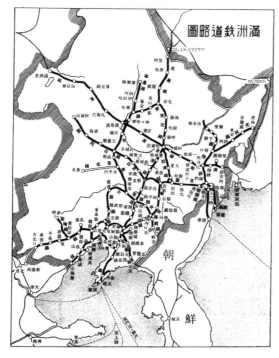

图7—1 中东铁路

资料来源：〔日〕西泽泰彦：《圖說：滿鐵——
"滿洲"的巨人》，東京：河出書房新社2000年版。

城市中规划的城区用地①。沙俄以"保护铁路所必须之地"为借口，在长春旧城以北强占土地，使附属地街区与原有的旧城区在空间上完全隔离，并禁止中国人入内居住，以便于俄国人的管理。这与西方列强在开埠城市中择地建设租界的方式如出一辙，如广州沙面。

中东铁路局对附属地的街区进行了规划和建设，从此揭开了长春城市近代化的序幕。围绕着铁路的铺设，俄国人在长春（宽城子）附属地铺筑道路，安设路灯、给排水等设施，陆续建造了火车站（图7—2）、铁道俱乐部、银行、"护路军"兵营、东正教堂、学校、宿舍等具有明显俄式风格的房屋，并兴建起一批近代工商业企业，尤其是面粉制造业（如长春现存最早的近代企业乔亚辛面粉厂）。

长春中东铁道附属地所体现出的近代城市景观与长春旧城的简陋混乱形成了强烈对比。而马路、公私建筑及工商企业等近代设施和的机构出现，促成了长春由乡村向近代城市的过渡。但是长春此时仍只是中东铁路线上的一个普通站点，其建设无论质量和规模都无法与中东铁路的管理中心哈尔滨和大连相比，"居住人口最多时未超过三千人"。日俄战争后，俄国再无余力在远东扩张，这一区域迅速衰退下去。与此形成强烈对比的，则是日本人在长春主导的建设。

① 所谓"铁路附属地"，是沙俄在修筑中东铁路的过程中，为推行其殖民统治的需要，借口《东省铁路章程》中为"建造、经理、防护铁路之必需"可在沿线设立"自行经理"用于兴建房屋、市政等铁路附属设施。俄国人将此项内容做了蓄意曲解，利用清政府的无能，最大限度地扩大其范畴，最终使铁路附属地成为俄国依托中东铁路在东北设置的一个面积广大的带状殖民统治区。

2.长春"满铁"附属地及其建设

日俄战争（1904—1905年）后，日本效仿英国的"东印度公司"和沙俄的"中东铁路公司"，组建了"南满洲铁道株式会社"（"满铁"）掠夺东北资源并进行殖民统治。"满铁"不但负责铁道相关的业务，也广泛开展了测绘、文化研究和市镇港口建设等活

图7—2 沙俄宽城子火车站

资料来源：李重主编：《伪"满洲国"明信片研究》，吉林文史出版社2005年版。

动，成为日本在中国东北推行殖民政策和"现代化"事业的实施者。

由于长春成为日俄在东北"势力范围"的南北分界点，在近代中外关系上具有了特殊意义。日本人接收长春以后，立即在沙俄车站和长春旧城之间选址规划，着手经营长春"满铁"附属地（图7—3）。由于日俄在东北的竞争，日本经营作为最前沿地区的长春"满铁"附属地也格外留心。长春"满铁"附属地的规划特点可归纳如下：

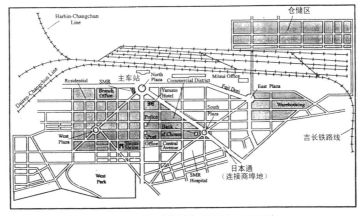

图7—3 长春"满铁"附属地，1925年

资料来源：David D. Buck, "Railway City and National Capital", Joseph W. Esherick（ed.）, *Remaking The Chinese City*: *Modernity and Nationality Identity*, *1900-1950*, Honolulu: University of Hawaii Press, 1999.重绘。

首先，长春"满铁"附属地的"殖民地城市规划"指导思想明确，即以建设高标准殖民地设施为主要目标，促进日本向东北移民，保证"满铁"附属地真正成为日本控制整个东北的基地。因此，日本对"满铁"附属地的规划建设从根本上不同于租界一类的外侨居留地，开发模式也以国家投资为主体进行详密规划、成系统的建设，而不同于美国开发西部时靠吸收民间零散投资的模式①。

其次，规划布局以火车站广场为中心，采取放射形道路结构，交通枢纽位置设圆形广场，这也是"满铁"附属地规划的一般模式。中外的三种不同规划实践对"满铁"附属地的规划产生了直接影响：整个附属地基本是方格网街坊式的布局，类似中国古代的"营国"制度和美国西部铁道城镇规划；而以火车站为起点的放射性道路则受到了美国城市美化运动的影响。这些形成了"满铁"首任总裁后藤新平所谓的"满洲的都市必须要有充满满洲特色的市街"②。

复次，长春附属地进行了初步的分区规划。以火车站为中心点，形成一个扇面结构，并采用矩形划分将整个区间分为住宅、商业、粮栈、工厂、公共娱乐、行政机关等，各种设施一应俱全。各街区所占面积的大致比例为：住宅地15％，商业地33％，粮栈31％，公共游览及娱乐地9％，公共设施（包括日本驻军营地）12％③。同时，日本人没有实行像沙俄那样严格的封禁和种族隔离制度④。

再次，由于长春的特殊地理位置，附属地中军事性建筑占突出地位。当时"附属地"人口仅为4.5万，其中日本警察署及下辖的派出所即有18处之多⑤，另设独立守备队、

---

① John Reps, *Cities of the American West : A History of Frontier Urban Planning*, Princeton: Princeton University Press, 1979.

② 〔日〕越泽明：《中国东北都市计划史》，黄世孟译，第42页。

③ 每个街区按照自己的具体职能为车站提供配套服务，其中粮栈完全服务于各车站的粮食运输及储备等货运经济，工厂是为铁路供应机械零件和商品加工服务的，而住宅建设则以为"满铁"社员提供高级住宅为中心。

④ Joshua Fogel, "Integrating into Chinese Society: A Comparison of the Japanese Communities of Shanghai and Harbin" in Sheron Minichiello, eds., *Japan's Competing Modernities: Issues in Culture and Democracy 1900-1930*, Honolulu: University of Hawaii press, 1998.

⑤ 曲晓范：《近代东北城市的历史变迁》，东北师范大学出版社2001年版，第79页。

宪兵队机关等营房，戒备严密。这些军事设施也是后来"九一八"事变中日本关东军侵占长春的前出基地。

由于直接抵临沙俄控制的北满，日本力图以在长春的建筑活动证明他们不但在军事上，也在文化和城市建设上都胜过俄国人。例如，为修建堪与欧洲城市和近在咫尺的哈尔滨相媲美的宏伟建筑，长春大和旅馆包括室内装潢也使用了欧洲正在流行的新艺术风格。此外还有折衷主义样式的火车站（图7—4）、"辰野式"银行、巴洛克式邮局等。另外，东京帝国大学的教授白泽保美设计了长春的第一座公园（西公园），为居民提供了一处休闲场所①，喻示了近代长春的生活方式和生活内容都发生了变化。

日本人通过这些风格各异、但都具有明显西方特征的建筑矜夸他们向西方学习而取得的"近代化"成就，刻意渲染"文明"和"进步"，宣扬其文明程度足与西方列强平起平坐。（图7—5）后藤新平在当时就考虑到汽车将成为未来城市的主要交通工具，要求将长春"满铁"的主要道路放宽到36米，与东京主要的道路宽幅一致。到访长春的外国人在回忆录中对长春街道的宽整洁净赞叹不已②，可见日本人多少实现了

图7—4　长春"满铁"火车站，与沙俄火车站对比，可见日本对长春附属地的重视

资料来源：李重主编：《伪"满洲国"明信片研究》。

图7—5　长春"满铁"附属地鸟瞰

资料来源：李重主编：《伪"满洲国"明信片研究》。

① 〔日〕佐藤昌：《滿洲造園史》，東京：日本造園修景協會，1985年，第81—82頁。

② Rosalind Goforth，*Goforth of China*，Minneapolis: Dimension Books, 1937，pp.270-276.

"达到与西方同一标准"的目标。

"满铁"长春驿建成后，随着商贸经济的迅速发展，长春成为中东路上一个重要的铁路枢纽和粮栈[1]。可见，这时长春城市地位已经大大提升了。日本侵略者所建立的长春"满铁"附属地，虽然在空间上仍与旧城隔离，但毕竟将距离拉近了，这也直接导致了长春商埠地的建设。

3.长春商埠地及其建设

蕞尔小国日本在日俄战争中战胜沙俄，这给当时的清廷带来巨大震动，"非布新除旧，无以自治，无以图存"成为朝野共识。日俄战后的《中日会议东三省事宜条约》在附约中规定"中国自行开埠通商"。东三省总督徐世昌、赵尔巽及其后张作霖、张学良父子的东北政权一方面限制"满铁"附属地的扩张，一方面加紧建设与"满铁"附属地相抗衡的、由中国人行使主权的新市区。1909年，徐世昌下令在长春自开商埠地，"以……主权所在，讵容他族居奇……爰令代理西路道颜世清相机挽救……务使土地之权操之自我，经理之任不假于人，庶几规模立而商务可兴矣"[2]。颜世清为了阻止长春"满铁"附属地的南扩，更将其衙署"吉长道尹公署"建在商埠地的最北头，直接毗邻"满铁"附属地南界。

长春商埠地是长春的第四块街区，通过新修的主马路"日本通"（今大马路）将旧城与"满铁"附属地连接起来，促进了城市的发展。商埠地近代化建设的成就包括1911年开办的电灯厂，因此在商埠地有了照明用电和街灯，此外利用原来的回民坟地修建了一座小公园[3]。同时，商埠地新建筑，如吉长道尹公署和"洋式店面"的商铺等，都有意大量地使用西方建筑元素，表明中国从政府到民间都开始主动学习西方、努力推进近代化以对抗殖民侵略。

但商埠地由吉长道尹管辖，与旧城（属长春府）在事权上未能统一，空间上又介于旧城与"满铁"附属地之间，所以规划难免受到制约，又因缺乏建设资金，道路、街坊也不成体系。相比之下，附属地有铁道交通之便，且管理组织严密高效，商埠地不过接

---

① "南满洲铁道株式会社"庶务部调查课编：《满州旅行の栞》，1935年。

② 于泾：《长春厅志·长春县志》，长春出版社2002年版，第158页。

③ 唐继革等：《长春200年》，《长春文史资料》2001年总第59期。

其余惠而已，与"满铁"附属地之间商业竞争明显归于失败。但是商埠地的拍租使大片农业土地作为商品正式融入区域市场经济，从而促进了城市化的进程。

从表7—1中可见，1908—1930年长春城市建成面积的增长基本是在商埠地开发和老城扩建过程中实现的。

表7—1　长春城市建成区面积比较（平方公里）

	1908年	1930年
老城区	5	8
中东铁路附属地	4	4
南满铁路附属地	4	5
商埠地	0	4
合计	13	21

数据来源：越泽明：《中国东北都市计划史》，黄世孟译，第150页。

从19世纪末沙俄在二道沟设置中东铁路附属地以来，直到1937年底日本当局宣布"满铁"附属地"撤销治外法权"的近四十年间，长春的市政由中、日、俄三国分治，在管理上长期不统一，这种矛盾也反映在城市空间中。这不但是长春城市近代化过程中的问题，也是阻碍租界城市发展的普遍现象。1931年以前的长春包括四个部分，体现出明显的拼合特征。（图7—6）

长春作为铁路城市，在开发过程中，城市的总体环境得到改善，空间陆续扩展，吸引了大量的外来农村移民进入城市，使城市各项产业的发展条件进一步完善，造成了城市文化的多元化。这是长春走向近代化的重要一步。

（二）"新京"时期（1932—1945年）

1.日本在伪满洲国的殖民统治及其特征

"九一八"事变后，日军侵占全东北，扶植傀儡政权建立"满洲国"。考虑到各种因素，日本最终决定不由关东军实行直接占领，而在东北建立一个"独立的民族国

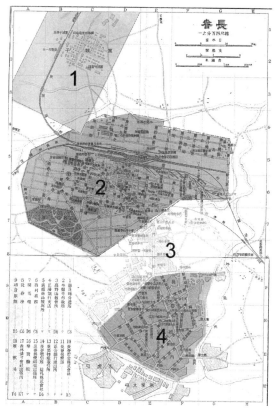

图7—6　1919年的长春，可见其空间上的割裂。图中1为沙俄附属地，2为"满铁"附属地，3为商埠地，4为旧城

资料来源：http：//www.geocities.jp/keropero 2000/china/choshun01.html，重绘。

家"，扶植清逊帝溥仪为"执政"，年号"大同"，"首都"选定于长春①。

伪满政府为了证明其法统，指责西方国家和受西方思想侵蚀的国民党及张学良政权实行的是"霸道"政治，崇尚物质主义和个人主义。相反，伪满尊崇并恢复东亚的道德传统和地方文化，实行"王道"政治②。在"王道乐土"的口号下，伪满恢复了很多"五四"以后遭摒弃的传统礼仪和地方习俗，其中春秋祀孔日甚至被定为法定假日，伪满钱钞也印上孔子等人物的形象。

"王道主义"里最突出的是"民族协和"的口号，它是日本殖民主义的一项发明。西方殖民主义实行的民族隔离和民族等级制度等政策，导致了本地民族的仇视，各种冲突此起彼伏，20世纪初开始更在世界范围内掀起了民族主义运动的浪潮。而伪满的《建国宣言》中明确说"凡在新国家领土内之居住者，皆无种族之歧视，尊卑之分别……惟礼教之是崇"，实行满、汉、日、蒙、朝鲜"五族协和"③（图7—7）。

① 相贺兼介：《建国前後の思い出す》，《满州建築雜誌》22:10。
② "王道主义"主要包括帝治（"顺天安民"）、"以民为本"（孟子）和"民族协和"三个内容，是伪满的"建国精神"。
③ 伪满时期资料重刊委员会：《伪满洲国政府公报（影印本）》第1号（1932-4-1），辽沈书社1990年版。

图7—7　伪满洲国协和会"五族少女协和"宣传画

资料来源：玉野井麻利子编：《满洲：交錯する歴史》，東京：藤原書店2008年版。

日本在台湾和"满铁"附属地的早期殖民政策与西方列强如出一辙[1]，以规整理性的城市规划和宏伟的西式政府建筑象征文明和秩序。一战以后的华盛顿会议上，西方列强联合阻止日本在亚洲的扩张。日本人大失所望，坚信与英美的决战势不可免，遂促成了日本的外交政策从"脱亚入欧"转向"大亚细亚主义"，其殖民政策和城市建设也出现了相应变化。日本殖民主义者以自己是西方帝国主义的"受害者"和亚洲国家反抗西方侵略的领导者自居[2]，以与西方对抗的方式实现其扩张。而文化则成为最有效地联合亚洲各民族反抗西方的纽带。

1910年代新建成的长春"满铁"附属地中几乎看不见日本传统和当地文化的踪影，而仅仅20年后，"新京"规划中东亚的传统文化却成为城市建设着重表达的要素。日本鼓吹的"王道乐土"、"五族协和"，虽然只是其殖民侵略的烟幕，但也可见其明确区别于西方殖民主义的意图。

---

[1]　Chu-Joe Hsia, "Theorizing Colonial Architecture and Urbanism: Building Colonial Modernity in Taiwan", *Inter-Asia Cultural Studies*, Volume 3, Number 1, 2002.

[2]　Roger Brown, "Visions of A Virtuous Manifest: Yasuoka Masahiro and Japan's Kingly Way", In Sven Saaler and Victor Koschmann ed., *Pan-Asianism in Modern Japanese History*, London and New York: Routledge, 2006.

2."新京"规划及建设

"九一八"事变时,长春在东北仅属于中等规模的城市。1932年3月伪满洲国宣布"奠都"长春,改称"新京"。这一名称不像"北京"、"东京"那样以地理方位命名,本身就蕴含了日本殖民者在推行现代化上的除旧布新的所谓追求。

伪满成立不久即组建了"临时国都建设局",负责全盘统筹"新京"的城市规划和建设。第一期"国都"建设的"五年计划"于1933年1月正式开始。《新京都市建设方策》在确定了"本市这样一座以政治为主的城市"的城市性质后,规定了"以五十万人口为指标"。[1]按照人均所需150平米的面积计算,加上政府机关和大型公园等,规划面积约为80平方公里。事实上最后扩展为100平方公里(图7—8)。

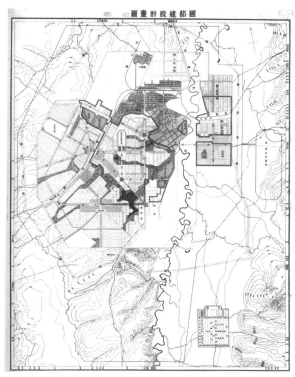

图7—8 "新京"规划,1932年

资料来源:长春市规划院提供。

1932年的"新京"规划体现了很多重要的现代特征,如明确的用地功能分区(如图不同的颜色所示)、规整的路网结构和严格的街道分级系统、合理的城市绿地系统及从外国及时引进的"田园城市"、邻里单位设计方法等等[2]。"新京"规划承续了满铁附属地规整与理性的布局,但因其规划区域广阔得多,因此"新京"规划采用了类似巴洛克式的空间图式:对角线状放射型大道、城市广场(台地)、绿化体系(洼地)及宏伟建筑,等等。这些特征构成了近代长

① "南满洲铁道株式会社"经济调查会:《新京都市建设方案》,(极密)昭和十九年,第102—103页。

② 刘亦师,张复合:《20世纪30年代长春的现代主义运动》,《新建筑》2006年第5期。

春中心城区的基本面貌。

20世纪初正值城市规划界的新思潮、新理论不断涌现，欧美出现和发展的城市规划思想、方法和技术迅速被介绍到日本。"新京"的规划者也有意识地参考当时世界上的首都规划经验[①]，如"新京"的道路体系和中心广场即与堪培拉十分相似。但同时日本人也着意将各项规划指标提高，以此标榜其"现代化"的程度更胜于西方各国。例如，日本规划者将全市用地的7%划定为公园和绿地，即每450人享

图7—9　"满铁"被否决的方案

资料来源：Guo Qinghua, "Changchun: Unfinished Capital Planning of Manzhouguo, 1932–1942", *Urban History*, 31, 1（2004）.

有一公顷城市绿地，这一比例高于同时期的多数西方国家的首都[②]。

除了引进西方技术和规划经验，日本人更加重视"王道主义"在城市规划和建设上的体现，以之区别于西方的资本主义物质文明。溥仪伪帝宫的选址是最明显的一个例子。伪满在制定"新京"规划时，"满铁"、关东军和伪满"国都建设局"共提交四个方案。其中"满铁"的一种方案将伪帝宫置于东南台地上，行政区顺地势展开，将土方工程减至最少，因此造价最低（图7—9）。而溥仪则强烈要求将伪帝宫置于城市的中心

---

①　"新京"第一期五年计划完成时，时论评述"首都的建设在世界上是无与伦比的，无论建设的速度还是规模，都远超澳大利亚的新首都堪培拉，以及土耳其的新首都安哥拉的建设"。"First Five Year of Capital Construction", *Contemporary Manchuria*, Jan 1938, Vol.II, No. 1, p. 2.

②　"考察世界各大都市之公园面积，大都约占全市面积百分之二。其中柏林为百分之二，东京为千分之二十八，华盛顿为百分之十四，伦敦为百分之九。盖公园与都市之文化进展，常有密切之关联，而成一正比例。我新京之公园（运动场在内），面积占全市面积百分之七，与伦敦、华府相差无几也。"按人均面积约与北美城市相同，为欧洲城市的3—4倍，10倍于京都。佐藤昌：《满洲造园史》，第74—77页。

且必须正南北向，以符合"辨方正位"。后来的实施方案满足了溥仪的要求，而帝宫的朝向与所在决定了整个规划的结构。这体现出在"新京"规划中，对政治和文化因素的考虑远胜技术、经济，使"新京"建设达到"对内笼络人心，亦为对外宣扬国威"的目的。

另外，城市街道的命名基于儒学经典和"王道主义"的原则，如"大同大街"、"顺天大街"、"安民广场"等。由于伪满提倡"忠孝"，所以在修建主干道大同大街时，不惮麻烦保留了"孝子坟"，成为"新京"的一处名胜。日本殖民者藉东亚的传统文化区别且自诩"优胜"于西方文明，在与西方的对抗中试探新的现代化道路。

图7—10　伪满"国务院"正面

资料来源："First Five Year of Capital Construction"，

Contemporary Manchuria，Jan 1938，Vol.II，No. 1.

这种求"新"求"胜"的思想同样反映在日本的规划政策上。如在规划开始前，关东军就下令由政府统一收购长春的所有土地，避免资本主义世界常见的土地买卖投机，之后又屡次限定出租房价的涨幅与上限。伪满的官厅建筑样式即"兴亚式"也可反映出这种"新"现代性的追求（图7—10）。"兴亚式"的突出特点是借用中国传统的攒尖坡顶，使其突出于建筑中央，成为视觉中心[1]。"兴亚式"只出现在"新京"，且集中在顺天大街两侧，成为代表"新京"建设成就的标志，给前来"新京"的外国游客以深刻的印象[2]。

1941年太平洋战争爆发，"新京"建设也告以终结。

---

① 与当时国民党的"中国固有样式"建筑不同的是，"兴亚式"融合了柱式、雨棚等西方建筑元素，琉璃的颜色变化也较丰富，而很少模仿斗拱等建筑部件。

② Jean Douyau，"Impression of Manchoukuo"，*Contemporary Manchuria*，July 1938，Vol.II，No. 4.

（三）过渡及转型时期（1945—1957年）

苏联对日宣战加速了日本的投降。1945年8月19日，首批苏军进驻长春，长春遂成为远东苏军司令部所在地。参照解放东欧国家的先例，苏军到达长春后不久，动用日本战俘在市中心斯大林广场（原大同广场）修筑了一座战胜纪念碑，即苏联空军烈士纪念碑。这是长春第一座苏东现实主义样式（socialist realism）的建筑物。同时，苏军将"新京"改回长春，并重新命名街道和广场，并征用日伪时期的建筑，如原关东军司令部改为远东苏军司令部等。

1946年国民党接收长春后，由于受到东北人民解放军的军事包围和经济封锁，国民党无力进行城市建设，仅限于重新命名广场和街道，如主干道（原大同大街）北段改为"中山大街"，南段改为"中正大街"。国民党军为构筑城防工事，不惜砍伐街路树木，拆毁建筑修筑碉堡，使长春遭到了严重的破坏[①]。

1948年10月长春解放后，人民政府颁布了严禁拆毁房舍机器的命令，努力恢复生活和生产，"宣布更改部分街道、广场、公园反动名称"[②]。由于日伪时期的建设基础较好，东北局将原伪国务院、司法部等办公楼改用作白求恩医科大学及附属医院，在原大陆科学院的基础上发展中科院等研究机构。另在接收日伪"满洲映画协会"的厂房和设备后，改建为东北电影厂（后改长春电影制片厂）。这些都是新中国成立后长春城市发展的重要变化。

因受朝鲜战争（1950—1953年）的影响，新中国成立初期长春的建设不多，市域范围没有显著扩张。直到"一五"计划开始后，长春才发生了巨大的变化，随着"一五"计划的胜利完成，"长春市已经成为一个工业和文化的新型城市"[③]。

总之，近代以来长春城市的发展经历了四个时期：从边疆集镇—铁路城市—"政治中心"城市—新兴的综合工业城市。这一时期长春的发展跌宕起伏，但城市建设所体现

---

① 郑洞国，郑建邦：《我的戎马生涯：郑洞国回忆录》，团结出版社2008年版，第493—494页。

② 长春市档案馆编：《长春市大事记（1948—1977）》，1948-10-21，1948-10-30，1949-3-31等条，长春市图书馆藏。

③ 同上书，1957-12（5797）。

出的"现代化"诉求则是一致的。

"满铁"附属地和商埠地都各尽所能地模仿西方的规划模式和建筑样式，表达了通过西方化争取获得与列强平等地位的愿望。而20年后的"新京"规划却不余遗力地在城市建设上表达不同于西方的"新"的现代性，从而脱离了西方"现代性"的话语体系，反映了日本外交和殖民政策的巨大转变。1953年以后的建设，既受苏联的影响，也反映了毛泽东提出的"把消费的城市变成生产的城市"①的思想，长春的城市面貌和空间结构再次为之一变。值得注意的是，日伪时期和"一五"建设时期的城市建设，都是在批判西方资本主义现代化道路的基础上进行的，都具有明显的对抗性。

由此可见，"现代"的定义和表现形式是一个历史建构的过程，而这些变化在长春的城市发展上体现得淋漓尽致。同样，清理这一段历史，也有利于我们今天制定更合理的规划政策和文物保护措施。例如，长春"满铁"附属地建筑的修复和重新利用，应参照20年代的各种西方和西化的建筑样式为蓝本进行，而不宜与伪满时期的建筑样式混为一谈。

二、"新京"规划所反映的政治思想及其演变：从"脱亚入欧"到"王道主义"

1932年日伪制定的"新京"规划其思想主要来源于3方面：（1）近世西方城市规划的理论与实践（功能分区、地界调整、城市公园运动/城市美化运动、六边形规划等）；（2）当时其他殖民地国家和新兴民族国家的首都规划；（3）日本明治维新以来，尤其是1919年《都市计画法》及其在关东大地震后加以应用的规划经验。本节针对既往研究的不足，着重阐明日本殖民主义政策的转变对城市规划的影响，考察西方规划思想和技术在"新京"规划中的应用和变化，说明规划思想史的研究对构成完整的城市规划图景的重要性。

---

① 毛泽东：《毛泽东选集》第4卷，人民出版社1991年版，第428页。《把消费城市变成生产城市》，《人民日报》1949年3月17日社论。

1905年日俄战争以后新建的长春"满铁"附属地中几乎看不到日本传统和当地文化的踪影，而仅仅20年后，在"新京"规划中，日本规划师却不遗余力地掺入"东方元素"，使其成为独具特色的新"国家"的象征。要阐释规划和建设方针上的这种转变，则必须系统探讨日本殖民政策的形成及其在1910—1930年这20年间的转变。

（一）日本殖民主义政策的演变及其在城市规划上的体现（1895—1931年）

甲午战争以后，日本通过历次侵略战争逐步攫取了多片海外殖民地，包括中国的台湾（1895年）、南满（1905年）、朝鲜（1910年）及伪满洲国（1932年）。日本的殖民政策随着国际形势的转变发生了显著的变化，即从明治维新早期的"脱亚入欧"、全力模仿西方的制度和器物，到1920年代后，由于"三国还辽"（1896年）[①]、华盛顿会议（1922年）、美国排日移民法案（1924年）等事件对西方列强积怨失望，进而开始进行战争准备，以东方文化和道德为旗帜"联亚抗欧"，鼓吹泛亚细亚主义（pan-Asianism）及"大东亚共荣圈"[②]。日本殖民政策所经历的这些演变，也反映在其海外殖民地的城市建设上。

在日本海外殖民初期，受各种资源和经验所限，仿效西方殖民主义的成熟经验是必然的选择。在崇尚西方心态的作用下，日本在这些殖民地的早期建设中，毫不踌躇地采用各种西方规划技术和建筑样式，急切地想通过城市建设，表达在文明程度和城市管理等各方面与西方列强均等的意图。例如，台北、汉城和东北"满铁"附属地的城市规划与西方列强如出一辙，都是仿效西方规划中讲究"卫生"、"秩序"、"效率"等原则。这一时期的城市建设是以规整理性的城市规划和宏伟的政府建筑象征文明和秩序，通过建造与西方相似的城市显示其殖民统治的"正当性"。而日本文化元素仅是城市的

---

① 即甲午战争后《马关条约》规定日本租借辽东半岛，旋由俄、德、法三国干涉迫使日本以白银3000万两为代价将之"退还"清政府。

② 日本民众尤其是知识分子未在日本明治维新以来的近代化事业中获益，而1922年的华盛顿会议迫使日本遵从美英制定的"亚洲秩序"最终导致与日本西方关系的转变和泛亚主义的兴起。学界一般认为反西方思潮是泛亚主义的另一种表现形式。John H. Miller，"The Reluctant Asianist: Japan and Asia"，*Asian Affairs*, Vol. 31, No. 2（Summer, 2004），pp.69-85.

点缀，限于神社或公园内部的若干设施上。

一战以后的华盛顿会议（1922年）上，西方列强联合阻止日本在亚洲的扩张，遂导致日本人坚信东、西方文明的对抗和最终的决战势无可免，促成了日本的外交政策从"脱亚入欧"转向泛亚细亚主义。日本殖民主义者自是开始宣传自己也是西方帝国主义的"受害者"，并以亚洲国家反抗西方侵略的领导者自居[①]，意图用与西方对抗的方式实现其扩张。东方文化被日本殖民政府作为联合亚洲各民族反抗西方的纽带和旗帜加以利用，并在城市建设和管理上进行若干革新[②]，为此后"新京"的规划和建设提供了参考。

从甲午战争到"九一八"事变，日本的海外殖民事业取得长足发展，其殖民政策从初期努力仿效西方老牌殖民帝国（英、法、荷等），转为在朝鲜推行的"文化政策"中所显现出的背离西方殖民主义道路的理念和方法。这些经历为在1932年成立的伪满洲国全面推行新的殖民主义政策做了铺垫。

（二）日本特色的殖民主义："王道主义"与伪满"新京"规划

"九一八"事变后，日军侵占全东北，扶植傀儡政权建立"满洲国"。《满洲国建国宣言》宣称"惟礼教之是崇，实行王道主义，……为世界政治之楷模"[③]。"王道主义"既是泛亚细亚主义在日本统治下的东北的具体表现形式，也是伪满的官方意识形态。

所谓"王道"，是与伪满政府所指责的西方国家和受西方思想侵蚀的国民党及张学

---

① Roger Brown，"Visions of a virtuous manifest: Yasuoka Masahiro and Japan's Kingly Way". In Sven Saaler and Victor Koschmann ed.，*Pan-Asianism in Modern Japanese History*，London and New York: Routledge, 2006. 桑兵：《排日移民法案与孙中山的大亚洲主义演讲》，《中山大学学报》（社会科学版）2006 年第 6 期，第 1—13 页。

② 日本殖民政策于这一时期的转向体现在汉城 1925 年博览会的场馆布置和其城市管理的"文化政策"上。详 Hong Kal，"Modeling the West, Returning to Asia: Shifting Politics of Representation in Japanese Colonial Expositions in Korea"，*Comparative Study of Society and History*，2005，pp.507-531。

③ 《"满洲国"建国宣言》，《"满洲国"政府公报》，"大同元年"四月一日第一号（1932）。

良政权实行的"霸道"，即崇尚物质欲望、利益竞争和个人主义相对立的，也是中国儒家学说一直推崇并身体力行的统治术。为了证明其法统，伪满鼓吹尊崇东亚的道德传统和地方文化，实行"王道"政治，鼓吹"天下大同"。在"王道乐土"的口号下，伪满恢复了新文化运动和"五四"运动以后遭摒弃的传统礼仪和地方习俗，如将春秋祀孔日被定为法定假日（图7—11），并将孔子等人物印在伪满钱钞上。

图7—11　"新京"祀孔仪式

资料来源：《满州画报》第6卷第3号，昭和十六年（1941年）3月号。

"王道主义"的三个主要内容是"民族协和"、"顺天安民"和"仁政民本"，三者皆与国民党"民族、民权、民生"的"三民主义"针锋相对①，而其中的"民族协和"则是基于对西方殖民主义实行种族隔离政策的批判而提出②。这些宣传虽然都是日本推行残暴殖民统治的烟幕弹，但也强烈体现了日本在伪满实行的殖民主义政策与西方及国民党政府的对抗性。正是在这种对抗中日本殖民者探索了新的现代化道路，反映出日本殖

---

① Shinichi Yamamuro，*Manchuria Under Japanese Dominion: Encounters with Asia*，Translated by Joshua A. Fogel，Philadelphia: Pennsylvania University Press，2006，pp.115-121.

② 即日伪当局从伪满洲国出笼之初就一直标榜的"民族协和"和"五族共和"。

民主义"政治求异、文化求同"①的新阶段。而城市规划和建设作为传达和转译政治意图及意识形态的重要工具,"王道主义"的三方面内容也不同程度地体现在"新京"的规划和建设上。

1.伪"帝宫"的选址

1932年伪满成立后,考虑到各种因素,日本最终决定不由关东军实行直接占领,而扶植清逊帝傅仪为"执政",两年后改称"皇帝",仿行日本的君主立宪制,使之与"王道主义"的宣传相符。因此,为了凸显这一政治体制和意识形态,"新京"规划一开始就围绕着溥仪的"帝宫"如何在城内的选址展开了激烈讨论,"说这是整个规划最关键之处也毫不为过"②。

中国历代王朝的都城,尤其是明清北京城是遵照《周礼·考工记》"匠人营国"制度规划和建设的,即强调城市中轴线的统率作用,并将皇/宫城布置在城市的中心位置,它连同重要的坛庙一道成为城市最重要的组成部分,也是"奉正朔"的王朝都城区别于一般城市的显著标志。

伪满在制定"新京"规划时,根据"帝宫"在城市中的不同位置,"满铁"、关东军和伪满"国都建设局"总共提交了四个方案。其中"满铁"的一种方案将伪帝宫置于东南台地上,行政区顺地势展开,类似东京的天皇皇宫的东西轴展开。这一方案充分利用地势,可将土方工程减至最少,因此造价最低(图7—12)。而溥仪和他的"内务府"臣僚则强烈要求将伪帝宫置于城市的中心且必须正南北向,以符合"辨方正位"③。关东军最后决定满足溥仪的要求,整个规划的结构是由"帝宫"的位置与朝向决定的。(图7—8)

---

① 冯玮:《评日本政治"存异"和文化"求同"的殖民统治方针》,《世界历史》2002年第3期,第2—9页。

② "南滿洲鐵道株式會社"經濟調查會:《新京都市建設方案》,昭和十九年九月(極密),第38頁。

③ Guo Qinghua, "Changchun: Unfinished Capital Planning of Manzhouguo, 1932-42", *Urban History*, 31, 1 (2004), pp.100-117.

图7—12　"满铁"制定的"新京"规划第三方案，1932年

资料来源：小川拓马：《造国家·折下吉延による近代绿化思想の転換と実践》，《法政大学大学院デザイン工学研究科紀要》，Vol.2（2013）。

　　此外，"帝宫"用地的南面作为顺天广场，北面划作半弧形，象征"天圆地方"；伪满的各部委大楼麇集于广场以南的顺天大街两侧，与北京宫城外千步廊制度一致。这种官厅集中布置的规划方式，也是当时新兴民族国家的首都规划在布置行政区时常见的方式[①]（图7—13、图10—11）。但同时，从火车站延伸向南的大同大街轴线比顺天大街轴线更长，且贯穿了城市最大的广场，沿这条轴线列布的主要是伪满的实际统治者日本关东军和"满铁"的各种部门，如关东军司令部、关东军宪兵司令部、满洲中央银行、

────────────

　　①　伪满当时也自称是在我国东北"新生的独立国家"，1933年国际联盟经李顿调查团查访指明伪满并非民族自决运动，仅日本等轴心国集团国家与之建交。

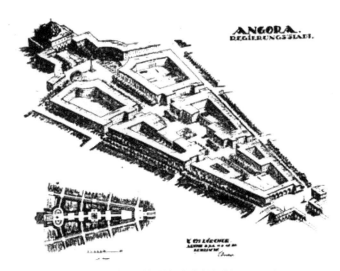

图7—13　土耳其新首都安卡拉规划，1929年

资料来源：Zeynep Kezer，"The Making of a National Capital：Ideology and Socio-Spatial Practices in Early Republic Turkey [D]"，UC Berkeley，1999.

协和会总部等，因此张复合教授曾指出这种布局体现了关东军凌驾于伪满政府之上的政治形态[①]。这种平行设置两条轴线的布局方式是将政治理想和实际情形相结合的结果，确与利用主次轴线的交织叠错布置城市景观的巴洛克式规划有所不同，是规划史上少见的实例。

2.大同大街的建设与孝子坟的保存

"新京"城市街道和广场的命名是伪满"总理大臣"郑孝胥和"国都建设局长"阮振铎基于儒学经典和"王道主义"理论，选出富有寓意和余韵的名称[②]，如"大同广场"、"顺天大街"、"安民广场"等。城市的主轴大同大街是"满铁"附属地的主街中央大街的南延线，贯穿大同广场直至南部的建国忠灵庙，全长7.5公里。它和大同广场一样，都是"新京"规划中最先动工的部分（图7—14）。

修建大同大街南段时，伪满政府和关东军对孝子坟的迁移和保存问题发生了争论。孝子坟是清末长春本地的一名道士为其母祈福并守孝的地方，此后香火不断，逐渐成为长春的一处名胜。由于孝子坟小土堆的基址突入到正在修建的大同大街以里近10米，几乎全部占据了南向的慢车道（图7—15），主持建造工程的日本规划师要求将之拆毁或易地

①　张复合：《长春历史文化研究与紫线划定》，张复合编：《中国近代建筑研究与保护》，清华大学出版社2006年版，第123—146页。

②　在名称中还表现出方向性（南北向道路为"街"，东西向道路为"路"）和等级（38m以上者冠以"大"字，辅路则称"胡同"等）。详越沢明：《満洲國の首都計画》，日本経済評論社，1988年，第129頁。

图7—14 大同广场规模初具前后比较

资料来源："建国"十周年祝典事务局：《新京：满洲事情案内所》，1942年，第16页。

图7—15 大同大街与孝子坟，可见其凸入一侧的慢车道。街道截面可见图7—16

资料来源：长春市文物保护研究所提供。

重建。但拆除过程并不顺利，来此敬香的长春居民集体反对，导致双方僵持不下，致使郑孝胥以伪满"总理"兼伪满"文教部长"的身份出面干涉，建议保留①。关东军考虑到提倡"忠孝节义"是"王道主义"的基石，最终决定保留孝子坟并对之修缮，使孝子坟成为"新京"的象征之一，其形象屡次出现在明信片上，但同时也加大了工程管线的施工难度，使得造价上升②。

"忠"、"孝"在儒家学说中占有重要地位。《论语》谓："弟子入则孝，出则弟，谨而信，泛爱众而亲仁"，即儒家文化以"孝悌"为本，移于君而忠，"以孝事君则忠"（《孝经·广扬名章》）。所以伪满各地每年都举行表彰孝子和敬老等活动，并强制废止了三民主义党义教科书，改用《孝经》、《四书》之类为教科书③。关东军不惮麻烦地保留了孝子坟，使之成为宣传"王道主义"的重要物证，体现出日本殖民政策所追求的在城市建设上有别于西方的新内容和新含义。

以上二例表明，在"新京"规划中，除了引进西方技术和规划经验，日本人对政治和文化因素的重视胜过对技术、经济的考虑，竭力使"王道主义"体现于城市规划和建设上，以之区别于西方的资本主义物质文明，使"新京"建设达到"对内笼络人心，亦为对外宣扬国威"的目的。日本殖民统治者所鼓吹的"尊孔"、"王道"在某些重要建设工程上得以体现，并在一段时期内大建糅合了东西建筑元素的"兴亚式"建筑，这些建筑成为日本殖民主义宣传工具大加利用、欺骗世人的道具。但就城市建设而论，确乎体现了与上海、天津、哈尔滨那样的租界和租借地城市不同的城市景观。

三、"新京"规划所反映的技术思想及其演变

19世纪末、20世纪初是现代城市规划思想和方法逐渐形成的关键时期，欧美涌现的各种规划思想、方法和技术也被迅速介绍到日本。日本最早的规划部门隶属于内务部，这个新机构在日本国内和海外殖民地的城市规划事业中迅速积累起正反两方面的丰富经验。

---

① 于泾：《长春孝子坟》，于泾：《长春史话》，长春出版社 2001 年版，第 114—127 页。

② "Manchu Legends"，*Contemporary Manchuria*, 1938/5, pp.2-5.

③ 赵新梅：《伪满洲国在学校教育中对儒家学说的改革与利用》，《江西教育科研》2000 年第 10 期，第 37—39 页。

　　概括而言，"新京"规划中使用的规划技术主要有三个特征。首先，和日本在伪满的殖民政策一样，"新京"规划也具有显著的与西方对抗性。"新京"的规划者有意识地参考当时世界上新建首都城市的规划，而"超越西方"的竞争意识贯穿在城市建设的规模、速度和主要用地的经济技术指标等各方面。

　　其次，日本20世纪以来的规划经验对"新京"规划发挥了关键作用。有关"新京"规划的时论和之后的研究所提到的各种西方规划思想和技术，实际是经过日本调适和改造后，再施用于殖民地的产物。日本经过对西方规划思想和实践的学习，发展出与日本当时社会相适应的一套规划体制，在1919年正式颁布了《都市计画法》，并在1923年关东大地震后的东京重建规划中得到应用。日本规划机构和制规划度的建设是"新京"规划的基本参考。

　　第三，"新京"规划从一开始起就尽量规避了日本国内规划的各种负面经验，因此比较同一规划技术在日本国内和"新京"规划中实际情况显得不无有趣。例如，将土地所有权公有化是当时日本规划当局从未实现的理想，但在一个威权的殖民政府的支持下，为了避免土地升值而引起的土地囤积和房地产投机，关东军不但将规划事项列为绝密，并在1932年2月伪满成立之前就禁止规划区域内所有土地的买卖，此后则由伪国都建设局负责土地的出售和开发，盈利用于支付基础设施的建设费用[1]。可见，"新京"是作为"真正的试验场"和"不留遗憾的"[2]理想城市来规划和建设的。

（一）城市功能分区及土地区画整理

　　城市功能分区制度（zoning）形成于20世纪初的西方发达资本主义国家，是依据土地用途对城市的地块进行细分，并制定该处建造物的界址、高度和样式等设计条件的全过程[3]，也是现代城市规划的基本理论和重要工具。

　　"新京"规划的官方说明文件《新京都市建设方案》在综述人口规模后，就明确将

---

①　"满洲国"史编纂刊行会：《"满洲国"史（分论下）》，东北沦陷十四年史吉林编写组译：《长春》（内部刊行），1990年，第576—578页。

②　越泽明：《满洲国の首都计画》，日本经济评论社，1988年，第128页。

③　Stephen Child，"City planning Commissions in America"，*The Town Planning Review*，1924.10（4），pp.225-234.

分区制单列提出，指出"区域的划分对于城市的健康发展关系最为重大"。该规划"以设置全国的政治中心机构"布置城市结构，城市的主要功能区是"执政府"和"行政区"，其余分别为居住、商业、工业、杂项（苗圃、牧场等）及旧城区。其中住宅区又细分4个等级，均"不得经营商业与工业，建筑物种类也受到限制"①。同时，对各种用地的容积率也做了详细规定，如一级居住地域的建筑面积不得超过总建筑面积的三成，其他二、三、四级则不超过占四成以内。功能分区与容积率成为"新京"规划中"为本局果行事业上，所最注重者"。

为了在功能分区无法解决的情况下施行重要基础设施的修建或重建，日本仿照德国的经验制定了土地区画整理（land readjustment，德文亦称"建设用地重划"）的措施，即采用调整用地地块，"使规划的用地地块能够与规划项目统一起来"②。多数情况下这种调整是通过"换地"，即根据统合邻近地区参与调整的用地的价值升降再重新分配而实现，但涉及重要的用于公共目的的建设，政府则有权强制征用。1922年的东京震灾复兴规划实施过程中，就采用了这一方法。

土地区划调整是日本国内普遍采用的规划方法，也是实施"新京"规划的基本方法。1933年4月公布的《国都建设计画法》总共21条，前9条为说明规划范围和费用分担等情况，第10—14条为土地区划整理的各项事宜，之后7条为规划的执行部门伪"国都建设局"的责任说明③。可以看出，土地区划整理在规划实施过程中赖以实现的重要工具，而其条款如界址如何消除和重新划分、费用如何分担等，除了"区画"和"区划"用词不同之外，与1919年日本《都市计画法》几乎一致。

（二）路网结构

日俄战争后，日本接替经营长春以南的铁道附属地，并占领了东清铁路最重要的两

---

① "南滿洲鐵道株式會社"經濟調查會：《新京都市建設方案》，昭和十九年九月（極密），第37—46頁。

② 〔德〕G. 阿尔伯斯著，吴唯佳译：《城市规划理论与实践概论》，科学出版社2000年版，第92页。

③ 教令第二十四号《国都建设计画法》，《"满洲国"政府公报》，"大同"二年四月二十六日。

座城市之一的大连（另一为哈尔滨）。沙俄时期的大连规划基本是巴洛克式的，虽仅建成主要的广场和部分道路，但这种尺度宏大的圆形城市广场和宽阔的放射性道路而形成的城市景观和体验（图6—8），使得因土地私有和地块划分过细致使无法建成宏大整饬街道体系的日本规划师和政府官员都倾慕不已，并仿照这一广场形式和路网结构规划和建设了奉天、长春等各个"满铁"附属地[①]。伪满时期的日本规划师也承认，俄式的城市结构"是在大连或哈尔滨所见到的，……这样的城市造型和建造方式，一直到战争结束时仍然在满洲国城市规划中占主导地位"。[②]

因此，"新京"的路网结构也是沙俄大连和"满铁"附属地时期城市规划经验的延续，以北部的"满铁"附属地为基础向南延伸，在主要的广场汇聚道路形成放射状，并在城市外围配置巨大的环状道路网，"可以称之为不规则形放射状（加）环状式"，同时"在规定'市中心'之前，设置里程元标"，设置六条国道及三条县道通向各个方向，以与外界保持密切联系[③]。在由多心放射状干线道路所环绕的区域内，支线以下道路网呈格网状，"非常适合土地分块出售和开发"。[④]

实际上，日本"二战"以前城市规划的首要目的是提振经济和强化城市管理，以高效地动员各种资源[⑤]，这与西方早期城市规划解决工业发展的问题和提升市民生活质量有所不同。因此，基础设施如铁道和公路网的建设是"新京"规划考虑的首要问题之一。《新京都市建设方案》在"街道"一节的开篇就指出，"街道网络的规划并非仅仅靠画画四方形就可了事的，而是要深入考虑如何利用天然地形，如何协调好同城外的交通联

---

① David Tucker, "Learning from Dairen, Learning from Shinkyo: Japanese Colonial City Planning and Postwar Reconstruction", Carola Hein, Jeffry Diefendorf, and Ishida Yorifusa （ed.）. *Rebuilding Urban Japan after 1945,* New York: Palgrave MacMillan, 2003: pp.166-167.

② "满洲国"史编纂刊行会：《满洲国史》（分论下），东北沦陷十四年史吉林编写组译，第562页。

③ "南満洲鐵道株式會社"經濟調查會：《新京都市建設方案》，昭和十九年九月（極密），第57页。

④ 越沢明：《満洲國の首都計画》，第125页。

⑤ Jeremy Alden, "Some Strengths and Weaknesses of Japanese Urban Planning", *The Town Planning Review*, Vol. 57, No. 2 （Apr., 1986）, pp. 127-134.

络路线问题，考虑这城市发展如何处理市中心同市区各部分的交通联络问题，同时要规划得既能保持首都的体面，又能充分发挥它的机能"。①上文论及的"新京"规划4个方案中，铁道选线均一致，路网结构亦大同小异，体现的是以城市规划促进经济发展的实用主义精神。

市区内的道路根据不同的功能和路面宽度分成3级，即干线（宽幅20—60米）、支线（10—18米）和辅助线（4—5米）三种，又细分为4等11种各类街道。（表7—1、图7—16）这一点也参考了欧美城市道路的设计理论和实践，如森内特（A.J. Sennett）阐发田园城市所绘的道路截面②以及格利芬（W. Griffin）的堪培拉规划中就也类似的设计和分级。（图7—17）

表7—1 "新京"规划道路分级及宽度 （单位：米）

大街	60.0（54.0）	
一等街道	甲	35.0
	乙	30.0
	丙	27.0
	丁	22.0
二等街道	甲	18.0
	乙	15.0
	丙	12.0
三等街道	甲	9.0
	乙	7.0
	丙	5.0（4.0）

资料来源："南滿洲鐵道株式會社"經濟調查會：《新京都市建设方案》，第49—50頁。括号为笔者所加。

---

① "南滿洲鐵道株式會社"經濟調查會：《新京都市建设方案》，第48頁。

② A. R. Sennett, *Garden Cities In Theory And Practice*，London: Bemrose and Sons, Limited.，1905，p.102A.

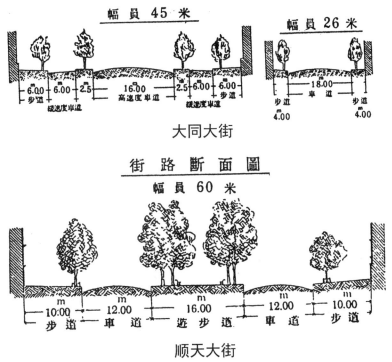

图7—16　"新京"典型街道截面设计，1932年

资料来源：〔日〕越泽明：《中国东北都市计划史》，黄世孟译，第161页。

"新京"市内的有铺装的路网覆盖了全部建成区，"不规划道路的住宅区是不存在的"[1]，一改之前道路任意发展和下雨泥泞的状况。此外，电力高架线、电线杆等市政设施被移到与干线平行的支线或辅助线上，使得干线道路两侧密布行道树而无须刻意修剪。这种尺度宏大、整饬有序、绿树成荫的城市形象与日本城市形成了鲜明对比，也是吸引日本移民的重要特征。

（三）六边形规划

六边形规划理论是在19世纪末、20世纪初西方城市规划思潮争先竞发的背景中形成的，是作为解决当时西方城市和社会问题而提出的一种综合方案。六边形规划因其类似

---

① 越沢明：《満洲國の首都計画》，第125頁。

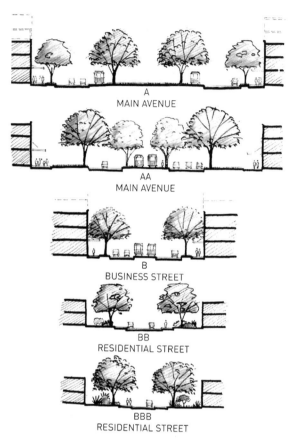

图7—17　堪培拉主要道路宽度及剖面设计，1914年

资料来源：Ian Wood-Bradley，David Headon，Christopher Veron，Stuart Mackenzie，*The Griffin Legacy*，Canberra：Craftsman Press，2004.

蜂巢的形态和可以无限延展的结构，成为资本主义制度下效率、勤勉、自律、秩序的象征，常被当时西方建筑家和规划家用于描绘未来城市的理想形态。此外，受当时城市美化运动的影响，对角线街道的重要性得到普遍重视，六边形城市的形态受到西方规划思想家的青睐。较早的一个六边形城市规划构想，是纽约建筑师兰姆（C. Lamb）在1904年提出的六边形模范城市构想，并认为最经济和实用的方案是六边形骨架[①]。

受这一思潮的影响，1913年芝加哥建筑师格利芬（W. Griffin）在为澳大利亚新首都堪培拉制定的规划中，巧妙使用了若干个六边形和八边形，将几何形的路网—广场结构和天然地形地貌融合为一。其中位于人工湖北岸的市民广场（Civic Center）是后来唯一建成的一处六边形广场，周边布置了一系列商业建筑和购物中心。这处广场不但是最早将六边形规划付诸实施的案例之一，也是20年后的大同广场设计时的参考样板。（图7—18）

大同广场是"新京"最大的广场，位于城市中心，也是举行政治集会和游行的重要场所。其六边形地段是"新京"规划的一个重要特征。大同广场的圆形交通环岛就位于六边形的中心（图7—19），周边的六个地块列布伪政权的关键部门如伪满中央银行、

---

① Charles Lamb. City plan, *The Craftsman*. 1904/6: 3-13.

警察厅、电信局等。这一六边形的"威权广场"在形式和交通组织上都与堪培拉的市民广场非常相似，唯其周边所设置的建筑样式和用途则大相径庭。

当时不只堪培拉规划使用了六边形方案，1911年的新德里规划也利用六边形为基本元素组织其东部居住区的空间结构[1]，在亚洲第一次出现了六边形规划。日本规划师在对各国首都规划进行研究时无疑注意到这一点[2]。不论在新德里、堪培拉还是"新京"，六边形都是作为一种限定空间形式的元素来使用（图7—20），并未显现出这种带有空想主义色彩的形式背后蕴含的社会意识，即通过空间形态的革新解决一系列城市问题。事实上，六边形规划理论真正成熟是在1920年代后期，作为一种居住区规划的模式在1930年代对全球产生了一定影响，但随着美国邻里单元理论和雷德朋（Radburn）模式的风靡，30年代

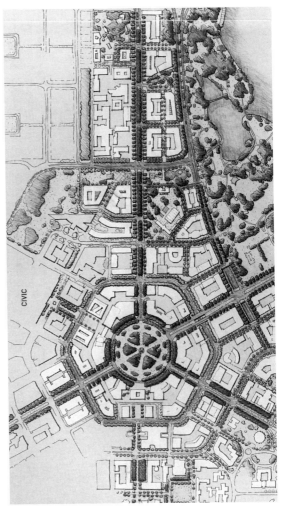

图7—18 堪培拉规划市民广场局部

资料来源：Ian Wood-Bradley. *The Griffin Legacy*. Canberra：Craftsman Press，2004：76.

① A. J. Brown，"Some Notes on the Plan of Canberra, Federal Capital of Australia"，*The Town Planning Review*, Vol. 23, No. 2（Jul., 1952），p.17.

② 日本规划师对安卡拉和其他新建城市的规划建设情况十分清楚，详"First Five Year of capital Construction"，*Contemporary Manchuria*, Jan 1938, Vol.II, No. 1，p.2.

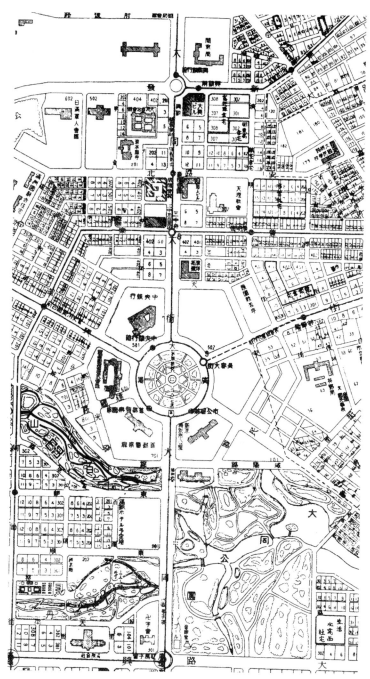

图7—19 大同广场及其周边，1942年。与图7—18比较可见二者的相似性
资料来源：三重洋行发行：《新京特别市中央通六十番地》，1941年。

之后就销声匿迹了①。

图7—20　伪满"国都建设局""新京"预想图，1937年。

大同广场部分体现了城市美化运动的影响

资料来源：〔日〕越泽明著，欧硕译：《伪满洲国首都规划》，社会科学文献出版社2011年版，彩封。

（四）公园绿地系统与都市美运动

与道路或广场相比，在考虑公园所需的规模、在都市中的位置等问题时，制度和观念显得更加重要。梳理公园概念的产生及其经由外国传入日本和再传至长春的历史，是我们考察西方规划思想在全球传播的一个典例。

最早的城市公园诞生于1830年的德国，此后兴起的城市公园运动（Public Park

---

①　对城市美化运动的批判和反思促成了六边形规划理论的成熟，以加拿大规划师科根（N. Cauchon）贡献尤大。1920年代后期科根根据各种计算和图式绘制了六边形城市和区域的图式，在各国规划界引起轰动，如1930年梁思成和张锐合作的《天津特别市物质建设方案》即部分效仿科根的图式。有关六边形规划思想史的研究详刘亦师《近世西方六边形规划理论的形成、实践与影响》，《国际城市规划》2016年第3期。

Movement）席卷了欧美各国①，使兴建公园和立法保护城市里的公共开放空间成为一种潮流，城市公园运动也奏响了19世纪末开始的城市美化运动的序曲。人们一致认为，城市公园提供的公共空间和娱乐设施，能使人们尤其底层劳动人民成为更好的公民②。

白幡洋三郎曾指出，19世纪中叶的德国在公园建造方面一直处于世界领先的位置，但这种先进性源于当时的"德国作为'后进'国家的特征"。为了创建一个统一的民族国家，德国需要在城市中设置具备启蒙、教育等设施，用以引发国民的觉悟，这一理论最终使德国在公园营建领域领先于英、法等国。可见，19世纪的德国是将公园作为一种启蒙性、教育性的设施来建设和经营的，在公园中精心设计蜿蜒的道路并设置了诸多纪念碑、纪念像、长椅和游乐设施。"在这种愿望中，有与英国比较所产生的落后意识、欠缺感和自卑感。而这些意识，与日本的欧化思想具有同样的性质。"③所以，日本近代公园的建设理论和实践受到德国的很大影响，日本第一处新建的城市公园日比谷公园就是参考德国园林设计教材而产生的④。

长春附属地和"新京"的公园正是在这种设计理念下建设的。日本造园规划的奠基人折下吉延（1881—1966）曾设计了明治神宫外苑入口道路景观，并负责在20年代东京震后重建时期的公园建设，发展出一套道路截面和公园设计方法。伪满成立后，折下吉延在"满铁"任职，参与制定"新京"规划，前述"满铁""新京"规划方案的绿地系统及干线道路截面设计即为其作品⑤。1937年后折下吉延担任伪国都建设局的造园顾问，定居于大连并一直活跃于"新京"的公园建设活动，"新京在建设成为公园城市的过程中，是以折

① 到19世纪末时西方的几乎每座大城市都有1处以上的公园。详 Andrew Wright Crawford，"The Development of Park Systems in American Cities"，*Annals of the American Academy of Political and Social Science*，Vol. 25（Mar., 1905），pp.16-32。

② Harriet Jordan，"Public Parks, 1885-1914"，*Garden History*，Vol. 22, No. 1（Summer, 1994），pp.85-113.

③ 〔日〕白幡洋三郎著，李伟译：《近代都市公园史：欧化的源流》，新星出版社2014年版，第7—8页。

④ 同上书，第228—234页。

⑤ 田邊昇學·折下吉延：《実践躬行もって造園領域を確立した先駆者》，日本のランドスケープアーキテクト（The Japanese Institute of Landscape Architecture）. 60（2），1996年，第101—104页。

下先生的意图为中心，由土木和建筑两部门配合实施的。"①

　　"新京"公园绿地规划的特点是，将新建设区域用地内的河流及低洼地带规划为数条楔形的公园绿带，相反将台地高起的部位设置成城市广场（交通岛），并将穿过城市的几条伊通河支流扩大成人工湖，使长春市内的大公园内都有较大的湖面。（图7—21）此外，楔入城市的街道绿带系统将城区内的绿化公园连通，与外围的绿化体系共同构成了公园绿地系统。参与制定了这一绿化体系的折下吉延将任职于日本内务部时所设想的理想都市公园绿地系统在殖民地转为现实了。

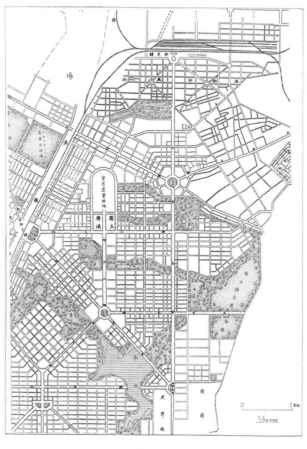

图7—21　"新京"公园绿地系统，1937年

资料来源：三重洋行发行：新京特别市中央通六十番地。

　　另一方面，1920年代日本国内兴起的都市美运动（civic art movement）也深刻影响了"新京"城市景观的塑造②。1919日本的《都市计画法》规定了"风致地区"和"美观地区"制度，以确保城市内人文自然景观与历史风貌区域的协调美观。1926年东京震灾后由政府赞助成立了都市美协

---

　　①　前岛康彦编：《折下吉延先生業績録》，東京：折下先生記念事業会，1967年，第119頁。

　　②　都市美运动并非城市美化运动在日本的余绪。在都市美运动兴起的1920年代，城市美化运动因过于重视基础设施建设和空间形式已招致猛烈批评，失去吸引力。都市美运动的主旨是美化城市景观并体现市民精神。详中島直人：《都市美運動—シウィックアートの都市計画史》，東京：東京大学出版会2009年版，第9—10頁。

会，在其发起下，造园学家、建筑师、雕塑家和政府官员等积极参与其中，在日本国内形成了声势浩大的都市美运动。都市美协会曾这样阐释该运动的使命："都市美运动的真正使命，不仅是在于讲都市细处的美丑，还在于使都市能有效运作、不断成长，同时促使都市向美丽、愉快而健康之地发展。在这样的都市里，市民才能具有市民精神（civic spirit），提高他们的爱国心（patriotism）。近代的都市美运动事实上与城市规划（town planning）相配合，必须是于养育市民的都市所必需的都市美（civic art）。"①

都市美运动在1930年代进入全盛时期，植树、整饬临街立面、义务清扫街道、布置街道绿化景观和雕塑也成为"新京"日常生活的一部分②，是"注重市民的精神统一与社区的酿成"的主要方式。综上而言，公园绿地和城市景观不单纯是某种城市设施，更变成规训和教导殖民地人民的工具，是实现日本殖民地城市理想制度的重要组成部分。

（五）防灾与战备

日本极为重视城市防灾，规划法案中相关规定也异常严格③。1923年的关东大地震及震后的火灾使东京43%的土地成为焦土，10余万人蒙难。同时，约157万人在公园绿地中避难，公园绿地在城市防灾方面的作用和重要性得以被广泛认识。灾后的重建规划提出在东京市内建设3座大型公园、52座小型公园，其中小型公园包括设有避险功能的小学（兼做儿童游园）。关东大地震后的城市公园绿地规划和建设成为日本公园绿地避灾体系建立的起点④，也对日本的海外殖民地建设产生了重要影响。

在没有严重震灾威胁的长春，"新京"规划施行了比日本国内防火标准更高的要求，即"市区内建筑均须为耐火建筑"⑤，城市公园也应起到自然环境、净化空气、防止

① 中岛直人：《日本近代都市計画における都市像の探求～》，《都市計画》265（2007），第13页。

② 伪满以谷雨为植树节，《盛京时报》在整个30和40年代经常出现"勤劳仕奉"（义务劳动）清扫街道的消息。

③ Andre Sorensen, *The Making of Urban Japan*, New York: Routledge, 2002, p.126.

④ 增田昇：《日本城市避灾公园体系概述》，《景观设计学》2014年版，第52—60页。

⑤ "满洲国"史编纂刊行会：《"满洲国"史》（分论下）. 东北沦陷十四年史吉林编写组译，长春（内部刊行），1990年，第629页。

火灾和传染病蔓延等作用。

"新京"规划的另一个重要特征是日本关东军从伪满建国开始就在准备所谓"圣战"，这种积极备战的思想渗透到城市规划和建设各个方面。列为"极密"的《新京都市建设方案》明确指出，"警察及兵营的设置，优先考虑郊外和市内交通便利之处"，50米以上的宽广街道除了便于坦克等车

图7—22　日本军队参拜"新京""忠灵塔"，1940年

资料来源：《满州画报》第10卷第4号，昭和十七年（1942年）3—4月合号，第23页。

辆机动通过和回旋，在毒气战时利用通风疏散毒气，必要时还可作为飞机的跑道[1]；公园绿地则可用防空避难场，公园中的大片绿地可兼作储水层，以防敌方进行城市时对郊外水源地投毒[2]。日本人在公开场合也不讳言这些设施的战争用途："不惟可作市民之行乐地域，且在非常时期，又可充避难之场所。"[3]尺度恢宏的城市广场和坛庙则经常成为举行各种军事动员集会的场所，紧张的备战意识贯穿着"新京"建设的始终。（图7—22）

象征着伪满"国家"权力和"近代化"形象的官厅建筑，其耐火构造和混凝土结构实际上成为遍布"新京"要冲的军事要塞。以"新京"最早建设的关东军司令部大楼为例，其入口宽度的设计标准最初是"为了战时巷战之需，正门必须有足够的宽度，能够同时并列进出几辆坦克"[4]。其他重要建筑如"中央银行"及"国务院"等，在解放战争中确曾被作为坚固的街垒和指挥所使用。此外，在长春西郊孟家屯驻扎了日本100部队，

---

[1]　William Sewell，*Japanese Imperialism and Civic Construction in Manchuria: Changchun, 1905-1945*，Dissertation of the University of British Columbia, 2000，pp.183, 345.

[2]　"南满洲鐵道株式會社"經濟調查會：《"新京"都市建设方案》，第96页。

[3]　《国都建设之伟容与纪念式典》（续），《盛京时报》1937年9月13日。

[4]　越沢明：《滿洲國の首都計画》，第146—147頁。

一直在开展类似哈尔滨731部队的生物战实验。这些军国主义的设计都与伪满所致力鼓吹的"王道政治"大相径庭，反映了伪满城市规划和管理中的深刻矛盾，也揭示出"新京"规划的殖民侵略和穷兵黩武的本质。

综观1932年"新京"规划的制定和实施，其规划思想有如下三个关键特征。首先，"新京"规划是日本意欲走出西方的现代化话语体系而在城市建设上进行的独特的尝试。美国学者包德威（David Buck）曾将"新京"规划与战后的昌迪迦尔和巴西利亚比较，视为全盛时期现代主义（high modernism）城市规划的先例[①]。而事实上前文所述伪帝宫的选址和孝子坟的保存，已说明"新京"规划不惟讲究理性、经济和效率，更竭力体现出日本在伪满新的殖民政策。同时，与西方和国民党政权对抗的强烈竞争意识贯穿了整个规划，各种规划技术最终都服务于战争目的，城市规划是作为为战争准备的工具来实施的。这里充分体现出在城市建设上日本殖民主义区别于"经典的"西方殖民主义的一些地方。

其次，20世纪以降，规划思想在全球的传播迅速且广泛，城市规划的国际化特征日益明显，所以世界各大都市的规划都采取了道路分级、设置公园绿地和城市广场等方法。但同时应注意，一种城市规划思想在一个国家产生，有其特殊的历史和文化背景，在它传播到别国时其概念和理论都会发生变化。上文所说的功能分区就是其中一个例子。另一个典型的例子是田园城市运动在日本和长春的传播。这也是此前有关"新京"研究中常见的错误，即将田园城市思想与公园绿地系统相混淆，而将前者当作"新京"规划的主导思想。事实上，田园城市运动在日本是作为大都市郊区的高级居住区来进行开发和宣传的[②]，而霍华德的田园城市理论不仅是疏解主城人口，还在卫星城中设置工业综合解决一系列社会问题。简而言之，霍华德重视的是"城市"，而日本的田园城市更侧重体现"田园"，而基于这种理解对新建的"新京"也就谈不上具有指导意义。

[①]　David Buck, "Railway City and National Capital: Two Faces of the Modern in Changchun", In Joseph W. Esherick (ed.), *Remaking the Chinese City: Modernity and National Identity, 1900-1950*, Honolulu: University of Hawaii Press, 1999, pp.65-66.

[②]　Ken Tadashi Oshima, "Denenchofu: Building the Garden City in Japan", *Journal of the Society of Architectural Historians*, Vol. 55, No. 2（Jun., 1996）, pp.140-151.

最后，"新京"规划的迅速实施成为伪满各地的城市规划和建设仿效的模板[1]，也是制定1936年伪满《都邑规划法》的主要依据。由于"新京"规划的制定者都是渡海而来的日本规划师，所以日本的规划经验，尤其是结束于1930年的"帝都复兴计画"对"新京"规划的制定和实施都发挥了深刻的影响。但也应注意，"新京"是作为理想的都市来规划的，很多规划条件是日本不具备的，因此日本规划师进行了一些创新和尝试。"新京"在1938年后开始了第2期的建设，其中一个重要的特征是采用"邻里单元"理论建设新的居住区并相应地组织城市道路。"七七事变"以后，日本对大同、北平、上海等也做了城市规划方案。在殖民地积累的这些经验在日本战后重建中发挥了作用[2]。

---

[1] William Sewell，*Japanese Imperialism and Civic Construction in Manchuria: Changchun, 1905-1945*，Dissertation of the University of British Columbia，2000，p.189.

[2] David Tucker，"Learning from Dairen, Learning from Shinkyo: Japanese Colonial City Planning and Postwar Reconstruction"，Carola Hein, Jeffry Diefendorf, and Ishida Yorifusa（ed.），*Rebuilding Urban Japan after 1945*，New York: Palgrave MacMillan，2003，pp.178-181.

第八章　外力主导下的近代化：基督教的影响（上）

——基督教会与中国近代基督教大学

基督教进入中国开展活动为时甚久，基督教与中国人民及社会的关系是一个宏大的课题。教会早期所建的教堂，今天在澳门还可看到遗存，如著名的圣保禄大教堂遗址（大三巴牌坊）。近代以来，基督教借助不平等条约渗入中国各地，在我国近代的政治、社会、经济和思想等诸多领域都形成了深远、广泛的影响。同时，基督教的在华事业也从单纯传教扩大至慈善、医疗、教育等领域，建起了中国最早的一批西式医院、学校等，产生了此前未见的建筑类型，深刻影响了中国近代社会的变迁。

本章简述基督教前后4次来华传教的历史经过及传教政策在近代时期的变迁，而主要以20世纪以后的中国13所基督新教大学为例，论述近代基督教在华的有关建设，分析传教政策演变如何反映于建筑形式上。有关天主教大学及教堂、教会医院等其他教会事业则分散在其他各章另加讨论。

一、基督教及其四次来华传教

基督教于公元1世纪30年代从古老的犹太教分离出来，从今天的巴勒斯坦地区开始逐渐向罗马帝国（公元前27—公元1453年）统治下的其他区域传播。经过早期曲折的发展后，基督教最终在公元4世纪末成为罗马帝国的"国教"，教会势力也随着帝国疆域的扩张而遍布西欧、北非、西亚等地。15世纪以降，随着航海技术的进步、地理大发现及欧洲殖民主义扩张的进程，作为宗教信仰和思想观念的基督教也被带到世界各地最终成为一种全球性宗教，其海外影响力也随着全球殖民主义程度的加深而增强。

基督教在历史上经过两次大的分裂，最终形成了3支主要教派：以罗马教廷为统治中心的天主教（罗马公教），以君士坦丁堡为中心的正教（在我国通常译成"东正教"），及16世纪初宗教改革后兴起的基督新教（也译成"更正教"或"抗议教"）[1]。

（一）基督教的前三次入华活动及其失败

基督教来华传教最早始于唐初，著名的《大秦景教流行中国碑》（781年）记述了基督教（即景教）在唐代的传播经过。但845年唐武宗灭佛，景教同时并禁。基督教第一次传入中国，历时二百余年，但对中国建筑影响甚微。

基督教第二次来华时在蒙元初期。在蒙古屡次西征的巨大威慑下，罗马教皇试图利用宗教的力量笼络蒙古贵族，最终使元世祖忽必烈的母亲及皇后均皈依基督教，也促成了基督教的第二次入华传教。元代对基督教统称"也里可温教"（又称"十字教"），主要指当时传入元朝的罗马天主教方济各教派。蒙元以少数民族统治幅员广大的中国和人口众多的汉人，对基督教等外来宗教持宽容和支持态度，1305年建于北京的教堂，"不仅近临中国的皇宫，而且规模宏大，并在屋顶竖立了一个红十字架"[2]，似可认为是西方建筑在中国第一次出现[3]。

明朝取代元朝后厉行海禁，也里可温教的活动随之终止。直到明末天主教的耶稣会[4]传教士陆续来华，由澳门为跳板进入中国内地，基督教在明清交替之际开始了第三次在华传播的高潮。耶稣会创始人之一的方济各·沙勿略（Franisco Javier，1506—1552）曾于1552年到达广东上川岛，此后利玛窦（Matteo Ricci，1552—1610）于1583年入广州。利玛窦开创了耶稣会传教士尊重中国社会制度和礼教文化的先例，奠定了耶稣会中国传教的基业。明末清初天主教东传的特点，是尊重儒学，而以西方大航海时代以来的最新

---

① 乔明顺：《基督教演变述略》，《历史教学》1985年第11期。

② 徐敏：《中国近代基督宗教教堂建筑考察研究》，南京艺术学院博士论文，2010年，第77页。

③ 张复合：《中国基督教堂建筑初探》，《华中建筑》1988年第3期。

④ 为适应天主教势力的扩张，1540年罗马教皇批准成立了名为"耶稣会"的传教团体。1557年葡萄牙人使澳门成为中国领土最早的外国租借地，在利玛窦来华前后，这里一直是耶稣会在华传教的唯一据点，也是天主教渗入中国的主要基地，从而导致了西方建筑在澳门的大规模出现。

科学、技术和艺术影响上层人物，一段时期内得以顺利发展，耶稣会传教士且进入皇宫任职。（图8—1）这一时期的教堂起先多沿用中国的民宅、寺庙，立十字架为象征，或稍加西洋装饰。至1732年，北京传教士团在南馆建立了新的永久性教堂（"圣玛利亚"教堂）。北京当时已建立东正教堂（1685年，康熙二十四年）。

图8—1　着儒袍的耶稣会传教士（上排从左至右：利玛窦、汤若望、南怀仁）

资料来源：http://www.dili360.com/author/14176/picture.htm.

1717年，因祭祖、尊孔等"礼仪之争"，康熙帝下令禁止天主教在华传教，继之1775年耶稣会在罗马教皇取缔令下解散，基督教第3次入华传教宣告失败。

（二）基督教第4次来华传教政策之演变

基督教第4次进入中国，是同19世纪中后叶国际形势相联系的，与西方列强入侵中国互为表里。第二次鸦片战争后所签订的《北京条约》允许传教士"在各省租买田地，建造自便"，使基督教在华的活动范围深入中国内地。除天主教外，基督新教也开始积极向中国派遣传教士。至全国解放前夕，在华天主教堂约15000座，新教教堂约

20000余座[1]。

基督教在华的传教政策在近代时期以庚子事件为分水岭，大致可划为前期的"威压"政策与后期的"合作"政策。从第一次鸦片战争到19世纪末，基督教来华的主要目的就是传教，即用基督教取代中国传统的信仰、习俗和价值观，"把传教事业视为'文明'对'野蛮'、'福音'对'异教'的征战"[2]，旨在最终实现对中国进行文化征服，根本谈不上促进文明间的交流。这种立足于"文化征服"的传教政策，反映在很多传教士拒斥中国文化的立场上，在建筑上则普遍采取了与中国本土建筑迥然不同的西方式样。值得注意的是，即使是在这一时期，在中国不同地区、不同时期建造的教堂建筑上，仍难以避免地会出现刻意本土化的倾向（图8—2），抑或在哥特式教堂中掺入传统的建筑符号和元素。

图8—2　贵州天主北堂外观，1900年

资料来源：《漂移的视线——两个法国人眼中的贵州》。

在广大的中国内陆城市中，传统积淀十分厚重，西方文化在渗透时则必须考虑到保有当地的地方文化特色。例如，位于西南腹地成都的平安桥主教堂及主教公署，鉴于之前的教案的激烈冲突，法国建筑师将平面设计成中文"悚"字形，主教堂为罗马式，但主教公署为合院式群组，表现出明显的地方传统特征[3]（图8—3）。

但是整体而言，这一时期传教士

图8—3　成都平安桥主教堂外观，1900年
（张复合提供，1988年摄）

①　张复合：《中国基督教堂建筑初探》，《华中建筑》1988 年第 3 期。

②　王立新：《美国传教士对中国文化态度的演变（1830—1932）》，《历史研究》2012 年第 2 期。

③　陈重庆：《成都教会建筑述要》，《华中建筑》1988 年第 3 期。

"征服中国文化"的傲慢态度和仇视基督教的本土士大夫之间的矛盾无法调和，加剧了教会和中国民众的紧张关系，各地教案纷起①，最后终于导致"庚子事变"。19世纪末爆发的义和团运动就是以反基督教为导火索而迅速扩大的，也是长期积累的东、西方文明各种矛盾的总爆发。历史学家注意到，中国士大夫在19世纪晚期面对西方文明的入侵和本土文化自信心的消颓，开始利用儒学之外的西方科学反抗基督教，20世纪之后更借助民族主义和理性主义对抗基督教的"文化征服"。在理性主义和世俗主义削弱基督教神学基础的同时，现代民族主义在中国的兴起则冲击着传教运动所预设的东西方不平等的关系，最终引发了1920年代的非基督教运动和收回教育主权运动②。这种情形也迫使基督教会改变其在华传教的政策。

而在义和团运动之后，基督教会鉴于惨痛教训，逐渐改变了前期剑拔弩张、居高临下的姿态，转而推重中国本土文化并寻求与本土精英合作，并将基督教与西方文明剥离，促进以本土文化来丰富基督精神和基督教的传统。这一时期天主教驻华总代表刚恒毅枢机主教也在大力推行"中国化"传教政策③。教会建筑广泛采取中国本土元素如大屋顶、斗拱等，这成为这一时期基督教"本色化"运动的重要表现形式。同时，医疗、教育等此前位于传教事业边缘的工作成为20世纪之后传教工作的重要组成部分，后文将论述的13所基督教大学基本都是在义和团运动之后新建或在原有基础上重建和扩建而来的。另外，义和团运动带来的巨大冲击使19世纪各自为政的各差会所办的学校开始联合起来，不少以"协和"命名的教会大学如华西协合大学、福建协和大学、协和医学院等，都是这一时期新政策的产物④。

总之，基督教第4次来华依托的是西方强大的军事技术和政治条约，得以在中国迅速发展和扩大。传教士们建教堂、办医院，在传教之外还从事开展公共卫生和文化出版事业，20世纪后又大力兴办教会大学，成为促进我国近代化的重要推动力量。在中国近代建

---

① 陈旭麓：《近代中国社会的新陈代谢》，三联书店2017年版，第131页。

② 吴梓明、史静寰、王立新：《基督教教育与中国知识分子》第八章"基督教教育与学生运动"，福建教育出版社1998年版。

③ 董黎：《中国近代教会大学建筑史研究》，科学出版社2010年版，第138页。

④ 吴梓明：《义和团运动前后的教会学校》，《文史哲》2001年第6期。

筑发展史上这一急剧变化的阶段，由教会兴修的教堂、医院、教会学校等建筑值得归入一大类专门讨论，而本章集中论述与教会大学的校园规划和建设相关的内容。

二、中国近代教会大学的规划原则、建设内容和建筑风格

（一）中国近代教会大学的规划原则

西方19、20世纪之交的校园规划思想和设计手法对中国近代教会大学有着直接影响。在当时中国文化、社会、经济等条件的大环境下，各个教会学校在规划上显现出若干相似之处。首先，教会大学很多选址在城郊地区，这与教会重视冥思有关，使校园能远离喧嚣的市区，地价也较便宜。其选址不排斥坡地，甚至有意利用地势营造错落有致的校园景观。美国自杰斐逊时代就向往在山顶居止的意识形态也影响了校园选址，如之江大学、福建协和大学都依山就势规划，校长官邸则选址在山顶可俯瞰钱塘江和闽江处。

其次，虽然"庚子事变"之后清政府不再鼓动反教，但教会和民众关系仍颇紧张，普通民众不愿将私人房产出售甚至租给教会。因此，教会办学的首要条件——购地的过程充满艰难曲折，不少教会大学如燕京大学原本在北京内城各地寻地未果，而雅礼大学、岭南大学、华西协合大学只好在城外向私人出高价购买坟地，各方设法、陆续扩大校园用地范围。即使如此，其用于建设大学的地块上仍存在很多地主不愿转让的"飞地"，如岭南大学最早购置的土地上"存在许多不规则的小地块，周边有450个转角处"[①]，雅礼大学直到其大学部迁往武汉之前其校园中仍有多块土地并非雅礼会所有。

复次，美国的大学扩建热潮兴起于19世纪80年代，受"布杂"风格（Beaux-Arts）的影响，在校园规划上强调轴线、主从和空间序列，并以宏丽雄奇的建筑统率主轴形成空间高潮。19世纪初已出现的弗吉尼亚大学的校园空间模式在沉寂了半个多世纪之后，重新受到美国建筑师的重视，被奉为校园规划之圭臬，即所谓"杰斐逊式"风格（Jeffersonian plan）。这种规划思想和设计手法也被应用到美国资助下的中国近代教会大

---

① 李瑞明：《岭南大学》，香港：岭南（大学）筹募发展委员会印行，1997年，第31页。转引自董黎：《中国近代教会大学建筑史研究》，第102页。

学的规划上，如雅礼大学、燕京大学、金陵大学、金陵女子大学、岭南大学、华西协合大学等，均以轴线贯穿校园设计，在轴线上列布标志性建筑，而主轴的尽端也是高潮部分，则以最重要的一幢建筑如主楼、教堂、钟塔等为收束，形成完整的空间序列。

再次，西方造园的重要元素——草坪被广泛应用在校园空间中，显示了我国近代设计思想和审美趣味的转移。中国园林讲究偶然天成，在我国造园史上，几乎没有以"草坪"之美取胜的庭园。而在西方园林的发展历史中，草坪大规模得到应用则开始于17世纪的法国式园林，继之在18世纪的英国式园林中一跃而成为主导性的造园元素。杰斐逊的弗吉尼亚大学校园更围绕一大块草坪为核心并在其两翼布置教室和住宅，彻底改变了欧洲大学封闭式的格局。同时草坪的一边敞开使得"远方连绵的山景能进入校园中"，开创出以大草坪为中心的独特的美国校园格局[①]，不但是此后美国大学建设的模板，也深远影响了日本和中国等地的大学规划，具有了丰富的社会和文化涵义。

我国近代时期位于城郊新建的一些近代大学校园，以美国大学校园空间格局为参考模板，也集中栽种了大面积的草坪，产生了更大的社会影响。基督教会在中国各地设立了教会学校和医院，如公理会1867年在通州设立的潞河书院，将各幢哥特复兴样式的教学楼散布在广袤起伏的草坪中间，是西式学校中采用大面积草坪较早的例子。（图8—4）更著名的例子是后文将提及的由墨菲设计的清华学校大礼堂前的大草坪及东吴大学钟楼前的大草坪。

最后，从规划手法和空间形态而言，教会大学与中国政府开办的大学及民间兴办的大学均无不同。如

图8—4　通州潞河书院卫氏楼及草坪，1910年
资料来源：潞河中学校史馆提供。

①　Paul Turner，*Campus, An American Planning Tradition*，Cambridge, Massachusetts: The MIT Press, 1984.

亨利·墨菲在设计完雅礼大学后曾访问北京，获得清华校长周诒春委托，设计"一所完全大学的校园规划及其重要建筑"，今日建成的大礼堂区域，与雅礼大学及后来的金陵女子大学和燕京大学一样，以轴线贯穿校园形成类"三合院"的空间形态（实际也是杰斐逊式规划的基本图式），这种规划思想是一以贯之的，不因是否隶属教会而不同，但这两类学校的建筑风格则大异其趣。例如，墨菲设计的不少校园设计方案在其主体部分大同小异，不论从设计内容还是空间格局方面都体现出较强的相似性，以此尽快完成设计，获得盈利。最典型的例子，是燕京大学的初期方案除规模更大外，与金陵女子大学基本相同，而在司徒雷登为首的校委会的坚持下才逐步修订为最终的形态。

另如国立武汉大学1928年聘请美国建筑师凯尔斯（F. H. Kales）规划校园、杨廷宝1929年为东北大学规划校园、1930年代国立中央大学委托李惠伯和徐敬直规划校园等等，其规划构图均以主次轴线为骨架，"布杂"艺术的构图原则显现无遗。这说明了这些中外建筑师都接受过相同的建筑训练，而当时不论中西、官民都已接受了杰斐逊式校园规划，近代教育空间的模式也逐渐被固化，影响至今。为数不多的例外，一种情况是像国立重庆大学那样受地形的限制而不得不放松了轴线的控制，此外则是从中世纪封闭合院式大学校园顽强延续到近代的另一种教会大学规划模式，如圣约翰怀施堂、华中大学和1920年代在北京建成的天主教辅仁大学。（图8—5）

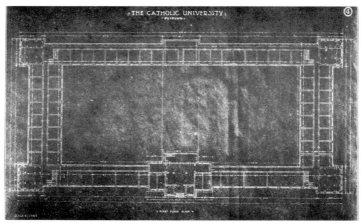

图8—5 天主教辅仁大学总平面图，1929年

资料来源：Dom Sylvester Healy，"The Plans of the New Unibversity Building"，*Bulletin of Catholic University of Pekling*，1929（6）.

（二）中国近代教会大学的建设内容与建筑风格

至20世纪初，美国的中等和高等学校在德国模式的基础上已发展出成熟的教育体系，对校园环境和教学设施也形成了明确的设计要求。（表8—1）

表8—1　20世纪初的美国大学校园规划内容列表（也包括部分住宿制高中）

大学建设内容	教学设施	行政管理大楼
		小教堂
		礼堂
		图书馆
		各类教室
		各类实验室
	住宿设施	宿舍
		食堂
		医疗所
		学生俱乐部
		校长官邸
	体育设施	体育馆
		体育场
	辅助设施	发电机房
		水塔

来源：Alfred Morton Githens，"Recent American Group-Plans"，*The Brickbuilder*：*An Architectural Monthly*, February 1913， p. 39.

上述建设内容是一个近代大学所必不可少的设施，教会大学重视体育，体育馆是校园规划和建设的重要组成部分，这一经验也为非教会大学所汲取。如美国建筑师墨菲在中国四处承接项目时，即以此为基础和校方商议，在各地近代校园的布局中均包含这些内容。表中的小教堂或独立设置，或合并入行政楼等功能建筑中，这也是我国近代教会大学普遍采取的方式。

至于教会大学的建筑风格，我国近代教会大学中除上海的沪江大学、杭州的之江大学和苏州的东吴大学这3所位于华东地区的学校在校园建设中仍采用西式风格，原因可能与上海和苏杭地区在义和团运动中率先实行"东南互保"，与列强驻沪领事达成协议而未发生针对教会的冲突，因此传教士自信于教民关系和睦有关。除此之外，其他各校均建成了大量"本土化大屋顶"风格的建筑。

传教士对教会大学是否在设计中融入中国建筑元素展开过激烈的争论。由于20世纪初仅圣约翰大学在校舍建筑上覆以中国式屋顶，但既与其立面形象不同，而屋顶本身造型又显过于纤弱，从纯粹美学的角度评价，的确不能算是成功的先例。同时，因为中国式屋顶因涉及各种仿木构件和角部起翘的构造，造价较高而维护不易。这些都成为一些传教士在建筑形式的讨论中不同意采用中国式屋顶的重要论据。但也有一些传教士却极力主张开拓创新，在建筑上采用中国建筑元素，如下一章要提到的雅礼大学校长盖葆耐（Brownell Gage）。正是在这些传教士的坚决要求和大力支持下，一批此前甚至从未踏足中国的西方建筑师从照片和游记上开始学习中国的传统建筑，尝试将大屋顶和斗拱等元素施用于先进的校舍建筑上。这些"教会建筑师"在中国近代史上最先尝试将中国大屋顶融入近代建筑的方法，除了承接各项工程，在他们的事务所中还培养了后起的中国建筑师，在实践和教育两个方面推动了中国近代建筑的发展。

采用中国建筑元素的各近代教会大学的建筑样式互有不同，如雅礼大学、金陵女子大学和燕京大学（均由墨菲设计）采用的是"中国北方庄重的宫殿式，而非南方轻佻浮夸的风格"（详下章），而华西协合大学的各幢建筑则明显带有四川的地方风味，角部常有夸张的起翘，等等。

这些教会学校校舍的建筑样式存在若干类似之处。首先，中国的大屋顶无疑是建筑外观上最光彩夺人的元素，但早期的教会建筑师还不能完全理解中国木构建筑的构造和力学原理，只能满足于"照猫画虎"，对着照片发挥想象，虽然雕梁画栋、鸟革翚飞，但往往不符合中国建筑的基本法式，如宫殿式建筑缺少台基、斗拱受力错误等，"只宜远观"（梁思成语）。但应该指出，由于这些教会建筑师当时大多都受过严格的折衷主义建筑训练，熟悉"布杂"式建筑构图的原则和技巧，因此建筑平面和造型工整对称，入口庄重、装饰考究，与中国古典建筑的构图有颇多类似之处。在此基础上覆以庑殿顶屋面或歇山屋面，形象就接近中国建筑了。

其次，教会建筑师虽然借用中国式屋顶，但他们真正熟悉的是西方建筑风格的演变及其构造和造型原则。在这些既有知识的基础上，他们尝试对中国传统大屋顶进行"改良"和"创新"，创造出很多异于经典的建筑形象。一个典型的例子，是英国都铎式风格的"本土化"过程①。都铎样式是16世纪英国府邸上出现的一种建筑样式，它以模仿中世纪城堡等为装饰主题，平面多为严谨对称的"H"型，建筑轮廓则错落有致、高低起伏，屋面造型尤其丰富。不只如此，19世纪中后期的教会建筑根据当地民居形式随意取舍，中西合璧，在满足使用需要的同时，创造出很多别有特色的形式，如太谷仁术医院的办公楼建筑（图8—6）。而为了较大空间的分隔，不使立面过长显得单调，教会建筑师在传统歇山或庑殿屋面的基础上自由创造的情形也屡见不鲜。（图8—7）这些都是传统中国建筑中未曾有过的新形象，虽然与之后营造学社等机构所总结的"法式"凿枘不投，但却显示了教会建筑师在混沌迷茫中开拓探索的进取精神和勃勃生机。

图8—6　山西太谷仁术医院办公楼，1880年代（2015年摄）

此外，随着时间推延，外国建筑师对中国建筑的认识也逐渐加深，不少人曾亲身考察过故宫等地，对"屋面—柱身—柱础"这套中国古典建筑的"三段式"语汇有了切身理解，这之后产生的建筑形象就相对更加地道了，如墨菲的后期设计中就不再以气窗凸出屋面。

---

① 董黎：《中国近代教会大学建筑史研究》，第68—69页。

三、13所中国近代基督新教大学概览

教会学校是基督教来华传教的副产物，但其分布广、遗存多，在建筑史上有其特殊地位，不少原来的教会大学校址现在仍由高等院校使用。为方便获得整体印象，我们循这些学校的所在方位与时间先后，逐一简述基督新教筹建的14所大学（其中雅礼大学将在下一章详细分析），重点分析其校园空间形态和主要建筑的建造及样式等内容。

（一）齐鲁大学

齐鲁大学是义和团运动以后基督新教联合办学的典型例子，从草创时代就分散在各地的4所学校不断经营，最终成为享誉全国的著名教会大学。

19世纪中后叶，山东境内的英美新教差会开始各自建立学校，其中实力最强的两个新教差会——美国北长老会[①]分别于登州和青州开馆办学。1902年，这两个差会在青州开会决定合办"山东基督教联合大学"，后又联合位于济南城南的共和医道学堂（同为两差会开办和管理）改称齐鲁大学，从1912年开始选择校址、筹募捐款，并遴选建筑师从

图8—7　金陵大学教学楼鸟瞰

资料来源：Martha Smalley, Hallowed Halls：Protestant Colleges in Old China, HK：Old China Hand, 1998, p.55.

---

① 美国北长老会(Presbyterian Church in the United States of America)布道区域为登州、烟台(芝罘)、潍县、胶东半岛等地，英国浸礼会（British Baptist Missionary Society）主要在青州和邹平活动。

事规划和建筑设计[①]。

　　鉴于医学院从1904年开始已建起诊所、讲堂和宿舍等建筑，齐鲁大学在时任山东都督周自齐的支持下于1912年购买了与之相邻的南关圩子城墙外约600亩墓地。在齐鲁大学的重要赞助人麦考密克夫人（Nettie Fowler McCormick）的提议下，负责建设的齐鲁大学副校长路思义（Henry Winters Luce，1868—1941）[②]选由芝加哥的珀金斯建筑事务所（Perkins & Fellows & Hamilton Architects， PFHA）进行新校区的规划。由于麦考密克夫人此前也向金陵大学推荐了珀金斯建筑事务所负责金大的校园规划和建设，珀金斯建筑事务所与齐鲁大学签订的合同中明确规定金陵大学的建筑设计可适为调整以便用于齐鲁大学（反之亦然）。珀金斯建筑事务所合伙人之一的弗洛斯（William Fellows）于1913年3月分别到南京和济南实地调研。由此可见，传教士和捐资人通过他们挑选的建筑师对教会学校的空间形态发挥着影响，而同一位教会建筑师承揽的不同项目也具有相当程度的相似性。

　　1914年1月珀金斯建筑事务所制定的方案体现了美国式大学的特征——各学院拥有独立的教学楼，但南北轴线上布置了过多建筑（行政楼、教堂和基督教青年会等）；科学馆、图书馆等分列主轴两侧，操场位于最南侧。（图8—8）1925年实际

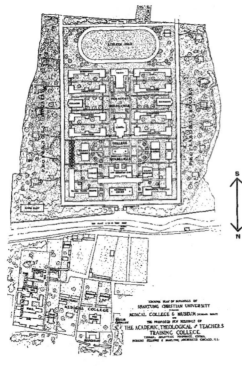

图8—8　珀金斯事务所拟定的齐鲁大学新校区规划，1914年

资料来源：Martha Smalley，1998，p.26.

①　张润武、薛立：《图说济南老建筑》近代卷，济南出版社2007年版。于洪振：《从登州到济南：齐鲁大学校园空间变迁及其影响》，山东大学历史文化学院硕士论文，2018年。

②　路思义为美国北长老会成员，积极促进了基督教在山东的传教和近代高等教育的发展。1919年路思义又担任燕京大学校长。

建成的情况较最初规划又有所变动，即移除了主轴线上的一些建筑，使主轴空间变得敞阔，南部的住宿区也由条状住宅变为独立的教授别墅和由类似三合院式的宿舍——"号院"。1930年左右传教士当时绘制的一幅鸟瞰图也形象地显示出校园规划和建设的情况，其中实线为已建成部分，虚线为待建部分。（图8—9）

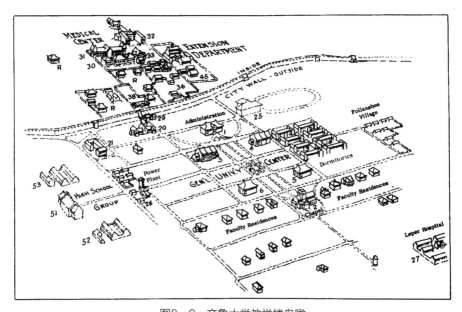

图8—9　齐鲁大学教学楼鸟瞰

资料来源：Divinity School，Yale University.

弗洛斯在早期建筑的设计上已采中西杂糅式，如养病楼（共合楼）采用了中国特色的灰砖和小瓦，山墙檐口和入口处也装饰了建筑师所理解的中国装饰。但山墙面冲外作为主入口、四角的塔楼、前所未见的屋面形式和突出的烟囱和气窗，以及立面窗户上的窗套等等，说明建筑师是基于西方建筑的构图原则来设计的。（图8—10）但几年之后的新校区建筑设计上，同样是这位建筑师已对中国建筑有所了解，设计出的科学馆、神学院、图书馆等已颇具中国建筑的"神态"，屋面的形式和入口装饰尤可称道（图8—11）。

图8—10 齐鲁大学养病楼，1915年（2006年摄）

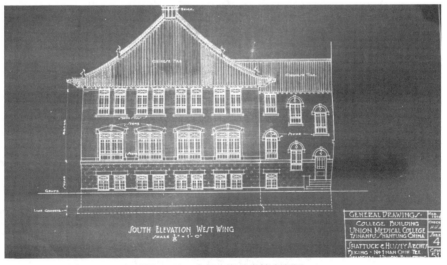

图8—11 齐鲁大学教学楼立面图

资料来源：Divinity School, Yale University.

　　新校区的四组2层楼的男生宿舍是当时中国近代校园里的创举：宿舍均为2层，每层19个房间，每两幢南北平行的宿舍楼由楼梯、食堂、盥洗间等公共空间组成的建筑相连，组成类似三合院的中式院落①。未被建筑实体围合的一面为院落入口，装饰着一座由中国传统木结构建筑屋顶和西洋石砌圆券洞门组合而成的门楼。建筑的门窗组合、通风孔都是欧洲古典建筑手法，硬山双坡屋顶、红瓦覆顶、花脊、吻兽、烟囱等则是中国传统手法。（图8—12）当时齐鲁大学的男生不论院系均住在号

图8—12　齐鲁大学号院外观（2006年摄）

院，每两人一间宿舍，条件堪称优渥。学生宿舍的这种设计手法后来被用到中国的很多近代大学中，如燕京大学的女生宿舍即以此为蓝本。

南部散布的教授住宅也是新校区最早建设的部分，但多袭用西方风格，在石材和红砖的砌筑方式上别具特色。除此之外，位于校园中心的教堂也用石材建造，其哥特式的塔楼与在角部起翘的屋面拼合在一起，略显冗肿。这种中西杂糅的建筑样式在齐鲁大学的校园里随处可见。原齐鲁大学近现代建筑群于2013年被国务院核定为第七批全国重点文物保护单位。

（二）燕京大学

义和团运动期间，北京的两所小神学院——由卫理会开办的汇文大学（英文名为Peking University，非今日之北京大学）和公理会开办的通州潞河书院校舍均被烧毁。1901年后二校获得清政府的赔偿，开始考虑联合办学并择地重建校园。此后包括潞河书

①　杨昌鸣、李娜：《原齐鲁大学"号院"修复技术策略评估研究》，张复合、刘亦师编：《中国近代建筑研究与保护（九）》，清华大学出版社2014年版，第187—196页。

院在内的几个北京地区的教会学校合并成华北协和大学（North China Union College），复于1919年与汇文大学和华北协和女子大学正式合并，成立燕京大学。当时在金陵神学院任教的司徒雷登（John Leighton Stuart，1876—1962）出任校长，并调时任齐鲁大学副校长的路思义为副校长，负责筹集建设资金。

燕京大学的校址最后选在西北郊与清华学校毗邻的淑春园、弘雅园（勺园）、蔚秀园、朗润园一带，其中淑春园曾为乾隆宠臣和珅的赐园。在这一基址上，经过传教士的经营，当时已失修颓败、湖面淤塞的各个私家园林被整合到一所近代大学的校园空间中，成为中外闻名的"燕园"。

司徒雷登在1950年代回忆了燕京大学的校园建设，"我们从一开始就决定按中国的建筑形式来建造校舍，室外设计了优美的飞檐和华丽的彩色图案，而主体结构则完全是钢筋混凝土的，并配以现代化的照明、取暖和管道设施。这样，校舍本身就象征着我们办学的目的，也就是要保存中国最优秀的文化遗产"。①他的回忆录也显现出对"现实变得比梦想更加美好"的自豪。在司徒雷登主张"保存中国最优秀的文化遗产"的要求下，著名美国建筑师墨菲完成了燕京大学的校园规划和建筑设计。

墨菲于1919年12月制定了第一个校园规划方案，当时燕京大学尚未最后确定选址，因此该方案与当时墨菲主持的金陵女子大学的校园规划颇为类似，根本没有出现湖的痕迹，轴线尽端也以中国式的塔为收束。在选定淑春园为校址并初步勘测地形后，1920—1924年墨菲多次修订了规划方案，直至1924年司徒雷登决定保留淑春园原有湖泊的尺度，使之成为新校园内"景色绝胜"（钱穆语）之处，仅清挖淤泥并对驳岸加以整理。在司徒雷登的这一要求下，墨菲设计出燕京大学最终的总体规划。（图8—13）

这一方案由纵横两条轴线贯穿，其中东西轴线自西校门起，穿过行政主楼及其面对的花园，越过未名湖上的湖心岛和路思义纪念亭，与东岸的男生（第一）体育馆相呼应。南北轴线从女生（第二）体育馆开始，一直向西，穿过女生宿舍区（静园）的大草

---

① 〔美〕约翰·司徒雷登著，程宗家译：《在华五十年——司徒雷登回忆录》，北京出版社1982年版，第50—51页。

坪和起伏的山丘直达男生宿舍区，轴线上再未布置实体建筑。这种按照主、次轴线排布建筑、形成有秩序的空间序列的设计手法，是典型"布扎"风格，也是墨菲所擅长者。因为未名湖和周边的小山丘成为校园景观的主要构成部分，为了迁就既有地形，道路系统不再横平竖直而相应曲折蜿蜒，也形成了很多三角形地块，成为燕京大学校园的重要特征，也反映出建筑师的勤敏机变。

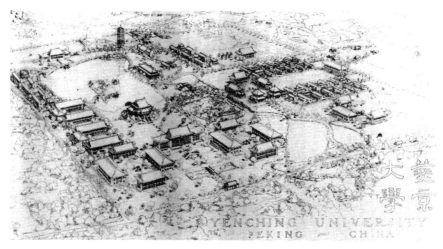

图8—13　墨菲的最终规划方案，1924年

资料来源：Divinity School，Yale University.

燕大校园大致被分为靠近西门的教学区（含行政办公）、西北部的男生宿舍区和南部的女生宿舍区，每部分均由大大小小的类三合院式为基本空间形态，在不同尺度上进行组合，形成别具特色的校园景观。如行政主楼——贝公楼与周边各建筑组合形成3组"品"字形院落，而女生部则以第二体育馆和静园各院围绕大草坪形成一个更大尺度的"三合院"。

贝公楼建成于1926年，正面与西门相对，是燕京大学的行政主楼。一层为办公用房，楼上为大空间的礼堂。贝公楼前方的穆楼和民主楼为教学楼，均为庑殿顶的教学楼，与贝公楼形成了类三合院式的前广场，其景观布置与南京的金陵女子大学一致[①]。

① 董黎：《中国近代教会大学建筑史研究》，第155页。

图8—14 从外文楼楼顶看贝公楼屋面（2018年摄）

贝公楼两侧的宗教楼和图书馆则为歇山顶，而贝公楼本身则采取了歇山和庑殿顶相结合的形式：歇山顶居中，两翼伸展出庑殿顶。这种组合屋面也被墨菲用于体量较大、性质更重要的建筑如体育馆上，其区别是用庑殿顶取代歇山顶成为正中心部分。据考察，墨菲可能是从闽南地区民居建筑得到启发，仿照将硬山、悬山中间（一间或三间）的屋顶抬高形成所谓"断檐升箭口"（图8—14），但根据功能需求和平面形式加以改进，如歇山顶可利用山面做成采光窗，因此在利用顶层空间的前提下最常使用歇山顶，这也解释了贝公楼没有选用等级最高的庑殿顶作为屋面形式的原因。除屋面外，墨菲设计的"宫殿式"校舍形象也因在其他方面与中国传统建筑形象有所不同而受到批评，如俄文楼基本没有台基，而第二体育馆台基则太高。

男生宿舍部分形成两组类三合院空间，南北朝向的2层建筑为宿舍，连接其间的2层楼则是食堂、活动室等公共空间。女生宿舍区与齐鲁大学"号院"布局相同，但6组院落（民国时期建成4组）由位于轴线南端的女生体育馆统率，列布在中央草坪东西两侧。其北部的南、北阁是女生接见宾客和举办社交活动的场所，被设计成中国的四角亭（图8—15），这种形式后来被墨菲多次使用，如未建的欧柏林大学东亚研究系馆。男生宿舍区则将宿舍和食堂合组成两组三合院，食堂兼做活动室，体现出教会学校对团体、社交的重视。

除了兴建中国传统形式的新校舍，传教士还保留了原址上的若干古迹如未名湖畔的花神庙、淑春园的石舫、勺园的碑刻等，并"从附近荒芜的圆明园遗址移来了奇碑异石"，如贝公楼前面所立的一对华表，与新建的贝公楼浑然一体，其形象常被燕京大学用来象征美国传教士在20世纪的中国教育上所取得的成就，具有深刻的文化涵义。

图8—15　当时报纸对燕京大学建筑与中国传统文化关联的报道，中央为南北阁

资料来源：Divinity School，Yale University.

（三）金陵大学

金陵大学前身为1888年由美国美以美会（The Methodist Episcopal Church）在南京创办的汇文书院，后又与长老会等其他差会的两所学校合并，于1910年正式成立金陵大学（University of Nanking），旋即由美国教会募集资金在鼓楼西南坡购地2340亩作为新校址，并邀请美国纽约的建筑师格里格尔（Cody X. Gregory）做了第一轮规划方案。

此后曾捐助齐鲁大学等校的麦考密克夫人向校方提议仍由珀金斯建筑事务所重新规划并进行建筑设计。获校方许可后，该事务所的合伙人之一弗洛斯即于1914年3月来宁实地考察。该事务所后来也主持了齐鲁大学的规划和建设，是其他教会建筑师如墨菲等人的重要竞争对手。

新规划在规划思想上与格里格尔规划并无根本不同，也以通畅无阻的南北轴线为主要特征，但在更详尽的地形测绘基础上，将主轴的收束部分安排在湖泊以南，使主轴气魄更大，景观效果更佳。此外在轴线和带状草坪两侧相对布置了多幢建筑，类似弗吉尼亚大学的馆亭但彼此间没有廊道串接。（图8—16）和之前的规划一样，轴线起始于东西向细长的湖泊，经数条狭长绿化带来强调其纵深感，逐渐过渡到带形草坪，在经过数组建筑夹持形成的空间后，随地势升高，最后进入由主楼所统率、围合工整的三合院式空间，达到空间序列的高潮。金陵大学主轴狭长且贯穿始终，不像岭南大学那样在中轴线上再布置建筑物，而主楼及其前的大草坪又位于台地，愈显雄奇。

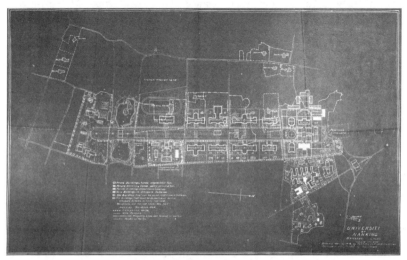

图8—16　珀金斯建筑事务所的规划方案，1914年

资料来源：Divinity School, Yale University.

金陵大学的主要建筑如北大楼（Administration Building，1919）、东大楼（Science Building，1917）、西大楼（West Science Building，1925）、礼拜堂（Sage Chapel，1918）都是建校初期完成的，后来陆续增建学生宿舍（Mc Cormic Dormitories，1925）和图书馆（1936）等。汇文书院的创始人福开森（John Calvin Ferguson，1866—1945）对中国传统文化和艺术有很深的研究，曾明确要求金陵大学"建筑式样必须以中国传统为主"[①]。因此，这些建筑的主要材料是青砖（据说部分采用了明代城墙砖），屋面上覆灰色筒瓦，色调沉着雅致。建筑造型严谨对称，一般为简单的一字形平面，进深较大而窗

---

① 转引自冷天：《金陵大学校园空间形态及历史建筑解析》，《建筑学报》2010 年第 2 期。

户较小，显得封闭稳重，歇山顶覆灰色筒瓦，建筑细部带有少量中国式的砖雕和装饰，但屋面形制颇为复杂，反映了西方折衷主义基于历史而自由创造的精神。

其中北大楼中部高耸钟塔，这也是教会大学惯用的建筑元素，此前在圣约翰大学、东吴大学、之江大学等均有先例，但金陵大学的建筑师创造性地将钟楼这种典型的西方元素与纵横搭交的歇山顶（类似故宫角楼）结合在一起，并在入口门廊和钟楼

图8—17　金陵大学北大楼，1917年建成

资料来源：Martha Smalley，1998，p.52.

上部挑出的阳台镯中加以装饰，这一手法影响颇广。钟楼上的五角星为新中国成立后所添。（图8—17）

（四）金陵女子大学

金陵女子大学（Ginling College）是我国近代历史上最早的女子大学之一，在我国近代教育史上占重要地位，也是教会大学推进女子教育和男女教育平权的一种体现。1913年，美国北长老会、美以美会、监理会、美北浸礼会和基督会组成校董会，以南京为校址，借李鸿章花园为校址招生开学。1921年，校董会募集资金后在旧时随园（今海宁路南端西侧）购买土地100余亩，并邀请美国建筑师亨利·墨菲进行校园规划，并要求他设计出"中国古代的、优美的宫殿式建筑"[1]。

墨菲的规划方案完成于1921年左右（图9—29），在原本荒芜的基址上按照中国传统

---

① 董黎：《金陵女子大学的创建过程及建筑艺术评析》，《华南理工大学学报》（社会科学版）2004年第6期。

的建筑组合原则和造园方法，规划了一座全新的教会女子大学。由于校园用地面积不大且东西向长、南北向窄，墨菲将各幢建筑组合到沿东西向展开的三进院落中，并将最重要的主楼（100号楼）放置在主轴上，位于校园的中心位置，而主轴更向西延伸，与基址所背靠的西山取得呼应关系。正对校门的第一进院落为教学办公区，主楼两侧的科学馆和文学馆，与主楼隔内院相对而建的是校礼堂和图书馆，内院环绕草地铺设道路。后来建成的校园和最初的规划一致。

第二进院落较原规划改动较大。首先是穿过主楼向西的第二进院落其中心添加了一处人工湖，可以倒映主楼等校园景观，使校园具有中国园林的趣味。此外，由于第二进院落的建筑主要是学生的生活区，为得到良好采光和通风效果，4幢学生宿舍的布置取南北向。其布局对称严整，成为与主轴垂直的另一轴线。墨菲规划图中原本还设想在主轴端头形成半圆弧的第三进院落，并顺地势上升建一小亭作为空间收束，但因第二进院落进深加大而取消。

金陵女子大学的这一空间序列组合方式已不再是杰斐逊式规划的缩小版，而是遵从中国传统建筑群的布局组合原则，沿主轴形成数进院落，并结合相对规整的连廊使各建筑有机连成一体（雅礼大学也使用连廊，但纯粹为实用目的，没有完善总平面构图的作用，详下章）。这一方案对墨菲同时进行的燕京大学工程产生了直接影响，其规模略加扩大就形成了他最早提出的燕京大学规划。实际上，在校园布局中寻找与山体关系从而确定主轴线的方法，也是从金陵女子大学开始而进一步体现在燕京大学中的[①]。贝公楼前院落的草坪和道路的设计也仿效了金陵女子大学的方案。

1923年，主楼、科学馆、文学馆和四幢宿舍建成。主楼平面为"一"字形，平淡无奇，其形体的变化全藉屋面组和的方式而达成：歇山屋顶在中部被打断，突举起另一歇山屋顶，既强调入口部分，也丰富了屋面的变化，是墨菲惯常使用但超乎传统"法式"之外的形式（图8—18）。除主楼外，其他各幢建筑屋面没有复杂变化，均为单檐歇山顶，至多在宿舍山墙位置添加柱廊。可见，对屋面设计而言，墨菲在金陵女子大学校舍设计中已尽量遵从中国传统的建筑形制，没有采用早期雅礼大学那种为利用顶层空间而

---

① 在燕京大学规划中，墨菲在确定东西主轴时也考虑到玉泉山塔的对景问题。

在屋面开气窗的做法，也放弃了像金陵女子大学那种自由不羁的屋面组和手法，从而使建筑外观简洁而使其形象更易为一般民众所接受。

图8—18　金陵女子大学主楼（2004年摄）

同时，在这些设计中墨菲也注意到使柱子作为装饰构件暴露在外，并利用混凝土构件模拟斗拱置于其上，使建筑外观更加形似中国的宫殿式建筑[①]，由此改变了以往教会大学建筑朴实简洁的外部形象，开始追求中国古典式的色彩装饰效果，檐下彩画和雀替彩画大量出现在新校舍上。此后墨菲的"适应性建筑"外观华贵明亮，大异于雅礼大学校舍的那种灰暗、朴素的格调。

（五）圣约翰大学

圣约翰大学原有"东方哈佛"之誉，是美国圣公会在上海创办的一所大学。1879年建立之初规模很小，由首任校长施约瑟助教（S.I.J.Scneres Chewsky）在上海当时的西郊

---

①　应该注意，这些外露的柱子与其上的斗拱构件一样并无结构上的作用，仅作为装饰，且因墨菲并无对传统建筑的深入了解，斗拱斗口并不完全坐于柱头上。

图8—19　圣约翰大学校园鸟瞰，右下角合院为怀施堂

资料来源：Martha Smalley，1998，p.85.

梵王渡一带购地筹建圣约翰书院①，学生除少数研究神学者外，仅有中学程度②。1888年卜舫济出任校长后，进行了一系列的改革如扩充校舍、强化英语教学等，于1892年开设大学课程，形成了以文理科为主，兼设医科、神学科、预科的教学格局。

圣约翰大学面积较小，自立校之始就坚持小规模办学和非职业化的学校定位③。圣约翰校园位于苏州河折角的一个三面环水的半岛，校舍沿河岸而建，没有显著的轴线。（图8—19）圣约翰大学有独幢的校舍如科学馆等，但其重要建筑物——怀施堂和西门堂（中学部）又被设计为合院式。教授住宅则星罗棋布，点缀其间，建筑区之外设"花园区"，校园"古木参天，郁郁葱葱，碧草如茵，四季如画"。这种缺少轴线、看似散漫的布局，延续了与距其不远的兆丰花园（今中山公园）英国式造园思想。

怀施堂是圣约翰大学最早兴建、面积最大的建筑物，在拆除了原址上的1879年圣约翰学院时代所建的合院平房后，"隅石即昔日房屋之隅石，以示新旧断续不绝之意"。怀施堂由公和洋行设计，建成于1894年，为二层环绕的砖木结构合院式建筑，总建筑面积5061平方米，共有教室87间。其主体为典型的外廊式风格，屋面却采用中国传统的小灰瓦，坡顶角部起翘明显。墙体以中国传统的青砖为主要材料，局部施以红砖线条，栏杆、门窗、地板、楼梯均为木质且饰以中国传统纹饰。这幢建筑最有特色的部分是南立

①　张长根：《圣约翰大学怀施堂》，《上海城市规划》2004年第6期。

②　卜舫济：《记圣约翰大学沿革》，朱有瓛、高时良编：《中国近代学制史料》（第4辑），华东师范大学出版社1993年版，第426页。

③　熊月之、周武：《"东方的哈佛"——圣约翰大学简论》，《社会科学》2007年第5期。

面中部突起的重檐钟楼，以其自鸣钟提醒学生及周边居民时刻，后于1959年大修中被改为单檐五层楼。其命名原为纪念首任校长施约瑟，解放后为纪念约大校友、左翼作家邹韬奋而改名为韬奋楼。（图8—20、8—21）

怀施堂不但在约大建成年代最早，其建筑风格影响了其后在约大建设的诸多建筑如思颜堂（宿舍）、科学馆等，同时怀施堂也是中国近代教会大学中最早开始探索如何将中西建筑元素杂糅、拼合的实例。从建筑美学角度评价，怀施堂的主体部分与屋面缺乏呼应关系，各自不相统属，屋面本身尺度和形象也非完美，因此在传教士内部就招致很多批评，但毕竟为之后教会建筑师的创作提供了参考。

实际上，除在外廊式建筑上覆以单薄的坡屋顶外，从一些建筑细部和空间处理上能窥测主事者对中国传统建筑的理解。如合院并非笔直的矩形，而在二层转角等部分特意设计了向外略微出挑的小阳台（图8—22），打破了呆板的走廊空间，丰富了视线变化，也得以俯瞰院落中的景象；而在小院子的墙角或以墙面背景种植江南园林中常见的芭蕉等植物，一些次要道路也用传统园林中的碎石形成花纹。

圣约翰大学在1952年停办，各院系被打散并入其他院校，原址后被华东政法学院所用，怀施堂等早期建筑至今仍正常使用。应该注意的是，新中国成立后，教会大学所代表的基督教在意识形态上被视为

图8—20　圣约翰大学辑熙光明牌楼与怀施堂钟楼，原为重檐屋顶

资料来源：Martha Smalley，1998：54.

图8—21　怀施堂教室内部（2012年摄）

敌对势力，但建筑仍需在新形势下加以利用。为了显示与旧的基督教精神割裂，有关方面采取了一些空间策略如改变建筑名称（圣约翰大学的怀施堂被改称韬奋楼，西门堂被改称东风楼）以与新的意识形态相符，或摆放革命进步人士的人物雕塑如韬奋楼内院竖起左翼记者邹韬奋的半身像，也或在建筑物的重要部位悬挂具有革命象征意义的匾额或标志如五角星等。

（六）沪江大学

义和团运动期间，美国基督教南浸礼会（American Southern Baptist Convention）和北浸礼会（American Baptist Missionary Union, Northern Baptists）在华布道的传教士汇集于上海，商议共同兴学，遂于1906年建

图8—22　怀施堂教室内部（2012年摄）

立神学院、1909年建立浸会学院，继之于1911年合并二校成为上海浸会大学。1929年采用"私立沪江大学"（Shanghai College）的名义向国民政府注册备案①。

　　沪江大学校址狭长，最初的165亩土地购置于1905年，复于1918年另购其南侧的120多亩土地，校园扩大将近一倍。1919年校方聘请墨菲主持的茂旦洋行对校园进行规划。墨菲开始规划前，沪江校址已建成一批校舍，如思宴堂（图8—23）、体育馆、科学馆等九幢校舍及若干教授住宅。早期的沪江大学并无明确规划，没有气魄宏大的轴线空间，仅最早建成的综合性大楼思宴堂（Yates Hall，1909年建成）和科学馆正面相对，形成了

---

　　①　王勇、刘卫东：《沪江大学校园空间形态及历史建筑解析》，《建筑学报》2008年第7期。

某种空间联系。此外基本是高大建筑被安排在靠近黄浦江一侧以便乘轮船往来的旅客辨识，冀其提高学校的辨识度和知名度，而住宅等低矮建筑则散布在靠近校门的另一端，荫翳于树木和草坪中。

图8—23　思宴堂（2012年摄）

墨菲完成于1920年的规划在现有建筑格局的基础上，致力于形成类似"草地广场"（mall）那样的空间序列和感受。这一规划根据思宴堂和科学馆所夹持的空间，设置了面向运河的大草坪，其西侧安排一座大礼堂作为整体空间的统率，在已建成的两幢教学楼对面修建教堂和图书馆。从而构成了类似于弗吉尼亚大学学术村那样的教学区。（图8—24）实际建成的大礼堂（1937年）和图书馆（1928年）基本位于墨菲规划图的位置，但形制不同。沪江大学校园的其他功能部分还包括教学区以北的男生宿舍区、校园主路南侧较小的女生住宿区、靠近西侧校门的中学部合院，以及主路以北沿弯曲小径分布的教职工住宅区。

沪江大学虽历经40余年陆续建设，但校园风格却是统一的学院哥特式（Collegiate Gothic style），除住宅外很少见到中国传统建筑元素的痕迹。从思宴堂开始，尖券、玫瑰花窗、山墙面角部的尖塔等装饰，此后反复出现在沪江大学的建筑上。稍后建成的一批建筑也丰富了沪江大学的建筑语汇，如体育馆在立面上大量使用方窗，以及入口上部的凸窗和沿墙身往上收分的壁柱和角柱等。此外几乎所有建筑都使用相同的建筑材料——红砖，使校园风格和空间感受得到进一步协调和统一。

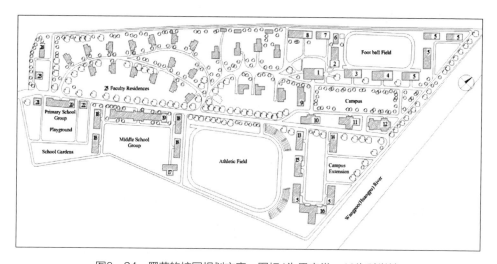

图8—24　墨菲的校园规划方案，图标1为思宴堂、10为科学馆

资料来源：Yan Hong，"Shanghai College：An Architectural History of the Campus Designed by Henry Murphy，"*Frontiers of Architectural Research*，2006（5），pp.466-467.

1937年建成的大礼堂思魏堂（Auditorium and White Chapel）体量高大，其面前的广场是沪江大学重要的集会场所。新中国成立后，在这里竖立了毛泽东主席全身塑像，同样也是通过新增革命象征元素改变基督教会大学空间，从而适应新政治需求的典型例子。

（七）东吴大学

1899年底，美国监理会（The Methodist Episcopal Church South）酝酿在苏州开办一所大学，利用1870年代以来在苏沪两地创办的博习书院、宫巷书院和中西书院，在位于天赐庄的博习书院旧址的基础上，广购周边墓地，于1901年在监理会总部所在的美国田纳西州注册正式成立一所新的教会大学，1908年改其名为东吴大学（Soochow University）。校董会聘请曾在上海创办《万国公报》的著名传教士林乐知（Young J. Allen）为董事长，而以孙乐文（David Anderson）为首任校长。后来东吴大学校园内最重要的两幢建筑即以纪念此二位建校传教士而命名。东吴大学的教学质量享誉东南，又因其毗邻宁沪两大城市，民国期间达官显宦子女多被送至东吴大学上学。

东吴大学旧址占地约6hm²，以其校门为北界，一条南北向主路由校门向南延展，直达主楼——钟楼（林堂）。钟楼虽位于轴线上，但一层大厅并不封闭，可穿行到大草坪一带的教学办公区，大草坪两侧分别布置图书馆、科学馆、两幢学生宿舍和体育馆，是整个校园的中心区域。东吴大学校园规划结构清晰，空间形态与杰斐逊式规划模式十分相似（图8—25）。靠近北校门处，水平布置四幢教授住宅（今春、夏、秋、冬四楼）。北门外则是创建于1902年的景海女子师范学校的几幢外廊式建筑（红楼、宿舍、礼堂等），西侧为中西合璧式的博习医院。

东吴大学校门初建于1901年，为巴洛克式风格，北面"东吴大学"为前清重臣翁同龢所题。1948复建的校门缺少拱心石和线脚等细部，不如之前美观。林堂建于1903年，为全校最重要的建筑物，主体是高三层的砖木混合结构，以青砖和红砖砌筑，砖工细致整齐，色彩明快。北立面大致是19世纪晚期英国建筑师所钟爱的诺曼式风格，耸立着高达24米的钟塔。其南立面则呈三段式构图，以装饰以安妮女王复兴风格外廊的中段为重点，西段上部开玫瑰花窗（内为教堂）。南立面立面构图并不对称，但整体均衡雅致。（图8—26）"室内装备豪华，全部从美国进口当时最新式样的家具、乙炔气灯，还有供水用的电动机

图8—25 东吴大学校园渲染图

资料来源：Divinity School，Yale University.

图8—26 钟楼南立面（2017年摄）

图8—27　孙堂入口外观（2017年摄）

和水泵。"[1]

穿过林堂大厅，大草坪即展露眼前。位于草坪西侧、靠近林堂的是校园内第二幢教学楼——孙堂（为纪念首任校长孙乐文而建），为都铎式的四层砖木混合结构，哥特式的入口和中央塔楼尤具趣味。其立面基本对称，开窗形式变化多样。与林堂不同，其以红砖为主，间以青砖装饰。隔草坪与孙堂相望者为1922年建成的科学馆，亦以哥特式扶壁和尖拱门洞装饰为特征，但造型较孙堂和林堂简洁。建成时顶部有哥特式的小尖塔，今已不存。（图8—27）葛堂和孙堂南侧是两幢新古典主义风格的学生宿舍，除基座、入口和饰带用石材外，主要为红砖砌筑。大草坪两侧的四幢建筑均为4层建筑，所用建筑材料有红砖、青砖、石材等，整体校园空间在变化中取得和谐统一。

草坪东南角为1937年建成的司马德体育馆（Smart Memorial Gymnasium），为满足室内大空间需求，采用钢桁架上覆平缓的四坡歇山顶，局部施以木斜梁支撑。其立面装饰以过烧红砖，质感粗犷、变化丰富，据传是因经费紧张而采用，没想到取得意外效果。

东吴大学与沪江大学一样，校舍建筑也以哥特式为主，但东吴大学建筑更加精整雅致，细部丰富得多。同时，东吴大学在较次要的建筑和位置上，也融入若干中国传统元素，如体育馆的屋面采用歇山式，而1929年在学校运动场东隅堆土垒石建造起中国式花园和一个小亭（今沁心亭）。

（八）之江大学

之江大学的前身是美国北长老会于1845年在宁波开设的崇信义塾，后于第二次鸦片

---

[1]　汪晓茜：《移植和本土化的二重奏——东吴大学近代建筑文化遗产对我们的启示》，《新建筑》2006年第1期。

战争后迁到杭州，改名育英义塾，1896年改称育英书院，旋获北长老会华中差会承认为教会高等教育机构。1906年校董会决定将书院正式扩建为大学，并成立校董会。由于城内校址狭促不敷使用，于是选定城郊秦望山二龙头一带为新校址，此后三四年间陆续购入尚未开发的山地660亩。因地处钱塘江边而改名为之江学堂，后来出任过教务长的长老会中国籍牧师周懋功（梅阁）和另一位美国传教士共同负责校园规划和建设，1914年改名为之江大学（Hangchow Christian College）[①]。

之江大学选址在山地之上，校区内至今禁止骑行自行车，可以想见地势之陡峭。教会最先在二龙头一带平地迁坟，因此相对平坦，主要的教学、办公建筑物均麇集于此。最早的规划图中显示将主体建筑如总讲堂、宿舍楼和待建的理化楼、博物室等围绕"大花园"布置，使其获得良好景观朝向。（图8—28）教学区包括了讲堂和宿舍，其东为操场，北部山地则布置若干"教习住宅"。

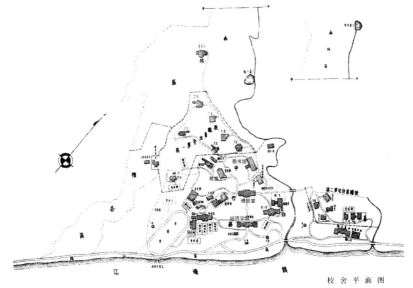

图8—28　之江大学校园总平面图，1939年

资料来源：转引自张吉：《之江大学旧址建筑史初探》，浙江大学出版社2009年版，第19页，重绘。

---

① 张立程、汪林茂：《之江大学史》，杭州出版社2015年版。跃鹿：《之江大学史略》，《档案与史学》1998年第6期。

图8—29 慎思堂（2012年摄）

在新校区最先兴建的是东、西二斋（学生宿舍）。两座建筑基于同样图纸建成于1909年前后，均为3层砖木结构，在平面上中部入口稍微前凸，是典型的文艺复兴风格。同时兴建的还有5幢教授住宅如上、下红房等。1911年建成的慎思堂（Severance Hall）则是之江大学早期唯一的教学楼。与东、西斋一样，慎思堂也是文艺复兴风格的3层土木混合结构建筑，但其入口处添加了进深3米的爱奥尼柱式门廊，显示了其地位尊崇。此外，因其用于教学和办公，立面开窗也较学生宿舍大得多，因此窗套的装饰也稍繁复。慎思堂位于最早的规划图中"总讲堂"的位置，鸟瞰钱塘江，是校园中最重要的建筑物。它与东、西斋一道围合出不规则状的大草坪，朝向江面敞开。（图8—29）

慎思堂建筑群建成后，又按照原规划内容建设了哥特式风格的独立小教堂（都克堂，Tooker Memorial Chapel），以及后来的天文台（后被日军炸毁）和一系列教员住宅等。

1928年国民政府定都南京后，之江大学因校长人选及向国民政府注册备案等问题暂停办学，次年春得以复校。至1937年日军侵占前，之江大学校园内续建了一批重要建筑，如图书馆、科学馆、经济学馆等，完善了校园设施。图书馆建于1932年，与小教堂相对而立，也是3层砖木混合结构。平面及立面与早期的学生宿舍和慎思堂相去不远，但因地势较高，要攀援数十级台阶才能到达入口平台，立面由于仰视显得高大。立面中段仅略微凸出，形成高大拱券，二层有小阳台出挑。二层落地门窗上部原饰以教会十字纹样，解放后被替换为五角星。（图8—30）图书馆至今仍正常使用，内部陈设和装修颇有国外大学图书馆的趣味。

1932年同时建成的科学馆位于慎思堂西南侧，也是面向大草坪、形成围合公共空间的重要建筑之一。其为3层的砖木混合结构建筑，在平面两端设出入口，背部中段向外凸出，属简化后的折衷主义风格。1936年在正对慎思堂的主轴线另一端建成了经济学馆，平面呈"卅"字形，其中段高于两翼，在其中央塔楼上安置大钟，因此该楼也被称为钟楼。钟楼受当时风气影响，强调竖向线条的划分，是典型的装饰艺术运动风格，也为之江大学校区所仅见。钟楼建成后，成为校区最高的建筑，又因其最接近钱塘江，是进入校门最先可见的大楼，也成为江面观看之江校区的标志性景观。（图8—31）

图8—30　图书馆（2012年摄）

之江大学和齐鲁大学一样都是美国长老会开办的大学，但齐鲁大学是长老会在华事业发展的重心，而之江大学和另一些学校则常感经济支绌。受经济条件的影响，之江大学规模不大，发展较缓慢，校舍建设上则剔除不必要的装饰细部，在有限经费条件下适当调整细部从而尽量满足使用功能，如慎思堂的开窗就应对功能需求较宿舍大得多。而平实的文艺复兴式

图8—31　经济学馆（2012年摄）

风格与这一基本需要相契合，被反复用于之江大学不同功能的各幢建筑上，仅教堂和最后建成的经济学馆例外。这种侧重经济考虑的实践一旦公之于众即得到不少在华传教士的认可，认为它比圣约翰"笨拙"拼合中西元素和重复使用哥特式风格等尝试更加卓有成效[①]。

——————————

① 详见下章雅礼会传教士关于建筑风格的讨论。

（九）华西协合大学

华西协合大学是由美、英、加拿大等三国的五个基督教差会联合创办的。1904年，美国美以美会、浸礼会和加拿大美道会及英国公谊会的负责人共同商讨在成都创建华西协合大学（West China Union University）的计划草案，于次年购入成都城南古代"中园"遗址（今华西坝）百余亩为校址。1908年英国圣公会加入筹建活动。1910年，华西协合大学的章程得到英国伦敦议会的认可，同年3月正式挂牌招生，此后陆续在校址周边购地，到1930年时形成近千亩的校园[①]。

由于英国和加拿大教会在建校过程中发挥了主要作用，华西协合大学在校园建设和管理上采用了英国的"学院制"，即在大学统一管理之下，每个学院占有一定区域建筑其教室和宿舍，并享有相对独立的管理权。在此原则下，按参加大学组织的差会划分区域，每个区域按其所隶属的教会构成分立的学院，但各学院都在大学行政机构的管理之下，从而更有效地实现"协合"（unionism）即联合办学的目标。华西协和大学是中国近代基督新教大学中唯一按差会划分区域，并遵从英国学院制进行管理的学校。

1911年，华西协合大学校务委员会在纽约开会，确定校园的第一批项目为办公楼、教学楼、化学楼、物理楼和图书馆共5幢主要建筑，并为此举办了一次设计竞赛[②]。次年校委会根据竞赛结果，决定委任"综合了中西方建筑最好的因素"的英国建筑师荣杜易（Fred Rowntree）为总建筑师，承担校园规划和建筑设计。

荣杜易是受工艺美术运动影响的建筑师，对东方风格（Oriental styles）情有独钟。他完成于1913年的第一稿规划方案图反映出英国学院制大学的主要特征：在校园的中心区域即主轴线上集中了重要公共建筑，除教堂位于轴线上外，学校的办公、管理建筑等均在主轴两侧布置；各个差会的教学建筑则各不相同，分散在不同区域。学校入口原本开在主轴线南端。此后由于得到四川主政者的支持，华西协合大学购入更多土地，同时南城的交通发展也促使荣杜易及其继任者调整校园规划。（图8—32）在新的规划方案

---

①　吕重九：《华西坝》，四川大学出版社2006年版，第3—15页。

②　董黎：《中国近代教会大学校园的建设理念与规划模式——以华西协合大学为例》，《广州大学学报》（社会科学版）2006年第9期，第82页。

中，校门被迁至西边，与新开的"南门公路"衔接，其往东延伸成为贯穿校园的主路直达成都城墙东门，各差会分区划片的方式则保持下来。事务所、图书馆和理化教学楼夹持主轴布置，礼堂位于轴线南端的池塘边，而教堂（聚会所）则仍位于主轴的中心位置。图中未表示出带状池塘，而取代礼堂位置的钟楼亦尚未出现。但实际上图书馆未在原址修建，华西校园一直没有形成很明显的中心轴线，与规划相差颇大。（图8—33）

1914年荣杜易设计的主楼（事务所，也称怀德堂）开始兴建，其后，万德门（1920年）、赫斐院（1920年）、懋德堂（图书馆和博物馆，1926年）等建筑陆续完工，

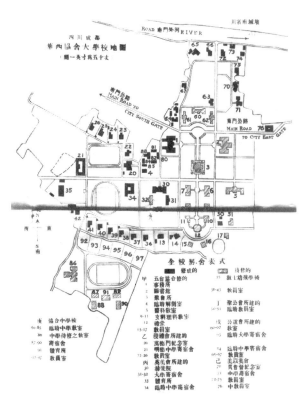

图8—32　华西协合大学校园规划，1930年
资料来源：吕重九：*Memory of West China Union University*，四川大学出版社2000年版，第11页。

均采用红砖和青砖为墙身，红砖经过仔细挑选，色差交叠。屋顶结构普遍采取木屋架，但不同建筑中略有区别，如事务所局部隆起形成天窗，便于采光通风，也成为具标志性的建筑形象；而对面的懋德堂则在正面采用单品梯形木屋架上设天窗，侧翼屋面则为三角形木屋架，屋架节点大量采用钢螺栓及钢拉杆锚固[1]。室内设计上则仿习中国传统装饰，并施以大量彩画。（图8—34）

---

① 孙音：《成都近代教育建筑研究》，重庆大学硕士论文，2003年，第41—42页。文彦博等：《华西协和大学历史建筑特征初考》，《工业建筑》2016年第11页。

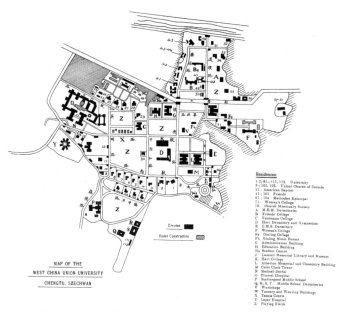

图8—33　华西协合大学实际建成总平面图，1940年代

资料来源：Divinity School，Yale University.

图8—34　图书馆室内设计，未建成

资料来源：Divinity School，Yale University.

建筑装饰的丰富是华西坝建筑的重要特征，如万德门的入口为中国式三开间门楼，其上中央檐口部分又略微上曲，形成类似日本寺庙唐破风式的处理。（图8—35）受四川本土建筑（如青羊宫等）夸张、多样建筑装饰的影响，华西坝建筑上也出现了大量动物形象和华丽的木支撑等构件，屋角起翘夸张，与墨菲所模仿的华北的"宫殿式"形象趣味迥异。除教学等建筑外，各差会同时兴建了自己的教员住宅，其中很多模仿成都士绅的宅邸而建。

1926年，校园周线南端的钟楼最终建成，成为华西坝的地标性建筑。钟楼为独立建筑，不与其他功能（如办公楼）合建，这一点与金陵大学等先例不同。其上覆以英国园林中中国亭子式的屋顶，起坡很大。钟楼以北根据地形条件，被筑成一纵向带状水池，即可倒映钟楼及周边景观，在雨季也便于场地排水。教会大学中，主轴空间上布置水景者除华西协合大学外，仅金陵女子大学在主楼后有一人工水池，但前者在校园中的地位显更重要。

钟楼曾在1953年修葺过，屋面形式改为较平缓、地道的攒尖顶，此外校园内的主要建筑如事务所、万德门等建筑都经过重大改造[①]，万德门更是被迁出原址重建，其最精彩的入口部分已非旧貌。2005年前后对各幢建筑实施保护，砖墙和木结构表面又被涂以涂料，虽然远观"焕然一新"，实则覆盖了原有肌理，难以再现当年景象。

图8—35 原事务所入口，其装饰及檐口形式已改动（2007年摄）

（十）华中大学

1861年汉口开埠，英国伦敦会（London Missionary Society）牧师杨格非（Griffith John）到汉口，传教活动开始在华中地区开展。1871年美国圣公会在武昌昙华林兴建了文华书院（The Boone Memorial School）。经30年发展，校长翟雅各（James Jackson）于1903年在文华书院增设大学课程，1909年呈请美国备案，始称文华大学。1924年，湖北、湖南两省英美差会在多次磋商后，决定合作办学，以文华书院旧址为校址组建华中大学（Central China University），成为华中地区基督教高等教育的新起点[②]。

在文华大学时期，昙华林校址就建成了一批校舍。负责华中大学校园规划和建筑设

① 罗照田：《贵格教派与华西老建筑》，《读书》2018年第9期。

② 1929年岳阳滨湖书院大学部和长沙雅礼大学大学部并入华中大学，华中大学实力更加雄厚。

计者为美国教会建筑师柏嘉敏（John Van Bergamini，1888—1975）。柏嘉敏曾在哥伦比亚大学和耶鲁大学学习建筑学，并游历欧洲，1911年到华为美国公理会服务，曾设计过山西汾阳铭义中学行政办公楼①。

昙华林校区内现存文华大学时期的建筑主要为文学院（1901年）、教育学院（1903年）、女生宿舍附楼（1903年）、理学院（1915年）和翟雅各健身所（1921年）。柏嘉敏设计的翟雅各健身所（James Jackson Memorial Gymnasium）是昙华林旧址上最主要的建筑。重视体育活动和培养竞技精神，向为教会大学教育的重要内容，体育馆也是教会大学的标志性建筑。与早期文学院等外廊式建筑不同，翟雅各健身所为2层砖混结构建筑，在外部融入了中国传统建筑元素：采用重檐庑殿顶上覆绿色琉璃瓦，重檐间隙开小窗增加二楼的采光面积，亦属教会建筑师的自由发挥。建筑正立面为清水红砖外墙，一楼居中开拱形大门，两侧耳房也为拱形大门，形制较简而无中国传统装饰。此外栏杆、望柱、雀替、额枋等建筑构件皆为仿木结构的石质材料。（图8—36）

图8—36　翟雅各健身所（2007年摄）

除此之外，其他建筑都是2—3层砖木结构，外观为文艺复兴式或外廊式的合院建

① 王轶伦、赵立志：《山西汾阳原铭义中学近代建筑考察》，第16届中国近代建筑史年会会刊，西安，2018年。

筑。文学院大楼外观基本没有中国元素的痕迹，但仿照湖北本地的传统民居中设置内天井，局部地面下沉且铺设青石板，建筑一楼东西两侧回廊立有木质栏杆，二楼为封闭式三面回廊，栏杆、栏板及地板皆为木质，颇多民居气息。理学也院设置内院，其砖木组合栏杆仿造传统式样，檐下额枋等部位均以传统木雕花格装饰，额枋和柱间施以如意头图案的雀替，等等。

1924年华中大学成立后，柏嘉敏曾绘制新添设各院系的规划图，以图书馆为位居主轴中心，用廊道连接各教学楼，颇似雅礼大学。柏嘉敏还曾设计一座新教学楼，平面呈"Π"字形，短边一端为模仿距昙华林不远的武昌名胜——黄鹤楼的形象而建的塔楼。（图8—37）不过，这些设计最后均未实现。

图8—37　柏嘉敏设计的礼堂，形似不远处的
黄鹤楼

资料来源：Divinity School，Yale University.

（十一）岭南大学

岭南大学是中国教会大学中的特例，其前身是美国长老会（American Presbyterian Church）于1888年在广州创办的格致书院（Christian College in China）。1893年，格致书院脱离长老会，在纽约成立托管会（Trustee），不再隶属于任何教会，并成功地在纽约州立大学注册。1903年，格致书院改名岭南学堂（Canton Christian College），后更名岭南学校、岭南大学。

1904年岭南校方在珠江以南康乐村购下近200亩土地，该地成为岭南大学的新校址，因传南朝袭爵康乐公的谢灵运曾流寓该地，因此岭南大学校园也被称为康乐园。新校址距离广州城约4公里，与城里仅靠人力小船往来联系，因此码头和朝向河道的校门都成为岭南校史上的著名景观。

购地之后，校董会对现址相继进行测量和初步规划①。（图8—38）这一规划虽非出自名家之手，但顺应了用地南北狭长的现状，将河道引入内部，并改造南端的码头使之与大门结合为一，成为主轴的起点且由此向南延伸，直达类似美国国会大厦式的主楼建筑。主轴所形成的中心开敞草地尺度宽阔，除旗杆、塑像外没有布置实体建筑，有强烈的空间引导性。主要的教学、办公建筑多为合院式，排布在中心草地两侧。教会大学中只有金陵大学的主轴线其纵深变化与岭南大学相埒。

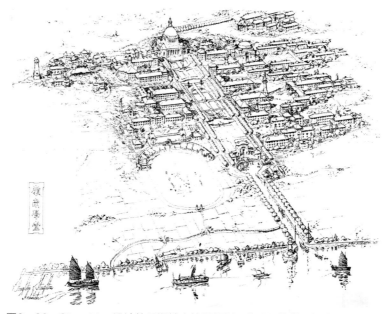

图8—38　Stoughton设计的早期岭南校园规划，有明显的纵深轴线，1904年

资料来源：岭南大学（香港）校史馆。

这一规划确定后，原先壮观的主轴线被保留下来。轴线上后来将原规划中的主楼替换为体量小得多的礼堂（怀士堂），后又在轴线上添建中国传统样式、平面为八边形的惺亭。另一重要改动是取消原来"学院制"的合院布局，而改为单幢建筑，并均以短边

---

① 根据董黎的研究，最初的校园规划是由年轻的美国建筑师司徒敦（H.A. Edmunds, Jr.）完成的。

的山墙面朝向中央草坪。带钟楼的主楼——格兰堂安排在惺亭东南侧，与校园内最早的建筑——马丁堂平行，意以其为核心形成与主轴平行的东西向次轴，后十友堂所在位置也符合这一规划意图。调整后的总体规划有效地引导了校园建设的发展。从1907年建成的马丁堂到1930年代的各幢建筑，所用建筑材料均为红砖，且均覆以坡屋面。琉璃构件被广泛使用在康乐园建筑上，如屋面多用绿、蓝等色琉璃瓦，立面上也结合红砖加以点缀，显得典雅别致。屋面组合形制非常丰富，手法自由不羁，与其他教会大学中同时期的创作尝试如出一辙，但因琉璃和大量使用拱券、外廊，颇显异域风味。（图8—39）主轴两

图8—39　爪哇堂（2017年摄）

侧遍植高大合抱的榕树、樟树等，此外古老的石像雕塑和石牌坊等物品四处点缀于校园中，深具岭南特色。

美国建筑师设计的马丁堂是康乐园建成的第一幢建筑，也是我国近代最早使用混凝土结构和混凝土地面的建筑[①]。建筑主体为外廊式风格，屋面则为四坡顶上覆绿色琉璃瓦，这种组合方式也决定了康乐园此后建筑的基本格调。在马丁堂的原设计中，有突出屋面的烟囱且屋面没有反宇曲线，1965年大修时几变为中国式屋顶。原设计中在屋面正中升起一座中国亭子式的采光塔，也反映了建筑师以简便可行的方式试图融合中西建筑元素。

怀士堂位于主轴端部，地位尊贵，但体量不大。怀士堂正、背面形象完全不同，正

---

① 谢少明：《岭南大学马丁堂研究》，《华中建筑》1988 年第 3 期。

面由两塔楼夹峙入口门廊，门廊柱头模拟中国雀替样式，屋檐滴水也为传统样式。三层塔楼装饰符号较为复杂，其上直接覆以两坡顶。整个正立面采用红砖、绿色琉璃、灰色水泥饰带和石材等材料交替运用，中西元素杂糅，是典型的折衷主义风格。（图8—40）

1928年后所建哲生堂、陆佑堂据传为墨菲所设计。（图8—41）哲生堂位于惺亭以西，位据显要。其外观与燕京大学的第二体育馆相似，采用蓝色琉璃为二层栏板及窗下纹饰。陆佑堂位于早期建成的爪哇堂对面，外廊柱子及墙面外凸的半柱均被漆成红色，柱顶带雀替和施以彩画的额枋等构件，屋角略为起翘，屋脊上有水泥座兽、脊兽等物。这两座建筑是岭南大学后期中国复兴式的代表作，反映出中国十大屋顶施用在近代建筑已程式化，不再像前期那样随意。

图8—40　怀士堂（2017年摄）

图8—41　哲生堂

资料来源：岭南大学（香港）校史馆。

1952年岭南大学停办后，校址为中山大学沿用至今。校园发展仍遵循1904年的主轴规划，且向怀士堂以南更为延伸直至南门，各幢建筑保存亦较完好。

（十二）福建协和大学

福州的英美差会在20世纪之前就各自开办了多所学校。1910年各差会商议联合创办大学，1915年，美国美以美会、公理会，英国圣公会、荷兰归正会等联合创办福建协和大学（Fukien Christian University），在基督教高等教育联合董事会纽约总部的资助下，于当年在福州城外的魁岐乡买入1600余亩土地作为永久校址①。魁岐乡至今仍属郊区，位于鼓山脚下，面对闽江，是理想的大学校园。

福建协和大学校方原本委托了北京协和医学院的何士（Harry Hussey）规划校园，但何士忙于北京的建设无暇实地查看校址，因此所做的规划方案未考虑地形。福建协和大学托事会遂委托事务所同样设立于纽约的茂旦洋行（Murphy & Dana Architects）重新规划校园。墨菲于1918年7月亲到福州城郊考察，并完成了初步规划方案。墨菲将主要的教学办公建筑依山势布置，组成数个类三合院空间，面向闽江敞开。最大的合院中心为一中国亭阁式博物馆。（图8—42）但实际建成的学校未按此来建设。（图8—43）

由于占地广阔，学生生活部分被安置在另一侧，独立成区。1920年代陆续建成的学生宿舍、教学楼等建筑与墨菲的宫殿式设计相似，但他的校园规划方案改动颇大，原先的两组建筑群被与地势结合更紧密的带状分散布置的方式所替代。靠近闽江地势较

图8—42 墨菲规划图中拟建的博物馆

资料来源：Divinity School，Yale University.

图8—43 福建协和大学沙盘，红色屋顶为老建筑

资料来源：福州制药厂接待处，2012年。

---

① 〔美〕罗德里克·斯科特著，陈建明等译：《福建协和大学》，珠海出版社2005年版，第6—15页。

平坦处布置了运动场、仓库和农事试验场等占地较大的内容，环山较低的斜坡上布置学生宿舍和教授住宅，而东部陡峭的坡地则放置教学楼，校长官邸坐落于山顶。

图8—44 原女生宿舍顶层的地方化装饰（2012年摄）

福建协和大学的多数建筑均覆以大屋顶，采用门楼、栏杆等传统装饰构件，既结合了中西建筑元素，也融合了当地的建筑装饰符号。（图8—44）屋面形制平缓庄重，没有像华南女子文理学院主楼那种夸张的起翘，但整体造型较为生硬。如1927年建成的理学院大楼，据传为墨菲设计，立面也使用了外凸于墙面的半壁柱，但更取法于西方的立面装饰，不能反映中国传统建筑"柱"与"间"的关系，也未施彩画，与墨菲同时期的作品颇有不同。

校长官邸位于山顶，曾一度用于幼儿园，二层阁楼可俯瞰闽江。其立面开窗形式显示其结构（过梁），但入口则以水泥仿制中国式门楼，屋面是覆以灰瓦的硬山顶。而半山腰的教授住宅多为工艺美术运动风格别墅，至今仍正常使用。（图8—45）

图8—45 教授住宅（2012年摄）

1951在院系调整中，福建协和大学与华南女子文理学院合并成立福州大学。近代中国由基督新教开办的13所大学中，仅福建协和大学原校址被用作其他用途（福州制药厂）。

（十三）华南女子大学

福州是五口通商口岸之一，也是英美传教士在华活动又一中心。华南女子大学成立于1908年，是基督教教会继1905年于北京创办华北协和女子大学（后并入燕京大学）之后创办的中国第二所女子大学，1933年向国民政府教育部立案后改名"私立华南女子文理学院"。（图8—46）

华南女子大学位于福州城外的一处小岛——仓山，这里也是许多外国领事馆集中的区域。华南女子大学购买了原为坟岗的40余亩土地，于1914年建成行政楼（彭氏楼）和学生宿舍（谷莲楼）。彭氏楼首层和二层为办公室和会议室，三层为可容纳200人活动的礼堂（教堂），室内装修讲究、设施齐全。1921年又以彭氏楼为中心，在谷莲楼对面建起立雪楼，形成了华南女子大学的主建筑群[①]。（图8—47）

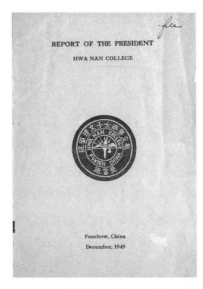

图8—46　华南女子大学手册封面，校训"受当施"

资料来源：Divinity School, Yale University.

图8—47　主楼外观（2012年摄）

---

① 卓燕、林瑛：《私立华南女子文理学院博雅教育特色》，《中华女子学院学报》2018年第2期。

　　这三座建筑均为红砖砌筑的砖木结构，主体3层，根据地势局部四层。因其位于山坡之上，在校外马路上观之显得高大庄严。建筑的主体部分是典型的折衷主义风格，运用了大量拱券、西方柱式和转角石为装饰，但屋面为具有闽南地方特色的组合坡屋顶，屋角起翘较大，屋面则开大气窗。这一组建筑建成年代较早，时在墨菲那种取法北方宫殿样式的设计之前，实际是西方建筑师在中国教会大学建筑设计中的早期探索之一。因其体量较大而布置集中，也形成了不同于圣约翰大学等其他教会大学的建筑形象。建国后彭氏楼被改称"胜利楼"，两座学生宿舍分别改为和平楼和民主楼。

图8—48　教员宿舍（2012年摄）

　　华南女子大学在这组建筑之外，还在另一校区建了外廊式风格的音乐堂和若干教员宿舍（图8—48），以及一座小教堂。由于依据山势而建，大量使用石材为护坡和基座，形成别致肌理。

　　综上所述，本章简述了中国13所基督新教大学的概貌，可以发现其中的一些共同之处，如重视体育馆、学生的社交活动等，并为推进这种教育理念提供了适合的物质空间。体现教会精神的教堂，则或独立设置，但更多的是合并到主楼中。在建筑风格上，除了上海、苏州、杭州的3所大学外，其他均采用大屋顶式建筑，彰示出教会传教政策的显著转向。下一章我们将以墨菲设计的几座大学为例，具体说明校园规划的形成过程，并通过考察传教士在采用中国大屋顶风格（墨菲称之为"适应性风格"，adaptive architecture）中所起的作用，管窥传教士和基督教会对近代中国社会变迁的影响。

第九章　外力主导下的近代化：基督教的影响（下）

——亨利·墨菲的三座大学校园设计比较研究

美国建筑师亨利·墨菲（Henry Killam Murphy）是我国近代建筑史上的著名人物。（图9—1）从墨菲于1914年初次来华察看雅礼大学的建设开始，在长达21年的在华执业生涯中，他广泛结交中外名流，影响力并不限于建筑界，也是嶷然有声的中国关系问题专家。

墨菲在华的建筑作品虽兼涉银行、办公楼和纪念建筑等类型，但校园规划和教育建筑一直是他事业的重心，并且他曾以"技术参股"的方式担任多所院校的董事会成员[①]。不论从数量和还是样式、风格、技术等方面而言，墨菲在中国近代建筑史上的重要地位主要是由他设计的一系列中国近代校园规划所奠定的，他在中国事业的起讫点，即雅礼学校和铭贤学校，也都与校园设计有关。

应当注意到，关于墨菲，中外的既有研究中都缺少了一些必要的内容，需要在个案研究、人物与机构和思想观念三方面继续深入。其中，有关墨菲设计的校园的个案研究虽多，但基于档案和实测研究其建造技术和与建设过程

图9—1　墨菲在山西太谷铭贤学校实地考察，1929年

资料来源：耶鲁大学墨菲档案。

---

①　如岭南大学、铭贤学校等。详 H.H.Kung to Lydia Davis，H.H.Kung Correspondence，Oberlin College Archives，1930-5-24。

相关的各方面内容的个案研究却较少[①]，着眼于设计过程如建筑师与业主沟通、妥协，以及设计方案如何演进的研究更少。

墨菲设计思想的演进发展是此前研究中尤其缺少的内容。他著名的"适应性"建筑观点是否由其独创或来自哪些方面和哪些人的影响？其创作灵感的来源何在？这种设计思想如何演进，与30年代受营造学社影响的中国建筑师的作品沿承关系如何及差异何在？这些问题如仅依靠现存的墨菲设计的实物，甚至局限于墨菲在华执业的1914—1935年间来考察，必然是不全面的。例如，墨菲于1913年通过全美竞标获得康涅狄格州卢弥斯学校的校园规划任务，他在此次校园规划中所设计的院落格局和轴线序列与同时期设计的雅礼大学校园规划相一致，也是他之后设计清华等校园的思想来源，且一些建造技术被重复应用在各处。

本章依次分析墨菲最早的3个校园设计，可视为弥补上述不足方面所做的初步尝试，本章最后将对墨菲校园规划的思想来源和建筑形式上的沿承关系做一比较研究。

一、美国康州卢弥斯学校规划及建筑设计

墨菲的第一处建成的较大规模校园是位于康涅狄格州温莎市的卢弥斯学校（Loomis Institute）。茂旦洋行在1913年获得全美竞标第一名后承担了该校校园的规划设计任务，此后，初创不久的茂旦洋行和墨菲本人开始享有校园建筑师的良好声誉。这第一项重要工程也为这个刚组建不久的事务所带来更多重要委托，如雅礼大学等。更重要的是，它也成为墨菲日后在中国进行的校园规划设计的重要参考和思想来源之一。但此前研究受视野和资料所限，除郭杰伟（Jeffery W. Cody）专著中关于墨菲早期的执业生涯一章曾略提及卢弥斯学校以外[②]，中美两国的建筑史界都未曾详细研讨这一学校的校园设计及其影响。

---

① 其中一例是针对清华大礼堂结构形式的研究。见刘亦师：《清华大学大礼堂穹顶结构形式及建造技术考析》，《建筑学报》2013年第11期。

② Jeffery W. Cody，*Building in China: Henry Murphy's "Adaptive Architecture"*，Hong Kong: The Chinese University Press, 2001, pp.26-27.

本节基于原始文献和实地查勘，简要讨论茂旦洋行的中标方案，从思想观念和样式原型的角度考察卢弥斯学校的校园规划格局对墨菲的中国近代校园项目的影响。

（一）卢弥斯学校的创设

卢弥斯学校位于耶鲁大学所在的纽黑文市以北约50英里，是一所享誉美国的私立中学。其用地原为卢弥斯家族的农场，其主人逝世后赠予学校托事会作为学校基址，大部分用地至今仍保持着英国式的田园风景。托事会到1912年时已积累起足够的资金，得以从事校园规划和建设，拟于1914年9月正式招收第一班学生。

托事会当时聘请校园设计专家、时任宾夕法尼亚大学建筑系主

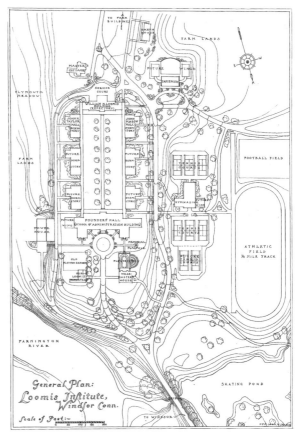

图9—2　茂旦洋行的最终实施方案

资料来源：Loomis Institute Archives.

任的沃伦·莱尔德（Warren Powers Laird）为顾问建筑师，由他制定了设计竞赛标书。莱尔德在1912年11月27日向茂旦洋行发电报，邀其参加竞标。这封电报是现存所见最早的关于茂旦洋行与卢弥斯学校的一件档案。墨菲立即给予了肯定的答复，并在三周后按时提交了竞标方案。（图9—2）

1913年初，莱尔德在仔细评审匿名提交的11个方案后，"从工程、美学和造价经济的角度"将第1名授予海德与吉耿斯事务所（Haight & Githens）。但卢弥斯校方更倾向排在第5名的茂旦洋行的方案，托事会经过讨论最后选定茂旦洋行的方案为实施方案。

（二）卢弥斯学校的规划与建设

美国大学的校园格局（campus planning）很早就脱离了英国牛津和剑桥那样完全封闭的内向合院式布局，尝试将合院的一边敞开。这一校园空间格局理念通过杰斐逊（Thomas Jefferson）设计的弗吉尼亚大学而大放异彩，深刻影响了此后的美国大学校园规划。（图9—3）这种规划模式的出现和盛行，既有卫生和健康方面的考虑（封闭的合院不利通风和采光），也是美国大学区别于欧洲大学、反映其独特的教育理念之处，象征了美国民主、共和、宪政等政治理想，成为校园规划的主导潮流和建筑师们仿效的模板。

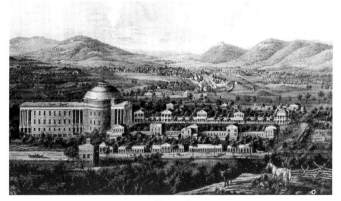

图9—3　弗吉尼亚大学学术村，1812年

资料来源：Richard Wilson, *Thomas Jefferson's Academical Village*,

Charlottesville: the University of Virginia Press，1993，p. 50.

茂旦洋行的方案将行政管理大楼和教室（包括食堂）置于一个矩形合院的两端，合院的两侧则列布了宿舍，宿舍之间用连廊连接，手法颇类似弗吉尼亚大学学术村。但因为矩形合院两端皆安置了重要的建筑物，形成了一个完整、内向的合院。这种合院式构图以及在建筑设计中所采用的是殖民地时代的乔治王风格（Georgian Style），与校方的教育理念十分相符，即"在社区和集体的环境中让学生自由发展其个性，培养出兼顾集体荣誉感和公共利益的独立精神"[①]，因此茂旦洋行方案才得到卢弥斯学校托事会的青

---

①　For Better and Grander Lives: Loomis Chaffee at 75，W.E.Andrew of Connecticut, 1952, p.23.

睐。相较之下，原获头奖的吉耿斯事务所方案在主要建筑上采用有贵族化倾向的都铎式，与校方教育理念不符，未被选为实施方案。（图9—4）

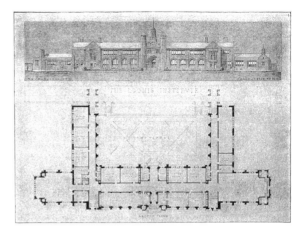

图9—4　海德与吉耿斯事务所的投标方案

资料来源："Architecture：Constructive，Decorative，Landscape"，1913，28（3）.

曾被开国总统华盛顿用于其住宅弗农山庄的乔治王式风格[①]，在美国独立战争之前就被广泛应用，既是美国传统最悠长的一种建筑样式，其象征的社会意识和价值观也为美国东海岸上层阶级所普遍接受（图9—5）。这也是卢弥斯托事会最终选择茂旦洋行方案的另一个重要原因。卢弥斯主楼兼作行政管理和教室，正面开窗多达15个，是美国最长的乔治王式建筑[②]，其券门、穹窿和内部装饰等形象成为卢弥斯学校的象征（图9—6），其西侧还附建有一座小教堂。

图9—5　华盛顿的弗农山庄住宅（2012年摄）

① 这些住宅均通常上下两层，正门居中且每层各开五个门窗洞口，但较长立面开窗较多。此外在屋顶通常左右两端各有一个烟囱突出坡屋顶，形成了严格对称的立面形式。

② 为纪念卢弥斯家族的7位捐资创始人，该主楼也被称作"创始人大楼"（Founders Building）。

图9—6　乔治王风格的卢弥斯学校的行政主楼入口（2016年摄）

茂旦洋行方案最显著的特征是以较大的一个院落将管理、教室和宿舍等布置在其周边，再以连廊相接。相比而言，被莱尔德推荐给托事会的海德与吉耿斯事务所提交的方案以若干个较小的三合院分散组织宿舍。合院朝向风景最佳的农场开敞。矩形合院是茂旦洋行方案最重要的部分。如同大草坪在弗吉尼亚学术村中的地位一样，合院构成了整个校区无可争议的主体部分。

二、雅礼大学的校园规划与早期建筑

雅礼大学不但是墨菲在华的第一个设计项目，他更藉此得到美国公理会等新教差会乃至中国政府的赏识，获得了一系列重要的设计委托，可见雅礼大学之于墨菲之重要性。但目前有关雅礼大学建筑的研究大多语焉不详，除将"雅礼""湘雅"混为一谈外，常误以尚存的湘雅医院为雅礼大学的一部分；又多依据墨菲等最终修订的鸟瞰图，未将远景规划与实际情形区分开；尤其因未论及雅礼大学的建造过程、建成后的发展与毁坏，给读者造成了种种困扰。

（一）雅礼会在湖南的各项事业与基本建设方针的确定

义和团运动之后，受"学生志愿者运动"（Student Volunteer Movement）的激发，美国多所著名的大学内掀起了一股来华传教的热潮。在20世纪的最初20年间，美国来华从事教育传教的人大幅增加。耶鲁海外传教会（Yale Foreign Mission Society，亦称Yale Mission）即后来所称的"雅礼会"（Yale-in-China）[①]就在这一大背景下诞生。其成员皆为耶鲁毕业生，由耶鲁校友捐款维持其在海外传教的开销，致力于医疗和文化教育，成为独立于新教任一差会之外但与之密切合作的新型传教团体。

鉴于义和团运动的惨烈，其主要成员在建立之初一致认为雅礼会"虽不属任何教派，但在精神和教学中必须体现强烈的基督教特性，同时深切认同中国的所有优秀传统和儒学思想"[②]。决定在长沙开办学校和医院后，雅礼会于1906年首先在城内租用民房开设一所预科中学，即"雅礼学堂"（后改雅礼学校），旋又由已在印度行医经年的著名传教士胡美（Edward H. Hume）开办雅礼医院。由于胡美医术超群，雅礼医院声誉渐著，湖南督军谭延闿等本地士绅也积极支持雅礼会在长沙扩大医疗活动并举办医学教育。后长沙当局与雅礼会于1914年签署了《湘雅合作协定》（Hsiang-ya Agreement），约定由雅礼会兴修医院，湖南政府则提供土地并划拨运营资金，俾使湖南的医疗和近代医学教育昌盛发展[③]。因此，由胡美募款兴建的医院和省政府筹建的医学院，还包括此后建立的男女护校，均以"湘雅"命名，而雅礼会此前兴办的中学和由之发展而来的大学仍用旧名，即"雅礼学校"和"雅礼大学"。综上，雅礼会抵达长沙后十余年间，陆续创建了中学、大学、医学院和护校共5个机构。（图9—7）

随着各项事业的发展，城内租用的房屋不敷使用，雅礼会在老城以北购置了土地，开始了新园区（雅礼村）的建设，力图通过规划方案，使教师和学生获得宽敞卫生的环境，更使上述5个在日常事务中关联密切的不同机构，在空间上互为犄角、遥相呼应，

[①]　1909年耶鲁海外传教会正式更名雅礼会，会名取自儒家经典《论语》中的"子所雅言，诗书执礼"。因该名称更带有儒家色彩而一度招致湖南其他差会的批评，但耶鲁海外传教会于1913年最终还是决定将其正式名称改为雅礼会。

[②]　Nancy Chapman，*The Yale-China Association: A Centennial History*，Hong Kong: The Chinese University Press, 2001, p. 3.

[③]　吴梓明：《义和团运动前后的教会学校》，《文史哲》2001年第6期。

更好地连为一体。为此，位于纽黑文的雅礼会执委会（Executive Committee）[1]下专门成立了一个建设委员会（Building Committee），由执委会主席威廉斯（Fredrick Wells Williams）[2]兼任，负责筹措资金、制定建设方针及与建筑师协商联系。

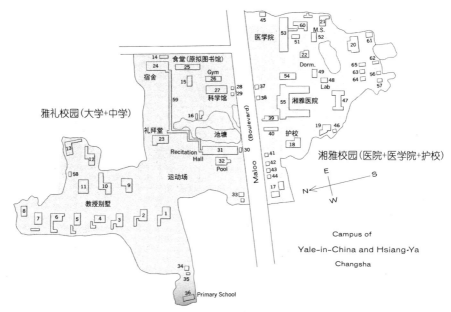

图9—7 雅礼会在长沙实际建成的建筑一览，1938年。湘雅医院、医学院和护校位于马路南侧，
雅礼中学和大学位于北侧。左侧池塘附近部分产权不属雅礼会

资料来源：Reuben Holden，*Yale in China：The Mainland，1901-1951*，

New Haven：The Yale in China Association，Inc. 1964.

建设委员会讨论最多的是建筑样式的选择。早在1911年8月，即已决定在新购土

---

① 雅礼会最初的最高权力机构是执行委员会。随着传教色彩逐渐淡化，1924年托事会（Board of Trustees）取代执委会负责政策制定与募款，同时在长沙成立监管会（Governing Board），负责各部门日常管理。Nancy Chapman，*The Yale-China Association: A Centennial History*，p.28.

② 威廉斯父子两代人皆在耶鲁大学东方语言系教授中文。小威廉斯为耶鲁大学1879级毕业生，于1902—1929年担任雅礼会执委会主席，兼任建设委员会主席。他对墨菲早年在中国开拓设计市场起到关键作用。Reuben Holden，*Yale in China: The Mainland, 1901-1951*，New Haven: The Yale in China Association, Inc. 1964, p. 292.

地的东部建设大学，"主要建筑应为二层，附带阁楼或气窗"，包括一座容纳100名学生的宿舍、一座行政楼、四座教授住宅，建筑样式和功能则应"遵从中国传统建筑中的最好的先例，同时与当前教学建筑的各项需求相一致"①。在各种信函、通告和宣传物中，建设委员会表示"除教育、医疗和宗教外，建筑本身也是传教的内容和目标，通过这些建筑，向中国人展现在应用最先进的美国式的规划和建设的同时，如何将中国建筑的精华保存下来"②，并明确宣称建筑样式"不仅仅是模仿中国建筑样式，也不会牺牲实用性或卫生去迎合那种样式，而是努力使我们的建筑尽量不体现出'外来性'（foreign）"③。

建设委员会采用这种中西融合样式的方针在传教士团体中引起了颇大争议。胡美一开始也持怀疑态度，认为应采用西方样式，使之象征其科学性和近代性。反对最力者是当时在雅礼中学任教、后来成为著名教会史学家的赖德烈（Kenneth Scott Lattourette），他认为一方面当地的传统建筑装饰造价过高且维护不易，另方面中西杂糅的美学效果不佳，圣约翰大学即为失败之例。他认为应效法之江大学新建校舍的做法，即遵从西方建筑的建造方式和美学原则，仅需因应当地气候做局部调整如附加外廊④。

与之不同，时任雅礼学校校长的盖葆耐（Brownell Gage）虽承认当时尚无令人满意的先例，但极力主张应大胆尝试创新。他援引启蒙主义思想家帕蒲（Alexander Pope）的名言"开创新物，莫落人后"⑤。盖葆耐并敏锐地指出，"中国现在被卷入近代化的潮流中，对他们的历史熟视无睹，弃其精华如敝帚。而我们的任务则应教会他们如何在他们悠长的历史和过往之上建设未来……这一举将来必能真正赢得中国人的由衷敬

① Mission Building Memorandum，1911-8-24.

② "'Yale-in-China' Western University Movements in the Republic"，*Far Eastern Review*，July 1914, pp.86-88.

③ F.W.Williams，*Yale Mission, Seventh Annual Report (1913)*，p.14.

④ K. S. Lattourette to F.W.Williams，Yale-in-China Papers，RU232, Box130.

⑤ 语出帕蒲《批评论》，原句为"Be not the first by whom the new are tried; Nor yet the last to lay the old aside."盖葆耐为雅礼会的3位创始成员之一，担任雅礼学校和雅礼大学校长直至1924年回美，其妹盖仪贞（Nina D. Gage）为湘雅护校校长。盖葆耐自始即主张中西融合式样，并说服胡美等人接受此观点。

佩"①。正是由于雅礼会传教士的这种远见卓识，才从客观上促成了"大屋顶"建筑的兴建，推动了中国建筑近代化的进程。

雅礼会最早建成的建筑——湘雅医院，其设计人罗杰斯（James Gamble Rogers）就是在对中国知之不多的情形下，根据雅礼会的要求和指导做出的设计②，也是我国20世纪最早的大屋顶建筑之一。（图9—8）同样，建设委员会主席威廉斯曾给墨菲和丹纳提供了他自己在中国各地的照片作为设计依据。墨菲事后回顾说，"我和丹纳在1912年接受设计任务时，因没有先例可循，我们多少感到迷茫，但我们由衷支持执委会确定的采用中国样式的方针。……威廉斯教授帮了我们大忙，在他的建议下，我们决定不采用仅局部做成中国样式的西方近代建筑，而是直接从中国传统建筑的坛庙和门楼汲取灵感。他的私藏照片对我们帮助极大。"③

图9—8 湘雅医院外观，1916年建成

资料来源：Yale-in-China Papers，RU232，Box154.

---

① B.Gage to F.W.Williams，Yale-in-China Papers，RU232, Box130. 1912-8-29.

② 罗杰斯由湘雅医院的捐资人、胡美的同学哈克尼斯（Edward Harkness）指定担任建筑师。当时罗杰斯已设计了诸多校园建筑如耶鲁大学哈克尼斯塔楼等，但当时他从未接触过医疗建筑也未到过中国。Aaron Betsky，*James Gamble Rogers and the Architecture of Pragmatism*，Cambridge: MIT Press, 1994，pp.211-214.

③ H.K.Murphy，"The Architecture of Yale-in-China"，Murphy Papers，Year unknown.

为了缓和针对"中国式"建筑不经济等反对意见，雅礼会鼓励建筑师采取北京附近敦厚且"更有节制"的大屋顶式建筑作为解决方案，与南方常见的华丽装饰和浮夸的卷角区分开[①]。在威廉斯的建议下，墨菲专程前往北京故宫和天坛等地访查[②]，在他之后的建筑设计中都采用北方宫殿式为基本原型，其渊源则早在雅礼大学设计时已形成。

（二）甄选建筑师及雅礼校园方案的形成与演进

墨菲因雅礼大学的成功而闻名，但最先进入雅礼会视野的却是墨菲的合伙人——丹纳（Richard Henry Dana），雅礼校园的重要建筑物如教堂、图书馆等也均由丹纳设计。

雅礼会在1910年底购置了长沙城墙以北的土地，委托在汉口开业的英国建筑事务所景明洋行对之测绘，并开始挑选建筑师规划新校园。雅礼会早年的重要人物托克斯于1911年9月就致信丹纳[③]，提到长沙将兴建的新校园会使"东方建筑适应现代需求"，如其愿意仅收取设计成本（actual cost），则雅礼会"很愿意为你提供这一设计机会。"[④]丹纳则在次日回信，按照雅礼会的提议接受了这一设计邀请[⑤]。事实上，茂旦洋行确实是按照成本收费，将盈利部分"捐给"雅礼会[⑥]。

雅礼校园的规划由丹纳和墨菲两人合力设计，后又经历了两次大的修改。根据景明洋行提供的测绘图，雅礼校园用地坡度不大，因此茂旦洋行最初制于1912年初的规划图

---

① From the September 1914 Number of the Chinese Recorder Published in Shanghai，Murphy Papers，1914-10-26.

② H.K.Murphy to F.W.Williams，Yale-in-China Papers，RU232，Box130. 1914-4-5.

③ 雅礼会创办之初得到过耶鲁大学主任秘书斯托克斯（Anson Phelps Stokes）的大力协助。经斯托克引荐，雅礼会的几位创办人在1901年2月10日与美国长老会教会的负责人见面会商在中国传教事宜，后以在斯托克家壁炉前的这次会谈作为雅礼会正式成立的标志。Nancy Chapman，*The Yale-China Association: A Centennial History*，p. 2.

④ Stokes to Dana，Yale-in-China Papers，RU232，Box130，1911-9-15.

⑤ Dana to Stokes，Yale-in-China Papers，RU232，Box130，1911-9-16. 丹纳为哈佛大学毕业生并非耶鲁校友，他如何与雅礼会上层交识尚未见诸文献。但丹纳是虔诚的基督徒，1911年结婚，其妻为纽约圣约翰教堂（圣公会宗）主教的女儿；斯托克斯本人则曾在1900—1918年间兼任纽黑文的圣公会教堂牧师。推测二人或最初通过教会关系相识。

⑥ Murphy to Williams，Yale-in-China Papers，RU232，Box130，1913-11-18.

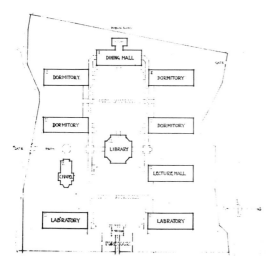

图9—9 雅礼大学的第一轮规划方案，1912年，
除中央的图书馆外与卢弥斯学校规划方案基本相同

资料来源：Henry Murphy Papers. Box4.

第二轮方案（图9—10）。虽然仍沿用了前次方
案的上、下院落布局，校门位置亦维持原样，
但调整了教室的位置，校园中心的图书馆改为
5开间的宫殿式样。（图9—11）这一方案考虑
了带眷属和单身教工的住宅（茂旦洋行、建设
委员会和长沙的雅礼会成员间对此往来讨论
颇多，但未在总平面图上体现出来），是全校
"最先动工建设的部分"。

墨菲在1914年5月初次来华，到长沙视察
雅礼校园建设的进展（图9—12）。他在现场
发现用地的坡度较原先由景明洋行提供的测绘
图平缓，因此将上、下两部分合而为一，且将
校门改设在西南使流线从低处向高处延伸，形
成"更加打动人心的轴线景观"。根据现场踏

将校园分为上、下两个部分，分别用建
筑形成院落（图9—9）。校园中部用土
方填平，拟放置全校最重要建筑即图书
馆。校园的入口置于东南角。第一轮规
划方案仅排布了教学建筑，未涉及雅礼
方面关心的教工住宅，同时八角形的图
书馆虽"与中国建筑很像"，但没考虑
建造方面的困难。

在汇总了纽黑文和长沙方面意见的
基础上，茂旦洋行于1913年10月形成了

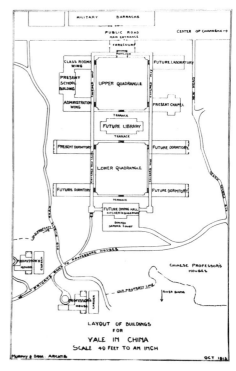

图9—10 雅礼大学的第二轮规划方案
总平面，1913年10月

资料来源：Henry Murphy Papers. Box4.

勘，墨菲于1914年7月返回美国后制定了第三轮规划方案。（图9—13、9—14）新方案中主轴线纵贯用地，空间序列的高潮是位于轴线端部居中的图书馆，而同时添设了南北向的次轴线，将正在兴建的医院和规划建设的科学馆安排在这条轴线的两端，"使湘雅（的各项事业）与雅礼校园产生紧密的联系"[1]。这一最终规划方案成为雅礼建设的基本依据，这幅表达了建设愿景的透视图也被当作雅礼会的象征。

图9—11　第二轮规划方案鸟瞰图，1913年

资料来源：Henry Murphy Papers. Box4.

图9—12　墨菲在长沙绘制图纸。

左起第3人为盖葆耐，第4人为墨菲，右起第2人为胡美，1913年

资料来源：Henry Murphy Papers. Box4.

---

①　Memorandum of Revisions in General Plan for "Yale-in-China" Group Resulting from Mr. Murphy's Visit to Changsha in June, 1914，Yale-in-China Papers，RU232, Box130，1914-8-5.

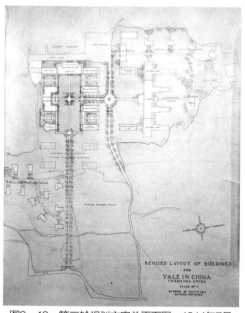

图9—13　第三轮规划方案总平面图，1914年7月

资料来源：Henry Murphy Papers. Box4.

　　雅礼校园的礼拜堂是较早修建的建筑之一，它是由斯托克斯的姑母捐资、斯托克斯亲自委托丹纳设计的。丹纳非常重视这一委托，"虽然总被其他事情延阻，但我更愿享受做这一设计带来的乐趣，因此没有将之交给事务所的其他任何人"[1]，他为此亲自勾画了透视草图（图9—15），室内采取中国传统建筑的平棊吊顶和圆柱。建设委员会批准了这一方案，但取消了教堂外的中国式门楼，并要求加上一座小尖塔并在纵向另加一开间[2]。这些意见都反映在建成后的礼拜堂上（图9—16），它被用作信教师生礼拜和全校集会的场所，是雅礼大学乃至整个雅礼会最广为人知的建筑之一。

图9—14　第三轮规划方案鸟瞰图，1914年7月

资料来源：Henry Murphy Papers. Box4.

---

[1]　R.H.Dana to A.P.Stokes，Yale-in-China Papers，RU232，Box130，1913-1-15.

[2]　Conference between Prof. Williams and R.H.D, Jr.，Yale-in-China Papers，RU232，Box130，1914-8-5. 1913-3-5.

图9—15　丹纳绘制的礼拜堂透视图，1913年
资料来源：Yale-in-China Papers，RU232，Box154.

图9—16　礼拜堂建成后外观，1921年，远景为宿舍楼
资料来源：Yale-in-China Papers，RU232，Box154.

　　另一处重要但未建成的建筑是图书馆。丹纳在1913年底曾着手图书馆的平面设计并绘制了立面图（图9—17）和透视草图，"底层作为办公室，二层藏书采用开架方式对学生开放"，这一方案获得建设委员会的首肯。在雅礼校园透视图（图9—14）上所见的图书馆即为丹纳所做的方案。但由于资金短绌而被一再迁延，最终只在图书馆的位置上建了一座二层的临时饭堂。

　　除此以外，雅礼校园的各幢建筑，如学生宿舍和教工住宅，都是由茂旦洋行先画成透视图，再寄给在现场负责监造的斯坦利·威尔逊（Stanley Wilson）[①]，由他根据现场和材料供给情况加以修改，绘成供施工用的平面、立面图。教工宿舍的样式根据建设委员会的意见，要求尽量多样化、个性化，也体现在实际的建成效果中。

图9—17　丹纳设计的图书馆立面图，1914年

资料来源：Yale-in-China Papers, RU232, Box154.

（三）校园建设及其余绪

　　雅礼会在长沙城北购买的土地原为坟丘和洼地，又被分成许多小块，产权分散，因此雅礼会当局一直希望完整地将周边土地购入，进行全面建设。茂旦洋行制定规划时，雅礼大学的校园已占地20英亩[②]，但因价格等问题，其周边尚有大量土地未卖与雅礼会，甚至还有几块"飞地"被包围在雅礼校园中，产权一直不属于雅礼（参见图9—7）。

---

　　① 威尔逊是由墨菲挑选出派驻长沙的监造建筑师（supervising architect），在长沙工作了3年多（1913—1916年），负责监造湘雅医院及雅礼大学的各幢建筑，由雅礼会支付其薪酬。另由雅礼的两名毕业生协助其制图和监造。Brownell Gage, "The Alumni and Non-graduates of Yale in China", Yale in China: "Ya-li", Year unknown, Murphy Papers.

　　② Reuben Holden, *Yale in China: The Mainland, 1901-1951*, New Haven: The Yale in China Association, Inc., 1964, pp.292, 61, 87-88.

规划中的宿舍楼等就位于尚未购得的地块上。土地产权问题也成为雅礼校园建设后来并未完全按照茂旦洋行的方案进行的原因之一。

在资金不足、内部分歧和图纸供应滞后等情形下，1916年新校舍第一期工程竣工，"有二层楼的寝室一栋，礼堂一栋，教室一栋；有级别高的中外教员住宅七、八栋"，此外"有了一个很大的足球场和一个椭圆形跑道"[1]。（图9—18）雅礼大学开始逐步迁往新址。1920年，雅礼会得到美国洛克菲勒基金会的捐款，建成了韦尔奇科学馆（Welch Science Laboratory），但所在位置及建筑平面形制均不同于茂旦洋行的规划方案。此时的雅礼大学包括四年制中学、二年制大学预科和三年制大学三个部分，大学与预科合称雅礼文理学院（College of Arts and Sciences），由盖葆耐和胡美相继任校长。"雅礼的建筑全都建在一起，在当时的华中地区是最摩登的"[2]。

图9—18 雅礼大学校舍及运动场，远景为教授别墅，1923年
资料来源：Yale-in-China Papers, RU232, Box154.

1926年由于北伐战事和民族主义思潮及非基督教运动的发展，雅礼会一度暂停了

---

① 应开识：《西牌楼的"雅礼大学堂"》，雅礼校友会主编：《雅礼中学建校八十周年纪念册》，湖南人民出版社1986年版，第27页。

② 吴梓明、梁元生主编，马敏、方燕编：《中国教会大学文献目录第二辑：华中师范大学档案馆馆藏资料》，香港中文大学崇基学院宗教与中国社会研究中心，1997年，第6页。

在长沙的全部活动。由于种种原因，雅礼大学已难恢复，只能并入两年前在武昌成立的华中大学。中学则交由在湖南的新教差会（雅礼会亦为其中之一）合作办理，定校名为长沙私立雅礼中学校，沿用原有的校舍和设备办学，直至1938年因抗战军兴而迁往沅陵。

1942年元月在第三次长沙会战中，日军轰炸长沙，致使雅礼校园和湘雅医院均遭毁坏。湘雅医院大楼受损相对较轻，战后经过修复一直使用至今。雅礼校园则损失尤巨，重要建筑如宿舍、教堂、科学馆等被大火烧得仅余残垣断壁，后又被夷为平地。至此，雅礼大学从名义到实体均消失不存。改革开放后，雅礼中学恢复原名，但早已迁往新址，不复旧观。

三、清华学校的早期规划和建设

1914年春墨菲受雅礼会的委托第一次来到中国，主要目的是对长沙正在施工中的雅礼学校（College of Yale-in-China）进行考察。而后墨菲本计划取道北京，横穿西伯利亚到达圣彼得堡，在游览欧洲后返回美国。在北京停留时，经雅礼会介绍，墨菲受清华校长周诒春（1883—1958年）邀请来清华商谈清华的项目，意外获得了清华学校规划和建设项目的委托，"整个项目的规模之大，超过我们既往在亚洲的所有项目的总和"[①]。清华学堂的前身，为1909年附设于游美学务处下的"游美肄业馆"，是由美国退还部分超索的庚款所建立的，校址选定海淀西北的清华园[②]。墨菲与周诒春会谈的背景，是后者正积极推进扩建清华学校大学的计划。由于当时清华处于美国影响笼罩下，扩建大学的计划必须首先获得美国驻华公使的认可。因此，周诒春于1914年6月13—15日邀请途经北京准备返回美国的墨菲来校商谈远景规划和建设事宜，以便尽快获得美国公使的认可。

---

① 墨菲致丹纳信，1914-6-22，Murphy Papers。

② 清华园原为前清端郡王之父兄之赐园也。由于端郡王载漪在园内为义和团"设坛举事"，该园被清内务府收回，"任其荒芜"。

（一）清华学校的建筑风格

清华园俗称小五爷园[①]，"本校成立之初，乘车者犹必以至小五爷园告之，否则往往摸索而不得达"[②]。建校初期，"南面是一条小河，西面是圆明园遗址，东北两面是一片茫茫的农田"，校园占地约450亩[③]。（图9—19）当时的清华园，"虽其时卉木萧疏、泉流映带，邱阜蜿蜒、场地辽阔，而其房屋，则三三两两，多半颓圮"。外务部利用清华园的旧工字厅（原称工字殿）建筑群作为游美学务处办公处，1909—1914年间陆续建起清华校门（今二校门）、清华学堂（今清华学堂西南部）、二院（清华学堂以北的高等科宿舍食堂等）、同方部等建筑。

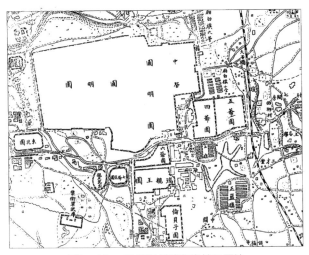

图9—19　1912年的清华学校及周边

资料来源：苗日新：《熙春园·清华园考》，清华大学出版社2010年版，第124页。

---

① 相传道光帝赐其第四子文宗（咸丰帝奕詝）以近春园，故该园俗称四爷园；赐其第五子惇亲王（奕誴）以清华园，故该园俗称小五爷园；赐其第六子恭亲王（奕訢）以朗润园，故该园俗称六爷园；赐其第七子醇亲王（奕譞）以蔚秀园，故该园俗称七爷园。其所以称清华园为小五爷园者，因圆明园之南有鸣鹤园者，为道光弟惠亲王（绵愉）所有，俗称该园为老五爷园。详《清华园与清华学校》，《清华周刊》1921年十周年纪念号，第1—13页。

② 夏廷献：《清华学校之清华园》，《清华周刊》1918年第4期。

③ 梁治华：《清华的园境》，《清华周刊》1923年十二年纪念号，第40页。另见魏嵩川：《清华大学校园规划与建筑研究》，清华大学建筑学院硕士论文，1995年，第10—11页。

为扩大规模，清华第一任校长唐国安和清室内务府协商，于1913年将该地亦按例给价一并归清华管理。自此近春园连同长春园东南一部分总共面积者480余亩圈入清华园，作为将来大学建筑的储地。

第二任校长周诒春于1913年接任后积极推进扩建大学的计划。周诒春对清华的发展做出了很大贡献，"任职四年余，建树极众，历任校长无出其右。大礼堂、图书馆、体育馆、科学馆及新大楼（一院东半部）相继建筑，教务方面亦多改进"。[①]他积极推行扩建完全大学的计划，目的在使清华的学术与学术独立，其第一步就是邀请美国建筑师墨菲做出完整的校园规划[②]。

墨菲之所以得到周诒春的赏识和信任，除了同是耶鲁大学的校友，周诒春当时还兼任着雅礼学校的副校长，熟悉墨菲长沙雅礼学校的设计。在拒绝了其他两家驻北京的美国建筑公司后，周诒春邀请墨菲来清华进行面商，并决定将清华扩建大学的规划委托给他，并澄清设计意图和确定时间表。

根据墨菲和周诒春最初的会晤（1914年6月13—15日）形成的备忘录[③]，可知双方商定了校园规划的基本原则等一系列重要问题，而对于建筑样式的选取是双方讨论的重点。虽然墨菲一开始建议采用类似雅礼学校的大屋顶建筑样式，但周诒春有自己的意见，要求使用西式建筑风格，并列举了三方面的原因：首先，基地本身除了工字厅之外别无可观的传统样式建筑，并无必须协调一致的要求；其次，周了解墨菲为雅礼学校设计的中国式大屋顶建筑，他认为"虽然在校园里建造中国式建筑有其教育意义，但从实用的角度说，给宿舍及教室的使用带来诸多的限制和不便"；最后，过高的造价也不允许在清华采用中国式大屋顶的建筑。考虑到经济成本和实用性，双方商定不拟采用中国式的大屋顶，但在材料（墨菲建议周诒春采购圆明园的废弃石材作为储备）等方面尽量

---

① 《校史》，《国立清华大学二十周年纪念刊》，见清华大学校史研究室：《清华大学史料选编》（第一卷），清华大学出版社1991年版，第49页。

② 按周诒春的设想，是先在1915年拿出完整的规划方案，再以之取得美国驻华公使的认可，以次游说外务部和教育部将清华学校扩充成完全大学，由中国政府投入更多财政资助，建设一所模范大学。详刘亦师：《墨菲档案之清华早期建设史料汇论》。

③ Tsing Hua College，Memorandum Report of Interviews of June 13, 14, 15, 1914, at Tsing Hua, Peking, China, between President TSUR ＆. H. K. MURPHY，June 26, 1914，Murphy Papers.

取得和周边现有环境的协调，并为新的大学部建造一个中国式的大门[①]。

可见，周诒春在会见墨菲之前，早已形成了清华未来校园建设的全局计划，特别要求对新建建筑在外观和内部空间组织上采用西式，以此减少造价和便于使用；但周同时也承认中国式的建成环境对他所推许的学术和教育的独立有积极意义，因此在材料的选用和场地设计中允许融入传统元素。周诒春在建筑风格的决策上发挥了决定性作用，并提出了具体的要求，而由墨菲从技术角度加以实现，从而形成了今日清华园的主要景观。

墨菲在1915年5月前即完成了清华学校的规划设计。（图9—20）对比1914年以前的清华校园，新规划将该清华校园分成两部分：位于校园东部的清华园将完善成为中学部，以新建的1500座的大礼堂为中心，另建图书馆、科学馆和体育馆。新建的大学部位于西部的近春园，因经费和人事问题，基本均未实现，一任其荒芜十余年。

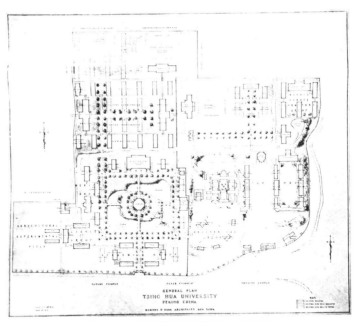

图9—20　墨菲的校园规划图，1915年
资料来源：Henry Kilam Murphy Papers，Yale University.

---

① 这个大门，连同整个大学部的主要建筑物后来都未建成。墨菲对清华校园的主要贡献是建成了以"四大建筑"为代表的东部校园（当时的"高中部"）。

1916年周诒春正式呈文外交部，请求逐渐扩充学程，设立大学。他列举清华须办大学的三大理由：（1）可增高游学程度，缩短留学年期，以节学费；（2）可展长国内就学年期，缩短国外求学之期，庶于本国情形，不致隔阂；（3）可谋善后以图久远。最后他总结道："综此三端，皆为广育高材，撙节经费，藉图久远之大计。今本校已由基地九百余亩，每年接收退款不下百余万金，机会之佳，当务之急，未有过于此者！且以我国地大物博，已设之完全大学，寥寥无几。当此百度维新之候，尤宜广育人材，以应时需。……一切建筑布置，增设学科，以及分配预算经费诸端，是当随时详细妥为规划。"①

周诒春在呈文中特别提出"建筑布置"，是因为在前一年（1915年）夏秋间已由他聘用的墨菲（Henry K. Murphy）完成了校园的规划图，对预设于近春园的大学部分做了详尽安排，且清华园的图书馆和体育馆业已开工。周诒春扩建大学的宏图远略，后虽因他去职而被迫中辍，但他所制定的发展大学的宗旨、计划和梦想则为清华的学生所肯定，"清华从前享的盛名，以及现今学校所有的规模层层发现的美果，莫不是他那时种下的善因"。②

（二）中学部（清华园）规划与建筑

游美肄业馆选定于清华园建设后，在1910—1911年间陆续建造了一系列建筑，"足能容纳500学生"。这些建筑中最著名者为清华学堂和清华校门。

1911年建成的清华学堂为高等科的教室和寝室，从墨菲的角度看，该建筑"缺乏显著的风格特征，法国式的红瓦屋顶，角上则折成孟沙式屋顶（mansards）。这一建筑统率着高中部的建筑群，其入口庄严醒目，但对比例和一些细部的推敲不够"。③（图9—21）从1914年的清华现状图上也可见预留给"图书楼"和"理化实验室"的位置和大小。（图9—22）

---

① 吴景超：《清华的历史》，《清华周刊》1923年十二年纪念号，第10页。

② 《学校方面·序》，《清华周刊》1921年十周年纪念号。

③ Tsing Hua College, Memorandum Report of Interviews of June 13, 14, 15, 1914, at Tsing Hua, Peking, China, between President TSUR &. H. K. MURPHY, June 26, 1914, Murphy Papers.

图9—21　清华学堂外观，1914年

资料来源：墨菲档案。

周诒春聘请墨菲所做的方案，以新建1500座的大礼堂作为清华园（中学部）的中心，在原土丘处引入一大块草坪，在两侧新建科学馆和教学楼（拟拆除二院后修建），并扩建了清华学堂。由墨菲制定的这一方案遵从的是20世纪初美国大学校园的特征：以长向草坪确定主要轴线，在其端头以形式庄重的大礼堂为收束，大草坪两侧散布教学建筑。

以大礼堂为统率布置的清华高等科成为杰斐逊式校园空间（Jeffersonian campus design）在中国的最初应用之一。大草坪确定了纵向的视觉轴线，其与位于端头的带罗马穹顶的大礼堂，均是杰斐逊式校园空间的重要元素。在梁实秋的描写中，进入清华校

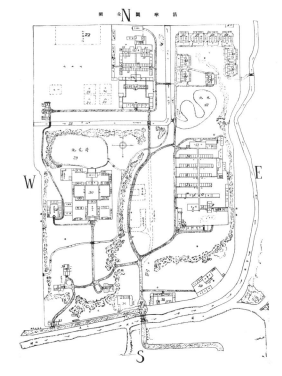

图9—22　清华学校校园图，1914年

资料来源：Richard Arthur Bolt, "The Tsing Hua College, Peking: With special reference to the Bureau of Educational Mission to the United States of America," *The Far Eastern Review*, Feb. 1914, p.366.

门后，"一条马路，两旁树着葱碧的矮松，马路岐处，一片平坦的草地，在冬天像一块骆驼绒，在夏天像一块绿茵褥，草地尽处便是庞然隆大、圆顶红砖的大礼堂。……才跨进校门的人，陡然看见绿葱葱的松，浅茸茸的草，和隆然高起的红砖的建筑，不能不有身入世外桃源的感觉。再听听里面阒无声响的寂静，真足令人疑非凡境了"。① 由于清华园宽广整齐，因此墨菲得以从容采用这种空间模式，既是清华园的重要景观，也成为我国近代大学校园规划的典范。

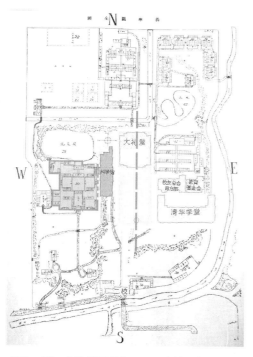

图9—23　大礼堂区现状，可见大草坪与二校门没处于同一轴线；科学馆的基址原为土山
资料来源：根据图9—22重绘。

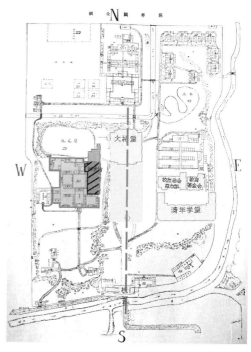

图9—24　大礼堂区轴线比较。以二校门为轴线南端，则科学馆无法布置在大草坪西侧（与工字厅重叠）
资料来源：根据图9—22重绘。

　　大草坪的纵深由南面的土坡和北面的校河所界定。从图9—24可见，如果要以已建成的二校门为轴线南端，科学馆在西边无法布置，除非拆除工字厅。（图9—23、9—24）

---

① 梁治华：《清华的园境》，第32页。

因此，最后形成的大草坪轴线，北部由大礼堂收束，南部则由于墨菲方案之前已建成的校园环境的限制，宽幅则由东侧已建成的清华学堂、二院和西侧待建的科学馆等建筑控制，纵向轴线没有与清华校门（今二校门）取直。（图9—25）这种处理方法，也反映了墨菲典型的适应性设计理念，即他在1914年与周诒春会面时所建议的，"尊重场地原有的古物"，所以采取以南北向为主轴，也没有平整校门处的土山和移走古木，以强求轴线的效果。同时，这样处理的结果，使大礼堂前的广场区同二校门轴线之间的关系更符合中国传统园林空间的"藏"与"露"的关系[①]，与墨菲所提出的"在场地设计中采用中国传统的朝向及园林设计的原则"相合[②]。

图9—25 从北向南鸟瞰清华大草坪一带，1924年。可见先期建成的二校门偏离了大草坪的纵轴

资料来源：The Tsinghua Paper，1923—1924，Tsing Hua College，Peking，China.

墨菲的清华规划最终实现了部分即大草坪核心区和"四大工程"，其中第一批施工的为图书馆和体育馆，第二批续建科学馆和大礼堂。四幢建筑的质量和设备在当时国内大学也是少有的，是清华大学早期建设的代表，大礼堂更成为清华大学的象征性建筑，

[①] 这样的处理使进入校门的人避免在二校门即看到大礼堂，更能使大礼堂前的广场区"令人疑非凡境"。感谢张复合先生指出此点。

[②] Tsing Hua College，Memorandum Report of Interviews of June 13, 14, 15, 1914, at Tsing Hua, Peking, China, between President TSUR &. H. K. MURPHY，June 26，1914，Murphy Papers.

历来为清华学生所称道。

墨菲设计的清华图书馆分上下两层，下层为教职员办公室，上层为阅览室，分中、西两部分，可同时容纳2400余人。其背后为三层书库，每层装置书架数十排。为通风良好，每排书架上面有一窗户，天晴时可打开透气。全馆地面敷设软木或花石，窗户悬挂呢幔，阅览室等墙壁则用大理石。为了防尘，书库用厚玻璃地板，从楼下可看到楼上人的鞋底。"建筑之壮丽，洵为全国之巨擘。"[①]图书馆屋面和窗户设计，参考了墨菲和丹纳之前设计的卢弥斯学校（Loomis Institute）主楼的样式。（图9—6）图书馆的内部装饰材料采用意大利进口的浅灰色大理石，造价不菲，但取得了意想中的效果，墨菲赞叹说，"总体而言，这是我们所知建筑中最能打动人的室内装饰，对我们的事务所来说是一个巨大的成功。"（图9—26）

图9—26　清华图书馆外观。入口处戴白帽站立者为墨菲，1918

资料来源：Henry Kilam Murphy Papers. Yale University.

统率整个清华核心区的是位于大草坪端头的大礼堂，外观与弗吉尼亚大学圆厅图书馆有类似之处。其为高等科设计的这座大礼堂，是"四大工程"中建造时间持续最长、单方造价最高者[②]。大礼堂约有1500个座位，"从外形到内部都极力欧美化，

---

① 《清华周刊》1921年本校十周年纪念号，第41页。

② 清华大学校史编写组：《清华大学校史稿》，中华书局1981年版。另见《清华周刊》1921年十周年纪念刊。

尽量讲究阔气"。许多建筑材料都是花重金在美国购买的，如大礼堂的软木地板和座椅，就花了美金18000元[1]。2013年7月笔者在大礼堂的测绘中，发现大礼堂混凝土穹顶的外覆材料为黄铜，与《清华周刊》记述当时的大礼堂是"暗紫顶、红墙、希腊、罗马、近代混合式"相合。穹顶外部后被涂刷沥青才呈目前所看到的青灰色。可以想见当年黄铜覆盖下高耸圆浑的穹顶在远望之下的庄严壮丽，熠熠生辉，对整个大草坪地区尤具统率力。

（三）大学部（近春园）的规划与建筑

墨菲方案中的大学部位于毗邻清华园的近春园。周诒春去职之后，虽然扩建大学的建设停顿下来，但规划图纸一直保存，清华的学生对这一规划都很熟悉，"我们现在走过工程处，还可以看见理想的清华大学建筑图样"[2]。

"西园的空地甚多，校中拟于四面河水环绕处，建筑新图书馆，其他地方建新校舍，想将来一定有一番新景象。"[3]这里所说的西园即近春园（在清华园以西），四面河水环绕处即荒岛，其上拟建的新图书馆是规划中大学部的主要建筑之一。近春园的南北向主轴线穿过南端的新校门和荒岛图书馆，以荒岛北部的新礼堂为主轴线的收束。这种沿纵轴为布置教学建筑、以礼堂统率全局的模式与中学部类似；但大学部多了三条与主轴垂直的次轴线，在校河以北布置宿舍、食堂和体育馆，在湖西分别布置了医学院组群和工学院、农林学院和商学院组群。

今日清华大礼堂为罗马式穹顶的红砖建筑，原本作为高等科学生的礼堂，而大学部的新礼堂则是一座新古典主义样式的建筑。根据墨菲的《清华的未来大学部规划总图列示建筑分析》（下称《规划分析》）[4]，大学部的大礼堂设计所仿效的原型为密歇根大学新建成的希尔纪念礼堂（Hill Memorial Hall）。（图9—27）新礼堂的面积和其他指标均

---

①　清华大学校史编写组：《清华大学校史稿》"校园建筑、图书仪器设备与出版物"，第59页。

②　吴景超：《清华的历史》，《清华周刊》1923年十二年纪念号，第9页。

③　张彝鼎：《清华环境》，《清华周刊》1925年第11次增刊，第13页。

④　Murphy &. Dana, "Architects, Analysis of Buildings Shown on General Plan Dated October 30, 1914 of Future University for Tsing Hua, Peking, China", Murphy Papers.

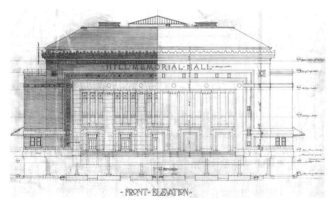

图9—27 希尔纪念礼堂正立面

资料来源：Wilfred Shaw, *The University of Michigan, An Encyclopedic Survey*, Ann Arbor, Michigan：University of Michigan, Digital Library Production Service, 2000.

图9—28 墨菲所做的大学部规划（局部），1915年

资料来源：Henry Kilam Murphy Papers. Yale University.

仿照希尔纪念礼堂，建成后预计容纳4000人。从透视图上也可看到其风格为典型的新古典主义，与希尔纪念礼堂的外观相去无几。这两幢建筑是大学部的象征，但与新校门和其他系馆建筑一样均未建成。

大学部分为三部分，即院系楼群部分（Academic Group），沿南北主轴线和一条东西次轴布置；医学院部分（Medical Group），沿另一条东西次轴线布置在湖面以西，东向正对荒岛上的图书馆；以及校河以北的宿舍部分（Dormitory Group）。（图9—28）

（1）院系楼群部分。包括9个学院的院馆，包括文学院、中国古典学院、教育学院、法律与新闻学院、音乐学院、艺术与建筑学院（招收50人，系馆参照耶鲁大学建筑系设计）、工学院、农学及林学院、物理学及生物学实验室、化学学院[①]。这些建筑共15幢，其中在南端新大门处左右对称，各布置了四幢建筑，即中国古典学院、建筑学院、文学院（两幢）、教育学院、

---

① Murphy &. Dana, "Architects, Analysis of Buildings Shown on General Plan Dated October 30, 1914 of Future University for Tsing Hua, Peking, China", Murphy Papers. 从图中可见物理学及生物学实验室和化学学院与医学院建筑群安排在一起。

法学与新闻学院、音乐学院和商学院[①]。湖南面的东西干道形成了大学部的次轴线，西端布置了工程学院（两幢）和农林学院三幢建筑。

（2）医学院部分，共两幢建筑，其一为教学楼，另一幢则用作医学实验室和生物实验室。医学部分建筑采用的标准参照的是新建成的西宾州大学医学院[②]。与荒岛上的图书馆相对的西部则安排了物理、生物、化学实验室和医学部建筑共5幢，荒岛东侧拟建校友总会，形成了横贯荒岛的东西轴线。

（3）大学部的宿舍。布置在校河以北，共有12幢宿舍楼，每幢均为3层建筑。底层和二层为套间（每套两间卧室和一间读书室，每间卧室容纳两名学生），每层设一处公共卫生间。每楼还留一处斋务处指导教员的住所。全楼可容纳120名学生。按《规划分析》，大学部宿舍如最多招收2800名学生，则尚需于购置近春园西北角的新地并新建一批宿舍楼。这一部分另建两座食堂和一座体育馆，形成了在教学区之外相对完整的宿舍区。

墨菲所做的一纵三横的大学部规划，实际上是他所受的布扎艺术训练的反映，也是美国当时校园规划所普遍采取的设计手法。受19世纪末城市美化运动思潮的影响，受过布扎体系训练的建筑师从杰斐逊式单一的纵轴线演变出一条或多条次轴线，形成多种视线组合，创造出更加丰富的空间效果。在中学部（清华园）墨菲因受已有建筑的影响，其规划的空间层次均较单一；而在荒芜不治的近春园为大学部所做的规划，墨菲能够施展的余地更大，则充分体现了他良好的专业素养。

四、墨菲三座校园设计的比较研究

卢弥斯学校（1913年）和雅礼学校（1912年）一样，都是茂旦洋行早期承接的校园项目，包括从规划到建筑群体建设的全过程。不同的是，茂旦洋行是在通

---

① 《规划分析》中对商学院未作说明，但从透视图上可见其为后继建设项目，安排在音乐学院以西，也属于南端组团。

② Murphy &. Dana, "Architects, Analysis of Buildings Shown on General Plan Dated October 30, 1914 of Future University for Tsing Hua, Peking, China", Murphy Papers.

过全国性的设计竞标脱颖而出获得了卢弥斯学校的项目，而且建设进度较快，一年半之后就基本建成，因此成为茂旦洋行实际建成的第一项重要工程。这不但使一个之前名不见经传的年轻事务所受到业内外的关注，树立起在校园规划和建设方面的声誉，同时对墨菲后来在中国的建筑活动产生了相当影响，成为其重要的思想来源之一。

基本同时期的雅礼学校的校园布局与卢弥斯学校类似，也将校园的主要建筑集中布置在一个合院周边，如教室、图书馆、教堂、行政楼等。不同的是，卢弥斯学校是以乔治王式的主楼为入口，雅礼学校则遵照中国传统，在入口处设置了独立的门楼，再以连廊与两侧的建筑相接。（图9—14）卢弥斯学校的竞标任务书曾明确要求使各幢建筑能快捷便利地相互连接。与之相同，雅礼学校围绕合院的各幢建筑也利用带顶的连廊相连通。（图9—18）

墨菲以一条南北向的主要轴线贯穿校园来设计雅礼大学及湘雅医学院建筑群。以体量较大的图书馆作为统领校园组群的轴线终点，教学楼和其他附属建筑则以三合院布局方式分列两侧，使用连廊连接形成围合的空间。湘雅医院和医学院的安排则在与雅礼垂直的轴线上展开，利用轴对称进行布局的方式在墨菲后来的校园规划设计中经常使用，如金陵女子大学（图9—29）、燕京大学（图9—30）等。

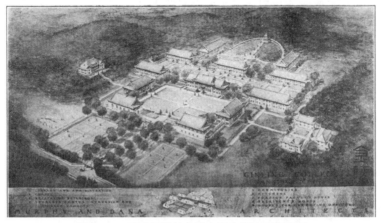

图9—29　墨菲设计的金陵女子大学校园透视图

资料来源：Henry Kilam Murphy Papers. Yale University.

图9—30 墨菲设计的燕京大学校园透视图

资料来源：Henry Kilam Murphy Papers. Yale University.

墨菲在中国的大部分校园的建筑设计中，都采用了他所谓的"本土适应性"策略，即基于西方的建筑材料和现代功能尤其是布扎式构图，在建筑造型上融入中国传统建筑的若干要素，如高大的台基、大屋顶和装饰细部等。但在不少建筑上，卢弥斯学校的影响仍清晰可见。以清华学校的"四大工程"为例，图书馆屋面和窗户设计，直接参考了卢弥斯主楼及其小教堂的样式[①]。清华体育馆的门廊样式，与卢弥斯学校的宿舍连廊类似（图9—31、9—32），其内部空间的布置则与卢弥斯学校体育馆相似，尤其是二者均采用了钢桁架结构（图9—33、9—34），屋顶部分覆盖采光玻璃，在空间格局、内部装饰和结构选型等方面体现出明显的延续性。

图9—31 清华学校体育馆看台底座柱廊

资料来源：Henry Kilam Murphy Papers，Yale University.

图9—32 卢弥斯学校宿舍间的连廊，可见铺设草坪和种植榆树的内院（2016年摄）

---

① 刘亦师：《墨菲档案之清华早期建设史料汇论》，《建筑史》（第34辑），2014年。

图9—33　修建中的卢弥斯学校体育馆钢桁架

资料来源：Loomis Institute Archives.

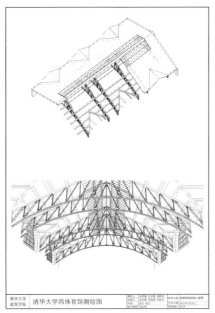

图9—34　清华学校体育馆钢桁架轴侧图

资料来源：刘炫育等绘制。

　　此外，由于教授住宅等建筑体量较小，造型允许相对灵活和亲切，因此茂旦洋行也采取了在美国国内所惯用的建筑样式。例如，雅礼学校的教师住宅和俱乐部，均为殖民地样式（图9—35），与卢弥斯学校的校长官邸一样（图9—36），也是墨菲和丹纳等人所更熟悉的样式。

图9—35　雅礼学校的教师住宅

资料来源：Murphy Papers, Box 231（Yale-in-China）. Sterling Manuscripts and Archives.

图9—36　茂旦洋行设计的卢弥斯学校校长官邸

资料来源：Loomis Institute Archives.

中国近代建筑史就其研究对象而言，目前还主要集中在中国的疆界范围之内。但对于近代以还对我国产生了巨大影响的外国思想和技术，研究它们在其本国如何发展以及如何进行全球传播，再从思想史和观念史角度考察其在我国的调适和接受等过程，无疑也是值得探讨的课题。以卢弥斯学校为例，其规划图式的由来与20世纪初年美国建筑界美学思想发展的大背景密不可分，而又成为墨菲在中国诸多校园规划设计的重要参考和思想来源。

第十章　中国政府主导的近代化：民族形式 建筑与民族国家建构

由中国人自己主持的近代化事业始自1861年的洋务运动（亦称自强运动self-strengthening movement）。洋务运动是由"开眼看世界"的进步官僚在各地办的强兵与求富事业，但缺少中央政府的强力支持和全局擘画，是"东一块、西一块的进步，零零碎碎的"[①]，持续30余年终于随着甲午战争战败而失败了。真正由中国政府主导的全面的近代化事业是从庚子事变之后的"新政"开始的，从中央到地方开始全面仿习西方的思想文化和政治制度，在象征着国家形象的城市建设工程上亦不能外。这种现象一直延续到北洋时期。

同时，这一时期也是中国近代民族主义思想形成和勃兴的重要阶段。面对严峻的外部压力，各种救亡图存的思潮层出不穷，但其中所包含的民族主义关怀却始终如一条潜流贯穿其间。在精英知识分子的发起下，民族主义以抵抗帝国主义侵略、实现民族独立为号召，以传统文化为旗帜动员其社会资源。民族主义迅速转化为有着统一意识形态的政治运动和社会运动，其核心诉求是民族意识的觉醒和建立富强的民族国家。城市规划和建筑工程因其直观可感，能够激起民族自豪感、形成民族凝聚力，在民族国家建构的过程中发挥了重要作用。

一个典型的例子是第一次世界大战后的土耳其，凯末尔（Mustafa Kemal Atatürk，1881—1938）在民族危难中发动民族资产阶级革命，组建了新兴的民族国家。在凯末尔支持下，一种融合了追怀奥斯曼帝国往日辉煌的建筑元素的"奥斯曼折衷主义"风格被广泛应用在大型公共建筑，如银行、办公楼、影剧院等设计中。（图10—1）这一风格的

---

① 陈旭麓：《近代中国社会的新陈代谢》，三联书店2017年版，第97页。

重要特征是突出表现了半球形大穹顶、深出挑的屋面及其支架、尖券及瓷艺装饰等传统奥斯曼建筑语汇，但其美学构图遵循以对称均衡和轴线设计为主要特征的巴黎学院派的布扎（Beaux-Art）艺术的原则，并在设计中广泛使用了西欧的现代建造技术。民族建筑复兴运动与打造新土耳其人的宪政运动大致同时，成功地得到大众的文化认同和政治支持[①]。

图10—1　萨克奇（Sirkeci）中央邮政大楼，1909年

资料来源：Bozdogan，Sibek，*Modernism and Nation Building*：*Turkish Architecture Culture in the Early Republic*，Seattle and London：University of Washington Press，2001，p.17.

　　在中国，国民政府成立以后（1925年），由于民族主义成为官方意识形态的重要组成部分，由政府发起的若干次大规模城市建设和重要工程——中山陵的建设、南京首都计划和大上海都市计划，也显著体现了这种以民族形式建筑为手段，促成民众对民族、国家、文化的认同，从而使近代意义上的民族国家得以建立和强固的努力。

　　本章先勾勒出晚清以来由中国政府历次主导的城市建设方面的近代化努力，继之重点考察作为一种历史进程的民族主义如何体现在近代时期城市建设上，以及在此进程中怎样建设民族国家。官方主导的这些城市建设所采取的方式是由上至下的，这既有别于

---

　　①　Sibek Bozdogan, *Modernism and Nation Building: Turkish Architectural Culture in the Early Republic*, Seattle and London: University of Washington Press, 2001.

前面讨论过的由外力引导的近代化，也和下一章我们要讨论的民间自发进行的近代化大为不同。

一、晚清"新政"及民国初期的近代化建设

进入20世纪后，国内外的政治危机和民族危机促进了中国人民民族意识的觉醒。精英分子已经敏锐地觉察到西方科学技术与其政治社会思想、政治社会体制之间的内在联系，不满足于学习器物文明而开始学习资本主义的体制文明，试图解决当时内忧外患等政治社会问题。同时，经过了洋务运动和百日维新的失败，在被八国联军占领首都、被迫签订屈辱的《辛丑条约》之后，清政府中即使最顽固的保守分子，也认识到只能全面向西方学习，才能维持其统治。为此清廷发起"新政"，仿行西方宪政、提倡地方自治，在中央设立资政院，在各地建咨议局。这些清末最后10年间修建的象征清政府权威的衙署建筑，不管在北京还是在地方，都无一例外地采用西式风格，如第五章已提及的那些"外廊式"建筑。

"新政"的另一大举措，就是改革教育制度，制定新学制、建立西式学堂。前一章中提到的利用庚子赔款退款兴建的清华学堂就是其中重要一例，清华的早期建筑如一院（清华学堂）、二院、三院（初中部）、同方部也均采用经过简化和折衷的西洋建筑风格。此外，清政府为"开启民智"，在城市中陆续开设图书馆、博物馆和动、植物园，这是最早出现的市民空间。这些建筑以经过折衷的西洋建筑风格修建，如农商部农事试验场（北京万牲园）大门（图10—2）。

图10—2　农商部农事试验场大门，1906年

资料来源：《农商部农事试验场一览》，1914年，国家图书馆藏。

在西方化就是近代化的认

知之下，开埠城市的中国人聚居的市区和政治中心城市也大量出现了西方古典复兴式建筑，尤其宪政改革时期，在中央成立资政院，在地方兴建咨议局，其他国家权力部门（如政府办公大楼）、海关和银行等亦莫不采用西方样式。这在受外来影响较大的政治中心城市北京尤甚，清末官厅建筑成为"文化移植式"建筑的典型个体。（图10—3、10—4）

图10—3　资政院透视图，1910年由德国建筑师克罗格设计，未建成

资料来源：*The Far Eastern Review*，Vol.X.，No.4，September 1913，p.122.

图10—4　大理院南部外观

资料来源：*The Far Eastern Review*，February 1914，p.356.

西方在城市建设方面的理论和实践，通过口岸城市如上海、汉口等地的建设传布到近代中国，其结果卓有成效，为中国政府和知识界所仰慕。及至《马关条约》之后，德国在青岛、俄国在大连和哈尔滨先后进行了以整座城市为对象的规划和建设活动，规模远逾此前局部的租界，也成为中国和日本仿效的范例。在"庚子事变"后，清政府推行的"新政"中，把建设租界那样的城区作为西方化和近代化革新的重要内容，具体表现为"从街道到马路的城市改造以及从马路到街区的新区开发"①，成为中国城市交通改造与商埠地建设的突出特征，出现了天津河北新市区、济南商埠地等由地方政府发起的规划和建设活动。

中国近代城市规划史是与中国政府和人民随着国际形势变化不断争取主权统一的历史分不开的。1901年《辛丑条约》签订后，在严峻的外部压力下，清廷开始推行"新政"，实行"自上而下"的改革。中国近代社会这种"自上而下"的现代化特征，使得政府的政策和官员的施政方向，成为经济和城市发展最主要的推动力之一。城市发展政策不可避免地要通过城市规划反映，同时使指导城市建设和发展的城市规划带有国家或地方政府的权力色彩②。可见，权力政治对中国城市发展的影响，往往超过经济因素。

商埠开发，也与清末推行"新政"有直接关系。虽然外商和华商在这些商埠可享有与通商口岸一样的免税和治外法权，但是这些商埠仍然在中国政府的管辖主权范围内。如1903年由袁世凯主持的天津河北新市区规划，1904年随着胶济铁路线通车济南商埠地的自行开辟等。

1906年，日本在日俄战争胜利之后，要求清廷在东北16个地方开设商埠地，其中包括第七章讨论过的长春的商埠（1909年），它成为与"满铁"附属地进行经济竞争的中国人市区，也是日、俄、英三国领事馆的所在地。

这些自开商埠地不同于上海、汉口、天津等开埠城市直接受西方的冲击，其突出特

① 转引自李百浩：《中国近现代城市规划历史研究》，东南大学博士后研究报告，东南大学建筑系，2003年，第12页。

② 李东泉、周一星：《从近代青岛城市规划的发展论中国现代城市规划思想形成的历史基础》，《城市规划学刊》2005年第4期。

点表现在"拥有主权+西方模式"的"自开"特性①。无论是商埠地开发还是城市改造，在规划上依仿西方的格局，都表现出要将中国既有城市改造或建设成类似租界形式的意图，建筑方面也向西方学习。商埠章程强调"与条约所载各处约开口岸不同，……一切事权，皆归中国自理，外人不得干预"，体现了自主性质和民族主权意识的增强，但其管理体制、规划内容、形式等却参照了租界的模式。这反映出国人在具体物质层面将西方化等同于近代化的心态。

值得注意的是，晚清"新政"的各种建设仅仅在体制和物质形式上仿效西方，强固政权以实现抵御外侮的目的，虽然反映了民族主义思想的一部分内容，但难以应付越来越强大的民族认同要求——"这个国家或文化不仅是我的，我要认同它；更重要的是，它是符合我理想的，是我理想中的国家和文化"。②清政府被推翻以后，北洋政府在北京成立京都市政公所，采取了一系列的市政改良措施，如设立公园、打通城门、修建环城铁路。此外，1914年北京"香厂新市区"的规划设想在朱启钤的主持下得到部分的实施。这是中国人进行的中国近代城市规划的发轫期（图10—5）。这些尝试，是中国早期的技术官僚和工程师在国事臬兀中艰难开创的事业，因多无前例可循，只能仿效西方既有模式进行。

这一时期欧美在华创办的教会大学开始陆续尝试在主要校园建筑上，以西方技术为基础融入中国传统建筑元素，使之更能为中国知识阶层和广大民众所接受。1920年代中期北伐战争开始，以民族主义为旗

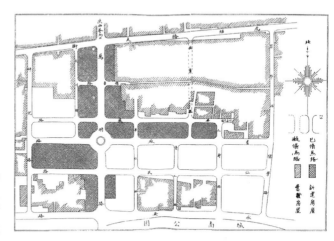

图10—5　香厂新开街市平面图

资料来源：京都市政公所编：《京都市政汇览》，京华书局1919年版。

---

①　李百浩等：《济南近代城市规划历史研究》，《城市规划汇刊》2003 年第 2 期。

②　许纪霖：《共和爱国主义与文化民族主义——现代中国两种民族国家认同观》，《华东师范大学学报》（哲学社会科学版）2006 年第 4 期。

帜的国民党试图建立全国政权。这种思想、政治和文化上的转变，促使建筑领域在1920年代中后期发生了重大变化。

二、从全盘西化到民族认同：我国近代民族主义思潮及民族形式建筑

（一）民族、民族主义与民族国家：概念的建构与重构

汉民族早在先秦时期就已形成"稳定的人们共同体"，而秦始皇建起强有力的中央集权的国家，"车同轨，书同文，行同伦"，因此对中国而言，"民族"和"国家"的现象早已有之，民族认同是依靠悠长、深厚的文化底蕴来维系的。但随着传统的中华帝国瓦解，如何建立一个像西方国家那样的现代民族国家（nation-state）成为近代中国所面对的最重要的命题。

那么，借助何种力量、采取哪种方式，在进行国家和文化认同的基础上有效动员起各种社会资源？对近代中国而言，在亡国灭种的危机之下，仅靠"原初"状态的民族观念不足以建立一个像西方国家那样的现代民族国家（nation-state），因此以梁启超为代表的中国近代知识分子从甲午战争以后开始努力引介西方民族理论[①]，使"民族"与"国家"建立起联系，彻底改变之前的"天下"观[②]。与近代民族国家建构密切相关的"民族"（nation）"民族主义"（nationalism）和"民族特征"（national identity）等概念，因此不仅成为中国近代史上的核心议题，也是中国近代建筑史研究的重要内容。

关于"民族"产生的根源，我们要注意的是学界提出的"建构论"（constructivism）观点。梁启超在其名作《新民说》中定义了民族主义："民族主义者何，各地同种族同言语同宗教同习俗之人，相视如同胞，务独立自治，组织完备之政府，以谋公益而御他

---

① "民族"的概念在中国出现较晚，最早出现在梁启超1903年写的《新民论》中。详王联主编：《世界民族主义论》，北京大学出版社2002年版，第8页。

② 梁漱溟也曾指出："中国人传统观念中极度缺乏国家观念，而总爱说'天下'，更见出其缺乏国际对抗性，见出其完全不像国家。"梁漱溟：《中国文化要义》，收入中国文化书院学术委员会编：《梁漱溟全集》第三卷，山东人民出版社1990年版，第160页。

族是也。"①这一点著名的人类学家本尼迪克特·安德森也做过完整的论述，他强调近代民族主义是工业化和近代化的产物，是人们建构出的观念，也是近代性的产物②。这一主张认为近代民族的认同基础是共同价值观念的认同，及对所享有的政治、经济、社会制度产生的一种特定的政治和文化认同。

城市规划和建筑能予人显著直观的印象甚至震撼人心的效果，因此在民族国家建构的过程中占有重要位置，"文化之为物，大都隐具于思想艺术之中，原无迹象可见，惟为思想艺术所寄之具体物，亦未始无从表出之。而最足以表示之者，又无如建筑物之显著。"③民族主义思想的深入与延展到建筑设计和空间形态领域，使得民族国家致力以文化为旗帜召唤民族自豪感，以本民族独有而不同于别国的建筑形式，有效实现区别于"他者"的政治和文化认同。历史上一个著名的例子是法国和英国园林在设计上有意区别于对方，以之塑造各自国家的民族意识。

（二）我国近代民族主义思潮与民族国家认同

近代民族主义在西欧的发展体现出两种范式：一是以法国大革命为代表强调民权论的政治民族主义，以战争为主要形式实现民族统一；另一种则是以德意志为代表，强调民族精神和文化传统的文化民族主义，这是在当时德意志国力孱弱、缺乏强有力的中央政权的形势下，转而试图借助文化认同去达到既定目标。所谓文化民族主义，实为民族主义在文化问题上的集中表现。它坚信民族固有文化的优越性，认同文化传统，并要求从文化上将民族统一起来。以德意志为代表的文化民族主义对近代中国的思想界影响尤其深远。有学者认为，"文化民族主义"是在资本主义经济和政治民主有所发展，但相对落后于其他民族而又无法改变落后状况的情况下，民族精英们企图利用"文化"的独

---

①　梁启超：《新民说》，《清末民初文献丛刊》，朝华出版社 2017 年版，第 23 页。

②　〔美〕本·安德森著、吴叡人译：《想象的共同体——民族主义的起源与散布》，上海人民出版社 2003 年版，第 5 页。

③　国都设计技术专员办事处编：《首都计划》，1929 年，第 36 页。

特性来确认和巩固本民族文化身份的一种抗争①。这对近代中国具有强大的昭示作用。

在"事事不如人"的19世纪下半期直至20世纪上半期，中国文化作为民族主义的最后一块阵地，起着特别的民族认同作用。以民族文化作为旗帜而实现了统一和富强的德意两国的经验，大大鼓舞了当时的如梁启超般的知识分子。文化作为民族主义抗争殖民侵略的一面得到充分表现。虽然新文化运动和"五四"运动否定传统文化，且在此之后的十年又爆发了是否全盘西化的文化争论（结果是文化独立被认为是中华民族觉醒的象征）。但是不论在文化取向上如何不同，在维护民族主权和建设民族国家这一点上，从来没有真正的分歧，始终是共同的目标。这也解释了为什么民族形式建筑能成为辩论双方一致认同的主导建筑样式。近代以来中国的变革运动，同时也是一场民族主义的运动，争取民族国家富强独立的目标始终没有改变。

民族主义建设的根基之一是构建一个民族认同的文化基础，而建设不能是无米之炊。然而，"除了传统建筑，'中国本位文化构建'（China-based cultural construction）的鼓吹者们却罕能提出其他值得保留并能够构成新的中国文化身份的具体例子"。②前文所引梁启超在《新民说》中对民族主义的定义，一方面指出民族主义形成的文化基础，另一方面也指出以此为基础建立强有力的政权"以谋公益而御他族"的重要作用。

由于20年代初正是中国知识分子逐渐觉醒、排满运动愈演愈烈之时，其间又与西方化和近代化思潮相缪辖，我国近代的民族主义运动发展经历了复杂历程。晚清"新政"和民国初年相率仿效西方模式的城市建设以趋行近代化，从而巩固政权。但随着与帝国主义侵略矛盾的加剧和民族文化认同的要求日益迫切，国民政府成立后立即高举文化民族主义的大旗，在南京的首都建设、"大上海计划"以及改建北京③、汉口、天津、青岛等城市的规划中体现政府权威，在重要公共建筑上采用民族形式，使其无一例外地成为体

---

① 张淑娟、黄凤志：《"文化民族主义"思想根源探析——以德国文化民族主义为例》，《世界民族》2006年第6期。

② Madeleine Yue Dong, "Defining Beiping: Urban Reconstruction and National Identity," 收入 Joseph W. Esherick （ed.）, *Remaking The Chinese City: Modernity and Nationality Identity, 1900-1950*, Honolulu: University of Hawaii Press, 1999.

③ 即"袁良方案"，指在1928年民国迁都南京之后，以当时北平市长袁良命名的将北平建设成旅游城市的规划方案。

现政府形象和展示民族性、近代性的重要因素。通过建筑形式在文化上加强与历史上"正统"王朝的联系并取得广大民众的认同感，国民党才得以强固其统治。

（三）国民政府时期的民族形式建筑与国家建构：以中山陵为例

1926年北伐开始时，要求国家统一的国家主义的呼声到达高潮。北伐成功之后，民族自强思想更加高涨。除了以民族文化为旗帜反抗西方侵略与殖民，民族主义建设的一面集中体现在建筑形式上，民族主义开始成为近代城市文化的重要特征。

1927年国民党将即将重获统一的国家的首都迁到南京，旋即拟订"首都计划"，开始重建象征国家形象与政府威权的首都。此后民国政府还主导实施了上海、天津、北平、广州、杭州等城市的规划和建设，其共同特点是借用传统礼制进行行政区的布置，并在主要的官方建筑上采用民族形式。南京国民政府拥有统一的权力主导规划并选择有利于认同其统治的建筑式样（"中国古式"或"中国固有形式"），以之激发民族情感、凝聚人心，同时满足国内要求建设民族国家与外国抗衡的普遍愿望。这一时期的大城市规划和城市建筑，服务于通过民族认同和文化认同达到政治认同的目的。

产生在这一大时代背景中的第一座民族形式建筑，是我国近代建筑史上里程碑——中山陵。1925年3月12日孙中山于北京行馆逝世，他的随扈亲故先后组成治丧委员会及葬事筹备委员会。孙中山生前曾要求安葬于南京紫金山，经与南京当时的地方军阀政府商洽，选定紫金山南坡平阳处为基址，1925年5月在《申报》等处向国内外悬奖5000元"征求陵墓设计图案"。孙科等人起草的《陵墓悬奖征求条例》对陵墓功能和建筑风格做了明确要求，即需体现"特殊与纪念之性质"，并便于参观和举行纪念活动，且应设计登临石阶和墓道以利交通，祭堂前应设广场以举行祭礼等活动。陵墓主要建筑"均用坚固石料与钢筋三合土"，但主体建筑"须采用中国古式而含有特殊与纪念之性质"为建筑样式，虽必须采用西方最新的建筑材料，"在中国古式虽无前例，惟苟采用西式，不可与祭堂建筑太相悬殊"[1]。

---

[1]　《孙中山先生陵墓建筑悬赏征求图案条例》，《广州民国日报》1925 年 5 月 23 日，转引自李恭忠：《中山陵：一个现代政治符号的诞生》，社会科学文献出版社 2009 年版，第 180 页。

至1925年9月15日，共收到国内外应征方案40余份。葬事筹备委员会成员、孙中山遗属及专门选聘的4名顾问专家①组成了方案评审组，于9月20日公布了竞赛获奖名单：大奖吕彦直，二奖范文照，三奖杨锡宗，赵深、凯尔斯（Francis Henry Kales，1882—1957）等7人分获名誉奖。获奖方案均按照竞赛要求采用了中国传统建筑形式。吕彦直的方案结合山势，"全部平面作钟形，尤有木铎警世之想"，主体建筑形态庄严，且墓室置于地面以下而与祭堂分开，既利于妥当安置灵柩，又便于与纪念活动的开展，工程造价也较经济。因此，这一方案被选为头奖并成为实施方案。（图10—6）

图10—6　从中山陵南望山麓，可见原型墓室，1928年

资料来源：《建筑创作》杂志社：《伟大的建筑：纪念中国杰出的建筑师吕彦直逝世八十周年画集》，天津大学出版社2009年版，第26页。

获奖名单公布后，葬事筹备委员会在《民国日报》《申报》等处公布评判结果，并将全部方案公开展览，观访者数以千计，轰动一时。1925年底又举办了中山陵孙中山造像的竞赛，最后选定波兰雕刻家兰窦斯基（P. Landowski）创作的坐像（祭堂）和捷克雕

---

①　土木工程师、南洋大学校长凌鸿勋、德国建筑师朴士（Emil Busch）、画家王一亭、雕刻家李金发，可见4人负责4个不同专业——结构、建筑、美术、雕刻，这是组成中山陵建筑群最重要的四方面内容。

刻家高琪（Bohuslav Koci）创作的卧像（墓室）①。中山陵第一期工程包括墓室、祭堂、平台、台阶、围墙及石坡各项工程，由上海姚新记营造承办。工程于1926年元月开工，由于北伐战争的影响，迁延至1929年春始告竣，包括牌楼、陵门、纪念碑、碑亭、祭堂和孙中山的墓室。

中山陵的建筑师吕彦直出生于法国，吕家与近代提倡民族主义最力的思想家之一严复世代姻亲，受中国传统文化濡染颇深。吕彦直从清华学校毕业后，在美国康奈尔大学建筑系接受了完整系统的布扎（Beaux-Arts）训练，毕业后曾在茂旦洋行中工作过，协助墨菲绘制过金陵女子大学的图纸，对如何将近代新式材料和西方建筑形式与中国传统建筑形式融合有切身经验。以中山陵建筑的主体建筑——雄踞高处、朝南俯视的祭堂为例，它采用重檐歇山顶，上覆蓝色琉璃瓦，檐下各筑石斗拱飞檐二层。祭堂正面为3座圆券石拱门，饰以仿雀替和传统云纹石刻，两侧各放置一座高大的华表。室内布置则以祭堂中央偏北处安放的孙中山坐像（1930年安放）为中心，可能模仿的是华盛顿的林肯纪念堂的布置方法②。这种"以中国式为主，而以外国式副之；以中国式多采用于外部，外国式多用于内部"③的基本思路也成为其后民族形式建筑所仿效的模式。（图10—7）

中山陵建筑群使用了西方近代建造材料和技术，但外观形式与西方建筑明显不同。同时，又修订了传统建筑的构图和建造逻辑，如在规划中采用大量便

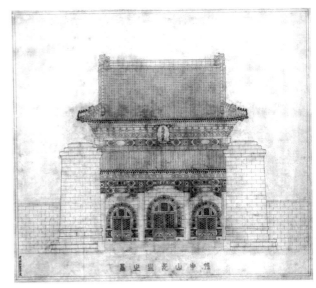

图10—7　吕彦直绘制的中山陵祭堂正立面

资料来源：《中山陵档案》编委会：《中山陵档案陵墓建筑》，南京出版社2016年版，第63页。

---

① 李恭忠：《中山陵：一个现代政治符号的诞生》，第142页。

② 赖德霖、伍江、徐苏斌编：《中国近代建筑史》（3），中国建筑工业出版社2016年版，第167页。

③ 国都设计技术专员办事处编：《首都计划》，第34页。

于群众接近的开敞空间形成"开放纪念性"①、大量施用蓝色琉璃瓦、处理好祭堂与墓室的空间关系等，都是吕彦直的创造。另如，陵墓正门后处碑亭的碑身仅镌刻谭延闿手书"中国国民党葬总理孙先生于此，中华民国十八年六月一日"24个字。碑亭在中国的礼教和宗教建筑中常成对布置在主轴两侧，但中山陵碑亭位于中轴线上，铭文简练，彰显"党葬"的地位崇隆与国民党"道统"的建立与沿承。（图10—8）

图10—8　1929年奉安大典迎梓时的中山陵

资料来源：民国图片资源库http://www.minguotupian.com。

实际上，由于孙中山的特殊历史地位，1925年孙中山去世之后就出现了"中山纪念"和"中山崇拜"的现象。当时适值国民政府积极筹备北伐战争、夺取全国政权，"孙中山"这一时代符号成为证明其政权合法性和统治正当性所亟需的政治和文化资源②。因此，国民政府"发明"了一系列的中山崇拜活动，如以每年的11月12日（孙中山诞辰）、3月12日（孙中山忌日，并定为植树节）等为新的全国节日，在各地举行为期一周的各种纪念活动，将之提升到国家仪典的高度。同时，在国民政府的推动下，全国掀起了修建中山纪念堂、中山纪念馆、中山纪念碑、中山纪念塔、中山纪念亭、中山公

①　李恭忠：《中山陵：一个现代政治符号的诞生》。

②　陈蕴茜：《国家典礼、民间仪式与社会记忆——全国奉安纪念与孙中山符号的建构》，《南京社会科学》2009年第8期。

园、塑造中山铜像的热潮，并竞相以城市的主要街道、桥梁、公园、学校等以"中山"命名[①]。

国民政府通过纪念孙中山的各种建设和仪典，试图达到增进民族和国家认同的目的，并使之成为新政权和新民族国家的重要象征。中山陵的建造是其中最早开始同时也是规模和影响最大的活动，其规划布局和建筑样式成为在南京、上海等地官厅建筑所效仿的样本，深刻影响了之后中国近代建筑的发展，是中国近代建筑史上里程碑式的重要事件。

兴修中山陵时在国民政府移都南京之前，1927年后国民政府在大城市中建设了大量民族形式建筑。它们多由中国建筑师设计，（图10—9）但也聘用过外国建筑师来设计，最著名者为凯尔斯为国立武汉大学所做的规划和建筑设计。（图10—10）细究凯尔斯的武汉大学建筑设计，风格与细部均未远脱早期教会大学建筑和同时代其他民族形式建筑，但选用民族形式背后的文化与政治原因，已与20世纪初教会大学相去殊远。

图10—9　南京中央党部陈列馆鸟瞰，主体重檐歇山建筑与南京监察院形制相同

资料来源：卢海鸣、杨新华编：《南京民国建筑》，南京大学出版社2001年版，第112页。

[①]　如从1925年到1949年的22年中，全国共有中山纪念堂316个、中山路552条、中山公园309处，另建起孙中山竖像311尊（以铜像居多，如汉口"铜人像"），以"中山"命名的学校更有数千所之多。陈蕴茜：《空间重组与孙中山崇拜——以民国时期中山公园为中心的考察》，《史林》2006年第1期。

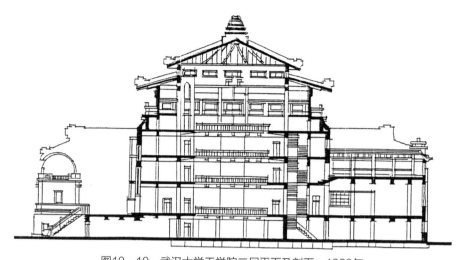

图10—10　武汉大学工学院二层平面及剖面，1929年

资料来源：李传义：《武汉大学校园初创规划及建筑》，《华中建筑》1987年第2期。

三、南京国民政府时期的城市规划与建设

　　1927年国民政府取得北伐的阶段性军事胜利后定都南京，急切地期望在经济和文化建设上取得成就，"一方以观外人之耳目，一方以策国民之奋进"[①]，以此来证明新政权的正当性和合法性。实际上，国民政府当时实际控制的范围仅长江中下游地区和山东一部，面对各地军阀和实力派军人据守一方、政令难以通达的情况，倡导传统文化和民族主义，成为连接中央与地方、以文化统一促成政治统一的重要手段。在这一民族国家建构的过程中，城市规划和建筑由于具体体现了西方"科学""进步"等观念，且效果直观可感，因此发挥了重要的作用。

　　国民政府对其所控制的重要城市，如南京、上海、广州、天津、武汉、青岛等都进行了规划，但因资源动员及执行能力所限，惟南京和上海的规划方案较为周详且得以实施部分相对较多。两个规划方案中，均对建筑样式作了详细规定，特别要求在重要的公共建筑如公署采用"中国固有形式"。

---

　　①　国都设计技术专员办事处编：《首都计划》第33页。

（一）我国近代城市规划观念的引入与早期实践

现代意义上的城市规划是在20世纪之交随着田园城市运动的发展才逐渐形成的一个专门学科，西方一般以英国于1909年颁布的《住宅与城市规划法案》为重要标志①。我国仿效西方城市管理，1914年开办京都市政公所，致力于"卫生、交通、教育、慈善、保商、便民"诸项事业②，但真正倡导"城市规划"这一概念的是民国早期推行市政改革和城市建设尤力的孙科。

孙科为孙中山独子，曾先后就学于加州大学伯克利分校和哥伦比亚大学。留学期间遵其父嘱，涉猎颇广，选修过市政工程相关的课程，对美国当时的城市美化运动和方兴未艾的城市规划（city planning）学科有直观、切身的了解和感受。孙科于1917年学成回国，两年后在《建设》杂志发表《都市规画论》一文③，被视为我国近代引介西方城市规划之嚆矢。

孙科在文中将城市规划的目的与作用阐述得很清楚："都市计画其目的则不外利用科学知识计画新都市之建设，及对现在之都市，使之日见改良而臻于完善之境，成为较利便、较健康、较省费而节劳，较壮丽而美观，其范围则包举一切关于都市建设之事项。"提及城市规划的工作方法，孙科指出，首先应"调查与测量二事之同时举行"，在此基础上再行预计城市的发展方向和确定交通、卫生、绿地系统等具体规划。

他也注意到"今日欧美各都市莫不增设一都市规画部，以担任各种市政工程"。对于具体的规划内容，如路网结构，孙科列举美国普遍采用的棋盘式和受田园城市运动影响的"蛛网式"，指出"最善之规划，为视二式并取之得其中耳"。此外，他还论证了城市功能分区的必要，各区分别规定楼高、间距和建设标准等，还论及公共设施如下水道系统等，这些方面构成了西方城市"近代化"的面相，应为中国的城市建设所学习效仿。

---

① 但这一法案实际上也仅对大城市郊外新建的住宅区的设计加以限定，与后来城市的规划以至区域规划差距甚远。

② 《什么叫市政》，《市政通告》1914年第2期。

③ 孙科：《都市规画论》，《建设》1919年第1卷第5期。

　　上述这些论述，包括对西方城市建设历史的回溯，颇为精审全面，它们也构成了孙科城市规划和建设思想的基础。由于孙科是国民党元老，担任过广州市市长等重要职务，对广州和南京的城市建设发挥过直接影响，这篇文章可视作他在城市规划和建设工作的纲领性文件，也可辨析他的城市规划思想与他主导的实际建设活动间的关联。例如，孙科在《都市规画论》一文中提到霍华德田园城市思想，继1918年孙中山在其《实业计划》中提到在广州建设"花园城市"（garden city）后，较早地向国内介绍田园城市思想的文章。孙科于1921年出任广州市市长后，陆续兴建三处公园，并推动了密度较低、建筑规格较高的模范住宅区建设[1]，是田园城市运动在我国最早的实践之一。

　　孙科在广州市长任内，除推动辛亥革命之后即断续进行的旧市区改造工作，又力图制定全市范围的整体规划，扩张城市范围、增设港口等基础设施，"增加广州的经济发展条件，与邻近的香港竞争"，脱离了当时缺乏整体计划的局部市区改良，也是民国时期最早的以全市域为对象的规划活动[2]。为此目的，孙科新设立了工务局负责城市建设，选拔熟稔西方城市规划的知识精英如程天固（孙科在加州大学伯克利分校就读时的同学）、杨锡宗（吕彦直在康奈尔期间的同学，后参加中山陵竞赛获三等奖并设计越秀山仲元图书馆等民族形式建筑）等人才，局长则由留美归来的工程师林逸云（后负责编纂南京《首都计划》）担任，并邀请墨菲和美国工程师古力治（Ernest P. Goodrich）担任顾问。林逸云、墨菲和古力治后来经孙科延引，又直接服务于数年后的南京"首都计划"方案的制定。此外，墨菲受孙科之邀，曾为广州城市规划方案提出在拟建的珠江新大桥中融入"中国形式"（Chinese character），形成广州新的城市景观和特色，惟不及实施。

　　不论从孙科1919年的文章，还是之后他在广州的实践来看，都还没有具体阐发城市规划的制定和实施与政府权力和利益间的紧密关系，也未论述城市规划及重要建筑物在政治上和文化上所具有的象征意义。这些内容后在《首都计划》中均得以补充，可以

---

① 胡巧利：《浅论孙科的都市规划思想及实践》，《广州社会主义学院学院报》2013年第4期。
② 王俊雄：《南京首都计划研究》，台湾成功大学博士论文，2002年，第83—89页。

说南京首都计划是近代时期由我国政府自主制定的第一个城市尺度的规划方案，迅即为其他城市所仿效。事实上，首都计划的制定者也以此自期："此次设计不仅关系首都一地，且为国内各市进行设计之倡，影响所及，至为远大。"①至此城市规划和建筑风格真正成为构建民族国家形象、与民族国家建构密切相关的重要手段和内容。

（二）南京"首都计划"的制订及实施

1927年初国民政府正式将首都移鼎南京，不久开始着手制定重建南京的规划，使之能充分体现中央集权的民族国家首都的宏大气魄和建设成就。

1928年中，在之前完成的一系列关于南京的论著和规划草案的基础上，鉴于意义重大，国民政府接替南京市政府开始制定首都的规划方案。不久，刚就任国民政府铁道部长等职的孙科，提出设置直辖于中央政府的专门机构，从事南京城市规划方案的制定工作，此即后来的"国都设计及技术专员办事处"，由孙科在广州的得力助手林逸民出任处长②，并聘墨菲和古力治为顾问。规划工作于1928年底开展，至1929年底告竣，将各种资料和图集汇编为《首都计划》出版。

相比之前的广州规划方案和稍后的大上海新市区规划，《首都计划》文图资料最为齐全，其正文包含调查资料统计、规划编制和规划实施3部分共28章："一曰南京史地概略，二曰南京今后百年人口，三曰首都界限，四曰中央政治区地点，五曰市行政区地点，六曰建筑形式之选择，七曰道路系统之规画，八曰路面，九曰市郊公路计画，十曰水道之改良，十一曰公园及林荫大道，十二曰交通之管理，十三曰铁路与车站，十四曰港口计画，十五曰飞机场站之位置，十六曰自来水计画，十七曰电力厂之地址，十八曰渠道计画，十九曰市内交通之设备，二十曰电线及路灯之规画，二十一曰公营住宅之研究，二十二曰关于学校之计画，二十三曰工业，二十四曰浦口计画，二十五曰城市设计及分区授权法草案，二十六曰首都分区条例草案，二十七曰实施之程序，二十八曰款项之筹集。"③

① 国都设计技术专员办事处编：《首都计划》。
② 王俊雄：《南京首都计划研究》，第140—143页。
③ 国都设计技术专员办事处编：《首都计划》，第2页。

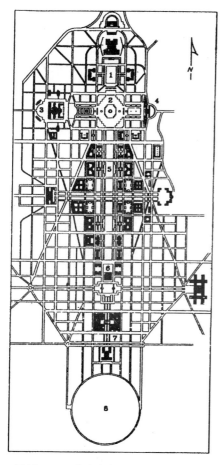

图10—11 南京中央行政区规划简图，
1929年

资料来源：Charles D. Musgrove，"Building a Dream: Constructing a National Capital in Nanjing，1927—1937"，Joseph Esherick，ed.，*Remaking the Chinese City: Modernity and National Identity*，1900—1950，Honolulu: University of Hawaii Press，1999，p. 144.

可见，这些内容不仅包括作为设计基础的调查资料，对城市功能分区、道路交通体系、基础设施、公共服务设施等近代城市规划所应包含的全部内容网罗无遗，真正成为我国近代历史上第一份完整、全面的城市规划方案。以功能分区而言，该方案将南京分为行政、公园、住宅、商业和工业5大类共9种，除政治区外，分别详细限定建筑的高度、层数、间距及容积率等数据，更将分区制度以法令形式加以确定，俾利实施。此外，由于南京为首都，中央和市政府的政治区选址及建筑的风格样式又为整份方案所特加重视，也是整个方案的最浓墨重彩的部分。（图10—11、10—12）

《首都计划》的第一个重要特点，就是借助西方的"科学"规划方法，"调查与测量二事之同时举行"。林逸民解释其各项规划数据的来源："设计先务，在于查勘此类事项，如交通之状况、气候之变化、风雨之情形、古迹名胜文化机关、公共建筑之所在，大小工商事业之现状，江潮之涨落，人口之数量与密度，机关职工之人数，土地之价格，城内各地之面积，地势之高下，以及其他具有关系各项，在成立之初，即已竭力进行，广为查考，并将所得结果制定图表，以为设计之预备。"[①]在这种"科学"理性主义的工作方法指导下，整个规划工作是基于理性和客观的数据上进行的，具有不可争辩的信服力。

---

① 林逸民：《呈首都建设委员会文》，国都设计技术专员办事处编：《首都计划》。

图10—12　南京中央行政区鸟瞰图，1929年

资料来源：国都设计技术专员办事处编：《首都计划》第30图。

　　其次，为了体现中央集权的新兴民族国家的最高权力中心之所在，"首都计划"选择在中山陵南麓规划中央行政区，采取有强烈轴线空间序列的集中式布置其最高权力部门。中央政治区的规划和建筑形式出自于一场竞赛，墨菲等人担任评委，选定的方案以正南北向的轴线，端头为国民党中央党部，轴线两侧列布中央政府的各职权部门。这一布局与当时世界上各新兴民族国家和殖民地国家的首都规划所采取的方式一致，强烈的轴线指向最高权力和统治中心，象征了中央政府统治的合法性和正统性。

　　几乎同一时期的东北长春，在伪满洲国"首都新京"的建设中，也出现了大量的带有大屋顶和中国传统装饰细部建筑。1931年"九一八"事变后，东北全境沦陷，日本得以将长春作为"实验场"进行整体规划。其时亚非拉国家民族主义呼声日渐高涨，而在日本的殖民地满洲，由于日本以所谓"为了维护整个东亚的民族利益，免受西方列强蹂躏"的"东亚共荣圈"的"领导者"自居，也刻意地追求这种非西方化。日本人在东北鼓吹"满洲国"是一个"以新形式组成的复合国家"，满洲是一个新兴的民族。为了企图骗取东北人民的同情和欺骗世界舆论，在重要的官厅建筑上采用了所谓的"兴亚式"，"以某些形状或多或少的表现出东亚的民族性"[1]。中国传统样式的建筑符号成为企图引起东北人民心理上共鸣的重要物质因素。在长春，这类民族形式建筑集中分布在

---

① 〔日〕越泽明著，黄世孟译：《中国东北都市计划史》，第178页。

图10—13 伪满"新京"行政区规划，图中部
分建筑为1949年后续建或新建

资料来源：根据越泽明：《中国东北都市计划
史》，黄世孟译，重绘。

伪满的政治区顺天大街（今新民大街）两侧（图10—13）。在二者行政区的比较上可以看出来，此前的南京首都计划与"新京"规划（1932年）颇为相似，均将象征国家权力的部委办公大楼集中布置于主要轴线两侧，惟南京未按规划方案实施。

再次，国民党以统治全中国的"正统"政权自许，又以"收回国权、抵御外侮"相宣传，在重要的公署建筑上力图采取能醒外人耳目、振奋国人士气的建筑样式，即所谓"中国固有形式"。这种称呼民族形式特定概念语出《首都计划》第六章"建筑形式之选择"关于重要建筑"要以采用中国固有之形式为最宜"，并列举这种样式相较全用西式建筑有四点优势：能发扬光大本国固有文化、建筑色彩鲜明悦目、采光通风合理、利于分期建造。在大量公共建筑如公署和文化建筑上采用此种风格，既能体现国民党政权与中国历代大一统国家中央政权的沿承，也向中外宣示了中央政府的威权，表达出以文化为旗帜谋求全国统一的政治诉求，"藉此表现，一方以观外人之耳目，一方以策国民之奋进也"。

另一方面，《首都计划》的参与者如墨菲等人深知采用大屋顶和华丽装饰的"中国固有形式"建筑无疑会大大增加造价，加大规划实施的难度。《首都计划》坦承可能会造成的不利结果，但申言可通过设计加以弥补，如改变之前高强深远的平面布局而使公署建筑主体长边临街布置，以形成"尊严崇大之气象"。唯一的问题，是采用大屋顶造成建筑高度增加无法通过设计加以处理，但"惟重要之房屋，如公署之类，不妨较高，抑非高亦无以成其伟大"。总之，"国都建筑其应采用中国款式，可无疑义"，同时辅以西式建筑之优点，"以中国式多采用于外部，外国式多用于内部，斯为至当"。

在此原则的指导下，出现了一批将大屋顶加之于西方功能主义布局主体上的建筑，如铁道部、中央博物院、监察院、党史馆等。稍后又出现了另一类民族形式建筑，其特点是将中国传统建筑的精美装饰细部与现代建筑简洁的线条结合在一起，而有意不用大屋顶。典型的例子即是赵深与童寯合作的外交部大楼，其在构图上甚至都不完全对称。这也是对中国传统形式建筑现代化的另一种解答。

而不论哪一类型，在引人注目的民族装饰特色之下，这些建筑在设计中都体现了理性和效率的原则，这也是现代主义的关键词。如它们都包含有复杂的功能空间和流线、都开有大面积的窗户等。为了与历史和传统建立起联系，重要的公共建筑周边都围合了一个大花园。（图10—14）但是这些花园中有意去除了传统园林曲折、私密的特征，转而强调恢宏与公共性，审美取向由传统的散点透视转向凡尔赛式的一点透视。[①]这些与传统建筑貌似神离的语素，一方面体现了民族主义建设建立在对传统文化资源利用的基础上，一方面也急欲说明其与传统文化绝不完全一致，而更多地要显示现代性、新国民性以及统治的正统性。虽然民族形式建筑也出现在民国时期的上海、广州、武汉等地，但民国首都南京无疑是其数量最集中、成就最高的地方。

图10—14　南京中央博物院（张复合提供，1988年摄）

①　Charles Musgrove, "Building a Dream: Constructing a National Capital in Nanjing," Joseph W. Esherick （ed.）, *Remaking The Chinese City: Modernity and Nationality Identity, 1900-1950*, Honolulu: University of Hawaii Press, 1999.

应该注意的是，《首都计划》背后的最高支持者孙科与蒋介石等国民党内其他势力的龃龉，决定了这一方案不可能完整地得以实施。如中央政治区的选址和建设是《首都计划》中最关键和最详密的部分，但甫一公布即被指是孙科怀有私心之举而无从实施。南京作为一国首都最终也没建成集中的中央行政区，各中央衙署多沿新建的中山路布列，也是一种无奈的权宜之举。

（三）"大上海计划"的制定与实施

上海自开埠以来，四方辐辏、商贾云集，一跃成为中国乃至东亚最大的工商业城市，在中国近代的经济、政治和文化版图中占有重要地位。孙中山在其《实业计划》中提及要在杭州湾建设"东方大港"，"远胜上海"[①]，隐示其与已经腾腾发展着的租界相抗衡。北伐胜利前夕，上海被国民政府确定为特别市。南京重建工作开始后，1929年7月上海市政府正式公告海内外开始着手进行"大上海计划"。

这一规划是在黄浦江下游、远离租界的江湾五角场一带，建设包括市政府、港口、居住区和休闲娱乐设施的上海市新市区。规划虽以"大上海"为名，占地面积仅约7000亩[②]，以今日之眼光看不过一较小规模的开发区而已，后代规划史家所称之"上海江湾新市区计划"或"大上海市中心计划"似更允当，但在当时，地方和中央两级政府已竭尽全力促其实现，通过征收并拍卖土地、发行公债等手段筹措资金，并不惜代价在公共建筑上采用"中国固有样式"，以彰显民族特征和民族主义思想。可惜实施过程中海内不靖、内外纷扰，连续遭遇"一·二八"和"八一三"两次对日抗战，加之政府财力枯竭，只有部分路网和几幢重要建筑如市政府等得以实施。

与《首都计划》不同，"大上海计划"文本散佚[③]，但可从其他资料及实施的部分观其大概。首先，对于"东方大港"计划，本拟在上海北部蕴藻浜流注黄浦江处修建深水

---

① 孙中山：《实业计划》，外语教学与研究出版社2011年版，第28页。

② 陈从周、章明：《上海近代建筑史稿》，三联书店1988年版，第14页。

③ 上海城市志编纂委员会：《上海城市规划志》，上海社会科学院出版社1999年版，第73页。转引自赖德霖、伍江、徐苏斌编：《中国近代建筑史》（3），中国建筑工业出版社2016年版，第246页。

港，但由于资金不足改为在新市区南边黄浦江岸兴建虬江码头，同时计划中的将上海火车站北移以实现水陆联运也未实现，在吴淞开港、藉交通之便遏止租界发展的计划因此落空。

"大上海计划"将新区分为行政区、商业区和住宅区，路网结构采用孙科《都市规画论》中"棋盘式与蛛网式并用"的形式。其中，中心行政区为南北、东西两条轴线十字交叉结构，交汇点处扩为一大广场，广场中心设纪念碑。新建的市政府位于南北主轴上，坐北朝南面向中心广场，其北为中山纪念堂。南北轴线两侧布列市政府各公署办公楼，东西轴线分别布置博物馆和图书馆。这种布置方法再次反映了新兴的民族国家在中央行政区所常用的规划手法，即集中式布局，用强烈的轴线串联各权力机关，最重要的建筑（或一组建筑如本例）则布置在轴线顶端，成为整个空间序列的最高潮，也喻示着其不证自明、统率四方的威权。南京和安卡拉的中央行政区，都采用了相同规划手法。不同的是，为了和我国传统规划中"辨方正位"、尊崇南北向轴线的思想相附，行政区的主轴线也选择了正南北向。

1929年10月上海市政府开始征集行政区的建设方案，明确要求"其外观须保存中国固有建筑之形式，参以现代需要，使不失为新中国建筑物之代表"，明知采用此种形式花费巨大，但其为"全市观瞻所系"，同时以此民族主义风格可与南京及至国外的"著名建筑物争短长"[①]。这种"争短长"的追赶（catching-up）、竞争心态与独辟蹊径、尝试走西方未走之路的决心，未尝不是近代中国大规模城市建设的共同特征，惟其程度深浅不同。（图10—15）

行政区的重要建筑物如市政府、图书馆、博物馆后采用了市中心区域建设委员会建筑师董大酉的

图10—15　大上海都市计划，1929年，董大酉设计
资料来源：《中国建筑》，1933年第1期（6），第5页。

---

①　上海市市中心区域建设委员会编：《上海市政府征求图案》，1930年，第4页，转引自魏枢：《〈大上海计划〉启示录——近代上海华界都市中心空间形态的流变》，同济大学博士论文，2007年，第120页。

方案。董大酉早年也曾在茂旦洋行中工作过，新市区最宏丽雄伟的建筑物——市政府，其设计手法与外观与墨菲设计的燕京大学贝公楼颇类似，也是以钢筋混凝土为主体结构，采用三段式处理立面，将中央部分凸出施以歇山顶。但上海市政府的中段部分较高，比例较宜。此外其台基更高大阔达，显示了政府办公建筑的威严性格。（图10—16、10—17）同时，除歇山顶的山面外，在檐口混凝土预制的斗拱后也加可向内开启的窗户，增加采光和通风，对顶层空间的利用有所改进。（图10—18）

图10—16 前上海市政府建筑，现为上海体育学院主楼（2012年摄）

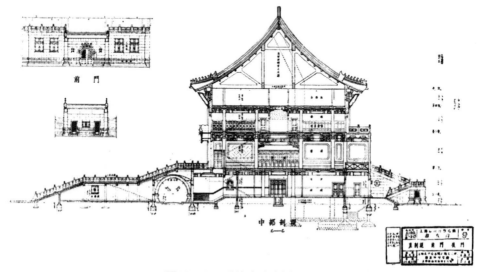

图10—17 上海市政府剖面图

资料来源：《中国建筑》1933年第1期（6），第26页。

图书馆和博物馆分峙行政区东西轴线两端。二处建筑平面相似，均为"工"字形，但在正面两端前出附属空间。二者的外部造型也一致，除中央高出的城楼上建大屋顶建筑外，其余部分仅在檐口或入口处施以传统纹样的装饰线脚。中央城楼的处理有所不同：前者为仿传统砖石结构的三拱门形式，后者为木结构将柱子外露。这种细微的差别显示了建筑师的理想和追求，不满足于将同一套图纸复制应用，而根据实际功能的需要在细部处理上显示其个性。

市政府、博物馆和图书馆的室内外均施以色彩明丽的彩画，室内地面和楼梯均为嵌铜条分缝的水磨石，正入口处为具有象征意义的图案，做工精致，显为一时代之风格。（图10—19）此外，行政区西南部江湾体育馆的场馆和游泳池等3幢建筑也由董大西及其助手王华彬设计完成。

和南京"首都计划"一样，"大上海计划"也曾邀请外国人担任顾问，这次邀请了美国市政专家龚诗基（C.E.Crunsky）和费力伯（A.E.Philips）两人为工程顾问[①]，也可能因此使这一规划方案结合了城市美化运动和田园城市运动的设计的若干特点，如不同路网形式的结合。墨菲也曾担任行政区建筑方案征集评选

图10—18　市政府内部楼梯间，利用檐下拱眼壁采光（2012年摄）

图10—19　上海市博物馆南翼地面及梁柱彩画装饰，现为长海医院影像科（2012年摄）

① 李百浩、郭建、黄亚平：《上海近代城市规划历史及其范型研究（1843—1949）》，《城市规划学刊》2006年第6期。

的委员。在重要的城市建设和工程项目中选聘美国的建筑师和工程师，是当时公认的做法，"而今则犹不能不借材于外国者也"①。但通过像这些重要工程的机会，一批中国建筑师走上了历史的前台，如董大酉、王华彬等人，他们的职业身份——建筑师也开始被国人所重视，继之结成一个新兴的团体发挥其作用。

前面两章论及的教会大学在其校园建设中，多采取中国式大屋顶为基础加以变异、组合，实开中国传统复兴式建筑之先河。传教士之所以偏重这种带有强烈中国建筑色彩的形式，一方面固然出于他们对中国传统文化的尊崇与热爱，另一方面，当时国内外政治、文化、思想等方面局势的疾速发展——从19世纪末开始的"保教"运动和单纯排外的义和团运动，到1920年代要求收回主权（包括教育主权）等各种社会运动，迫使他们不得不时时调整政策，采取与19世纪居高临下的文化征服完全不同的合作姿态和策略。

造成这一转变的重要原因是中国民族主义思潮的勃兴。自1895年以降到新中国成立，中国社会始终动荡。面对严峻的外部压力，各种救亡图存的思潮层出不穷，但其中所包含的民族主义关怀却始终如一条潜流贯穿其间。在这一时期，外部受到外国军事侵略及西方文化和技术输入的强烈冲击，而内部要求近代化和建立民族国家的愿望日益迫切。民族主义反映了民众的这些普遍诉求，形成一种意识形态，即一个人以民族作为最高效忠对象的心理状况，它包含着本民族优越于其它民族的信仰②。同时民族主义也是一种历史进程，在这一过程中建设坚强有力、能抵御外侮的民族国家，同时使民众能深刻认同民族的文化和民族国家政权的统治。虽然近代时期政权屡经更迭，但这一追求贯穿在晚清以来中国政府的各种努力中。

我国近代对民族的想象和建构是非常晚近的事，产生于面临存亡续绝危局的清末，全面学习西方成为唯一的选择，城市建设和建筑风格的选取也均效法西方，亦步亦趋。但随着与帝国主义侵略矛盾的加深和民众民族意识的觉醒，国民党以"民族主义"相号召（国民党的英文译名即Nationalist Party），成为其赖以取得政权的基础，民族主义上

---

① 孙科：《序》，国都设计技术专员办事处编：《首都计划》。
② 郑师渠：《中国的文化民族主义》，《历史研究》1995年第5期。

升为国家的意识形态，文化民族主义也成为其管理国家、争取民众认同其政权的重要手段，建筑和城市规划在这一过程扮演了重要角色。本文着重叙述的几个重要工程——中山陵、南京首都计划、大上海计划，考察重点都是民族主义在城市建设上的体现及其如何在民族国家建构的过程中发挥作用。

同时，民族主义运动并非一国一地的孤立现象，而是世界范围内的历史运动。从这里也能看出近代中国置身于世界体系中，受外来思潮激荡而引起内部的剧烈变化，很多与现代性相关的被建构或发明出来的概念使得物质建设领域也出现了若干无法忽视的现象，这种全球关联性也是中国近现代建筑史与古代建筑史的一个重要不同之处。

第十一章　民间自发的近代化：主流之外的近代建筑发展

我们在"中国近代建筑发展的主线与分期"一章中讲过，中国近代建筑发展的主线是近代化，循西方主导下的近代化、中国政府主导的近代化和民间自发进行的近代化这三条路径展开。由于前两条路径下出现的近代建筑大多位于通都巨埠，也常由成名建筑师设计，并代表着政府的威权甚至国家形象，因此这一部分建筑通常更为人们所知，成为近代建筑史上的经典和"主流"。但在中国疆域辽阔、文化和经济发展不平衡的大背景下，大城市中存在大量的商业和住宅建筑，城市化程度较低、经济较不发达的广大内陆和侨乡地区也纷纷出现了样式奇异、随意所至的近代建筑。它们的产生和发展反映出我国民间自发进行的近代化过程。

本章把这些类型、样式、所在和建造主体等差异极大的近代建筑拢合在一起进行论述，考察这条"民间的""自发的"甚至"农村的"近代化路径的一些共同特征。由于它们在数量上是中国近代建筑的绝对多数，因此也体现了中国近代建筑发展的一些重要特征。

一、"非主流"近代建筑：自发性与多元性

所谓"主流"建筑，是指近代时期大城市的那些标志性建筑。这些城市包括上海、天津、汉口等发达的通商口岸以及传统政治中心城市如北京等，而标志性建筑则指能够代表国家和政府形象那些建筑类型，如政府公署、国家银行以及政府兴办的图书馆、大学、博物馆等文化建筑，也包括城市公园、赛马场等娱乐建筑。西方也常称这些与政府相关的建筑类型为"机构建筑"（institutional buildings），谓其为城市中政治、经济和文

化生活的重要机构。此外，财力雄厚的大资本家兴办的银行、旅馆、商店等建筑常位居枢要，多雇佣著名建筑师设计，参与构成城市形象，因此也是"主流"建筑的一类。

与主流建筑对应的是，近代城市中也存在着很多规模较小的商铺，它们沿街连片，因其商业性质，杂糅了中西建筑元素，姿态各异、争奇斗艳。虽然它们远不如大商店或高层旅馆那样具地标性，但却与广大人民日常城市生活密切相关，同样是构成城市景观和城市记忆的重要部分。

同时，除这些大城市以外，在中国内陆的经济较落后、城市化程度较低的城镇，甚至是广大农村地区，近代时期也涌现出大量掺杂着西方元素的建筑。它们有的是商业建筑，如遍布南方各地的骑楼，也有大量近代民居，如侨乡开平的碉楼民居和闽南的洋楼民居。应注意到，这些充分糅合了西方元素的近代建筑集中产生于岭南和闽南的侨乡——广东的五邑和福建的闽南一带。在侨资经济的带动下，近代民居之外又产生了由民间资本兴办的教育类建筑。其中最典型者，是陈嘉庚投资兴办的集美学村和厦门大学。陈嘉庚在1920年曾邀请墨菲为厦门大学制定校园规划，但并未采纳而仍以他自己的意愿决定了校园建筑的布局和风格样式：未采用墨菲经典的"品"字形空间布局而将校舍建筑一字排开；在厦大的主要建筑的屋盖覆以绿色琉璃瓦盖顶（自广东佛山采购），同时加建群贤楼为三层并在最高一层要采用中国传统的四点金式宫殿式样。这些建筑的主体部分是连续的白石券廊和饰以西洋白色圆形石柱的阳台，但从檐下的石质斗拱到屋顶，则完全是中国闽南建筑所常见的形式，地方的匠作方式如"三川脊""红砖封壁"造成了其特殊形象[1]。这种"穿西装，戴碗帽"的外部形态，大量出现在集美学村和厦门大学的建筑中，也称"嘉庚风格"[2]。（图11—1）

---

[1] 陈志宏：《闽南侨乡近代地域性建筑研究》，天津大学建筑学院博士论文，2005年，第213—214页。"三川脊"是闽南传统建筑处理屋面的常见做法，即将正脊中间一段抬高并在正面增加两条垂脊，其与"断檐升箭口"不同之处在于后者屋面被截为三段而前者仍为一完整屋面。墨菲设计的不少校舍建筑其立面原型源自"断檐升箭口"。

[2] 何勃：《厦门大学与集美学村的近代建筑》，汪坦编：《第三次中国近代建筑史研究讨论会论文集》，中国建筑工业出版社1991年版。

图11—1　群贤楼外观，1928年

资料来源：庄景辉：《厦门大学嘉庚建筑》，厦门大学出版社2011年版，第43页。

上述这些"主流"之外的建筑分布极广，建筑类型不尽相同，样式则更加繁杂。如果说19世纪中后叶到20世纪初的西方建筑很多时候因混杂了多种历史主题，而很难用唯一特定的"风格"定义，那么中国近代这些"非主流"建筑简直无法用西方意义上"风格"的方式加以分类。之所以出现这种现象，主要是因为它们都不是由严格意义上的"建筑师"来设计的：它们或者是由业主及施工匠人自行设计，或由专业设计人员仅做结构设计，将外观完全交由业主决定，反映的是建筑所有者的实际需求和偏好，结果自然千差万别、不一而足。如前所述的厦门大学，著名建筑师墨菲虽参与设计，但遭到"抵制"，结果地方性仍占据主导位置[①]。

在专业建筑师人数很少、建筑法规管控不严格的近代时期，小城镇和农村地区盖房子，以业主的趣味意向为转移，建筑装饰的繁简多寡成为家族间相互竞争攀比的物质体现。这种自由取舍西方建筑元素的做法，造成了建筑形态的争奇斗艳、互不相同。以开平碉楼为例，目前记录在册的1833座碉楼，没有任何两座完全一样。实际上，即使今天在中国农村宅基地上盖房，房主也会在外人（政府或其他村民）提供的"标准图"基础上加以修改，并根据各自情况进行装饰和装修，绝难轻易满足或与周边其他房屋完全一样。

---

①　卢伟：《"适应性"中的不适应——墨菲校园规划的"适应性"演变及在闽的地域性抵抗》，《城市规划》2017年第9期。

同时，由业主及其雇佣的施工队自由裁剪、随意删减西方建筑元素、使之融入自家房屋的做法，通常完全不合"法式"。尤其是业主和施工匠人都未经过严格的建筑学训练，模仿西方建筑的外部形象尚且吃力，"徒摩其形似，而不审其用意所在"[①]，遑论深究混凝土等结构的原理与计算，所以造成了虽采用造价不菲的钢筋和水泥但不明其力学原理而错误地加以应用等现

图11—2 开平蚬岗四豪楼中楼板钢筋的绑扎
（张复合提供，2002年摄）

象。（图11—2）这些"非主流"建筑无论艺术价值还是技术价值都远低于数量很少但规制严谨、造价高昂的那些"机构类建筑"，在专业建筑师看来不值一哂，但它们和早期外廊式建筑一样，却是中国近代建筑的构成部分。并且由于它们量大面广，对完善近代建筑发展的图景至关重要。它们自由、随意、活泼的性格，虽有时也显得滑稽而缺乏章法，但毕竟与"机构建筑"那种厚重、严肃甚至装腔作势的形象迥乎不同，成为近代建筑中极具地方性和民族特色的部分。

与文化"势能"较高的政府办公楼等建筑相比，这部分建筑的姿态是很低而难入主流的。其业主通常都是中小资产阶级，在接触西方的文化时常有地理和文化上的困难和阻隔。因此，根据这些建筑的"日常性"和"夹生感"及其通常不具有与国家或地区层面政治和文化相关的象征意义，我们将之称为"非主流"或大众的建筑；由于其设计和建造通常没有建筑师的参与，同时既无政府的资助也没有官方的更多干预，全系业主自发的行为，所以称这一过程为"民间自发的近代化"。

此外，这些建筑中有相当一部分麇集在广东和福建的侨乡地区。因华侨在海外的经历和积累的财富，在侨乡的农村大量建造了很多这种"土洋结合"的建筑，很典型地体

---

① 张锳绪：《建筑新法》，商务印书馆 1910 年版，第 1 页。

现出与西方租界及南京、上海等大城市完全不同的特点，属于"农村的近代性"（rural modernity），也因此是本章论述的重点。

二、洋门脸与"中华巴洛克"

陈旭麓先生描述庚子事变后中国民间对西方事物的态度："欧风美雨包含着凶暴的腥风血雨，也包含着润物无声的和风细雨。与前者相比，后者没有留下那么多的伤痛和敌意，但风吹雨打之下，却浸泡了千家万户。它积累于《辛丑条约》之前，而在《辛丑条约》之后大作其势。"[①]这一时期，在民间开启倾新慕洋之风的是大城市中的中小商业建筑，时间较早而形成较大规模的是北京前门外西侧商业区。

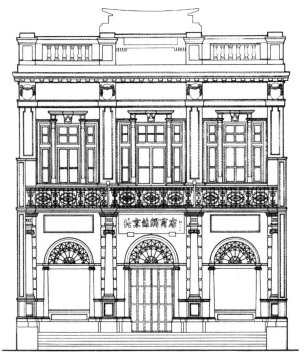

图11—3　谦祥益绸缎庄立面测绘图
（清华大学建筑学院1996年实测）

前门一带曾在1900年的义和团运动中毁于大火，1901年重建后，这一街区的建筑面貌典型地代表了本世纪初北京商业建筑"洋化"的倾向，除个别老字号如同仁堂等保留传统建筑形式外，多数商铺或者在迎街立面采用以西方元素为主的门头，如巴洛克式山花和铸铁大门等，再掺入中国传统的装饰手法；或者以传统的三间或无间牌坊为外立面构图的基础，再加进西方的线脚或柱式。这些手法即所谓的"洋门脸"。如瑞蚨祥总店重建于1901年，其入口为两层砖石结构，主体为西方风格，但石雕和砖雕的主题包含了松鹤延年等内容，尤其占据

---

① 陈旭麓：《近代中国社会的新陈代谢》，第200页。

中心位置的牌匾显示了中国特色。谦祥益老店同样如此。（图11—3）另如祥义号绸布店，其入口原为普通中西合璧式门脸，但因与瑞蚨祥竞争，加装了高大精美、镶有花饰的巴洛克风格铁栅栏门面[①]，形成了六根镂空铁柱、柱头铁艺花瓶的立面。

前门商业区自重建后，十年间迅速成为北京最繁华的地区，1920和1930年代仍在继续兴建。这一带不但有为数众多的商店、戏院、饭馆、妓院，它们多为二层的院落式建筑，及后又在内部采用近代结构造成采光天顶，增加其商业氛围和"近代性"以招徕顾客，形成新的空间形象。（图11—4）同时这里也有钱庄、银行和北京最早的多层百货商店——劝业场。大多数商铺采用近代砖木结构，1918年重建的劝业场则采用新艺术运动风格，为钢筋混凝土结构，显由专业建筑师设计。

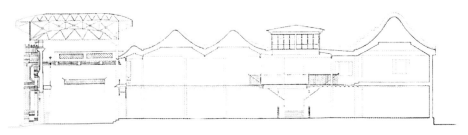

图11—4　瑞蚨祥绸缎庄剖面测绘图（清华大学建筑学院1990年实测）

其他类似前门外商业区这样的例子很多，比较典型的是哈尔滨道外区（按俄国人的规划，道里区和南岗区为俄国人的居住区和商业区，道外区则为中国人商业居住区），尤其傅家甸一带，由中国中小民族资本家自己兴建的商铺，（图11—5）"是基于中国工匠对西洋古典建筑样式的理解而造就出来的"[②]，日本学者西泽泰彦将之称为"中华巴洛克"风格，"仅见于哈尔滨、沈阳等中国城市"[③]。在沈阳中国人的商业中心——中街一带，也有不少这种中西合璧的建筑，其中不少规模相当可观，如吉顺丝房（1928年），由沈阳本土建筑师穆继多参与设计。（图11—6）

① 王世仁、张复合等：《中国近代建筑总览·北京篇》，中国建筑工业出版社1993年版，第10页。

② 〔日〕西泽泰彦：《哈尔滨近代建筑的特色》，侯幼彬等编：《中国近代建筑总览·哈尔滨篇》，中国建筑工业出版社1992年版，第15页。

③ 同上。

图11—5　哈尔滨道外区靖宇街"中华巴洛克"风格的店面（2006年摄）

图11—6　沈阳中街吉顺丝房（2006年摄）

"中华巴洛克"是一种很形象的命名方式，因为哈尔滨和沈阳的这些建筑体量较大、楼层都在3、4层以上，结构形式和空间组织相应发生了根本变化，不再是仅用洋门脸遮罩外部的做法。就建筑装饰的处理而言，与广州、香港的一些高层骑楼有类似之处，特重山墙或山花的处理，尤以檐下和入口处为重点，有时装饰变化过多如吉顺丝房。在商业建筑上采取新人耳目的样式彰示"时髦"与近代性，都是招徕顾客的方式，这与当时香港、上海等地店面采用装饰艺术运动等现代主义风格一样，实无本质区别。

三、侨乡地区的近代建筑

（一）开平碉楼

开平属于五邑地区，是中国著名的侨乡之一。开平本地农民出国谋生的传统古已有之，第二次鸦片战争以后，因准许华人劳动力出洋，开平人开始大量前往欧洲和北美，以其辛苦所得寄回家乡，哺养之余则图新建住宅，作为终老回乡的居所。华侨和侨资在这一地区的社会、文化和经济生活中扮演至关重要的角色，其中一个结果，是产生了遍布开平各乡镇的开平碉楼，形成了非常独特而壮观的建筑文化景观。据传全盛时期开平碉楼建成3000余座，2002年的普查登录在册者有1833座①。

　　据现有研究，开平碉楼的兴建最早可上溯至明朝时期②，虽然建筑材料和样式与近代碉楼完全不同，但产生碉楼这种形制的目的都是为了防御外敌，如土客械斗和土匪侵扰。近代时期的碉楼通常高3至9层，平面基本为方形，外观上通常可分楼体、上部结构和屋顶3部分。出于防御考虑，楼体外墙封闭坚固，墙身开有小窗，并设有枪眼，上部结构一般设有出挑的外廊，同时把碉楼角部的出挑称为"燕子窝"，加强防御性。

　　张复合先生将开平的近代碉楼进行过分类，如按使用功能大致分3类，即单防御报警用的碉楼、多家共建而在危险到来时才使用的

图11—7　瑞石楼，上层结构的角部为"燕子窝"（2004年摄）

"众楼"，及独家兴建使用的"居楼"。居楼为数众多，其中瑞石楼、铭石楼等代表了开平碉楼建筑的最高水准。（图11—7）若按建筑材料则可分4类，如近代之前（近代之后也存在一些）的青砖碉楼、石碉楼、夯土碉楼及水泥碉楼。水泥碉楼占现存开平碉楼的多数③。

　　此外，依开平地区的聚落特性，这里仅按传统风水选址布局但聚落结构上并不特别严整，重视个体间的联系，能散能聚。平日，碉楼各自独立，遇有匪患，又可以联防御敌，彼此照应。这方面可能也有客家人的宗族思想的影响。（图11—8）至于建设碉楼的

①　张复合、钱毅、李冰：《中国广东开平碉楼初考》，《建筑史》2003年第2期。
②　张复合、钱毅、杜凡丁：《开平碉楼：从迎龙楼到瑞石楼》，《建筑学报》2004年第7期。
③　张复合、钱毅、李冰：《中国广东开平碉楼初考》，《建筑史》2003年第2期。

位置，也随时势易变，从遵从风水等传统建造在村落后部，到保守势力消退，变为以华丽高耸的碉楼为主，甚至重构村落的肌理①。

图11—8 自力村鸟瞰，农田阡陌与碉楼民居（2004年摄）

就现有发现而言，虽然不能排除"开平侨乡直接从香港、外国带回碉楼设计施工图纸"的可能性，但除极少数的一二座碉楼外②，绝大部分碉楼都没有设计图纸，主要是业主（或其亲属）和当地乡村工匠（"泥水匠"）合作建造的，"这些泥水匠……自学成才，游走乡间，人缘良好，祖辈积累的信誉是其资本，工程造价又比前两种建筑师低，所以很受乡村一般华侨家庭欢迎"。③缺乏严谨的"法度"、造价不高而具有很强的个性和丰富的想象力，突出地体现了在大城市那种我们熟悉的"近代性"之外的"农村近代性"。综观开平的1800余座碉楼，随意取用西方建筑元素，再与中国传统建筑符号自由结合。除平面均为方形、具有很强的防御性外，各栋碉楼高度、大小、装饰的主题与繁复程度在在不同，令人目不暇接、眼花缭乱。这种多样性和自由度都是城市中那些"机

---

① 钱毅：《开平碉楼的空间营造及近代侨乡村落空间演进中的文化承续》，张复合编：《中国近代建筑研究与保护》，清华大学出版社2008年版。

② 其中一座找到设计图纸的是开平马降龙庆临里的林庐，据考其设计图纸为位于五邑赤坎镇的一家"桢记公司"绘制。杜凡丁：《广东开平碉楼历史研究》，清华大学硕士论文，2005年，第62—64页。

③ 张国雄：《开平碉楼的设计》，《五邑大学学报》（社会科学版）2006年第4期。

构建筑"所不能想象的，也因此长期排除在主流叙事之外，直至新世纪才引起近代建筑史学者的研究兴趣①。

和外廊式建筑一样，碉楼作为一种外来的建筑样式之所以能在中国广为接受，"入土别生枝叶"，是与这种建筑样式类似的形式在中国已长久存在和演化，从而已成为中国人集体无意识的心理积淀是有关的。考察中国不同地区碉楼民居的历史演变，汉代画像石上的传统坡顶、平座样式就类似完全作为战争防御系统的羌寨碉楼，而川中传统合院民居中吸收羌族技术成就的同时，满怀自信地固守传统建筑空间格局，只是将碉楼作为主体空间的附属部分②。可以看到，汉人接受羌人的建造技术，但坚定地保持了传统的价值观和居住生活方式。这是一种强势文化在进取学习时的自信姿态；羌人则取法汉族的建筑形象，在文化符号上努力效仿，但是建筑的内部空间则仍根植于本民族的习俗和传统。这体现了中国内部民族间文化互传的特征。此外与碉楼形制类似的还有赣南的围子和闽、粤客家土楼，又可视作是坞堡的直接继承。坞堡已有2000多年的历史，也是汉族建筑类型的一种。由于要对付坞外的攻击，坞壁的性格都较外向，望楼和角楼扩大了对外部空间的控制；望楼高耸，与四角角楼形成体量上的对比，形象上又取得呼应。

汪之力先生在其著作《中国传统民居建筑》指出，围子（和土楼）是领主经济、又明显带有父系色彩的宗族制度所导致的一种居住建筑类型，与欧洲中世纪的城堡有相似之处③。但欧洲资本主义兴起使之发展为城市；而我国随领主经济的解体，小农经济的发展而变为散漫的村镇。这一比较研究的进行当对我们理解中西文化交流有所启发。

应该注意到，近代时期中国传统文化与列强倚仗坚船利炮敲开国门强行输入的西方文化相比，已然是弱势文化。但由于侨乡居民本身具有的开放与兼收并蓄习俗，与上海、天津、武汉等商埠不同，开平地区的碉楼是主动萃取西方的建筑符号又成功地将之嫁接到本土建筑中，在此中西建筑文化交流过程中并无强力推进和被迫接受的现象。至

---

① 2000年之前的研究散见于清华和华南理工的硕士论文。2002年起开平市政府与清华大学合作进行开平碉楼的普查和研究，产出一系列成果，2004年中国近代建筑史会议于开平召开。2007年开平碉楼入选联合国教科文组织世界文化遗产，引起世人普遍关注。

② 如初建于明代的江安县夕佳山黄氏宅。

③ 汪之力：《中国传统民居建筑》，山东科学技术出版社1994年版，第77页。

于开平地区碉楼建造的目的，也不单是为防御外敌，更多地是为显示财富，所以在外部装饰上才会不遗余力。由于技术上已经能够实现将碉楼也变成住所，所以在内部空间上也体现了现代设计的一些基本思想，空间的序列基本是以实用为主，与传统空间布局差异也较大（图11—9）。

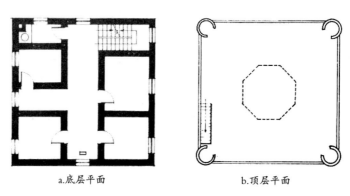

a.底层平面　　　　　　　　　　　b.顶层平面

图11—9　自力村铭石楼底层及顶层平面

资料来源：黄为隽等：《闽粤民宅》，天津科学技术出版社1992年版。

（二）闽南洋楼

闽南地区是指福建的厦门、漳州、泉州以及金门等地，闽南也是我国著名的侨乡之一。闽南地区从东晋以来就持续不断地吸收外来文化，在主动吸收和融合异质文化上很有代表性，闽南文化体现出显著的多元性和包容性，至今泉州、晋江等地新建的民居入口上仍悬"太原衍派"等象征其门第源从的匾额。晚清的海外移民浪潮对中外经济文化交流影响尤为深远，而闽南人自古"以海为田"，华侨及侨眷总数约占全国总数的1/3，闽南地区近代以来的社会经济已日趋"国际化"[①]，那时流行的洋楼民居也是主动吸收和融合西方建筑的结果。

开平碉楼因需满足防御功能，平面被简化成方形，原来以水平展开为主的生活行为被重新组织在垂直向的、以楼梯为核心的多层空间中。与此不同，闽南洋楼民居是在闽南传统民居的基础上加以"洋化"，顽强地固守着以院落为核心的传统生活方式，而将

---

① 郑振满：《国际化与地方化：近代闽南侨乡的社会文化变迁》，《近代史研究》2010年第2期。

西方元素自由融入住宅的某些部分，亦无一定之规，显现出非常丰富的多元特性。这些西方建筑元素的功能及其出现在住宅中的位置，有从刻意凸显到消隐、从门脸移至后院的趋势。而且，在此历史过程中，闽南的文化传统如民俗禁忌，也一直是制约建设的重要因素。这与开平碉楼的建造在后期已置风水考虑于不顾颇有区别。

在侨汇支持下兴建的闽南近代民居，大致经历了趋向洋化（"洋楼"）而后返归本土（合院民居）这两个主要阶段，而建筑形制可分独栋建筑和传统合院式两种且都采用外廊式为其主要装饰，当地也称"五脚基"（the five-foot way）[①]。晚清至民国初年闽南侨汇是以兴建传统合院为主，平面及外观相较传统民居尚无大的变化，如颇多留存至今的泉州及金门的宅院。

民国以后，独幢洋楼的兴建渐成风气，其主体部分的空间仍为传统院落式，但采用外廊式装饰其正立面和入口。根据已有研究，闽南地区外廊式民居外观基本可分为3种主要类型：（1）普通外廊式民居，券柱式或梁柱式外廊在入口一侧水平展开，是闽南地区最普遍的洋楼样式。开间数常为奇数，但也有像集美博文楼那样偶数开间的例子；

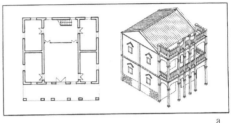

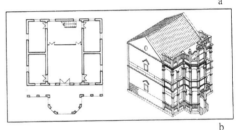

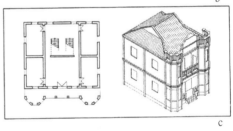

图11—10　五脚基的类型

（a：一般五脚基、b：出龟、c：三塌寿）

资料来源：江柏炜：《"五脚基"洋楼：近代闽南侨乡社会的文化混杂与现代性想象》，《建筑学报》2012年第10期。

---

① Stamford Raffles 于 1823 年制订的新加坡城市计划，规定所有的商业建筑都必须有一个宽约五尺、有遮蔽的人行道或走廊（five-foot way），让人们免受气候的影响，并提供小贩一个做生意的场。所以新加坡出现了连接廊柱构成的五尺宽的外廊骑楼建筑。闽南各地受此影响虽然留设的宽度不一，并非五尺宽，却仍把外廊即骑楼的人行通道翻译成五脚基。闽南地区的骑楼建筑也被统称为"五脚基"。

（2）出龟：外廊中央凸出，使平面呈现"凸"字形，多为三或五开间；（3）三塌寿：外廊呈"凹"形[①]。在此基础上又发展出另外一些更复杂的衍生形式，如在普通外廊式建筑的基础上演化为三面或四面外廊等。（图11—10）

和开平碉楼以装饰的华丽程度炫示乡里一样，闽南洋楼民居的外廊部分也是兴修者最重视的部分，将西方巴洛克等建筑元素与传统文化中寓意美好的装饰主题糅合在一起，表现样式自由组合、多彩纷呈，而在门楣和大门两侧的匾额对联则尤为醒目。在金门地区还发现以锡克族士兵等人物形象为装饰的情况，较为特别。

这一时期在独幢洋楼以外，还出现了融合了外廊装饰的合院式民居。（图11—11）我们在第五章把对这一种附设外廊为装饰的居住建筑称为"合院式外廊住宅"（详本书第五章第一节），下文就其空间特点和建造方式再做论述。

图11—11　金门水头蔡宅，外廊装饰退居合院内部
资料来源：李乾朗：《金门民居建筑》，台北：雄狮图书公司1978年版。

闽南传统的民居形式称为"厝"，是以单层建筑组成院落，并在纵横两个方向铺展。近代华侨在建造传统大厝的同时，施加西方元素装饰其入口，使其貌似普通外廊式民居，但内部空间和生活完全遵循传统方式组织。也常见在合院内部某些部分加建二层及更高

---

①　江柏炜：《"五脚基"洋楼：近代闽南侨乡社会的文化混杂与现代性想象》，《建筑学报》2012年第10期。

（"迭楼"），将这些外来元素施用于这些部位，从外部看完全是传统大厝形式，但内部空间和生活方式已发生变化，如尽量多开窗并使用近代化的建筑设备等。

但应注意到，闽南地区的洋楼民居不只是对外来建筑形象的移植，在形式背后主导设计和建造过程的是闽南的地方文化和传统匠作方式。如在闽南地区建造住宅有诸多风水禁忌，如从祖先龛向门厅外望，需避免称为"咬剑"和"露齿"，以免不吉。另外需确保祖龛能够看见天空，所谓"见白"，等等。它们不但是传统闽南民居也是洋楼民居的设计和建造原则。（图11—12）

此外，闽南近代洋楼民居有不少是有设计图纸的，华侨多自东

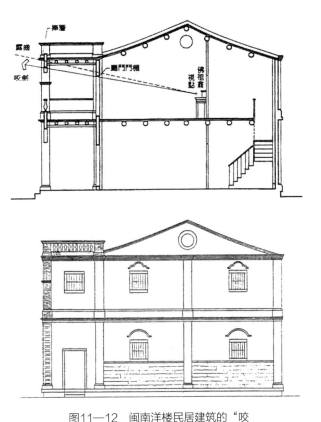

图11—12　闽南洋楼民居建筑的"咬剑""露齿"禁忌

资料来源：江柏炜：《"五脚基"洋楼：近代闽南侨乡社会的文化混杂与现代性想象》。

南亚携带照片甚至图纸交给本地匠人，根据他们原本熟悉的建造方式和技术去模仿这些外来形式，尽其所能使之融入传统空间体系。1930年代泉州的一些洋楼民居还保存了当年的设计图纸，"均为尺规绘制的二号蓝图，线条流畅，图纸表达清楚、准确"，包括钢筋混凝土和三角屋架等结构设计，但立面通常空缺而由业主与施工方协商解决，"对以建筑立面的处理更像是'挑选'而不是'设计'"[1]。而建造方式也体现出传统的延续

---

① 陈志宏：《泉州两幢近代洋楼设计原图的比较分析》，张复合：《中国近代建筑研究与保护（四）》，清华大学出版社2004年版，第430—438页。

性，如闽南传统营造中仅采用"高尺"[1]替代设计图纸施工，洋楼民居的建造虽有设计图纸，但具体施工时由当地木匠主持，在建造过程中仍使用"高尺"指导并控制施工进展，体现出传统的延续性。

由此可见，外廊式民居的外观无疑是一种新的建筑形式，但在空间组织和建造方式上仍受到传统文化的强大制约，体现为全球性背景下的地方化过程。

四、骑楼建筑及其与外廊式建筑的区别及联系

骑楼在台湾等地十分常见，其一楼临近街道的部分建成走廊供人通行，走廊上方则为二楼的楼层，架在一楼支柱之上，故称为"骑楼"。（图11—13）

图11—13　北海中山路骑楼剖面图，建于1920年代

资料来源：北海市规划局提供。

和外廊式建筑一样，骑楼也是植根于殖民地的一种杂糅了东西建筑语汇的建筑形式。根据东南亚建筑史家的研究，骑楼最初可能成形于荷兰的东印度公司在印度尼西亚修建的连排仓库，其前部附建了一层外廊，建筑形态上糅合了荷兰的前部狭窄的住宅与

---

①　"高尺"可视作一套浓缩的设计图，包含了平面图等内容，并以相应的符号与文字标注在杉木尺上，是为解决匠人读图与记录而产生的一套方法。近代洋楼民居按此施工后，"高尺"悬于外廊屋架上。详陈志宏：《闽南侨乡近代地域性建筑研究》，天津大学建筑学院博士论文，2005年，第126—128页。

中国南方院落住宅各自的特点①。骑楼融合了居住、仓储和商业等功能，适应了当地的炎热气候，是东南亚国家常见的一种建筑类型。②

在华南，骑楼的修建始自与西方接触最早的广州③，从此影响波及沿海诸省，绵延二十余年，直至1930年代才逐渐式微。近代中国与东南亚殖民地国家不同，西方列强从未完全占领全部国土并建立起殖民政权。在内忧外患的局面下，自晚清以降，中国政府发起了一系列现代化运动，试图匡正法纪，改良市政，重振民心士气。建造新式骑楼建筑和骑楼街区就是这种尝试之一。

一般来说，在名邑巨埠如广州和海口，骑楼多是成片成排出现的。这种连排式布局，形成连续的骑楼柱廊和沿街建筑立面，即骑楼街。临街立面处理为西式造型或中西结合，称为"洋式店面"，重点装饰女儿墙、檐口、窗洞、阳台、柱廊等部分④。骑楼一般临街层用于经商，走廊部分可防雨防晒，二楼以上则住人。骑楼街道由街道两侧骑楼单体联排形成，底层具有连续性柱廊人行空间的商业街道。

而在位置偏远、商品经济尚较不发达的地区，骑楼则主要作为住宅使用，成为民居

①　有学者认为骑楼之所以成为影响新加坡城市形态的主要建筑元素，根源在于莱菲尔总督曾于1811—1816年期间在荷治东印度群岛工作过，因此对印尼群岛的骑楼式仓库留有深刻印象。有关莱菲尔（Stamford Raffles）总督及骑楼在新加坡发展的历史，见 Jane Beamish and Jane Ferguson, *A History of Singapore Architecture: The Making of a City*, Singapore: Graham Brash, 1985。

②　例如，新加坡中国城的骑楼街区是根据第一任总督莱菲尔爵士的指示进行规划和建造的。莱菲尔爵士本人曾在印度的殖民政府中工作过，对印度的殖民地外廊式建筑和印度传统规整的城市道路网格都十分熟悉。他在工作备忘录中明确指出，中国城的路网应设计成是直交的，在商业街两侧建造便于行人通行的连续的"五脚基"。

③　民国肇造，战乱频仍，广州市政当局机构及名称更迭、变化颇多，前后有广东军政府（1910—1917年）、市政公所（1918—1921年）、市政厅（1921年），市政厅后改为广州市市政委员会，旋改广州市市政府（1921年），孙科为首任市长。市政公所时代开始正式筹划市政建设，颁布有关骑楼建设一系列法令。详林冲：《骑楼型街屋的发展与形态的研究》，华南理工大学博士论文，2000年。有关市民阶层与政府就骑楼争夺底层空间使用权的具体例子（新加坡），见 Robert Powell, *Singapore Architecture*, Singapore: Perliplus, 2004。

④　其开间以单开间居多，层数一般为2—4层，个别达5—6层；底层层高一般为4—5米，开间为3—5米，个别较窄的仅2—3米，特别宽的约为6米。进深一般较大，常为10—20米，有的甚至可达30—50米。

的一种。这种骑楼多为两层，业主多为当地农民或渔民，依靠当地匠人对大都会骑楼形制的模仿，以传统做法和工艺为主建造，因陋就简，西方元素则作为点缀活跃了立面的形象。海南崖城县临高地区的骑楼民居可算是这一类骑楼的典型例子。这些骑楼多数用于居住，有时甚至单独建造，不像广州、海口的骑楼那样联排成为商业街，所以称之为"骑楼民居"。（图11—14）

图11—14　三亚市崖城县保港乡骑楼民居（2009年摄）

商业骑楼分布于城市化程度较高、商业较发达的城市，如广州、海口、台北、高雄，骑楼民居则位于城市化程度较低及偏远的乡村地区，如崖城、漳州、玉林等。这两类骑楼基本构成了我国华南地区骑楼建筑的全貌。

外廊式建筑和骑楼建筑都是从殖民地国家引进而来，但是，它们的根本不同在于，外廊式建筑的"廊"上再无楼层（除非外加一层廊），而骑楼的"廊"因其上尚有楼层住人，仿佛骑在人行道上，因而得名"骑楼"。只要底层让出柱廊空间，连贯而成连续的有顶盖的人行道，就形成了骑楼。其特殊之处主要在于街道人行空间与沿街建筑的组织形式，及由此产生的对城市空间形态的影响。

骑楼的独有魅力也正是在于其整体连续舒适、遮阳避雨的城市步行商业空间，兼为城市交通服务。而这些都是自成体系的外廊式建筑所不具有的特点。但是，这两种建筑类型却又有紧密的联系。首先，除了"洋门脸"等建筑元素之外，骑楼和外廊式建筑一样都源起于热带殖民地国家，都曾作为"帝国扩张的工具"，随着殖民主义在世界各地出现。加之骑楼单体的布局形式与近代殖民地外廊式建筑接近，在闽南方言中，骑楼与外廊都被称"五脚基"。

其次，外廊式建筑和骑楼是殖民地环境中相互关联的两种居住建筑形式，都曾被用作展示殖民者权威和欧洲先进文明，以不同的方式在心理上对本地居民加以威慑：独幢的廊屋是为了殖民统治者所建造的，其式样强调了西方文明的现代性和优越性，在文化和建筑两方面均与当地环境做出隔离的姿态；而建造骑楼则是为了容纳本地居民，使城市的居住和卫生环境得以改善，殖民政府的统治也因此能更有效。骑楼街区所体现的"现代性"如规整、秩序、卫生、效率等特征，对迫切需要振作民心士气、逆转自晚清以来颓唐局面的民国政府而言，更具吸引力，也成为政府和进步绅商们竞相模仿建造的对象。

第十二章　近代时期的建筑师、建筑教育、建筑团体和建筑传媒

一、近代时期的寓华建筑师

近代以来的中国建筑发展的历史，很大程度上是与在华活动的外籍建筑师密切相关的。他们为封闭、落后的中国带来了世界前沿的建筑思想和先进的建筑技术及管理方法，也为中国培养了诸多专才，促进了中国建筑事业的发展。一般而言，第一次鸦片战争以后的很长时期内，通商口岸及受西方影响较大的城市几乎都曾大量建设外廊式建筑。这种起源于殖民地、一度被贬斥为将就处置和缺乏美感的建筑样式成为中国早期近代城市景观发生变化的主要原因①。直到1880年代前后，外国受过专业训练的建筑师和工程师才逐渐在上海等地活跃起来，同时一批闻名遐迩的外国建筑师事务所也开始在中国开辟市场。

在中国的外籍建筑师事务所，按其国别，主要来自英国、法国、德国、美国、日本，其他如澳大利亚、匈牙利、比利时活动亦较活跃。兹分述之。

（一）英籍建筑师事务所

近代中国的国门是因英国商人向中国走私鸦片，继而爆发的鸦片战争所打开的。因此，藉由《南京条约》等一系列不平等条约，在军事征服之外，英国的政治、文化和经

---

① 〔日〕藤森照信撰、张复合译：《外廊样式——中国近代建筑的原点》，《建筑学报》1993 年第 5 期；刘亦师：《中国近代"外廊式建筑"的类型及其分布》，《南方建筑》2011 年第 2 期。

济势力也最早向我国渗透。近代时期在我国开业的外籍建筑师中，英国人的人数最多，在作品数量及影响力方面整体上较他国有明显的优势[①]。这些由英国建筑师组建的"洋行"（建筑师事务所）一般将总部设于上海或香港，主要业务则集中在较大的开埠城市如上海、汉口、天津和政治中心城市如北京等。

1.马礼逊洋行

早期上海的建筑师事务所中规模和影响力较大者为马礼逊洋行。主持人马礼逊（G. J. Morrison，1840—1905）曾在19世纪70年代主持设计了中国第一条铁路——淞沪铁路，并因此成为上海工程界知名人士，曾被选为上海公共租界工部局副总董（1886—1888年）。1885年，马礼逊与当时上海建筑师中为数不多的英国皇家建筑师学会（RIBA）会员格兰顿（F M. Gratton）组建马礼逊洋行（Morrison & Gratton）[②]。

1889年，另一位出生于印度的英国建筑师斯科特（Walter Scott）成为马礼逊洋行的第3位合伙人，洋行因之易其西名为"Morrison，Gratton & Scott"。其主要作品包括上海汇中饭店（今和平饭店南楼，建于1906年）、汉口麦加利银行，以及天津的汇丰银行等。汇丰银行（Hong Kong and Shanghai Bank）北京支行大楼（图12-1），1902年由斯科特设计建成[③]。

1902年斯科特同本洋行的卡特（W. J. B. Carter）合作接手了这家事务所，再易名为"Scott & Carter"；1907年卡特去世后，斯科特独力维持，即以"W. Scott，Architect"的名义活动，直到第一次世界大战爆发之前关闭。

2.通和洋行

通和洋行（Atkinson & Dallas，Ltd.，Civil Engineers and Architects）由Brenan

---

① 根据黄遹的统计，英国人"占绝对多数"，见黄遹：《晚清寓华西洋建筑师述录》，张复合编：《第五次中国近代建筑史研究讨论会议论文集》，中国建筑工业出版社1998年版，第164页。另据法国建筑学家Natalie Delande的研究，"最初到达上海的外国工程师都是英国人。……在时间上和人数上稍次其后的是法国人和受过法国教育的工程师"。见Natalie Delande：《工程师站在建筑队伍的前列》，张复合编：《第五次中国近代建筑史研究讨论会议论文集》，第97页。

② 伍江：《旧上海外籍建筑师》，《时代建筑》1995年第4期。

③ 张复合：《20世纪初在京活动的外国建筑师及其作品》，收入张复合编：《建筑史论文集》（第12辑），清华大学出版社2000年版，第96页。

图12—1　汇丰银行北京支行大楼

资料来源：张复合：《图说北京近代建筑》，清华大学出版社2009年版，第93页。

Atkinson与曾在上海公共租界工部局任市政工程助理的Arthur Dallas（亦为英国皇家建筑师学会会员）在1898年创办于上海，是上海20世纪初最有规模、最具实力的建筑事务所。其作品数量多、类型广，涉及工厂、洋行、银行、领事馆、学校、教堂和私人住宅等各种类型。Brenan Atkinson在18岁时就开始在上海T. W. Kingsmill建筑师事务所工作，1894年独立开业，1907年41岁时去世。他的弟弟G. B. Atkinson在1908年加入通和洋行，继之成为合伙人。其在上海及周边地区的代表作品有：上海的会审公廨、大北电报局、意大利领事馆等[1]。

通和洋行也是较早在设计中融入中国样式的一家外国建筑师事务所。如建于19世纪90年代的会审公廨和圣约翰大学怀施堂（今华东政法大学韬奋楼）等均曾尝试采用中国式的大屋顶，虽"只宜远观"（梁思成语）且与中国传统建筑的法式不合，但毕竟是这一设计手法的开创之举。（图8—19）通和洋行除了建筑设计外还从事房地产经营，业务活动一直持续到第二次世界大战期间。

通和洋行曾在汉口、天津、北京设分公司，发展成为远东最大的建筑师事务所。通和洋行在北京的分公司设于1910年6月，代表为G. McGarva。清政府在其末季曾兴造最高法庭"大理院"，即由通和洋行设计，A. H. Jagues & Co.承建，大理院新楼在1910年左右

---

① 伍江：《旧上海外籍建筑师》，《时代建筑》1995年第4期。

建成。（图10—4）此建筑"规模宏大，为文艺复兴式。虽非精作，材料尤非佳选，然尚不失规矩准绳，可称为我国政府近代从事营建之始"。[①]

通和洋行在北京的业务活动早在设计大理院之前已经开始。此外，通和洋行在北京还设计承建了审计院（1910年）、东方汇理银行（Banque De L'In do-Chine，1917年）、新世界商场（1917年）、邮政管理总局（1921年，美昌洋行承建）等重要建筑[②]。

3.公和洋行

公和洋行是英商老牌设计机构Palmer & Turner事务所1912年在上海开设的分部，在整个20年代和30年代，公和洋行是上海最具实力的建筑事务所，接连获得了诸多的重要建筑设计任务，留下了一系列上海近代建筑史上极有影响的作品。

公和洋行的历史最早可以追溯到1868年，由一位英国建筑师威廉·赛尔维（William Salway）在香港创立。1880年代，建筑师卡文·巴马（Clement Palmer， 1857—1953）加入事务所； 1891年，公司职员、结构工程师亚瑟·丹拿（Arthur Turner， 1858—约1945）成为合伙人。1895年，卡文·巴马和亚瑟·丹拿二人被授予英国皇家建筑师学会会员资格（RIBA），事务所也以他俩的名字重新命名为Palmer & Turner Architects and Surveyors[③]。

随着第一次世界大战的爆发，巴马丹拿公司在香港承接的建筑数量日趋减少。1912年，事务所派在伦敦出生并接受建筑学教育、1908年刚加入公司的乔治·威尔逊（George Leopold Wilson， 1880—1967）前往上海开设分所，并开始像其他外国建筑师事务所一样为公司选用了雅宜得体的中文名称，即"公和洋行"。几年以后，威尔逊和洛根成为事务所的正式合伙人和主持人，于是将总部从香港迁到上海。作为公和洋行的主持人，威尔逊一直在事务所中起着关键作用。

公和洋行相继设计了天祥洋行大楼、汇丰银行上海支行新楼（1923年）（图12—2）、海关大厦（1927年）、沙逊大厦（1929年）、汉弥尔登大厦、都城饭店、河滨公

---

①　《梁思成文集》（三），中国建筑工业出版社1985年版，第267页。

②　张复合：《20世纪初在京活动的外国建筑师及其作品》，《建筑史论文集》（第12辑）。

③　姚蕾蓉：《公和洋行及其近代作品研究》，同济大学硕士论文，2006年。

图12—2 汇丰银行上海支行（第三代）大楼（2004年摄）

寓、峻岭公寓、百老汇大厦、亚洲文会大楼等等，包揽了很大数量的大型工程。作为二三十年代上海最大也是最重要的建筑设计机构，公和洋行以其绝对的设计数量和高超的设计水平而在上海近代建筑史中扮演了重要的角色。上海外滩现存的24幢重要历史建筑中，9幢为公和洋行的设计作品。

4.新瑞和洋行

新瑞和洋行（Davies & Thomas）是在上海开业的一家英商建筑工程行，由覃维思（C . Gilbert Davies，英国建筑师学会会员）于1896年创立，1899年与托玛斯（Charles W. Thomas）合伙。新瑞和洋行也是此时期的重要建筑事务所。后托玛斯退出，蒲六克（J. T. W. Brooke）加入，事务所的英文名称易为Davies & Brooke。新瑞和洋行设计了大量的办公楼和私人住宅。至1908年，代表作品有：中国早期钢筋混凝土结构建筑物——上海的华洋德律风有限公司、外滩太古洋行新楼、伍廷芳邸，以及芜湖公共租界沿江建筑等[①]。

位于北京东交民巷一带的六国饭店（Grand Hotel des Wagons Lits）也是新瑞和洋行的作品，建成于1902年，成为北京第一家拥有齐备的近代设施的大饭店[②]。（图12—3）

---

① 伍江：《旧上海外籍建筑师》。

② 张复合：《20世纪初在京活动的外国建筑师及其作品》，《建筑史论文集》（第12辑）。

图12—3　1902年建成的六国饭店，于1910年又增建一层

资料来源：张复合：《图说北京近代建筑》，第103页。

5.景明洋行（Hemmings & Berkley）

在上海之外的地区，汉口开埠较早，英国建筑师事务所数量也仅次于上海和香港。

当时在武汉的外商建筑设计洋行有景明

（英）、三义（英）、石格司（德）、

义品等①，其中最著名的是景明洋行。

景明洋行由英国建筑师海明斯和工

程师柏格莱于1908年开办，二人均毕业

于英国伦敦皇家建筑学院②。1917年，

由海明斯、柏格莱设计，汉协盛营造厂

承包修建的景明大楼建成。从景明洋行

创立到1938年武汉沦陷后景明大楼被日

军占领、公司被迫歇业，景明洋行在汉

口经营长达30年。景明洋行在汉口租界承

图12—4　景明洋行大楼（张复合提供，1986年摄）

接的项目包括汉口电灯公司、台湾银行、巴公宅邸、新泰大楼、景明洋行（图12—4）、

---

① 李治镇：《武汉近代建筑与建筑设计行业》，《华中建筑》1988年第3期。

② 郑红彬、王炎松：《景明洋行及其近代作品初探》，《华中建筑》2009年第1期。

亚细亚火油公司、大孚银行等①。此外，景明洋行还培养了包括卢镛标在内的诸多中国建筑师。

（二）法籍建筑师事务所

作为欧洲的老牌帝国主义国家，法国的海外殖民地扩张仅次于英国。随着20世纪初年之后上海、天津等城市在世界上的地位越来越重要，法国籍建筑师在中国也活跃起来。本文选择其中较典型的两家法籍建筑师事务所简要叙述，即主要基于天津活动的永和工程司和总部位于上海的赉安洋行。

1.永和工程司

《外国在华工商企业词典》收录了"永和营造公司"词条，是该公司的另一个名称，并附有详细的记录：

> 永和营造公司Brossard & Mopin; Brossard，Mopin & Cie; Brossard，Mopin & Co.; Bossard-Mopin。法商营造公司。1915年前由波罗沙（J. Brossard）及么便（E.Mopin）合伙开办，本部西贡，西名"Brossard & Mopin"。香港、北京、天津、上海及新加坡诸埠设分号或代理处。1918年前后改组，更西名为"Brossard，Mopin & Cie"，迁总号于天津，华名永和营造公司，资本90万元。香港、北京、上海、广州、云南府、海参崴及西贡、新加坡、海防、巴黎、纽约等地先后设分号或代理处。……1920年代末总号迁回西贡，天津、沈阳、哈尔滨及巴黎、新加坡、百囊奔（金边）等地设代理处。天津劝业场即"永和"建筑师"慕乐"（P. Muller）的杰作。1940年代初尚见于记载。②

法国建筑师保罗·慕乐（Paul Muller），是一位活跃于近代天津法租界的著名建筑师。他毕业于法国巴黎美术学院建筑系，并获得了法国的执业建筑师资质。20世纪20年

---

① 姚远：《浅谈景明洋行在汉作品及其设计风格》，《武汉文博》2014年第2期。

② 黄光域：《外国在华工商企业辞典》，四川人民出版社1995年版，转引自武求实：《法籍天津近代建筑师保罗·慕乐研究》，天津大学建筑学院硕士论文，2011年，第17页。

代前后，慕乐来到中国，40年代离开。在这期间，慕乐既是天津法公议局工程处的工程师，又是法商永和工程司的主持建筑师，同时还在天津工商学院任教。

永和工程司设计的建筑有：法国兵营（1915年）、北京饭店中楼（1917年）、天津工商学院的几座建筑（1924—1927年）、中法工商银行（1926年/1933年增建）、劝业场（1928年）、交通饭店（1929年）、法公议局大楼（1931年）、金汤桥修缮（1936年）、渤海大楼（1936年）、利华大楼（1938年）、东北大学校舍（1925年）、兴隆洋行（1929年）、北京辅仁大学校舍（1930年）、起士林大楼、麦粉厂及纺织厂[①]。长春成为伪满"新京"后，日伪政府曾向法国政府借贷，因此较早建成的伪满"外交部"亦由永和工程司设计（图12—5），也是伪满时期唯一由西方人设计的官厅建筑。

图12—5 伪满"新京"伪外交部大楼

资料来源：于维联主编，李之吉、戚勇执行主编：《长春近代建筑》，长春出版社2001年版。

2.赉安洋行

赉安洋行（Léonard & Veysseyre）是由法国建筑师A. Léonard，P. Veysseyre组成的建筑设计公司，其后法国建筑师A. Kruze入伙。Léonard及Veysseyre均毕业于法国高等美术学院，并均参加了第一次世界大战。1922年，两人在上海相遇并创立了赉安洋行。赉安洋行的设计活动集中在上海法租界内。20世纪20年代他们的早期作品多为花园洋房，

① 武求实：《法籍天津近代建筑师保罗·慕乐研究》，第16—21页。

建筑风格属于多样的地域风格。主要的作品包括法国总会（1925年）、培恩公寓（1930年）、中汇银行（1934年）、道斐南公寓（1934年）、雷米小学教学楼（1936年）、麦琪公寓（1936年）等①。

赉安洋行的作品以居住、文化建筑为主，尺度通常不大，设计通常注重环境品质，由于受到西方新的建筑设计思潮的影响，多数作品体现了当时风靡上海的装饰艺术运动风格的影响。

（三）美籍建筑师事务所

美国建筑师在华的活动与美国对华经济、文化政策的变迁密切相关。20世纪初、特别是1905年全国性的抵制美货运动后，由于美国政府的对华政策开始注意笼络中国知识分子，美籍建筑师的活动随之骤然兴盛。其中很多建筑师参与了美国资助兴建的卫生和文教设施，如Hussey设计的北京协和医院及Fellows设计的教会学校齐鲁大学，但声望最著者当属纽约建筑师墨菲（时称茂谭工程师，Murphy &. Dana Architects，亦称茂旦洋行。因为在民国时期墨菲又被译作麦飞或麦费，丹纳则被译为谭纳，是以茂旦洋行也曾被称为"麦谭建筑师"）②。由于墨菲曾对民国以来的近代建筑发展发挥了重要作用，尤以近代校园的规划和建筑设计闻名，他所在的茂旦洋行也是我国近代时期影响最大的设计机构之一。

实际上，茂旦洋行只存在了12年（1908—1920年）时间，1920年就因两位合伙建筑师在事业拓展上出现分歧而解散。虽然如此，茂旦洋行时期闻名遐迩的中国校园设计，如雅礼学校、清华学校、福建协和大学等，虽都出自墨菲之手，但同时也是墨菲和丹纳密切沟通和合作的结果。墨菲写给丹纳的信函曾详细描述了中国项目进展以及他对方案的修改设想和人事安排等，涉及设计构思的发展变化和事务所工作的方方面面，至今仍是研究这些校园规划和建筑的重要史料③。

1913年以后，墨菲取得了主持设计雅礼学校（College of Yale-in-China）的机会，旋

---

① 陈锋：《赉安洋行在上海的建筑作品研究（1922—1936）》，同济大学硕士论文，2006年。
② 如清华大学早期校园建筑图的图签即标明"麦谭建筑师"。
③ 刘亦师：《墨菲档案之清华早期建设史料汇论》，《建筑史》2014年第2期（第34辑）。

即又获得清华的校园规划与建筑设计的委托，声名鹊起。以此为契机，他又获得多所美国基督教会大学的校园规划设计的委托，如沪江大学（1915年）、福建协和大学（1918年）、金陵女子大学（1919年）、燕京大学（1920年）、厦门大学（1921年）及北京、汉口等地共6处花旗银行大楼，将业务范围扩展到整个东亚[1]。1928年国民党定鼎南京之后，蒋介石任命墨菲为"首都计划"的顾问，主持设计了南京灵谷寺阵亡将士纪念塔和祭奠堂。从此，墨菲蜚声中美，成为中国近代建筑史上最著名的外国建筑师之一。

墨菲的合伙人丹纳1879年出生于美国马萨诸塞州剑桥市的一个上层阶级家庭。（图12—6）从他1906年回美国直至逝世，丹纳都一直在纽约生活和工作。除了前二年外，后25年可分为茂旦洋行时期（1908—1920年）和独立执业时

图12-6　理查德·亨利·丹纳
（1879—1933年）

资料来源：Richard Henry Dana, Jr., "Richard Henry Dana, 1879-1933", Richard H. Dana, Jr., *Richard Henry Dana（1879-1933）, Architect: Illustrations of His Work*, New York, 1965.

期（1920—1933年）两个阶段。在茂旦洋行时期，除上述卢弥斯学校和其他较小规模学校外，丹纳还参与了茂旦洋行所承接的"18个校园项目中的12个"，包括重要的海外项目如长沙的雅礼学校、日本的圣彼得学校（St. Peters）等[2]。在此期间，丹纳还于1908—1916年间担任耶鲁大学建筑学院的外聘教师，指导设计和建筑制图等课程，并因此在1912年获耶鲁大学颁予荣誉艺术学士学位。正因为他和墨菲二人与耶鲁大学的渊源以及他们与校内各种机构的良好关系，使他们获得了雅礼学校这样的重要委托项目。

① Jeffery Cody，*Building in China: Henry Murphy's 'Adaptive Architecture', 1914-1935*，Hong Kong: The Chinese University Press, 2001, p.109.

② Richard Henry Dana, Jr., "Richard Henry Dana, 1879-1933", Richard H. Dana. Jr., *Richard Henry Dana（1879-1933）, Architect: Illustrations of His Work*，New York，1965.

（四）日籍建筑师的活动

20世纪初期在华活动的日本建筑师大都是受日本政府委派而来中国的，是日本在海外殖民主义政策的组成部分。到伪满政权成立（1932年）之后，在殖民政府主导的各项建筑事业之外，陆续有一批持现代主义立场的日本建筑师来东北和上海等地开业，这些自由开业的建筑师是构成当时长春等地建筑风格多样化的主要因素之一。

1. 19世纪末至"九一八"事变前日籍建筑师的活动

这一期间的主要活动包括分设建造各地的日本领事馆以及日俄战争（1904—1905年）以后对"满铁"附属地的经营等。

日本公使馆于1872年在北京开设，1884年8月，日本外务省派遣外务省技师片山东熊承办"北京公使馆迁移及建筑"，于1886年8月完成，从设计到施工均由片山主持。片山东熊（1854—1917年）是日本工部大学首届毕业生（1879年），也是由英国人康德尔（J. Conder，1852—1920年）培养出来的日本第一代著名建筑师之一，其在日本的代表作品包括京都帝室博物馆（1895年）和赤坂离宫（1909年）等。

横滨正金银行于1893年在上海设支店，1895年中日甲午战争后在香港、天津、牛庄（营口）、北京、大连、汉口等地陆续设立支店。北京支店于1901年开设，银行大楼在1910年秋于东交民巷建成，同六国饭店隔街相对，为典型的"辰野式"建筑（即以红砖外墙附加水平白色大理石腰线为特征）。（图12—7）据张复合教授的考证，横滨正金银行在北京、牛庄和沈阳的支店，实际上是出自著名建筑师妻木赖黄属下的森川范一和村井三吾之手①。当时在"满洲"、台湾、上海等地执业的日本渡海建筑师以东京帝国建筑科毕业生为主，村井也曾在东京帝国大学工学部建筑工程科学习（1901年毕业）。

日俄战争以后，日本接管沙俄在南满的一切"利益"，承袭并扩展沿线附近土地，名曰"南满铁路附属地"。日本帝国主义以南满铁路附属地为据点，建立15个"铁路市"，完全独立于原有的城市之外，其市街皆以车站为中心，道路采用放射结构。在关

---

① 张复合：《20世纪初在京活动的外国建筑师及其作品》，收入张复合编：《建筑史论文集》（第12辑），第98—99页。

东州（大连—旅顺地区）及奉天（沈阳）、鞍山、长春等"满铁"附属地，由1906年成立的"南满洲铁道株式会社"（"满铁"）主持建设了一系列的公共设施和位于大连、沈阳等地的集合住宅（亦称"满铁社宅"）。其中著名者如由小野木设计的大连医院本馆[①]、由太田毅和吉田宗太郎设计的奉天驿等。

图12—7　横滨正金银行北京支行大楼，1915年

资料来源：民国图片资源数据库http://www.minguotupian.com/。

2.伪满期间（1932—1945年）日籍建筑师的活动

1931年"九一八"后，全东北沦陷，长春成为伪满傀儡政权的首都"新京"，随后由新成立的"满洲国国都建设局"对长春全市进行了统一规划，不但包括了前期独自建设的四片城区（南部的老城区、新开发的商埠地、"满铁"附属地和北部的沙俄铁道附属地）共21平方公里，而且将未来的建成区范围扩大到100平方公里。这就是著名的"新京"规划（1932年），1937年新建了近20平方公里，并为此举行了盛大"国都建设纪念典礼"[②]。

由于受到日本军国主义的殖民统治，"新京"时期的主流建筑形式是日本学者称作"兴亚式"的复古主义（在同时期日本国内称"帝冠式"），主要用于伪国务院等官厅

---

① 〔日〕西泽泰彦：《旧满铁大连医院本馆建设过程及历史评价》，张复合编：《第五次中国近代建筑史研究讨论会会议论文集》，第144—155页。

② 刘亦师：《1937年伪满国都建设纪念典礼述论》，《新建筑》2012年第5期。

图12—8 伪满"新京"伪国务院（2004年摄）

建筑上（图12—8）。同时，两位现代主义大师——勒·柯布西耶和赖特，通过他们的日本学生在长春的实践，在中国的东北体现了他们的影响[①]。

阪仓准三（1904—1968年）从1931年开始在柯布西耶处工作了5年，1937年设计了巴黎世博会日本馆。在1939年到长春后，阪仓受伪满政府的委托，做了长春南湖周围的住宅区规划。这一规划是一个集办公建筑、公寓楼和独幢住宅的综合体，这也是柯布西耶所喜好的排布居住建筑群的方式。

但是，除了日本馆和这个规划方案外，阪仓在将近十五年中却再没有作品。而直到战后日本经济开始复兴的1951年，才得到机会，做出了镰仓美术馆那样的杰作。因此，这一案例也成为研究阪仓准三建筑思想发展的重要说明。参与到阪仓准三的这一工程中的还有当时年轻的丹下健三，他日后则成为日本现代主义建筑的执牛耳者。参与南湖住区工程的经验，也对日后丹下提出东京湾规划产生了影响[②]。

前川国男（1905—1986年）则在他毕业之后就投奔到柯布西耶门下工作了两年，由于宣扬现代主义，回日本后很长一段时期没有得到施展才华的机会。1937年日本全面侵华战争爆发后，前川到上海开设了事务所，为上海和新京的日本公司住宅区做设计。他竞标昭和制钢会社鞍山制钢所（1937年）和大连工会堂（1938年）（图12—9），均获选一

---

① 刘亦师、张复合：《20世纪30年代长春的现代主义活动》，《新建筑》2006年第5期。

② Yatuska Hajime, "The 1960 Tokyo Bay Project of Kenzo Tange", Arie Graafland（ed.），*Cities in Transition*，Rotterdam: 010 Publishers, 2001, pp.179-190.

等，体现了前川一以贯之的现
代主义思想。这也在战后他的
作品中继续加以延承和发扬，
如东京和京都的会议中心。

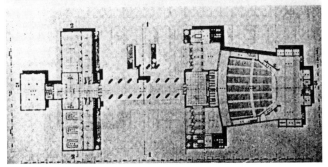

图12—9　大连公会堂一等奖方案（未实现）

资料来源：稻垣荣三：《日本の近代建筑》，东京：鹿岛出版会，1979年。

另一位日本建筑师远藤
新（1889—1951年）是赖特的
追随者之一，曾协助赖特完成
了帝国饭店的施工，之后在他
的所有作品中都留有明显的草
原风格印记。1933年，远藤在
他创作的盛年到长春开设事务
所，从此以长春为中心开展活
动，在长春设计了满洲"中央
银行"俱乐部和"央行行长"
住宅等建筑，同样体现了赖特
草原风格的影响。

（五）其他国家的在华建筑师事务所

1.罗克格洋行（Rothkegel & Co.）

青岛是德国建筑师从业的集中地，他们多有德国政府背景，如青岛总督府和总督
官邸方案的主设计者弗里德里希·马尔克（Friedrich Mahlke）等。在胶澳租借地，除
了德国建筑师，很少见到其他欧美建筑师①。在上海执业的德国建筑师著名者有倍高
（Heinrich Becker，组建了倍高洋行），倍克（Karl Baedecker，曾为倍高洋行合伙人，后
独立为倍克洋行），汉斯·埃米尔·里勃（Hans Emil Lieb，组建了利来公司，其合伙人

---

① 陈雳、杨昌鸣：《新罗马风·罗克格·涵化——近代德国建筑文化输入中国现象述评》，《建
筑学报》（学术论文专刊）2012年第8期。

Hugo Leu之后创立了雷虎工程司）等①。

近代在华的德国建筑师当中最著名者当属库尔特·罗克格（Curt Rothkegel，1876—1945）。罗克格1876年5月21日出生于德国西里西亚，1903年来到青岛，先后在厦门和青岛设建筑师事务所，西文行名"Rothkegel, C."，后迁北京霞公府开业，华名"营造式画司罗克格"。1913年前后事务所改组，称"罗克格公司"或"罗克格洋行"，职员傅赖义（Walter Frey）为代权人。1917年中国对德、奥宣战后一度停业，20年代初恢复，增设青岛和沈阳分号。罗克格于1929年回国，1946年去世②。

罗克格在中国居留工作达25年，设计了大量的作品，遍布青岛、北京、天津、沈阳、厦门等地，早期的作品包括亨利王子饭店音乐厅（1905年）、美国海军招待所（1908年）、青岛基督教堂（1910年）（图12—10）、青岛德侨俱乐部（1910）等。清政府曾委托罗克格设计宪政改革的象征性建筑——资政院（图10—3），当时有8名欧洲建筑师、5名中国建筑师协助他工作，但随着清王朝的崩溃，这项工程亦告夭折。民国肇造，北京临时政府筹建国会，其中众议院议场（亦称"国会议场"或"临时国会大厦"）仍由罗克格设计，并于1913年完工③。

罗克格在北京的作品还有北京俱乐部（1911年3月始建，1912年12月建成）、燕都别墅

图12—10　青岛江苏路基督福音堂（张复合提供，1986年摄）

① 据黄遏《晚清寓华西洋建筑师述录》一文的统计，英国人"占绝对多数"。见黄遏：《晚清寓华西洋建筑师述录》，张复合编：《第五次中国近代建筑史研究讨论会议论文集》，第161—164页。

② 杜鹰：《近代德国建筑师库尔特·罗克格在华作品调查及分析》，青岛理工大学硕士论文，2010年。

③ 张复合：《中国第一代大会堂建筑——清末资政院大厦和民国国会议场》，《建筑学报》1995年第5期。

等，并在1915年协助朱启钤完成了北京正阳门的改建工程。

2.邬达克洋行（Hudec，L.E.）

邬达克1893年生于斯洛伐克的一个建筑世家。1910—1914年，邬达克曾入布达佩斯的匈牙利皇家约瑟夫技术大学学习深造，并于1916年当选为匈牙利皇家建筑学会会员。一战爆发后，他在战场上成为沙俄军队的俘虏，辗转逃至上海。从1918年起，他在美国人开的建筑公司克利洋行里做助手，其间学会了汉语。他与克利洋行合作设计了美丰银行、方西马大楼、中西女塾、福州路美国花旗总会、万国储蓄会霞飞路公寓等一系列作品，这些建筑均为复古样式，平面布局及立面构图严谨，设计、施工精美[①]。

1925年邬达克开设了自己的设计师事务所，设计了国际饭店（1926年）、慕尔堂（1929年）、邬达克自宅（1931年）、上海德国礼拜堂（1932年）、大光明大戏院（1933）（图12—11）等诸多作品，是当时上海最重要的建筑师之一。从1930年代开始，邬达克的作品明显转向Art Deco和现代式，大光明电影院和国际饭店即为典型的例子；而吴同文住宅是他将现代式风格表现于小住宅设计的一个成功实例。

3.治平洋行（Purnell & Paget，Architects & Engineers）

帕内（Arthur W. Purnell，1878—1964）是20世纪初活跃在广州的澳大利亚

图12—11　大光明电影院，1933年

资料来源：Edward Denison, *Architecture and the Landscape of Modernity in China before 1949*，NY：Routldge，2017.

[①] 邢晓辞：《略论改变近现代上海面貌的匈牙利建筑大师邬达克》，《东方企业文化》2010年第15期。

建筑师。他早年在澳大利亚接受建筑教育，后加入香港的丹备洋行（Danby, Architect & Engineer），1903年派驻广州主持沙面分行的事务。1904年与美国土木工程师学会准会员伯捷（Charles S. Paget）在广州沙面创立治平洋行（Purnell & Paget, Archietcts & Engineers），承接建筑设计、土木和测绘工程及其他相关咨询业务。

民国前10年间治平洋行在沙面先后完成了瑞记洋行（1905年）、礼和洋行（1906年）、花旗银行（1908年）等作品，成为沙面的地标，并为美国教会的岭南大学改造设计了马丁堂（The Martin Hall）（图2—2），并在其西南侧设计了岭南大学的第一栋学生宿舍①。

1910年后帕内离开广州②。

4.世昌洋行与义品公司（Credit Foncier d'Extrême-Orient）

比利时虽是欧洲小国，但钢铁资源丰富，铁路技术成熟，尤其和欧美列强不同的是"究系小国""于中国无大志"，所以晚清政府不得已举借外债修造芦汉铁路时，该国银行团取得了芦汉铁路的投资、修筑和经营权。从此，比利时工程师和建筑师开始在我国开展建设活动。

庚子事变后，比利时借机在天津攫取了其在亚洲唯一的一块租界。1904年4月26日，比利时世昌洋行获准开始在天津投资经营有轨电车，成立了天津电车电灯股份有限公司（Compagnie de Tramways & D'eclairage de Tientsin）。1905年，电车轨道铺设工程开工。1906年6月，天津第一条有轨电车路线也是中国第一条单轨电车正式开通运行，线路长5.16公里。刚开始运行时是单行轨道，1907年建成双行轨道。此后，比电公司又陆续开辟了6条车身颜色各异的电车路线，全长近22公里。

另一个基于天津活动的比利时公司义品公司又名远东信贷银行（Crédit Foncier d'Extrême-Orient），为法国和比利时合资公司，1907年在天津开业。当时的公司华名为天津法比兴业银行（Société Franco-Belge de Tientsin），是天津法租界内规模最大的洋商。义品公司的经营范围十分广泛，包括不动产抵押贷款、房屋租赁、建筑设计、工程

① 彭长歆：《20世纪初澳大利亚建筑师帕内在广州》，《新建筑》2009年第6期。
② 黄遐：《晚清寓华西洋建筑师述录》，张复合编：《第五次中国近代建筑史研究讨论会议论文集》，第178页。

施工、机器砖窑和轮船公司等。义品公司的建筑师多为法国人，主要作品包括天津法国东方汇理银行、吉鸿昌故居、朝鲜银行、法国工部局大楼、刘冠雄故居、华比银行及法国工部局大楼和法国公议局[①]。

1911年，义品公司在汉口与香港开设办事处；1915年和1918年分别在北京与济南开设支部。1937年之后，由于日本侵华战争的爆发，义品公司在中国大陆的业务被日军接管。汉口的义品公司多从事租界的里弄等住宅项目[②]。

此外，比利时籍传教士格里森（Dom Adelbert Gresnigt, O. S. B）于1928年受美国天主教本笃会委托设计了辅仁大学主楼[③]，该校是近代时期在华创办的三所著名天主教大学之一。（图8—5）

总之，近代时期是我国社会动荡剧烈、政权更迭频繁的时期。由于各种原因而退出中国大陆的外籍建筑师及其事务所，有的转以香港为基地继续其原有的业务，有的返回各自的祖国继续执业，其中有些甚至开创了更加辉煌的事业。

例如，墨菲于1934年退休返回美国后，曾在佛罗里达和俄亥俄等地做过一些设计。其中因与孔祥熙的关系，曾受邀于1948年赴欧柏林学院为其筹划山西楼（Shansi Building）建筑群的规划与建筑设计。（图12—12）此外，曾在上海煊赫一时的公和洋行从中国大陆撤出后，继续以香港为基地发展业务，仍

图12—12　墨菲设计的欧柏林学院山西楼，1948年在此基础上扩展为东亚学系及东亚博物馆

资料来源：Oberlin College Archives.

---

①　李天、周晶：《比商义品公司对天津法租界城市建设影响研究》，《建筑学报（学术论文专刊）》2012年总第8期。另见Thomas Coomans，"China Papers: the Architecture Archives of the Crédit Foncier d'Extrême Orient（1907-1959）"，文稿未发表。

②　李治镇：《武汉近代建筑与建筑设计行业》，《华中建筑》1988年第3期。

③　Dom Sylvester Healy，The Plans of the New University Building，Building of Catholic University of Peking, No.6, July 1929.

其巴马丹拿的旧称。20世纪70年代，随着香港及整个亚太地区的经济起飞，机构规模也日益壮大，员工人数也从60年代初的60多名发展到700多名，业务拓展至中国台湾、澳门及东南亚国家，改革开放后在上海、北京、武汉等地亦设其分部，赢取过香港与国际的许多奖项。

外国建筑师及其事务所不但在华进行工程实践，也起到了培养我国建筑师的作用。与墨菲合作以及在墨菲事务所中工作的中国建筑师其后崭然有声者如庄俊（达卿）（图12—13）、吕彦直、董大酉，均为我国第一代建筑师中之翘楚。另以景明洋行为例，它可谓是汉口建筑师的摇篮，1948年的《汉口市建筑师开业登记清册》，29名华人建筑师中有一大半就是出自景明洋行[①]。其中，卢镛标曾于1902年高中毕业后在英人开设的景明洋行学习建筑设计，直至1930年辞去景明洋行职务，创办武汉第一家华人建筑师事务所，设计了如四明银行大楼（1934年）、中国实业银行大楼（1935年）、中央信托公司等一系列优秀作品[②]。此外，许多像林护、杨宜昌这样的中国技术人员也受益于治平洋行的建筑事务，为他们日后事业的开展奠定了基础。

图12—13　庄俊与Charles E. Lane合影（二人均为墨菲清华项目的驻场建筑师）

资料来源：Henry Murphy Papers，Yale University.

---

① 李治镇：《武汉近代建筑与建筑设计行业》，《华中建筑》1988年第3期。

② 同上。

此外，外籍建筑师的在华活动也为我们反思以宗主国为"中心"、殖民地为"边缘"的殖民主义世界体系，提供了丰富新颖的材料，即殖民地与宗主国间社会和政治思想、资本、技术、人员等流动，并非是由"中心"到"边缘"的单向运动，而是相互作用、交错影响[①]。例如，在制定"满铁"附属地的街道规模时，"满铁"的第一任总裁后藤新平所任用的一批官员，不但之后在"新京"规划的制定中发挥了很大影响，而且战后同一批人在日本城市恢复和制定规划法则的工作中也发挥了重要作用。其中，佐野利器曾担任"新京"规划技术方面的主要负责人，战后则是日本规划协会的主席；富崇光曾在后藤领导下具体负责东京灾后重建的规划（1923年），战后主持了新干线的修建[②]；时任"新京"公园科长的佐藤昌战后则任建设省设施课课长。此外，阪仓准三、前川国男等人战后的崛起以及1960年代的铁道新干线技术等[③]，均由殖民地作为"实验场"向宗主国输送了社会实践和建设的各种经验。

二、近代时期的中国建筑师与建筑教育

在近代，"工程师"作为独立职业的出现远较"建筑师"为早。1872年随容闳赴美求学的幼童之一——詹天佑（1861—1919年）是我国最早的工程师，曾主持修筑了京张铁路，这是中国工程师独立设计施工的重要成就。詹天佑曾于1913年在汉口创办了中华工程师学会及其机关刊物《中华工程师学会会报》[④]，我国第一个建筑师的团体在此后10

---

① 刘亦师：《边疆·边缘·边界——中国近代建筑史研究之现势及走向》，张复合、刘亦师主编：《中国近代建筑研究与保护》（九），清华大学出版社2014年版。

② Yatuska Hajime，"The 1960 Tokyo Bay Project of Kenzo Tange"，Arie Graafland（ed.），*Cities in Transition*，Rotterdam: 010 Publishers, 2001, p.175.

③ 日本国内的规划立法与"满铁"附属地的关系，详李百浩：《日本在中国的占领地的城市规划历史研究》，同济大学博士后报告，1997年；关于新干线建设与日本在满洲经验的关系，见 Roderick Smith，"The Japanese Shinkansen: Catalyst for the renaissance of rail"，*The Journal of Transport History*, 2003, 24（2），pp.222-237.

④ 房正：《中华工程师学会述论（1912—1931）》，"辛亥革命与上海"国际研讨会，2011年。

多年才诞生且人数不过前者十一[①]。

另一位在市政建设方面卓有成就的工程师是从法国留学归来的华南圭（1876—1961年）。华南圭出生于无锡，曾就读于苏州的教会学校，1904年被清廷选送留法，1907年考入巴黎工程学堂第一年正班，1911年回国，先后担任京汉铁路工程师和交通部总工程师。因职务关系，与时任交通部总长的朱启钤交好，参与了朱启钤主持的不少市政工程，如设计中央公园（后改中山公园）唐花坞等。北伐战争后，1928年成立的北平特别市政府任命华南圭为工务局局长，并于1929年3月兼任了北平大学艺术学院建筑系教授，负责建筑工程的教学，用的是他从1919年起开始编写《房屋工程》八卷本的教材，此外他还编写了《铁路》、《力学撮要》、《材料耐力》、《土石工程》、《建筑材料撮要、置办及运用》、《公路及市政工程》等十多部高等教育教材，这些教材的出版和使用大大促进了我国铁路工程和土建工程教育。

按我国的传统观念，设计和建造房属于"小技"而非士大夫所应关心，甚至不以建筑的永久存在为意，由匠人斟酌处置即可。这种观念导致很长时期内没有中国人从事建筑师这一职业，国内的建筑设计市场拱手让给外国人。曾担任中国建筑师学会会长的范文照曾说："建筑师之为世所终，社会人士，多未明了，且有认为营造包工者流。间或视为一种普通工程师，种种误解，不一而足。"[②]

而这种社会误解随着清末"新政"所推行的教育改革逐渐得以澄清。建筑作为清廷核准的工程学科之一，成为年轻学子科技救亡、富国强民的一种方式[③]，首先在上层知识分子的观念中开始发生变化，由此产生了我国最早一批的建筑师。如设计中山陵的吕彦直，其父与清末大翻译家严复为姻亲，梁思成之父梁启超是清末、民初大思想家，梁思成的同窗好友陈植出生于江南官绅世家，关颂声、杨廷宝、童寯的父辈同样也属

---

① 中华工程师学会后改称中国工程师学会，1924年会员387人，1931年迅速发展至2169人。而1927年成立的中国建筑师学会至1935年也不过55人（详下节），相去甚远。

② 范文照：《中国建筑师学会缘起》，《中国建筑》1932年第1期。

③ 1904年清廷批准并颁布了《奏定学堂章程》即"癸卯学制"，是中国教育史上第一个正式颁布并在全国普遍实行的学制。1912年民国成立后又公布壬子癸丑学制（1912—1913年）。两个学制之间延续性很强，均主要参考了日本的学制适加修订而成。

于较早"开眼看世界"的知识分子，等等。他们自幼受到家庭影响，虽然长期旅居国外，但对中国传统文化有特殊的情感和独到的理解，其家族的社会网络也为他们日后开展建筑事业起到一定作用。这是那一代建筑师中不少人的共同特点。

我国最早的一批建筑师大多有外国留学的教育背景，其中由美国退还超索庚款建立的清华学校从1910年开始，向美国派遣了一批以建筑学为专业的留学生，对我国近代建筑行业与我国近代建筑教育的形成与发展，都发挥了至关重要的作用。如前文提到的庄俊，是清华最早派遣出国学习建筑的学生（第二批庚款留美生）①，在伊利诺伊大学（University of Illinois）修习建筑工程，于1914年毕业回国②。庄俊回国后辅助茂旦洋行的驻场建筑师雷恩（Charles E. Lane）进行"四大工程"的设计和施工管理。《清华周刊·本校十周年纪念号》记录："本校自增建校舍之计划决定后，即有工程处之设，由校中特请庄达卿先生专理其事。"③1919年停聘雷恩后，"改由庄工程师一人负责"④，直至1922年大礼堂完工。

除庄俊外，1910—1917年间由清华选送出国学习建筑的还有吕彦直（康奈尔大学）、关颂声（MIT）、巫振英（伊利诺伊大学）等多人。1918年后，清华留学生以建筑学为专业者始以宾夕法尼亚大学为目的地，部分原因可能宾大的建筑系"是全美唯一偏重建筑艺术而非建筑工程"⑤的一流系所，所以吸引了数量众多的清华留学生，包括朱彬（1918—1923年，后与关颂声、杨廷宝组建基泰工程司）、赵深（1921—1923年，后与陈植和童寯组建华盖建筑师事务所）、杨廷宝（1921—1925年）、梁思成（1923—

① 在清王朝覆灭前清华选送了三批学生直接送到国外大学学习，其中包括梅贻琦（第一批）、胡适、赵元任、庄俊（均第二批）等日后中国各领域的大师。

② "游美学生"，《清华周刊·本校十周年纪念号》，1921年，第12页。

③ 《清华周刊·本校十周年纪念号》，1921年："学校方面"，第40页。关于雷恩与庄俊关系的详细论述，见刘亦师：《墨菲档案之清华早期建设史料汇论》，《建筑史》2014年第2期，第164—186页。

④ 苏云峰：《从清华学堂到清华大学，1911—1929》，台湾"中研院"近代史所专刊（79），1996年，第116页。

⑤ 赖德霖：《学科的外来移植——中国近代建筑人才的出现和建筑教育的发展》，赖德霖：《中国近代建筑史研究》，清华大学出版社2007年版，第135页。

1927年）、陈植（1923—1928年）、童寯（1924—1927年）、过元熙（1926—1930年，后主持1933年芝加哥世界博览会中国馆"金殿"的建造）、王华彬（1928—1932年）等12人。除清华校友外，在宾大学习过建筑的还有范文照、林徽因、谭垣等10多人。宾大建筑系在我国建筑业和建筑教育的发展史上占有特殊的地位。此外如前所述，哥伦比亚大学（董大西等）、康奈尔大学（吕彦直、黄锡宗）、俄勒冈大学（刘福泰）、密歇根大学（杨宽麟）等等，也均培养了多名中国近代卓有成就的建筑师。

除美国大学外，还有一批前往欧洲和日本学习建筑的留学生。如后来开创了岭南学派的林克明曾赴法国里昂建筑工程学院留学，师从著名建筑师戛涅（Tony Garnier），华揽洪在法国国立美术大学建筑系学习（1936—1940年）后留在法国开业直至1951年回国，此外还有贝寿同、黄作燊、陈伯齐等留德、刘既漂赴法、冯纪忠赴奥地利、沈理源赴意大利，等等。而日本的东京高等工业学校（东京工业大学前身）则培养出柳士英、朱士圭、刘敦桢、龙庆忠（龙非了）、胡德元等一大批建筑师和教育家。这些留学生回国后一起开创了近代中国建筑教育、研究和实践的新局面。同时应该注意到，有一些中国建筑师虽没有出国留洋，但凭藉个人的努力和天赋，跻身最早的一代建筑师行列，如与梁思成、杨廷宝年龄相仿的杨锡镠，就读于交通部上海工业专门学校（原南洋公学），后来设计出上海百乐门舞厅、国立上海商学院等建筑。

建筑专业的留学生回国后，一方面投身建筑实践，独立开业（如庄俊、范文照）或合作开业（如基泰、华盖和兴业），逐渐开始与外国建筑师在设计市场展开竞争，并组织团体、开展活动、积极宣传，使社会对建筑师及其职业的认识大为改观，我们在下一节中再加论述。

另一方面，有一部分建筑师学生回国后开创了中国近代的建筑教育事业。国内最早开办的建筑系是由日本东京高等工业学校毕业归来的柳士英、朱士圭、刘敦桢在1922年创立的苏州工业专门学校建筑科。据查，苏工建筑科的课程设置与日本几乎一样，也体现出注重工程技术和实用的倾向，"目标是培养全面懂得建筑工程的人才，能担负整个工程从设计到施工的全部工作"。①实际上，不惟苏工建筑科，此前清末"新政"时期所拟定的《奏定学堂章程》（"癸卯学制"）及民初所拟"壬子癸丑学制"中规定的建筑科课程，无不是以日本建筑科课程为基础适加调整后形成的，显示了日本对我国近代教育体制的巨大影响。甚至"建筑"一词也是从日文汉字引入并沿用至今，后来梁思成虽曾提议用"营建"代替也未见实行。

随着美国留学归来者日众，且吕彦直、李锦沛、关颂声等人设计建成了举国关注的重要工程，美国的建筑教育体系逐渐被奉为正宗。当时美国建筑教育仍遵从巴黎美术学院的建筑教学模式，形成的关注宏大纪念性和古典构图原理的建筑教学体系，强调规律性操作和历史及美术的学习，训练的重点是构图、比例、尺度、韵律等一整套美学原则的掌握与运用，即所谓的"布扎"体系（Beaux-Arts）。以美国模式为基础、留美学生为基干力量，1925年成立的第四中山大学（后改中央大学）建筑工程系和1928年成立的东北大学建筑工程系迅速成为中国近代建筑教育的重镇②，为中国近代和现代建设的各领域输送了大批人才，如张开济、戴念慈、汪坦、郑孝燮、吴良镛等，对中国近现代建筑史影响极大。

除苏工和中央大学外，1928年北京大学改称北平大学，在艺术学院下设立建筑系，这是我国最早专以"建筑"命名的系所。实际上，北平大学建筑系尤其是后来归并到工学院后，对工程特别重视，著名结构工程师朱兆雪（留学比利时）曾任系主任，此外华南圭和在京津两地作品颇多的沈理源等也曾在该系任教。建校较晚的勷勤大学建筑工程系于1932年创办，留学法国的林克明为系主任，教师留学欧、日者为多，如胡德元、陈伯齐、龙庆忠等。与此类似的，还有位于上海的圣约翰大学建筑工程系，由留德归来、曾师从格罗庇乌斯的黄作燊任系主任，其所属的工学院院长则是著名结构工程师杨宽麟。

1939年南京国民政府教育部在"陪都"重庆委任刘福泰（中央大学建筑工程系主任）、梁思成、关颂声3人拟定了建筑学"全国统一科目表"，使中央大学的建筑教

---

① 徐苏斌：《中国近代建筑教育的起始和苏州工专建筑科》，《南方建筑》1994年第3期。徐苏斌：《比较·交往·启示——中日近现代建筑史之研究》，天津大学博士论文，1991年。

② 因东北大学1931年南迁，建筑系并入中央大学，中央大学遂成为无可争议的"布扎"体系教学的中心。

学内容开始影响国内其他各校的建筑教学。但这种影响并未导致直接的变化。如上述北平大学、勷勤大学、圣约翰大学，其历来强调工程方面的内容，美术训练非其训练的重点，假以时日，则为其师生逐渐转向现代主义奠定了思想基础和学术传统。

学界有将1935年前毕业或开业的建筑师称为"第一代建筑师"的观点。实际上从1930年代以后，随着国内建筑教育的开办和发展，由留洋回国的建筑师所培养出的"第二代"建筑师逐渐成长起来。除上述提到的学校外，还有哈尔滨铁路专门学校、天津工商学院、之江大学、沪江大学等多所。各校之间教学思想和模式不同，训练各有侧重，也造成此后我国近代建筑思想和实践的多样性和复杂性。究其根源，又与我国最早一代建筑师的留学背景有很大关系，从学习日本以重视工程技术，到套用美国的"布扎"体系，以及仿行欧洲的教育体系，简而言之都属于早期在建筑教育方面不同方向的探索，但中央大学所取得成就无可置疑地是其中最显著者，也深刻影响了是后政府和社会对建筑行业和建筑教育的普遍认知和评价。应该注意的是，这些建筑家们早年所秉持的教育思想并非故步自封、一成不变。如梁思成在1940年代已认识到时易世变，在1945年向梅贻琦建议创办清华建筑工程系时，提出以美国流行的现代主义教学方式为蓝本[①]，这与1939年他参与拟定的建筑学"全国统一科目表"大相径庭。

三、近代时期的中国建筑师团体与建筑传媒

我国近代形成气候的科技社团，起始于戊戌变法，与甲午战败后面临着灭种亡国的危局而旨在改造政治制度的维新运动同步，自其诞生之日即与国家的命运前途紧密相连，成为我国近代化进程中一类重要的制度建设。"五四"以降，在科学救国口号的感召下，爱国知识分子更加大力宣传学会这种科技社团的作用，提出"今之时代非科学竞争不足以图存，非合群探讨无以致学术之进步"[②]，认为科学是促使国家富强的关键。

在建筑方面，结成研究团体和行业组织尤有必要：一则在20年代初民族主义高

---

① 梁思成致梅贻琦信，1945年3月9日，清华大学档案馆。
② 王尔敏：《今典释词》，广西师范大学出版社2008年版，第147—151页。

涨的背景下，需要结集人材从事中国古代建筑方面的专业研究，树立中国研究者在这方面的权威，冀其成为文化民族主义的一面旗帜；另则由于建筑师职业常为社会所误解，作为一个新兴的独立职业，需要从业建筑师以团体的名义公开宣讲、明确定义各种事项规章，开展各种社会活动，从而促进大众对建筑师这一行业的认识与认同。

在此情形下，朱启钤发起的营造学社于1930年成立，这是我国最早进行古建筑研究的学术组织，学社发行机关刊物《中国营造学社汇刊》；1927年我国第一个建筑师同业团体——上海建筑师学会成立，次年改名为中国建筑师学会[①]，1930年又成立了上海市建筑协会，且二者在1932年各自发行《中国建筑》和《建筑月刊》，它们是我们了解二三十年代中国的建筑学研究、设计实践和建材市场等内容的重要参考资料。

（一）中国营造学社与《中国营造学社汇刊》

曾任北洋政府交通总长、内务总长、代总理等职的朱启钤（1872—1964年，字桂辛、号蠖园）对市政建设和建筑有特别兴趣，他曾兼任京都市政督办，主持了改造中央公园（北京的第一处近代意义上的公园）和改建正阳门瓮城等工程。1918年朱启钤受命赴上海出席"南北议和会议"，途经南京在江南图书馆发现宋本《营造法式》的抄本。其后数年间，朱启钤委托当时著名的藏书家和版本学家，利用《四库全书》和内阁大库的宋代抄本残本，于1925年刊印发行了《仿宋重刊本李明仲营造法式》。朱启钤故友华南圭在其增订的《房屋工程》第一编"屋架结构"中，用近代力学方法解释了中国传统木结构的力学原理，并提到"欲知旧式之全豹，请阅李明仲营造法式，计有八册，由传经书社发行"[②]。

朱启钤于1928年在中央公园举办中国古代建筑展览会，展示前数年搜集的图书、模型等，社会影响颇大，当时主掌中华教育文化基金会董事会的周诒春邀他申请资助款项，自1930年起"每年拨款一万五千元，共三年"[③]，这就是中国古代建筑研究的重要机

---

①　范文照：《中国建筑师学会缘起》，《中国建筑》1932年第1期，第4页。

②　华通斋：《房屋工程》（第一编），1928年，国家图书馆藏。

③　张驭寰：《〈中国营造学社汇刊〉评介》，《中国科技史料》1987年第4期。另见金富军：《周诒春图传》，未刊稿。

构——中国营造学社的缘起。

学社成立之前，西方和日本建筑学者对我国的古代建筑已做了一定普查，但囿于西方中心主义的桎梏，同时缺乏对原典的阐释性研究，对中国古代建筑的理解都流于表面。学社成立后，延请梁思成为法式部主任，刘敦桢为文献部主任，在大举开展田野调查和系统测绘的同时，着力于厘清前朝建筑名词术语与实物结构的对应关系，并利用西方的图示、术语和科学原理解析中国古代建筑的结构、造型和艺术价值。"建筑史的研究从文献发掘，到实例考察，从案例分析到制度探究，形成了一个前后贯通的科学而缜密的研究方法论格局，并且在极其短的时间内，取得了令世人瞩目的学术成就。"①

营造学社成立初期，主要工作放在历史文献的校勘和考订上，因此日本学者关野贞访问营造学社时还提议合作，由中国方面负责文献，日本方面负责实地调查和测绘。1931、1932年梁思成、林徽因、刘敦桢等人相继加入后，营造学社的研究局面为之一新。在"研究古建筑非作实地调查不可"的共识下，全面抗战开始前营造学社同仁已在河北、山西、陕西、山东、浙江、江苏等省展开调查，尤其是梁思成《蓟县独乐寺观音阁山门考》一文，通过实地测绘与《营造法式》原书比对印证，以此为基础探究木结构建造的技术和艺术，"为以后调查时实测和研究古建筑提供了范式"②，在成果质量上也被公认超逾前代和同时代的外国学者。

除开展研究外，营造学社还参与了不少面向大众的宣传活动，如1936年在上海举办的中国建筑展览会，营造学社的模型和图纸占据了主要展场，取得不小社会反响。在梁、刘、林的带领下，还培养出不少有志于中国古建筑研究的年轻一辈学人，如刘致平、莫宗江、罗哲文等。应该注意，营造学社的成果是在国家危亡的关头取得的，有与外国（主要是日本）竞争文化"正统"和权威的强烈的民族主义情绪。于是在学社全体同仁的艰苦努力下，开辟出中国古代建筑史这一学科，也推动了当时民族形式建筑实践的发展。

营造学社的机关刊物《营造学社汇刊》创刊于1930年7月，自创刊至1937年6月，

---

① 王贵祥：《中国营造学社的学术之路》，《建筑学报》2010年第1期。
② 温玉清：《中国营造学社学术成就与历史贡献述评》，《建筑创作》2007年第6期。

发行了6卷21期，后在李庄时期又出版了第7卷第1期和第2期（1944—1945年）。朱启钤在发刊辞中阐明办刊的主要目的是"编译古今东西营造论著及其轶闻，以科学方法整理文字，汇通东西学说，藉增世人营造之智源"①。《汇刊》前几期为翻译西方学者的论著和史料，迨梁思成等人加入后，《汇刊》的编辑方针和内容也为之一变，成为学社会员发布新发现、探讨新知识的阵地，梁、刘、林等人此后脍炙人口的名篇都发表于《汇刊》各期上，作为一本纯粹的学术性刊物，集中代表了我国1930年代对古代建筑的研究水平。这也使得《汇刊》成为不可或缺的研究中国古建筑的重要参考资料，深得世人重视②。

（二）中国建筑师学会与《中国建筑》

1927年南京国民政府成立后大兴土木，但一段时期内外国建筑师仍主导中国的建筑市场。同时，随着1920年代留学归国的建筑师日渐增多，在普遍的"收回国权"的民族主义心态下，建筑业和营造业也掀起一场"打倒外人经营的建筑业的在华势力，反抗外人压迫"的运动。在此背景下主要以留学归来的开业建筑师为主体，于1927年冬组成了"上海建筑师学会"，次年更名为"中国建筑师学会"（The Society of Chinese Architects），旨在"团结业内同仁"，组织同业团体以形成社会影响，并借以提升建筑师职业群体的社会地位。

中国建筑师学会从创立之初就致力于促进从业群体的职业化发展和提升本行业的社会影响及地位，将"联络感情，研究学术，互助营业，发展建筑职业，服务社会公益，补助市政改良"作为学会的办会宗旨③。近代中国著名建筑师庄俊、范文照、董大酉、李锦沛、陆谦受等曾任该会历届会长。据查考，1930年中国建筑师学会有正会员33人，仲

---

① 朱启钤：《中国营造学社缘起》，《中国营造学社汇刊》第 1 卷第 1 期，1930 年。
② 如李约瑟在其《中国科学技术史》中即对其评价颇高。
③ 中国建筑师学会：《中国建筑师学会章程》，全国图书馆文献缩微中心，1926 年（1930 年修正）。转引自钱海平：《以〈中国建筑〉与〈建筑月刊〉为资料源的中国建筑现代化进程研究》，浙江大学博士论文，2010 年，第 52 页。

图12—14　中国建筑师学会1933年年会合影

资料来源：《中国建筑》创刊号，1933年，第1卷第1期。

会员16人，共计会员49人①。考察正会员的教育背景，1930年正会员中31人具有海外教育背景，占正会员总数93.9%②。学会的总部设在上海，在南京设分部。（图12—14）抗战时期曾一度迁往重庆，后于1946年迁回上海，1950年初宣告结束活动。

1932年底，学会由杨锡镠、童寯、董大酉组成出版委员会，于次年7月开始出版其机关刊物《中国建筑》。这对建筑师团体在社会上扩大影响、树立职业权威起了很大作用。中国建筑师学会将《中国建筑》杂志视作其宣传、普及建筑专业智识、推动从业群体职业化发展、扩大本土建筑师群体社会影响力的重要手段。同时，《中国建筑》记录了学会致力于发展建筑学术、提高建筑师职业化水平的直接成果，作为近代中国建筑界重要的建筑学术期刊之一，具有重要的史料价值。

《中国建筑》最初宗旨是："融合东西建筑学之特长，以发扬吾国建筑物固有之色彩"③。但由于中国建筑师的学术背景不同，其内部的多元性也反映在刊物上，因此《中国建筑》集中刊载了纪念性建筑、市政厅、官邸等建筑类型中采用的"中国固有形式"案例，如广东省政府合署、上海市图书馆、博物馆等，但也对这种形式的缺点如建筑费

---

①　正会员是国内外建筑专门学校毕业，且有3年以上实践或属建筑历史学家、理论家及建筑经营管理者范畴，对建筑事业有特别贡献者；仲会员同样需国内外建筑专门学校毕业，但实践经历不足一定年限内者。正会员多为开业建筑师，仲会员多为其助手。

②　钱海平：《以〈中国建筑〉与〈建筑月刊〉为资料源的中国建筑现代化进程研究》，浙江大学博士论文，2010年，第66—68页。

③　《中国建筑》创刊号，1932年，第1卷第1期。

过昂且不尽合实用作了反思。

1933年在芝加哥举行了百年进步万国博览会，负责仿建热河金亭展馆的过元熙在《中国建筑》撰文指出："建筑式样应以显示我国革命以来之新思潮及新艺术为骨干，断不能再用过渡之皇宫城墙或庙塔来代表我国之精神。……当用科学新式，俭省实用诸方法，为构造方针。以增进社会民众生活之福利，提倡民众教育之新观念为目的。"[①]此后该刊相继刊载了现代主义手法（"国际式"）的设计作品，如奚福泉设计的上海虹桥疗养院和董大酉设计的中国航空协会会所及陈列馆，剥离了民族建筑语汇，体现了功能、材料和近代美学观念（动势和体量组合）在建筑创作中的重要地位。

《中国建筑》第1卷第2期"卷头弁语"阐述了该刊选题的三方面内容：1.介绍传统建筑以及近代建筑的最新成就；2.刊登各类建筑合同范本及工程招标所需建筑章程的格式文件，厘清业主、建筑师、承造人间的关系，从而规范建筑师执业行为；3.大量刊登居住建筑案例。可见，该刊创办之初虽有明显的文化导向，但同时也关怀着住宅这样的社会问题。杨锡镠在1934年担任发行人后，加强了对建筑技术和合同及其他建筑文件的格式规范等内容，刊登了他设计的上海百乐门舞厅设计（图12—15）及弹簧跳舞地板构造设计详图及历年所用的说明书与合同，供建筑师参考，具有很强的实用性。此外，《中国建筑》花了不少篇幅介绍中央大学和原东北大学建筑工程系的创立与发展简史，并刊登其学生作业及教学内容，使美国"布扎"式教育体系在建筑和教育界深入人心，树立了它在教育界的地位。（图12—16）

图12—15　上海百乐门舞厅外观

资料来源：《中国建筑》1934年第2卷第1期，第5页。

---

① 过元熙：《博览会陈列各馆营造设计之考虑》，《中国建筑》第2卷第2期，1934年，第2页。

图12—16 东北大学建筑工程系学生作业

资料来源:《中国建筑》创刊号,1933年第1卷第1期,第32页。

(三)上海建筑协会与《建筑月刊》

南京国民政府时期,上海的城市建设量大增,加之多数开业建筑师和营造厂均在沪宁一带开展业务,除建筑师的专门团体外,还有必要组织集合建筑施工、建筑材料以及建筑设计等跨行业、多门类的建筑同业团体,扭转"建筑业大量利润外流""免除同业间的嫉妒冷酷"等局面。1930年3月,上海的大营造厂企业家陶桂林、杜彦耿及钢骨工程专家汤景贤等5人发起建立上海市建筑协会(The Shanghai Builders' Association),创始会员逾百人,规模远超过中国建筑师学会。

上海市建筑协会与旧时营造业行会不同,以"研究建筑学术,改进建筑事业并表扬东方建筑艺术"[1]为宗旨,强调对建筑学术的探讨与交流以及改革传统营造业运行机制和促进民族建材工业的发展。协会成员以营造商为主,也接纳建材企业家和建筑师,在协会章程中对会员管理、运作方式等方面均做明确规定,为协会筹措经费、开展活动提供了制度保障。上海市建筑协会的出现,说明"近代中国建筑从业群体特别是营造业和材料业的职业化发展,提供了组织联系和网络建构的制度基础"[2]。

---

① 《上海市建筑协会章程》,《建筑月刊》1934年第2卷第3期。

② 钱海平:《以〈中国建筑〉与〈建筑月刊〉为资料源的中国建筑现代化进程研究》,第72页。

上海市建筑协会重视与中国建筑师学会及其他同行业团体的往来与合作，共同促进了近代上海建筑业的发展。1936年4月12日由营造学社的创始人之一、时任上海市博物馆董事长的叶恭绰发起了中国建筑展览会（Chinese Architectural Exhibition），中国建筑师学会、上海市建筑协会、中国工程师学会、上海市营造厂同业公会、中国营造学社共同合作，布置展场和展品，吸引公众对建筑业发展的关注、增强建筑从业群体的社会影响力，"堪称民国时期规模最大、影响范围最广的一次对中国建筑业发展成果的宣传展示活动"。除政府和民间报纸大量报道外，《中国建筑》和上海市建筑协会的机关刊物——《建筑月刊》也发表文章进行宣传。

1932年11月几乎在中国建筑师学会发行《中国建筑》的同时，上海市建筑协会出版发行了《建筑月刊》（The Builder），从事宣传建筑主张、促进国内建筑事业。在此后4年多的时间内，由于有较好的制度保障，除少量合辑外基本保证了按月发行，连贯性较好，是近代中国建筑界另一份重要的学术期刊。

《建筑月刊》自创刊即由在营造业已颇有声望的杜彦耿担任主编，提出"改善建筑途径，谋固有国粹之亢进；改良国货材料，塞舶来货品之漏厄；提高同业智识，促进建筑之新途径；奖励专门著述，互谋建筑之新发明"等办刊方向。以内容言之，《营造学社汇刊》主要是关于古代建筑研究的论文，《中国建筑》虽包含一定工程施工和建筑教育的内容，毕竟以建筑设计为主。而《建筑月刊》的内容涵盖更广，既有报道西方建筑界最新动向的短讯和介绍西方建筑技术应用实例的长文，也有翻译而来的建筑历史等科普文章，还有介绍法规、合同、章程的文章。

《建筑月刊》的一个重要特色是其连载的系列文章，如杜耿彦撰写的《营造学》，针对的是国内当时尚无可用的工业和民用房屋建造的中文教材，因此在参考中西书籍、整理既往营造经验的基础上，撰写了包括建筑工业、建筑分类、建筑制图、瓦砖、砖作工程、空心砖、石作工程、墩子及大料、木工之镶接、楼板等方面的内容，前后两年分22期登载。该连载长文较之1910年张锳绪的《建筑新法》和1919年华南圭的《房屋工程》又有不同，注重实用且根据当时建筑技术的发展加以剔选补充，适宜一般从业人员学习使用。

此外杜耿彦还提议统一建筑专用名词及规范，与庄俊、董大酉、杨锡镠组成起草委员会，明确与国外建筑用语之间的对应关系，并在《建筑月刊》上连载"建筑辞典"，后结集出版为《英华、华英合解建筑辞典》。可见，上海市建筑协会作为代表行业的学术团体，其成立与发展有助于推动建筑学术研究，而《建筑月刊》作为其喉舌在宣传和普及建筑知识和行业规范方面也起到了重要的作用。

综上所述，在我国近代以来的建筑发展史上，外籍建筑师扮演了非常重要的角色，他们为封闭的中国带来了世界前沿的建筑思想和先进的建筑技术及管理方法。受其启发和培养，也因时势所致，中国建筑师逐渐成长起来，终于在1920年代末作为一个群体登场，与外籍建筑师分庭抗礼。而造成这一历史性变化的基础，则是近代时期建筑教育、中国建筑师团体及其期刊杂志的创办与发展，通过这些方式建构起"建筑师"的社会身份和公共话语权，最终扩大了近代中国建筑从业群体的社会影响，从而推动了中国建筑业的近代化。

第十三章　近代时期的建筑技术

近代时期西方技术的引进与应用在中国近代建筑的发展中起着至关重要的作用。钢、铁、水泥、混凝土等新建筑材料的出现以及由此产生的新结构形式，因应着新出现的建筑类型如火车站、展览馆、影剧院等，一再改变了建筑的形制和城市的景观。随着钢筋混凝土结构和钢结构的出现与成熟，也使得高层建筑成为塑造城市形象的重要元素。而这个过程首先发生在西方，其本身就是一种近代化历程。我国近代的大城市如上海、广州等因与外国往来最为密切，因此率先汲取这些先进的建筑技术，从而更加确固了它们在近代中国的城市地位。

近代建筑技术的涵义颇广。我们之前定义"近代建筑"时指出，其重要特征是"反映出中西建筑交流的影响"（第一章），即具有西方建筑语汇和结构形式。而如何建造这些"西式建筑"就成为需要解决的应用性问题。西方砖石建筑的很多建造方法，如平券、圆券、三角屋架等，大量出现在我国近代的公共建筑和私宅上，其建造方式在20世纪初终于被写进教科书，成为建筑技术知识普及的重要方式。除此以外，从市政工程到新材料、新结构与新形式以及由新的功能要求催生出的新学科如暖通空调，及至建筑的施工组织与管理方式，都属于近代建筑技术范畴。

我国近代时期的建筑技术发展也具有显著的不平衡性，通常是经济发展水平较高、与外国接触紧密的大都会，汲取和传播建筑知识最力。这些城市新的建筑类型出现较早、建筑技术发展更快，因其较先引入新建筑材料和新结构形式，成为国内其他城市模仿和效法的对象。但从全局而言，近代建筑技术的发展，可以粗略归纳为20世纪之前的摸索与实践时期、20世纪头二十年的定型化时期、1920年代至1937年的大发展时期与1937年之后的内陆扩散时期。几个重要的近代城市如上海、北京、南京和广州，在建筑技术方面常发挥启领风气的作用，也是本章讨论的重点。

本章首先回顾20世纪初国内出版的有关西方建筑如何建造的两本教科书——1910年出版的《建筑新法》和1919年出版、1927年再版的《房屋工程》，考察西方建筑样式如何在近代中国被"定型化"，以及这些新结构的计算和设计理论逐渐成熟的过程。之后缕述从市政工程到近代的新建筑材料、建筑结构、建筑设备和施工等各方面发展的简要图景。

一、近代建筑技术知识的传播与"定型"：《建筑新法》《房屋工程》及其他

自第一次鸦片战争以来，英法等国在租界等地建造房屋，客观上培养出一批逐渐掌握了西方建造方式的中国匠人。洋务运动以降，随着西方文化的渗入，来自西洋和东洋的形形色色之物如"水银泻地"，步步深入到中国社会的每个层面。尤其民间竞相趋新慕洋，各地都出现了诸如上海老城厢、北京大栅栏一带那样的中西杂糅的商铺。这些住宅商铺多无建筑师参与，这些带有西方建筑元素的建筑往往"徒摩其形似，而不审其用意所在"[①]，也或比例失当甚至边建边毁，都是中国的匠人传统向来重视口传心授、不见诸文字，而士大夫又"薄为小道"、漠不措意的缘故。

甲午之后的新学制改革运动中，张百熙草拟的《钦定京师大学堂章程》中将"土木工学"列为工艺科目之首，继之又在农工商部高等实业学堂分设土木科和建筑科，其中建筑科选聘留日回国、具有丰富实践经验的张锳绪任教，为我国近代建筑教育之嚆矢。为了有效传播知识，需要将相关知识按一定逻辑进行裁选、排列，以形成一种前后衔接、层层递进、具有说服力的叙述方式。在梳理脉络和传播知识的同时使一个学科的边界清晰起来，形成一个独立的门类。这也是西方所谓"定型化"或"经典化"（canonization）的过程，此后这一类知识传播的范围和效率就会较前大为提高。就目前所见，1910年张锳绪在北京出版的《建筑新法》是中国近代最早的建筑类教科书，也是中国学者进行这种定型化的最初尝试。

---

① 张锳绪：《序》，《建筑新法》，商务印书馆1910年版。

《建筑新法》分上下两卷，包括瓦工（包含砖石）、木工、粉刷和玻璃工、建筑采光及暖通、给排水和绘图方法，最后一一章还对剧场、医院等5种城市常见的建筑类型的平面布置和建造问题加以论述。书中给出不少分析图式和按图索骥的经验数据，体现了建筑这门新学科的科学性。

该书对西方建筑中最重要、也是明显区别于中国传统建筑的那些部分，用图文并茂的方式加以论述。如讲到砖石结构的平券、拱券、圆券、四心拱（书中称"椭圆券"）、哥特式拱券（"宗教式尖券"），用图示配以说明其圆心如何定位及相互关

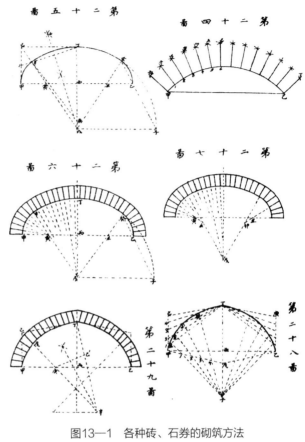

图13—1　各种砖、石券的砌筑方法

资料来源：张锳绪：《建筑新法》。

系，一目了然。（图13—1）西方建筑的结构形式，与传统木结构区别最大者是三角屋架的引入。《建筑新法》在"木工"一章下专门用一节介绍木屋架（"桁架"）的各种形式，并给出各种屋架适用的房间尺寸，"经历实验，确有把握，应用时藉作参考，已足敷用"[①]。（图13—2）对重要的施工环节的步骤均予说明，如用简图说明砖的3种不同砌筑方式——英国式、弗兰德式（flemish）和中国式，并指出英国式最坚固但不甚美观，弗兰德式美观而欠坚固，中国式介乎二者之间。

《建筑新法》在建造原理、建筑材料、构造、设备、施工等方面可谓言简意赅，

----

① 张锳绪：《建筑新法》，第23页。

"不为空言高论，而一毗于实用为归"①，是能读易懂的好教材。但该书没有论及设计理论和历史知识，缺少结构力学方面具体计算方法的演示，此外也没有涉及西方已出现的铸铁结构和混凝土、水泥等快速发展中的新材料。

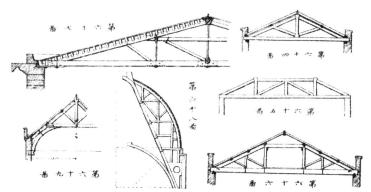

图13—2　各种木屋架示例。第64—69图分别为单柱柁架、双柱柁架、四柱柁架、兼用铁活柁架、高顶柁架、增高屋顶之柁架

资料来源：张锳绪：《建筑新法》。

张锳绪自承"参考东西各籍编成"是书。现有研究可说明其直接的参考书是出版于1888年的《建筑百科全书》（*An Encyclopaedia of Architecture*，第九版），《建筑新法》中不少插图均裁选抄绘于后者②。张锳绪曾留学日本，日本与英国当时为盟国且在建筑上深受英国影响，可能张还参考过另一些百科全书式著作，但未见著录。然而由此可以看到，建筑知识的全球传播和资本与专业人员（建筑师）一样，同样是推动我国建筑近代化的重要动因。

《建筑新法》出版9年后，华南圭（1876—1961年，表字通斋）陆续出版了他的《房屋工程》4部共8编。其内容包括第一编"顶棚工程"即建筑屋顶的结构选型和计算；第二编"圬工"，即"凡用砖或石或混凝土之工作物"；第三编"底面及顶面工程"，第四编"中部工程"，包括钢铁、木材、玻璃等建筑构造方面的知识。第五编分净水和秽

①　杨士琦：《序》，张锳绪：《建筑新法》。

②　潘一婷：《解构与重构：〈建筑新法〉与〈建筑百科全书〉的比较研究》，《建筑学报》2018年第1期。

水两卷，第六编为采暖通风三卷，均为建筑设备方面的知识。第七编"支配"，即建筑设计原理，包括房屋整体布局的分析以及医院、学校、机关、住宅、工厂等房屋的平面设计和整体布局。第八编"美术"，实指建筑装饰和细节处理方面，插图尤其丰富。该套书后来被华南圭用作他任教的北平大学艺术学院和天津工商学院建筑工程学科的教科书。

从目录可见，《房屋工程》较《建筑新法》更为全面，包括了建筑学的各个配合工种，不但新加入了钢结构

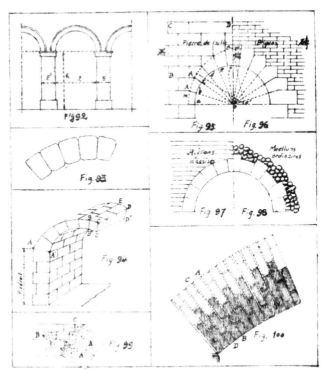

图13—3　各种砖、石券的砌筑方法，书中文字阐释更详
资料来源：华南圭：《房屋工程》。

和混凝土结构等新内容，对新结构的计算、材料制造工艺和构造方式都更加详尽，尤其前书中作为结论的论断在《房屋工程》中都进行了详尽的计算，显示了在科学理论方面的提升。例如，在论述砖石拱券结构时，华书还具体说明了四心拱的绘制方式，以及拱的弧度不大时，可以不必磨砖，仅用灰缝调整宽窄即可保证结构稳定等更便于操作的方法。（图13—3）在屋架部分，不仅对木屋架的计算更加详明，也加入了轻钢屋架和三铰拱等内容。（图13—4）此外，华书在中文的建筑术语后多附以外文原文，有助于我们现代读者的阅读和理解。

民国十七年（1928年）该套书再版，较之第一版添加了不少内容。尤其第一编"顶棚工程"，实际论述了东西方各国屋架的结构形式和外观特征。1928年版根据朱启钤等人对宋代《营造法式》及清代《工部做法》的研究，添加了多幅经典古代建筑（如太和殿、天坛等）的照片，附以绘制精美的中国传统大木作建筑剖面图，并用科学的方法对

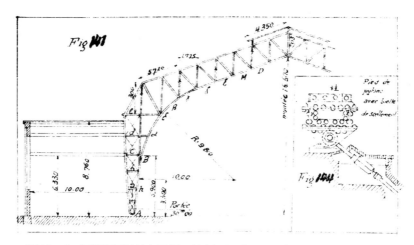

图13—4　钢桁架及其节点示例，书中解释"是1891年Prague博览会及其
陈列馆之覆架，中央覆架跨度30公尺，左右各有厢房，跨度各10公尺"
资料来源：华南圭：《房屋工程》。

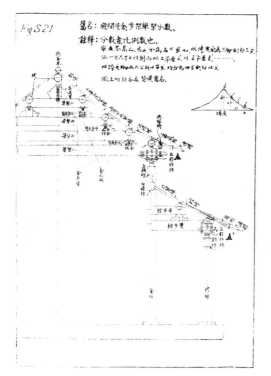

图13—5　华南圭对"中华古式"木屋架的结构分析图
资料来源：华南圭：《房屋工程》。

之进行力学分析，时在广为人知的营造学社成立之前，在近代建筑学术史上有其特殊但少为人知的价值，值得学界将来更进一步研究。作者在书中提到"欲知旧式之全豹，请阅李明仲营造法式，计有八册，由传经书社发行"，也吐露出若干历史信息。（图13—5）

　　华南圭出生于江苏无锡，是我国近代时期著名的土木工程专家、建筑师，也是我国建筑工程教育的先驱之一。华南圭先生著作极丰，除《房屋工程》用作土木建筑学科的中文系列教材之一外，还编著了《力学撮要》、《公路及市政工程》等十多部教材，它们的出版和使用极大地促进了我国土建工程教育。

经过20世纪头20年初步的定型化之后，介绍建筑学知识的科普读物和教材层出不穷，如《实用建筑学》等①，建筑结构和构造方面的内容也独立成书②。另一方面，在专业精细化的过程中，出现了大量有关建筑材料和建筑结构的教材和工程手册等专著或译著，如专门介绍混凝土的《三和土》③。1938年由汪胡桢和顾世楫主持翻译出版了美国技术学会编著的12卷本《实用土木工程学》，包括从静力学、结构力学、材料力学到道路桥梁各个结构设计门类，以其中第10卷钢建筑为例④，"译者赘言"中指出"混凝土的发明和炼钢技术的进步，长桥和高楼屡创建筑事业之新纪录，钢建筑应用也日趋广泛"，这是对钢框架建筑实践的理论总结，也反映了对战后重建中国的殷切希望。

除了这些"定型化"的教材外，1930年代出现的建筑专业期刊在传播普及建筑技术知识的过程也发挥了重要作用。上一章曾提到过创建于1930年的上海建筑协会及其机关刊物《建筑月刊》，这份杂志面向的是施工厂商等建筑同业团体的从业者，因此很大一部分篇幅"推荐新材料、技术和工法，介绍新型设备"。如在创刊号上就介绍了国外木材防腐的方法与纽约正在施工中的钢框架结构⑤，此后主编杜彦耿等分别对制砖、水泥储藏、混凝土制备及养护及国外最新的施工器械等诸多内容详加介绍。此外，混凝土结构专家林同炎教授受邀自1934年1月至1936年1月连续在该刊发表《克劳氏连架计算法》、《用克劳氏法计算楼架》⑥等专业论文13篇，将混凝土应用的最新知识推广到国内。

---

① 陈兆坤:《实用建筑学》，商务印书馆1935年版，分"数理辑要""设计辑要""计算辑要""图案辑要"等4编。

② 唐英:《房屋建筑学》，商务印书馆1945年版。唐英、王寿宝:《房屋构造学》，商务印书馆1938年版。

③ 冯雄:《三和土》，商务印书馆发行，1933年。

④ Henry Burt著、许止禅译:《实用土木工程学》第十册《钢建筑学》，中国科学图书仪器公司公开发行，1940年。

⑤ 顾海:《木材防腐研究》，《建筑月刊》1932年第1卷第1期，第42—43页。

⑥ 林同炎:《克劳氏连架计算法》，《建筑月刊》1934第2卷第1期，第57—64页。

二、近代建筑材料的应用与结构形式的变化

（一）新建筑材料的发展

近代建筑技术的发展是从建筑材料的变化开始的。我们简要考察一下红砖、钢铁和混凝土在中国的发展情况。

红砖是随着英国殖民者带入中国而被广泛应用的。我国闽南一带至迟在晋代已开始使用红砖[1]，但当时烧制红砖技术不高，由于烧焙温度不够，造成孔隙率大、抗压强度不高，颜色泛黄白色，并非近代意义上的红砖。红砖被舶入中国后，由于供不应求，制砖技术即近代霍夫曼窑等机制砖的生产技术也在中国各地生根[2]，由于其制作较宜利于量产，遂取代传统的青砖成为近代时期的主要建筑材料。应该注意，在近代相当长一段时期内，外国殖民者和军阀在地方各行其是，统一的技术标准尚未确定，定型化没有完成，不但青砖、红砖并用，各国使用的不同规格的机制红砖也同时存在，在政局复杂的东北地区尤其如此[3]。

铸铁和钢逐渐被应用在建筑上是西方建筑史发展的重要转折。1850年由帕克斯顿（Joseph Paxton，1803—1865）利用铸铁预制件建成的伦敦世界博览会展览馆——水晶宫（Crystal Palace）被一些史学家认为是西方现代建筑的起点。1889年巴黎世界博览会建成的埃菲尔铁塔也以铸铁为材料。铁道沿线以及城市中的大跨度桥梁的建造使用铸铁为时更早，后来重要的建筑类型如火车站、展览馆及后来的高层建筑，主体结构都用铸铁或钢。19世纪末以后西方大城市尤其是美国东北海岸大兴建设时，在市政府、图书馆等标志性建筑中采用了罗马复兴样式，其最重要的穹顶结构也多利用钢和铁为骨架，如风行一时的关斯塔维诺体系（Guastavino Domes & Ribs）。利用钢铁这种新材料和新结构的建

---

[1] 赖世贤、陈永明：《闽南红砖及红砖厝起源考证》，《新建筑》2017年第5期。

[2] 李海清等：《作为环境调控与建造模式之间的必要张力：一个关于中国霍夫曼窑之建筑学价值的案例研究》，《建筑学报》2017年第7期。

[3] 张书铭、刘大平：《东北近代建筑用砖历史与信息解码》，《建筑学报》2018年第2期。

筑，多为城市的地标，很大程度地改变了城市的形象与景观。

我国近代也修建了不少大跨度的钢铁桥梁，如1903—1905年修建的京汉铁路黄河大桥长逾3公里，1935—1936年由茅以升设计的钱塘江大桥，是中国自行设计、建造的第一座双层铁路、公路两用桥，等等。

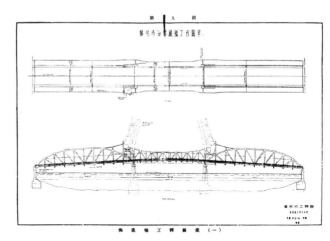

图13—6　珠海桥可开启桥身设计图

资料来源：广州市政府：《广州珠海桥》，广州市政建设丛刊第一种，1934年。

城市中采用钢桁架结构的跨河桥梁著名者如上海的外白渡桥（1908年）、天津的金刚桥（1922—1924年）和万国桥（1923—1926年）、广州的珠海桥（1934年）。其中珠海桥采用双叶开启式，由电力机械控制中拱的开闭以便大船通行，广州市政府还专门将珠海桥的设计资料和建造经过汇编成书[①]，该桥一时成为广州的新景观。（图13—6）

在建筑上，将屋架改为轻钢与木混合结构使建筑跨度大为提高。从19世纪开始，这种结构形式已先后在工业厂房、仓库、车站、医院、学校、影剧院等类型的建筑上出现。特别是随着当时民族工业的发展，在机器工业的现代厂房建筑上有一定的代表性和领先性，较早的例子如建于1885年的原南京金陵机器制造局的机器大厂厂房。钢结构发展成熟后，高层建筑多采用钢结构建造，如上海的四行储蓄会大厦（1932年）、百老汇大厦（1934年）、中国银行大厦（1937年）以及广州的爱群大厦（1937年）等，无一不是以高度取得城市象征的地位。（图13—7）上海的第三代汇丰银行大楼的穹顶也采用钢架为骨架，1930年代上海江湾体育馆的建造则使用三铰拱钢架。

混凝土是以水泥为主要胶凝材料的人工石材，我国也用"砼"指代。钢铁和水泥工

---

① 广州市政府：《广州珠海桥》，广州市政建设丛刊第一种，1934年。

业发展逐渐发展出钢筋混凝土结构及衍生形式，因其可塑性和力学性能优良，因此迅速释放出建筑创作的活力，极大地改变了建筑形象。混凝土和水泥（洋灰）最初都是舶来的昂贵材料，我国的水泥工业开始于1876年开平矿务局附设的唐山细棉土厂，开启了我国本土生产水泥和制造混凝土开端，1907年中国接办后改名"启新洋灰厂"，是著名的近代民族企业。

美国厂商和工程师在混凝土技术的发展、成熟和推广过程中起到重要作用，其中包括著名的康氏钢筋混凝土技术体系。（图13—8）它由带"翼筋"的轧制钢筋组成，翼筋按照一定规律的间隔被切开，并向上弯折成特定角

图13—7 百老汇大厦渲染图

资料来源：《建筑月刊》1936年第3期（5）。

度。这个技术体系合并了钢筋混凝土梁、格栅和柱子，其中斜向翼筋和纵向主筋成为受拉构件，混凝土则成为垂直向受压构件，斜向的翼筋同时也作为构件端部的抗剪钢筋发挥作用[①]。我国的近代建筑如广州的瑞记洋行大厦（1903年）和南京的金陵大学礼拜堂（1917年）都是采用这种技术的代表性建筑，也都是我国建成较早的钢筋混凝土结构建筑[②]。

---

① 冷天：《尘封的先驱——康式钢筋混凝土技术的南京实践》，《建筑师》2017年第5期。

② 彭长歆：《广州近代建筑结构技术的发展概况》，《建筑科学》2008年第3期。

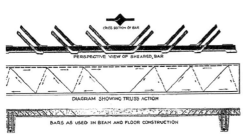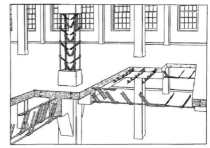

图13—8　康氏桁架钢筋技术原型与在建筑中各部位之应用

资料来源：冷天：《尘封的先驱——康式钢筋混凝土技术的南京实践》，《建筑师》2017年第5期，第67—74页。

（二）结构形式的发展与变化

西方舶来的红砖、钢铁、混凝土等建筑材料对应着不同的建筑结构和建筑形式，都与传统建筑意趣迥异。不论从建筑类型、使用功能还是空间感受看，这些建筑都被赋予了"新"文化的身份，成为近代性的象征。以砖石结构为例，我们在第五章"外廊式"建筑部分已经详述这种砖石拱券的建筑形式与文化意涵和国家意志的关系，使得本来最重要的气候因素反而退居其次。

三角屋架是传统中国和西方内部结构具有根本区别的建筑要素，它的使用是西方建造方式逐渐取代较为繁复的中国传统建造方式的标志。而木屋架之所以能普遍应用，其前提是砖墙承重结构的普及。前文已回顾了曾详细介绍木屋架的《建筑新法》和更多屋架类型的《房屋工程》这两套教科书。当前，对木屋架在工业建筑中应用的考察相对较详[①]。惟工业建筑多为一层结构，即使多层也不必一定争取利用屋顶空间，所以屋架形式相对较为简单。但在多层教学楼、办公楼或者宿舍楼的设计中，能否有效利用屋架下的空间成为与经济性相关而不得不考虑的问题，因此木屋架形式又有所不同，比较接近华南圭所说的"高扬柁架"。（图13—9）为了能更好利用屋顶下的空间，一些早期的例子，如墨菲设计的雅礼大学男生宿舍、清华学校科学馆等，都采用了在屋面上起大面积气窗的做

---

① 赖世贤、徐苏斌、青木信夫：《中国近代早期工业建筑厂房木屋架技术发展研究》，《新建筑》2018年第6期。

法，这些是传统建筑中没有、而由近代材料及其使用功能所导致的变化。（图13—10）

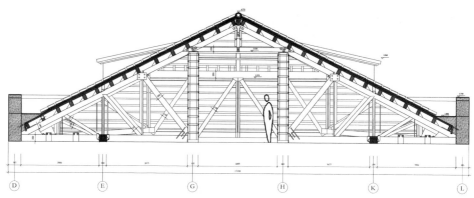

图13—9　清华大学生物学馆，杨廷宝设计，1931—1933年

资料来源：清华大学建筑学院2018年实测。

图13—10　雅礼大学男生宿舍及网球场，可见突出屋面的气窗

资料来源：Yale-in-China, RU232, Box154.

除了木屋架，前文已提及的轻钢屋架、三铰拱等形式屋架后来得到广泛应用，钢筋混凝土刚架也逐渐普及，如清华学校的图书馆一期就使用了这种形式（图13—11），后来在提倡"民族固有形式"的国民政府时期，一些采用中国大屋顶的公署和办公建筑，如上海市政府大楼（图10—17）、青岛红卍字会大殿等，都采用了这种钢筋混凝土刚架。

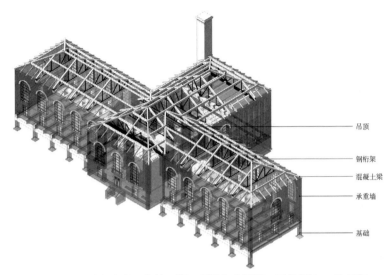

图13—11　清华大学图书馆一期工程结构分析图，墨菲设计，1919年

资料来源：清华大学建筑学院2015年实测。

　　在钢结构计算理论已发展完备、钢筋混凝土结构尚未完全发展成熟时，钢骨结构技术作为一种介于砖混结构和钢筋混凝土结构之间的一种过渡形式，出现在中国近代城市中。它以铁轨或工字钢为骨架，相邻铁轨之间间距很窄，采用密肋梁上铺木板或金属板，或中间填充小型砖拱形成小拱券，可笼统归于混合结构。这种结构形式既解决了跨度和拱券高度之间的矛盾，又具有一定的防火功能，因此得到一定程度的推广。最早采用这一结构的是镇江英国领事馆（1890年），此后如上海的1905年建造的华俄道胜银行，广州的由美国工程师伯捷（Charles S. Paget）在1906年建造的广东士敏土厂南北楼（孙中山大元帅府旧址）和1908建造的沙面粤海关俱乐部[1]，以及青岛的20世纪初建成的提督府和德国兵营，都采用钢骨为楼板[2]。另外清末以降的铁道附属建，如京张铁路和东清铁路（中东铁路）沿线的车站、机车库、兵营、领事馆等建筑，其地下室屋顶很多

---

①　彭长歆：《广州近代建筑结构技术的发展概况》，《建筑科学》2008年第3期。

②　中国建筑史编辑委员会编：《中国建筑简史》第二册《中国近代建筑简史》，中国工业出版社1962年版，第135—136页。

图13—12　京张铁路康庄站水塔内部，可见纵横交错的工字钢形成的楼板（2019年摄）

采用了钢骨砖拱的形式[①]。（图13—12）

钢骨结构作为水平结构构件与砖墙配合适应性较强，得到一定应用，但是由于这种结构形式浪费钢材，俟钢筋混凝土结构发展成熟即被取代，后者得到非常广泛的应用。我国建造较早的全钢筋混凝土框架结构建筑，有前文提及的广州瑞记洋行大厦（1903年），建成时间相近的岭南大学马丁堂（1905年）是另一例。（图2—2）完工于1908年的华洋德律风公司大楼则是上海地区最早的全钢筋混凝土框架结构建筑[②]。

钢筋混凝土框架结构较之前的砖混结构和钢骨结构具有更好的整体性，且基础更稳固，因此更具备往高层发展的潜力。同时，框架结构的发展也已成熟并在美国得到验证。1920年代前后，近代城市中5—6层甚至以上的"高层建筑"大量被兴建，不少建筑采用了这种钢筋混凝土框架的结构形式，由此彻底改变了城市的轮廓线。以上海为例，1920年建成7层高的卜内门公司，1921年建成8层高的字林西报社大楼，是这方面较早的尝试。而高达19层的峻岭公寓建成于1935年，是中国近代最高的钢筋混凝土框架结构公寓建筑[③]。

长江中游的重要开埠城市汉口这一时期兴建了一批钢筋混凝土结构的银行建筑，均采用了新古典主义风格，如1910年代相继建成的台湾银行、汇丰银行、汉口大清银行和

---

①　司道光、刘大平：《中东铁路近代建筑中钢筋混凝土技术的应用与发展》，张复合、刘亦师编：《中国近代建筑研究与保护》（十），清华大学出版社2016年版。

②　张鹏、杨奕娇：《中国近代建筑结构技术演进初探——以上海外滩建筑为例》，《建筑学报》（学术论文专刊）2017年总第2期。

③　赖德霖、伍江、徐苏斌编：《中国近代建筑史》（第四卷），中国建筑工业出版社2016年版，第48页。

中孚银行，1920年代初建成的横滨正金银行和花旗银行。后来在1936年建成的大孚银行、四明银行、实业银行都是钢混结构，采用了当时流行的装饰艺术运动风格，也是武汉当时层数较高（6—8层）的建筑。

与钢筋混凝土框架结构同时发展的是钢框架结构，钢框架结构在施工和力学性能上优势更强，也得到广泛应用。如陆续修建于上海外滩上的华懋饭店（1925年）和中国银行（1936年），以及我国近代最高的钢结构建筑——上海国际饭店（1934年）。钢结构建筑也被广泛应用在工业厂房中。

壳体结构在近代应用不多，但也有近代建筑史上的经典案例，即墨菲设计的清华大学大礼堂穹顶。实地勘察发现大礼堂穹顶构成，实际是以底部正方形为基础，顺次连接每边三分之一处，形成一正八边形。八边形的八边均使用钢筋混凝土制成，形成圈梁。将此正八边形举高6米形成抬起的鼓座，半圆形的外穹顶即架在此鼓座之上（图3—2、图13—13）。外穹顶为混凝土制成，视线所及，可见钢筋外露，并可见木模板留下的痕迹。穹顶内的柱子亦为混凝土制成，并随穹顶而发生扭曲，应为支模灌注而成。这种扭曲和古代西方的侧角拱类似，是为了在正方形的平面上覆盖半圆穹顶而采取的措施。

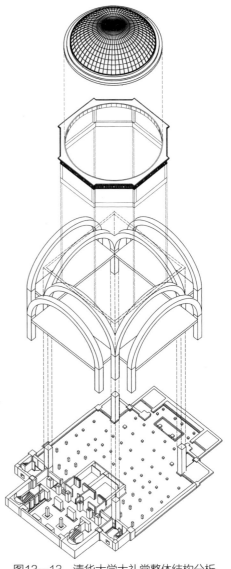

图13—13　清华大学大礼堂整体结构分析

资料来源：清华大学建筑学院2013年实测。

最有意思的是穹顶内部正中有一八角形木梁形成的木框架结构，被与八边相交用的木肋条支撑起来，但主要的受力应是10根从混凝土穹顶下悬到木梁上进行拉结的钢筋

（每边各一根，中间两根）。八角形的木框架为吊顶的主要拉结部分；八角形内另有一较小的八角形木框架，作用亦当是作为龙骨拉结其下的吊顶（图13—14）。

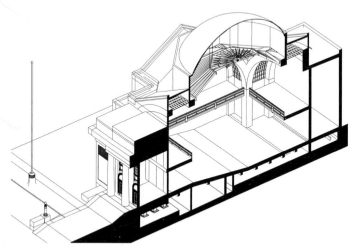

图13—14　清华大学大礼堂剖透视分析

资料来源：清华大学建筑学院2013年实测。

根据实测结果，清华大礼堂的穹顶结构没有使用关斯塔维诺穹顶结构，而是使用了在当时造价更高的钢筋混凝土薄壳结构，并在其下用木龙骨吊顶形成第二道穹顶。大礼堂的穹顶为双层壳形式，外层为混凝土（或配少许钢筋）壳，为受力结构，并起着防水作用，混凝土壳的室外部分铺覆黄铜作为饰面材料；内部则为不受力的抹灰吊顶，形似半圆穹顶。两层壳之间中空约7.5米。吊顶同样形成了一个半圆的穹顶，显得较为接近观众，并更符合声学原理。

（三）近代的建筑设备与建筑施工

自来水、电灯、电梯、空调、抽水马桶等设备出现在建筑中，是近代建筑区别于传统建筑的另一个重要标志。城市里的用水和用电的供应属于基础设施，因此近代以来城市中兴建了与之相关的自来水厂（图13—15）、发电厂与水坝，而抽水马桶等卫生设施的使用也与城市上下水道管网的敷设相关，既改变了城市景观也改变了城市里人们的生活方式，是城市近代化的重要标志。

在与城市相关的基础设施之外，在公共建筑中，层数较高的高档旅馆、公寓或商场较早采用采暖、通风和电梯电气设备等设施，这是与西方的城市发展相类似的。因为这些建筑类型既是集中消费的场所，也是体现城市财富、技术水平和象征城市地位的标志物，它们的建筑功能包括附属功能，如旅馆房间的设施决定了"摩登"程度，大饭店的舞厅、饭厅则是

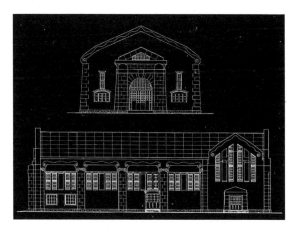

图13—15　京师自来水公司东直门水厂机器厂立面图
资料来源：清华大学建筑学院1992年实测。

容纳城市上流社会乃至国家政治活动的场所，需要较高水平的声、光、电和温度控制设施，另如上海的大新公司是上海最先使用手扶电梯的近代建筑，建成后《新闻报》曾专文报道这一设备："大新公司之建筑，美轮美奂，而新设备之多，尤属指不胜屈，沃的斯自动扶梯，即其一也。该公司所以装置沃的斯自动扶梯者，厥因该公司百货杂陈，地位又极为广阔，非有斯种最新式之扶梯，实不足以应顾客之需要。且夫装置该项扶梯之后，货品亦可迅速倾销，销量既多，售价亦可间接减低，故复能惠及顾客也。"[①]

同样，空调设备从1920年代后被用于上海的公共建筑和私人住宅中，如光陆大楼、大新公司、大光明大戏院和吴同文住宅等[②]。关于暖通空调的相关计算与布设原理，在1930年代得以定型化，并出版了陆警钟的《暖气工程》[③]和黄述善所著《冷气工程》[④]，二书定位于暖、冷气工程从业者的参考书，以指导暖气工程设计，推动国内暖、冷气工程事业的发展，二书运用了数据、图表、空调设备原理图、建筑构造图，采用了数理论证和逻辑推导的方法，是近代暖通空调学科的关键组成部分。

此外，还有一部分专门设备也被引入中国，如近代化的舞厅需要使用弹簧地板、大

---

① 《大新公司新设备之一》，《新闻报》1936年1月10日。

② 蒲仪军：《上海近代空调技术发展溯源》，《暖通空调》2017年第7期。

③ 陆警钟：《暖气工程》，商务印书馆1938年版。

④ 黄述善：《冷气工程》，商务印书馆1936年版。

银行的地下室需安置对安全性能要求很高的金库，等等。另如清华学校图书馆一期工程的书库，其书架上下三层为纯铸铁结构，楼板用毛玻璃板使室内获得充足采光，而其楼层间运送图书的是专门运书的小货梯。

近代的施工组织是近代建筑得以建成的重要保障。近代建筑尤其高层建筑的建造需要使用先进的器械和施工方式，对工序、人员组织和技术管理的要求很高。我国在近代涌现出一批掌握了近代技术的私营建筑施工公司（营造商），如承担了中山陵第一期工程的姚新记营造厂，承建了金陵大学主要建筑的陈明记营造厂[①]，以及陶桂林创办于1923年的陶馥记营造厂。以陶馥记为例，其创办人陶桂林"鉴于吾国营造厂组织不良，建筑技术之故步自封，使国外建筑业趁机潜入，利权外溢，若无新的创造，殊不足以挽之"，筚路蓝缕，1927年承接广州中山堂和厦门美国领事馆，名声大振，在南京和上海承接了诸多著名工程，如南京的中山陵第三期工程（包括灵谷塔）和诸多政府公署大楼，以及上海的四行储蓄大楼和大新公司等。陶桂林将盈利多用于投资扩大业务和购买新设备，为培养人才又在南通设立职业高中，抗战军兴后在重庆和昆明设立分厂[②]。陶馥记是中国近代重要的营造厂，积累了从办公到工厂以至水利工程等多种建筑类型的宝贵技术经验。

图13—16 营造工业同业公会联合会成立大会合影，1947年

资料来源：《中华民国营造工业同业公会联合会成立大会纪念刊》，国家图书馆藏。

---

① 冷天：《得失之间——从陈明记营造厂看中国近代建筑工业体系之发展》，《世界建筑》2009年第4期。

② 《馥记营造厂重庆分厂成立三周年纪念册》，1941年，中国国家图书馆藏。

近代时期发展起来的中国营造厂商除前文提及的上海建筑协会外，由著名营造商陶桂林在1947年重新组织起"营造业同业公会"，出版自己的刊物，试图"集思广益，以求技能上的增进，团结组织，以求权益上的争取"①，是近代时期我国施工业在自我管理和组织上的又一进步。（图13—16）

三、近代城市规划和市政工程技术

近代市政工程技术的发展是近代技术史的重要组成部分，与西方传来的城市规划思想密不可分，其中最重要的非田园城市思想莫属，由此又促生各种市政工程技术的进步与制度化，如道路横断面设计、行道树知识的普及与广泛应用等。

以市内行道树为例，因其与道路宽幅和路网格局密切相关，对行道树种植带的宽度、与车道的关系及十字路口的布置等内容，均采用图文并茂的方式说明。（图13—17）对于街景的美化，为避免单调乏味提出一些具体的方法"以几棵树挤在一起，……同时却让容易生长雄枝茂叶的一棵孤零零地站在相差四十呎至七五呎的地方"，以增兴致。（图13—18）

根据法国和日本的经验，行道树应

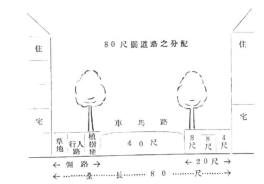

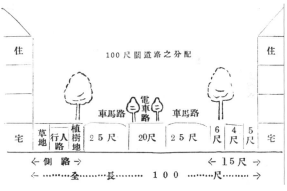

图13—17　80呎（25米）和100呎（30米）
道路截面布置图示

资料来源：江国仁：《为植行道树进一解》，《国立中央大学农学丛刊》1929年第10期。

---

① 《中华民国营造工业同业公会联合会成立大会纪念刊》，1947年，中国国家图书馆藏。

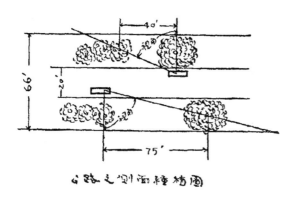

图13—18　行道树布置的变化以增添趣味

资料来源：邬显浙：《道旁植树之探讨》，

《道路月刊》1933年第40卷第3期。

在苗圃中培育数年，等树龄足够大时再移栽到街道上，从而增强抵抗力。因此，苗圃的设置和布局成为城市绿化系统的一个重要环节，也从根本上解决了之前行道树成活率过低的问题。对于行道树必须每年修剪，以形成优美的树姿及保证交通安全。此外，对行道树栽种后所需支撑和围护支架的各种选择形式也做了说明。各种方法均附详细的制作方法和数据，方便选用。

道路横断面的设计，如横断面形式、宽度、空间关系等，实际也是随着田园城市思想和设计手法的全球传播带入近代中国的，且根据实际情况定型化和规范化。以北京为例，其道路早在北洋时代的京都市政公所成立初期（1919年）就已分为5等（表13—1）。国民政府成立后，北平路政发展，道路横断面变宽，但等级制度未变，"一等干线路幅为28公尺以上（中央车马道18公尺以上，两旁便道各5公尺以上），二等干线路幅为20公尺以上（中央车马道12公尺以上，两旁便道各4公尺以上）"。[①]

表13—1　京都市政公所公布的北京道路等级及其宽幅

等级		宽幅	横断面布置
一等路	甲	25米以上	中央车马道10米以上，左右人行便道各3.5米以上
	乙	16米以上	中央车马道10米以上，左右人行便道各3米以上
二等路		10米以上	中央车马道6米以上，左右人行便道各2米以上
三等路		8米以上	中央车马道5米以上，左右人行便道各1米以上
四等路		6米以上	中央车马道5米以上，左右人行便道各1/2米以上
五等路		4米以上	中央车马道3米以上，左右人行便道各1/3米以上

备注：二等以上道路，所指中央车马道系包括车行道和人行便道两部分，三等以下各道路车马道与人行道不加区分。

来源：《京都市政公所关于公布市内各街巷道路等级名称的公告》（民国八年四月二十六日）. 北京市档案馆，档案号J017-001-00066。

———————————

① 《北平市工务局第二科测绘股提出干线道路系统计划的签呈》（1934年10月27日）。

　　干路的断面形式与行道树的布置密切相关。1928年国民政府定鼎南京后修建的中山路由时任市长的刘纪文亲自兼任新成立的首都道路工程处处长主持其事。中山路宽40米（130呎），路中间10米宽为双线快车道，快、慢车道及慢车道与人行道间计划种植6排行道树（图13—19）。1929年时中山路"所栽行道树木共分为两段，一自和会街至鼓楼一段，长二千六百公尺，栽刺槐六百二十二株……一自新街口至中山门一段，长三千八十八公尺，栽法国梧桐四百五十二株"。此后南京市政府多次以政令形式责令公园管理处部门补栽行道树、警察厅负责对之保护并惩戒，并要求市民爱护和协同保护行道树。

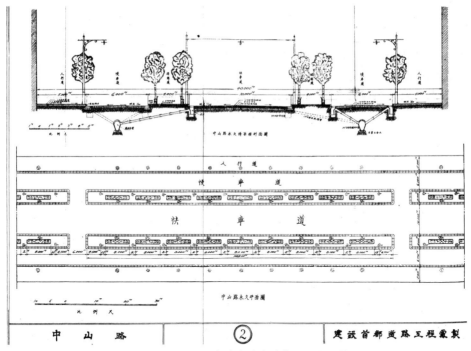

图13—19　1930年南京中山路截面及平面图

资料来源：建设首都道路工程处：《建设首都道路工程处业务报告》。徐颂雯博士提供。

　　与建筑技术一样，城市规划和市政工程技术的发展也是全球化过程的结果之一。日本的道路横断面设计受德国影响较大，有将隔离带和步行道置于道路中央的传统，因此也将这一设计方法带到长春（"新京"）等地；同时，也受到堪培拉规划的直接影响，

是田园城市运动中"六边形规划"的另一种呈现形式。（详本书第七章）

　　总之，从早期的借用西方建筑元素到后来的全面模仿西方建筑样式，是逐渐全面、深入了解和掌握建筑技术知识的过程，反映了近代化的一个重要侧面。而其中一个关键环节，就是以中文编写的教材，使这些知识得以广泛传播。与此同时，西方最新的工程实践和施工器具也迅速被引入中国近代的大城市中，造成了城市面貌的快速改变。

　　同时应该注意到，近代时期，由于政权更迭频繁，在城市建设上有关建筑形式的选择、建筑师的心态与工作方法的变化，以及建筑机构的创设、发展及其日常管理和动员机制等等，多因政权的更迭和意识形态的转移而发生急剧的变化。相比而言，建筑和规划技术的发展与技术标准的确定，因其受经济和技术水平等客观条件制约较多，在1949年前后体现出较明显的延续性。从技术史视角考察近代以来的建筑和城市，其发展脉络较为清晰，相比观念转变和政治、社会制度的改造与变迁，更易把握其变化与物质环境及城市景观间的关系。

第十四章　中心与边缘

统计自1986年以来的历次中国近代建筑史年会上正式发表的885篇论文，会发现其研究对象位于传统政治中心城市和开埠城市中者占绝大多数，且强半与华东地区有关，即使近年我们力倡加强内陆及边疆地区的近代建筑研究，有关西北、西南两大区的论文相加不过仅65篇（7.2%）[①]。受研究关注较多的城市具有一些共同特点：人口稠密且交通便利，其中沿海、沿江、沿铁道干线城市为最多。可见，中国近代建筑史这一学科经历了30余年的发展至今，就其研究的基本生态而言，形成了以若干区域为主的核心部分，和分散在除此以外的广大边疆、内陆和边缘地带的其他部分。

不可否认，中国近代建筑史的"核心"部分也存在很多的疏漏，如建筑师和营造商的生平行迹，近代建筑的结构形式、施工技术和建筑设备等，均有待进一步研究。但相对而言，广大边疆和边缘地区或因地处偏远、交通闭塞，或因思维观念的缘故，相当部分尚在研究者视野之外，在研究内容与研究视角上亟待扩展。

本章首先梳理中国近代建筑史研究中几个概念的定义，如"边疆"、"边缘"和"边界"，举例阐发对其研究的意义，审视从"边缘"到"中心"的文化流向，分析二者间的关系及其对拓展中国近代建筑史研究的启发意义。之后以位于中国大陆边缘的澳门、台湾和香港地区为例，考察这些地区的近代建筑发展及其与大陆千丝万缕的联系，虽然它们都位于"边缘"，但不少方面领先大陆甚早甚久。随着研究的深入，我们希望能看到更多的类似地理上、政治上以及知识结构上的"边缘"案例，从而切实完善近代建筑发展的图景。

---

① 2014年、2018年年会分别选在贵阳和西安召开，有意识地引导学者们将研究目光投向内陆地区，相关论文数量及占比均有所上升。

一、"中心/边缘"的理论框架及其与中国近代建筑史研究的关系

"中心/边缘"是我国的传统思维模式之一，表现为"华夏中心"、"华夷秩序"、"五服制度"①等礼法观念，隐含着关于国家政治的文化理解与想象。以"边疆"概念的形成为例，它的背后的实质是国家内部的文化分类及其等级秩序：只有在形成了强固的政治和文化中心之后，才会出现所谓的"边陲"、"边疆"等概念。

近代时期，"中心/边缘"的思维模式得到进一步强化，成为理解中国近代对外关系以及诸多思想和文化现象的一对核心概念。例如，洋务运动时期人们以中国传统的伦理纲常为代表的"道"、"本"、"体"为中心，而代表西方科学技术的"器"、"末"、"用"则处于边缘。这些概念，是当时的知识分子在面对欧风美雨侵蚀的过程中，感知了与西方"他者"的差别而为强固中国自身文化和思想的特色所产生的。

另一方面，近代以来，在"华夏中心"和封建帝国文明的历史建构之外，又横亘了另一个更大范围的"中心/边缘"理论，即"欧洲中心论"和依附理论②。因此，西方和东方、现代与传统、进步与停滞，均为以西方为中心分类的结果，都可以归纳在西方中心主义的叙事框架中加以审视，而这正是受后现代主义和后殖民主义攻击最力之处，因此才出现了"扯断宏大叙事一以贯之的发展链条，将历史看成一堆碎片"的微观史学的兴起。

不论是具有中国式的"体用"思维，还是欧洲中心论，或是旨在颠覆传统"中心/边

---

① 《尚书·禹贡》规定了"五服制度"，即将各地诸侯的土地按距离王城的远近，划分为"甸、侯、绥、要、荒"等五服。距王城五百里以内的属甸服，甸服以外五百里属侯服，依此类推，并以此为依据，按不同的要求由奴隶向奴隶主提供实物、劳役、军役。

② 亦即近五百年来的"现代世界体系"（Modern World-system）：在因殖民扩张而产生的全球世界体系中，位于中心的无疑是西欧和北美，而中国则处于边缘，在政治、资本、技术等方面均需依附于中心。

缘"模式的"后学",它们都是跨文化、跨民族的全球性的话语表述,无不是基于在对历史深湛的解读之后展开现实和未来想象而形成的。而这一点正是当前中国近代建筑史研究所缺。

具体到中国近代建筑史研究上,"中心/边缘"的关系更加突出:由于存在太多的边缘地带和知识盲区,近代建筑缺乏一个完整的图景;缺少了"边缘"的对照,近代建筑研究的"中心"更显突兀。中国近代建筑史对边缘地带的研究既然缺乏翔实的资料作比较的基础,两者之间的思辨关系也就无从谈起,因此,在解释有关"边缘"上的近代建筑与"中心"如何互动,以及它们在"中心/边缘"的"差序格局"中起到何种作用等理论问题时,不能不感到力不从心、难以深入。面对类似重要问题的失语和无力,是当前近代建筑史研究所面临的最大挑战。

概括而言,至少有两个原因导致形成了这种局面。首先,客观上的因素,即因研究对象位于交通闭塞、经济落后的边远地区,或因当地的研究力量不足,使艰苦的实地调查未能展开。例如,长沙的雅礼大学和山西太谷的铭贤学校是我国仅有的两所由外国大学襄赞建立的教会学校,两校的规划设计均出自墨菲之手,也是他在华事业的起点和终点。山西是支持义和团运动最力的省份,外国传教士被杀者也最多,其中多数为美国公理会和欧柏林学院(Oberlin College)派遣来晋。欧柏林学院于1907年集资成立"欧柏林山西纪念会"(Oberlin Shansi Memorial Association),并在太谷县兴办铭贤学校。铭贤学校由孔祥熙一手创办,最初利用位于太谷县城内的一处小四合院作为蒙馆(小学),后迁往城郊的孟家花园,由于欧柏林校友的资助,除整饬花园原有建筑外,还修建了三座西式教学楼和若干教师住宅,逐渐形成"花草馥郁,林木扶疏,假山高叠,巍楼对峙,环境优良,极适读书"的格局,成为闻名全晋的著名学府。

此后,孔祥熙在1929年邀请墨菲(Henry Murphy)赴太谷考察勘测,为铭贤学校做了第一个完整的规划。墨菲的最终规划方案为一完整的圆形,布局自由,将已有的建筑

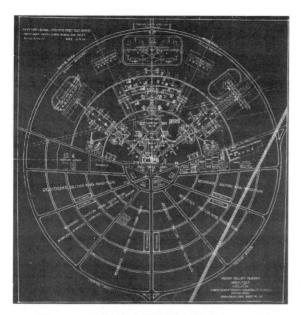

图14—1　墨菲的铭贤学校规划最终方案，1932年。
偏远地区的设计限制较少，产生了这种理想的规划方案
资料来源：欧柏林学院档案馆。

自由组织到理想的几何形中，"三层同心圆恰能体现本校建设发展的三个阶段"①。（图14—1）墨菲还为欧柏林学院设计了一座中国宫殿样式的"山西楼"。（图12—12）铭贤学校内两幢典型"中国固有样式"建筑（图书馆和科学馆）则为基泰工程司所设计。（图14—2）但是，铭贤学校因其地处偏僻，远离通都大邑，显得籍籍无名。美国学者郭杰伟（Jeffery Cody）有关墨菲的著作中也未见涉及铭贤学校的内容②。可见远离沿海、沿江和铁道干线的广大内陆地区，确实是中国近代建筑史研究的边缘地带和薄弱环节。

图14—2　铭贤学校图书馆（左）及大礼堂（远景），1936年。
资料来源：欧柏林学院档案馆。

① Gene Ch'iao, "Plan for An Expanding Oberlin-in-China by Mr. H. K. Murphy", *Taiku Reflector*（*illustrated newsletter*），spring 1932（No. 1），pp.4-6.

② Jeffery Cody, *Building in China: Henry Murphy's 'Adaptive Architecture', 1914-1935*，Hong Kong: The Chinese University Press, 2001.

其次，由于历史原因造成的政治禁忌或成见导致了中国近代建筑史研究的一些盲区。我国近代以来由于政权更迭和意识形态的转变，形成了诸多政治禁忌，这种禁忌对学术研究不无影响。如孔祥熙是铭贤创建和发展的中枢人物，但他也是中国近代史上为人熟知的一个反面人物，因此长期以来也平添了一重研究障碍。再如，1949年以后，国内有关伪"满洲国"城市规划和建设的学术讨论几乎销声匿迹，1988年出版的《中国大百科全书·建筑·城市规划·园林卷》中没有收录任何关于"长春"、"新京"或"伪满建筑"的词条，直到2000年以后，有关伪满时期的城市规划和建设的研究才逐渐增多。此外，民国时期的军阀一向予人怙恶不悛的印象，但其在各自割据的地区内所进行的近代化实践和建设，皆为此前研究所未涉及的方面[1]。

并且，思想观念的演替也影响了中国近代建筑史研究范围的扩展。如建国初编写的《中国近代建筑史（初稿）》和《中国建筑史第二册·中国近代建筑简史》中均有相当篇幅介绍近代时期红色根据地的建设情况，但自1980年代以来即未见任何有关的研究。实际上，延安时期中国共产党兴建了不少工业建筑（图14—3）和政府办

图14—3　陕甘宁边区难民纺织厂礼堂，1945年

资料来源：延安地区行署编：《延安革命画册》，陕西人民美术出版社1987年版。

---

① Donald Gillin, "Portrait of a Warlord: Yen Hsi-shan in Shansi Province, 1911-1930," *The Journal of Asian Studies*，May 1960, pp.289—299.

公建筑，如中央大礼堂（图14—4）、杨家岭大礼堂（1941年）和中共中央办公厅（图14—5）等均为规模较大的单体建筑，枣园的中央办公厅建筑群多为外廊式建筑，鲁迅艺术学院则是占用1934年建成的一处天主教堂扩建而来。红色政权下的建设，如井冈山、瑞金、延安等地的城镇发展和近代建筑，不但是中国近代建筑史上不可缺少的组成部分，也是建国后最早进行保护和修复的文物建筑，对其连贯研究具有重要的学术意义。

图14—4　延安中央大礼堂，1941年

资料来源：作者拍摄，2013年。

图14—5　杨家岭中央办公厅（"飞机楼"），1941年

资料来源：延安地区行署编：《延安革命画册》。

后殖民主义理论批判"西方中心"逐渐演变为一个主控叙事（Master narrative）的核心概念，长期处于主导地位，形成了一整套权力话语和话语秩序。但是，"中心/边缘"不是一对不可逾越和不发生互动的关系，边缘对中心的抗争一直存在①。我国传统文化中有"礼失而求诸野"、"学在四夷"之说，即少数民族可能保留更多的中原原著文化，反映了从边缘向中心的文化流向。另以19世纪以后的殖民主义世界体系为例，它是以宗主国为"中心"、殖民地为"边缘"构成

---

① Jacobs M.Jacobs，*Edge of Empire: Postcolonialism and the City,* London & New York: Routledge, 1996.

的，即一个附属国完全被殖民帝国所控制，形成了边缘对中心的单向的依附关系。殖民者在殖民地推行的各种社会改革及城市规划和建筑风格，都成为殖民者试图解决宗主国国内"政治的、社会的和美学的问题等诸种矛盾"的实验场①。然而，殖民地与宗主国间社会和政治思想、资本、技术、人员等流动，并非是由"中心"到"边缘"的单向运动，而是相互作用、交错影响。

日本在我国东北等地的殖民地建设实践，对日本本土的发展起到了重要的参考作用，如日本城市规划法规系统的建立、前川国男等人战后的崛起、1960年代的铁道新干线技术等②，均由殖民地作为"实验场"向宗主国输送社会实践和建设的各种经验。而1930年代的"王道主义"和"大东亚共荣圈"更是直接以殖民地为中心提出的政治纲领，并且在城市建设和文化政策上体现了日本的"非西方"殖民主义的特质。因此，讨论"中心"与"边缘"的关系需要超越了简单的依附，而体现出多向、多元和异质性的特征。

人类学家在研究"中心/边缘"的关系时，将"边缘"作为"地方"（地理的地方、文化的地方、政治的地方）的一种表述单位，提出了三种不同的视角选择，对近代建筑史的研究颇具启发意义：（1）以某一个地理区域的"中心/边缘"关系线索为视角；（2）以某一个历史人群或部族为基点的"中心/边缘"关系线索为视角；（3）以某一地方群或地缘群与主体民族（汉族）的"中心/边缘"关系线索为视角③。人类学在理论上的创新正是构筑在长期实地调研所积累的大量案例之上的，而学理上的建树与方法上的创新必须以对材料的详尽占有和灵活运用为前提。前文所述的两方面原因概括了中国近代建筑史研究边缘地带知识盲区的形成，基本素材的缺失也导致了理论的研究无法深入。反言之，建构起"边缘/中心"的理论框架对我们理解近代建筑在不同区域的发展路径、

---

①　Gwendolyn Wright, *Politics of Design in French Colonial Urbanism*, Chicago and London: the University of Chicago Press, 1991, p.3.

②　日本国内的规划立法与"满铁"附属地的关系，详李百浩：《日本在中国的占领地的城市规划历史研究》，同济大学博士后报告，1997年；关于新干线建设与日本在满洲经验的关系，见 Roderick Smith, "The Japanese Shinkansen: Catalyst for the renaissance of rail", *The Journal of Transport History*, 2003, 24（2）, pp.222-237.

③　彭兆荣：《岭南走廊——帝国边缘的地理和政治》，云南教育出版社2008年版，第5—6页。

发现其间的联系，并有意识地加强某些方面的研究无疑有所裨益。

二、位于地理边缘的近代建筑：以澳门、台湾、香港为例

（一）近代澳门城市与建筑的发展

澳门位于中国南疆边陲、珠江出海口的西岸边，其行政区划包括澳门半岛以及氹仔、路环两个离岛。葡萄牙人早在16世纪中期（明嘉靖年间）就来到澳门，是后四百多年一直在澳门从事建设（鸦片战争之前，葡萄牙人的这些活动都受明清政府的制约），直至澳门于1999年回归祖国。虽然澳门的城市形成和建筑的出现发生在中国社会进入近代历史时期的300多年前，但澳门的城市建设和建筑发展却印证了400多年来中西文化交流的历程，尤其澳门历史城区保存了澳门400多年中西文化交流的历史精髓，是中国境内现存年代最远、历史建筑保存相对完整和集中的东西方风格建筑并存的区域[①]，是中国近代建筑史研究的重要内容。由于澳门出现了诸多首先由葡萄牙人建造的教堂、炮台、住宅及道路等，直接体现了西方的影响，一些学者也将澳门称为"中国近代第一城"[②]。（图14—6）

葡萄牙人最初用行贿的办法占据澳门，在澳门筑城造房，形成中国领土上最早的外国租借地，使

图14—6 "中国近代第一城"的澳门
资料来源：《中华遗产》2005年第5期封面。

---

① 2005年7月15日，联合国教科文组织第29届世界遗产委员会决定将"澳门历史城区"列入《世界遗产名录》。这个体现中西方文化交融的历史建筑群及相关街区成为了中国第31处世界遗产。

② 张复合："前言"，张复合编：《中国近代建筑研究与保护》（六），清华大学出版社2008年版。刘先觉：《中国近代第一城——纪念澳门回归十周年》，《建筑与文化》2009年第11期。

西洋建筑从这里大规模传入。1562—1634年间，随着天主教在澳门的迅速扩展，葡人投资兴建了圣保禄（大三巴）等8座教堂①，并建起市政厅、仁慈堂等公共建筑物，澳门的建筑类型变得丰富起来。17世纪始，为了防御其他荷兰等后起的海上强国，葡萄牙人陆续修建了城墙和一系列炮台，并取得明朝政府的默许。至此，澳门作为葡萄牙海外殖民地城市的基本规模形成了。（图14—7）

图14—7　澳门地图，1634年

资料来源：张复合提供。

开埠初期葡人即在半岛隙地居住并开展贸易，沿一条曲折的主街修建房舍。由于教会的力量起主导的作用，葡国人在主街上首先建起的公共建筑物是木结构的教堂，它们前面的广场成为所谓的"前地"，而住宅群慢慢地在教堂的周围建立起来，并辐射出去，形成了澳门城市。澳门的早期发展很长时间内仅限于很小的区域，1849年后葡澳政府才将势力范围扩展至整个澳门半岛，后又进入两个离岛。

应注意到，葡萄牙作为西欧最早开始海外扩张的国家之一，在进入澳门前已建立起一个庞大的海外帝国。葡萄牙人当时在亚洲已征服了印度的果阿（Goa）、克契

---

①　陈泽成：《澳门建筑文物的保护政策》，张复合编：《中国近代建筑研究与保护》（二），清华大学出版社 2001 年版。

（Cochin）等地①。葡萄牙人在海外喜欢在居高临下的山地建城，城市空间一般由位于山上、环卫港口的军事防御建筑，位于半山腰的宗教区和位于平地、接近海港的商贸区和居住区三部分组成。主街和教堂及其"前地"构成了葡萄牙殖民城市的重要空间特征。（图14—8、14—9）此外，从果阿、马六甲等处前来澳门的葡萄牙人也带来了南亚和东南亚的建筑风格和建造方式，使澳门的建筑样式更加混杂。

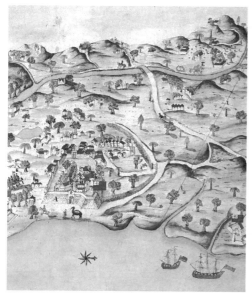

图14—8　葡萄牙海外殖民地城市建设的基本模式示意图，靠近海岸构筑新城，与右下角军事要塞互为犄角

资料来源：Walter Rossa, *Cidades*：*Indo-Portuguese Cities*，Lisbon: Deposito Legal，1997，p.10.

图14-9　印度西南海岸果阿的天主教堂，1516年

资料来源：同上书，第12页。

从葡萄牙人到达澳门至鸦片战争前，葡萄牙人在澳门从事的所有活动都受到明、清政府的制约，包括城市建设的过程。（图14—10）澳门的关闸和市政厅的前身——议事亭均建于明末，目的是管束在澳的葡萄牙人，将约款用中葡两种文字刻在石碑上置于亭内。

---

① 　Walter Rossa，*Cidades: Indo-Portuguese Cities*，Lisbon: Deposito Legal, 1997.

这一时期的最重要建筑是著名的圣保禄学院的重建。早期的圣保禄教堂是低矮、简易的木结构茅草屋，1594年教会将其重建为一组规模宏大、设备齐全的公共建筑群，除教堂和修道院外，还包括各种诊所、观象台、药房、图书馆等附属设施，澳葡的金库也设于此。圣保禄教堂坐北朝南，主祭坛位居北面，主入口设置在南面，不同于欧洲教堂。圣保禄教堂的这点改动适合澳门的地理气候，符合中国的传统，也反映出当时葡萄牙人在中国政府管理下的妥协姿态。

图14—10　明朝为管束在澳葡人于1573年所建的澳门关闸（张复合提供，2000年摄）

圣保禄教堂始建于1602年，因工程浩大、结构宏伟而屡建屡停，直到1637年才全部完工。圣保禄教堂的前壁现俗称大三巴牌坊（即"圣保禄"的译音），因其石壁类似中国传统的牌坊，故称之为"大三巴牌坊"。大三巴牌坊远观为巴洛克式，但掺入了很多中国的纹饰和文字，是典型的中西杂糅风格。圣保禄教堂和修道院毁于1835年的一场大火，只有花岗石结构的门壁仍巍然矗立。（图14—11）

图14—11　圣保禄教堂石壁，1910年摄

资料来源：陈泽成：《澳门建筑文物的保护政策》，张复合编：《中国近代建筑研究与保护》（二）。

清朝立国初期由于不允许在澳门新建房屋，澳门在17世纪末和整个18世纪基本上没有更多发展。直至18世纪后期，由于清政府政策改变，以及鸦片贸易所带来的可观收入，一些巴洛克风格的建筑物陆续建成，如圣若瑟修院教堂（三巴仔）（图14—12）。澳门作为一个鸦片贸易的中心，很多外国公司到来，很多具有高水平的新型建筑在南湾

建起来，包括豪华的别墅、商业楼宇等。这个时期可以说是澳门城市建筑中最辉煌的时期。从流传至今的一些图像资料可见，至19世纪初，澳门已经是颇为繁荣的港口城市，外廊式建筑和天主教堂构成了丰富的城市轮廓线。（图14—13）

图14—12　圣若瑟教堂外观（张复合提供，2000年摄）

图14—13　澳门的城市轮廓，19世纪初

资料来源：Seng Kuan and Peter Rowe，*Shanghai*：*Architecture and Urbanism for Modern China*，New York：Prestel Publishing，2004.

　　1842年《南京条约》签订后，清廷被迫割让香港且开放五口通商，这对以海外贸易为根本的澳门不啻是一个致命打击。但同时澳葡政府渐渐地从政治上脱离了清政府的控制，市政厅也失去了原有的重要性，总督掌握实权。1849年建成使用的总督府位于澳门半岛南湾大马路中段，原为私人豪宅，1881年被澳葡政府改为澳督府，成为澳门的政治中心。建筑初成时充满南欧特色，主楼高两层，正立面朝向南湾海面，平面呈"山"字形。入口处设门廊，二层回廊通畅，左右两翼做成露台，减弱了建筑的沉重感，也丰富了空间层次。（图14—14）

图14—14　澳督府（张复合提供，2000年摄）

从鸦片战争到20世纪初，澳葡政府推出一些具有连续性的城市发展和改良计划，如根据1883年出台的《澳门城市改善计划报告》，澳门政府开始整治澳门的城市问题如整饬港口、迁移屠宰场、增加绿化等，并制定规划发展郊区和离岛新市区，当时最重要的工程包括修建望厦马路、内港和西望洋山填海、开山和筑路[①]。

第一次世界大战结束后，澳门的城市建设进入快速发展时期，大规模地填海造地，同时对旧城区加以改造，提升市政设施，完善路网和供水系统和下水道系统。新马路就是建于1920年，并一直成为澳门最主要的马路。现代主义于1930年代传入澳门，在新马路的周围到处可见体现着装饰主义风格的建筑物[②]。如何东爵士中葡学校、国际大酒店以

---

① 赵淑红：《澳门近代建筑发展概略》，《华中建筑》2007年第8期。

② 赵淑红：《澳门"近代晚期"建筑发展特点研究》，张复合编：《中国近代建筑研究与保护》（六），清华大学出版社2008年版。

图14—15 澳门红街市（2017年摄）

图14—16 改建后的市政厅（张复合提供，2000年摄）

及大量集体居屋、城市设施、港口楼宇等，它们均采用简洁的几何形，具有无烦琐装饰，外墙粉刷，带形长窗等现代建筑的特征，其中最典型的例子是建于1936年的红街市（图14—15）。同一时期先进的近代建筑设备如通风、加热、空调和电梯等，出现在澳门的高级饭店等建筑中。澳门也逐渐完成了从商埠到休闲娱乐中心的漫长城市转型。

这一时期的重要建筑是澳门市政厅的重建及市政厅广场的建设。市政厅大楼始建于1784年，1874年毁于台风袭击，2年后进行重修，在这次重修中建筑内部空间格局发生改变。1938年开始进行大楼历史上最大规模的改建，在二楼梯级中段处添设小花园，改屋顶为平顶并改装主立面门窗，市政厅底层分别用作门厅、办公处和展览空间①。历史上市政厅功能数次变迁，一直作为澳葡政府的办公大楼，还曾用作邮政局、卫生局、法院以及澳门博物馆等，今为澳门民政总署所在地。（图14—16）

---

① 赵淑红、徐鑫：《澳门近代行政办公建筑考察研究》，张复合编：《中国近代建筑研究与保护》（七），清华大学出版社2010年版。

　　市政厅广场是由两个前地组成，一为议事亭前地，二为板樟堂前地，两个前地转折相连。如大多数欧洲中世纪的广场一样，两个前地都呈不规则形状。议事亭前地南段开阔，其景观历经多次变化，从草坪改为广场雕塑到喷水池等，1993年大规模改建议事亭前地，路面改用澳门常见的波浪形的传统葡萄牙铺路石作为地面装饰①，线条流畅，具有强烈的异国风情，成为澳门的著名景点和城市象征。（图14—17）

图14—17　市政厅广场（陈泽成：《澳门建筑文物的保护政策》）

（二）近代台湾城市与建筑的发展

　　台湾的近代建筑和澳门一样，其发生、发展也远早于第一次鸦片战争。以时间先后为序，按照治理台湾的主体可将台湾近代建筑的发展分为荷占时期、闭关时期（从郑成功父子治台到第二次鸦片战争）、开埠通商与台湾设省时期，以及日占时期。其中日占时期台湾近代城市和建筑的变化与发展较前既大且快，又可再细分为几个时段。

　　台湾是自古是我国版图的一部分，但在17世纪初的明末（明天启年间），当时的海上强国荷兰和西班牙相继侵占台湾，时间上稍晚于葡萄牙人入澳门。1642年荷兰败走占据台湾北部的西班牙人，全台湾为荷兰所独占，遂进入"荷兰殖民时期"。荷兰接替

---

　　①　这种路面铺装方式来自葡萄牙，亦称"庞巴而建筑风格"，是1755年里斯本大地震后由葡萄牙首相庞巴而主持重建而命名。童乔慧：《澳门传统街道空间特色》，张复合编：《中国近代建筑研究与保护》（五）。

西班牙经营基隆和淡水，一些遗迹留存至今，如西班牙人始建、荷兰人重建的淡水红毛城。1661年郑成功由金门进军台湾，次年规复台湾，台湾此后孤悬海外直至1683年（康熙二十二年）重入中国版图。此后清政府在台湾设官招垦，经过几代闽粤移民的经营，至19世纪初年，台湾已经成为中国最富庶的地方，"其文化水准甚高，发展条件尤胜过沿海的省份"①。但这一时期由于战争和清朝的闭关政策，中断了与国外的交流，近代建筑的发展陷于停顿。

第二次鸦片战争大大加深了中国的半殖民地程度，台湾也因位于东南亚航线的孔道、战略位置十分重要而被欧洲列强所觊觎。《天津条约》约定台湾的沪尾（淡水）、

图14—18　打狗英国领事官邸（张复合提供，2011年摄）

图14—19　淡水英国领事馆模型鸟瞰，屋面组合不合传统法式（张复合提供，2011年摄）

鸡笼（基隆）、安平、打狗（高雄）四口岸开港通商，成为台湾近代史的开端。《天津条约》准许外国人居留和建造房舍，由此在这几处口岸城市开始出现洋行、领事馆、学校及教堂等外廊式建筑，建于1866年的打狗英国领事馆就是其中最早的一例。该建筑为一层的四面外廊式建筑，局部设地下室，整体用红砖砌筑，出现了砖拱券。因其建成年代较早（在台湾正式开埠的后一年），也被称为台湾第一幢近代建筑。位于领事馆山上的是英国领事官邸，同样是红砖外廊式建筑，利用山势形成局部二层。（图14—18）另一处典型的外廊式建筑，是位于淡水红毛城旁边的英国领事馆（1899年），亦为二层建筑。其立面装饰较打狗的两幢建筑复杂得多，正面屋顶则类似我国传统的歇山顶，但夹杂很多变化，显示中西混杂的特征。局部

---

①　李乾朗：《台湾近代建筑中地方传统与外来形式之关系》，《世界建筑》1986年第3期。

装饰也带有中国的纹样。（图14—19）

开埠时期教会势力进入台湾，出现了由传教士设计的教堂、教会学校、医院等建筑。加拿大长老会传教士在淡水一带十分活跃，其传教士马偕（George Lesile Mackay，1844—1901）设计了一系列教会建筑，如新店基督教堂（1874年）、沪尾偕医院（1879年）、马偕住宅、淡水理学堂大书院、淡水牛津理学堂（1882年）（图14—20）等，其风格逐渐脱离西方建筑语言的主导，转而采用当地民居传统以庭院式布局。建筑所用砖瓦均取自当地，惟窗样式表现出外来影响，屋面则作局部的变异处理。马偕于1872年入台，娶台湾当地人为妻，1901年在台逝世。在以上开埠通商时期，建筑上的主要变化是由西方人入台从事政治、经济和宣教等活动所造成的。

图14—20　淡水牛津理学堂，1882年（张复合提供，2011年摄）

1885年中法战争后海防问题受到重视，清廷在台湾建省（此前台湾行政上归属福建），并任命原淮军将领、洋务重臣刘铭传抚台，开始了由中国人主导的一系列近代化建设。刘铭传采用了西方形式建造部分公署建筑，如聘用德国工程师建造的台北火车站及台北府城内均为一层的西学堂及番学堂（后被日本人改为临时总督官邸）。民间趋新慕洋之风更为普遍，在商铺、民居上出现了拱券、山花和窗楣等装饰。台湾承继了中国东南沿海闽粤地方积极开放的文化精神，素来善于接受外来事物，在建筑上也体现了这种开放包容的精神。台湾设省时期由政府兴建的建筑多已不存，但这一时期西方人在商埠内的活动有增无减，如前文提到的淡水英国领事馆等。传教士的建设活动也很多，除马偕外，加拿大长老会另一位传教士吴威廉（William Gauld）在台湾北部也设计了不少建筑。

甲午战争后，日本通过《马关条约》强逼中国割让了台湾，台湾由此开始了长达50年的日占时期。这一时期，为了殖民统治的需要，日本殖民当局积极从事建设，结果台湾的近代城市和近代建筑都有较大发展，逐渐确立了近代城市规划的方法和制度，建筑的规模、质量、类型的丰富程度都较前大为提高。

由于台湾是日本的第一个海外殖民地，日占初期殖民当局用了一段时间探索统治和建设的方法。现有研究一般认为从1895—1908年属于城市规划和建筑的探索期[①]，除从事资料调查工作外，也开始拆除城墙（如台北城墙于1898年拆除）、整饬路网等城市改造工作（图14—21）。随着1905年日本占领由俄国规划和建设的大连，日本规划家得以实地学习了巴洛克式规划的要义，将一些重要规划手法如带行道树的道路、中心广场、放射状路网等转而应用在台湾，彻底改变了传统的街道肌理结构。例如台北大稻埕的改造规划（1906年）、台南府城改造规划（1910年代），都置既有街道的走向不顾而在开辟出圆形市政广场，成为城市的新中心。作为统治中心的台北除了拆除城墙、拓宽道路，象征殖民统治威权的各种机构如总督府、博物馆、总督官邸、大会堂等，都迁离或拆毁原建筑兴建。这种拆墙扩路、增设广场的改造运动（"市区改正计画"）在台湾一直持续到1930年代。1936年台湾总督府颁布《台湾城市规划令》，以法律形式明确了规划的权责，终于初步确立了台湾的城市规划制度。

在建筑方面，根据在1920年代曾任台湾总督府营缮课课长、对台湾近代建筑发展产生过颇大影响的井手薰的分析，针

图14—21　台中市市区改正计画，1900年
资料来源：李乾朗：《台湾近代建筑》，第110页。

---

① 李百浩：《日本殖民时期台湾近代城市规划的发展过程与特点（1895—1945）》，《城市规划汇刊》1995年第6期。

对主要建筑的材料和结构形式，除1895—1907年左右的探索时期外，此后还经历了红砖时期（1907—1917年）、深色面砖时期（1917—1926年）、浅色面砖时期（1926—1936年）及其延续（1936—1945年）[①]。实际上，这种按材料和结构的分期并不严格，且与建筑样式的演替也有一定重合，但方便我们理解台湾近代建筑的发展。如红砖盛行时期也是西方新古典主义和折衷主义风格的政府公共建筑大量被兴建、台湾学者称之为"样式主义"的时期。

　　日本从明治维新时期开始学习西方（尤其英国）的建造方法和建筑样式，19世纪末中后叶已培养出一代掌握了这些技法的建筑师，如辰野金吾等人。台湾最早采取西方建筑风格兴建的大型建筑是总督官邸，建成于1901年。1912年改为法国孟莎顶，成为其主要特征。（图14—22）此外，台北的博物馆按照西方新古典主义样式兴建，以巨大的可采光穹顶覆盖正厅。

图14—22　1913年屋顶修葺后的总督官邸

资料来源：李乾朗：《台湾近代建筑》。

[①]　转引自李乾朗：《台湾近代建筑》，第55页。

日占时期台湾最重要的建筑——"总督府"建造于1912—1919年。1906年及1907年日本曾为"总督府"的设计举办过两次竞赛，最后选定了东京帝国大学毕业的长野宇平治的方案，后对原方案的中央塔楼加高为9层，作为实施方案。塔楼类似英国的维多利亚式，但屋顶较为平缓。建筑主体为红砖砌筑，水平贯以白色花岗岩饰带，也被称为"辰野式"。整体为折衷主义样式，法式严谨，其高耸的塔楼格外引人注目。"总督府"建成后，"总督府"成为日占时期全台湾规模最大的建筑。（图14—23）这种以高耸的中央塔楼替代穹顶的手法，并非日本独创，如英国爱德华式建筑多采用这种方式，并将中央部分作为集中装饰所在，建成于1912年的香港大学主楼同样如此；另如美国林肯市的内布拉斯加州政府大楼（扩建于20世纪初）也采用的是这种中央凸起塔楼的形式。日本人对这种形式特别钟爱并广泛使用，如日本国内爱知县市政厅和名古屋市政厅，后来又在伪满"新京"使用这种建筑形式，但以大屋顶、琉璃瓦等东亚地区的传统元素加以修饰，成为所谓的"兴亚式"。

图14—23 "总督府"立面图

资料来源：李乾朗：《台湾近代建筑》，第53页。

由于钢筋混凝土结构的发展成熟，尤其1920年代初关东大地震改变了人们对气体材料抗震性的认识，而取代砖木结构成为主要的结构形式，但建筑师在其外部饰以面砖，模仿红砖给人的尺度感和亲切感。钢混结构与建筑表面的装饰可以分开处理，因此1920

年代出现了大量巴洛克风格以及混杂了日本及西方各种元素的建筑（图14—24），同时在井手薰的影响下，现代主义运动业扩及台湾，建成不少同时流行于朝鲜和中国东北的现代主义风格的"流水线"式（streamline）建筑（图14—25），也出现了以竖向线条为特征的装饰艺术运动风格。

图14—24　高雄市武德殿入口，和洋混合式
（张复合提供，2012年摄）

日本在台湾殖民统治的最高机构为台湾"总督府"，其下设台北、新竹、台中、台南、高雄5个州和花莲港、台东、澎湖岛3个厅，州、厅之下设有市、街、庄。这一时期除台北外，台南地方法院（1912年）、台中车站（1917年）、台中市役所（1921年）、台中州厅（1924年），均为较大规模的折衷主义样式建筑。台中市役所

图14—25　台北电话局，1938年
资料来源：李乾朗：《台湾近代建筑》，第130页。

初建于1910年，是台湾最早的钢筋混凝土建筑之一。（图14—26）1921年在原建筑基础上增建穹顶塔楼，穹顶结构是在正八边形平面的墙体上，以交叉梁承托木屋架而成（图14—27），是按照《建筑新法》中所谓"高顶柁架"建成的典型例子（图13—2），形成了外部观之较饱满的圆顶。类似的还有台南地方法院的穹顶，但不如前者圆满。台中州厅的规模较台中市役所更大，由总督府营缮课建筑师森山松之助设计，用红砖砌筑，间以白色花岗石饰带，也属"辰野式"风格。此外，各地还建成了神社、教堂、公园等各种建筑，改变城市面貌的同时也改变了台湾人民的生活方式。

图14—26　台中市役所（近）和台中州厅（远），1930年代

资料来源：https://commons.wikimedia.org。

图14—27　台中市役所穹顶木屋架（张复合提供，2011年摄）

　　1937年以后，台湾受战争的影响逐渐加深，建筑量较前萎缩。但由于日本推行"南进"政策，台湾高雄建成了一批新建筑，如高雄火车站等（图14—28），采用的是在当时日本国内占据主流的"帝冠式"风格（图7—10）。较之"兴亚式"，这种新样式的复古手法和细部模仿更严谨。

　　台湾的建筑设计事业几乎为日本人所垄断，很多大建筑是委任总督府营缮课进行设计的。营缮课的建筑师多从东京帝国大学建筑系毕业，也使得台湾公共建筑虽然前后修建时间相隔几十年，但其面貌却带有相当的共同性和延续性。井手薰担任营缮课课长后，曾积极推动现代主义在台湾的发展，并仿效日本国内，创立台湾建筑会，发行机关刊物《台湾建筑会志》，"对台湾建筑之整理其功不可没"①。

（三）近代香港城市与建筑的发展

与澳门和台湾不同，香港的近代历史是伴随着鸦片战争开始的。19世纪下半叶，英国通过三个不平等条约先后侵占了香港岛和九龙司并租借新界。一百多年来，香港经历了转口港形成前时期、转口港时期和出口导向工业化城市时期，发展成为国际性的重要工业、贸易和金融中心。

图14—28　高雄火车站局部（张复合提供，2011年摄）

开埠前的香港地区仅5000余人居住，为防范匪盗形成类似赣南、闽西的客家围村，如位于新界的建于15世纪中叶的吉庆围。1841年1月英国占领香港后，欧美商人和与中国贸易的各大公司——"洋行"纷纷从澳门迁来香港，成为香港因港繁盛的起始。最初香港并无系统的规划，仅沿着海岸线开辟出一条主路即皇后大道，在街道两侧布置各种建筑。香港开埠之初和上海等地一样，并无专业的建筑师随军前来，早期的建筑也多将就处置，放弃了复杂的古典语言和装饰，大量建筑采用外廊样式，如1844年始建的三军司令官邸（Flagstaff House），是香港现存最早的西式建筑。（图14—29）这一时期留存至今的重要建筑还有香港的第一座教堂——圣约翰教堂，现场查看开窗等仍为尖券，并不像有些资料中所说的诺曼式。（图14—30）因其建成年代较早、体量颇大，19世纪中叶以后关于香港的画作上都能明显看到

---

① 李乾朗：《台湾近代建筑》，第117页。

图14—29　原三军司令官邸（2014年摄）

图14—30　圣约翰教堂（2014年摄）

这座教堂。此外还有建成于1855年的港督府（督宪府），于1891年加建侧翼。1940年代日本占领期间在两幢建筑间加盖了塔楼，形成了不同于之前的建筑形象。（图14—31）

　　早期香港的空间格局大致遵循着港英政府1843年颁布的"维多利亚城"规划，即在香港岛半山腰（金钟）布置军事要塞，如今日已改建为美术馆的军火库；地势较平缓的山脚下布置政府办公机构和宗教建筑，以及大量商业建筑，即今日中环一带。华人居住区位于山下及半山太平街一带，山顶保留为欧洲人居住区，不许华人进入（1945年始废止）。1860年代英国侵占香港岛对岸的尖沙咀，迁来一部分军事设施。至1898年时，香港人口跃升至25.4万人，其中华人23.9万。此为香港近代建筑发展的初期。

　　1898年中英《展拓香港界址专条》签订后，新界并入香港，土地面积增加了11倍，为香港经济、社会的发展提供了充分的空间和资源。港英政府此后数年间在新界修筑道路、填海造地，使军事设施从九龙半岛移驻新界，并开发尖沙咀使之成为华人商住区和旅游区。香港本岛则铺设有轨电车，方便山上和山下的联系，于1904年通车。至1901年香港人口较3年前扩大几乎一倍，超过45万人①。港英政府为解决华人居住环境及卫生问题，于1903年颁布《公共健康及建筑条例》，规定了最低居住面积、建筑高度等条件。此后辛亥革命导致大量移民涌入，再次促进了香港的城市发展，也促使港英政府完善城市公共交通体系，如建设避风塘及完善海上轮渡、修建九广铁路等，因此出现了尖沙咀火车总站等新建筑，车站钟塔保存至今，成为香港的城市记忆。（图14—32）

图14—31 督宪府（张复合提供，1994年摄）

图14—32 尖沙咀火车总站（张复合提供）

可见，不论从空间范围的扩大还是规划认识的提高来看，从侵占新界到1920年代可视作香港近代建筑发展的第二期。这一时期的著名建筑，较典型的是1912年建成的最高法院。其整体为罗马复兴样式，但两翼顶部覆以灰色瓦面的四阿顶，又颇具东方特色。最高法院所在的中环皇后像广场，还建有香港会所和大会堂（图14—33），这一区域成为当时香港城市形象的象征。此外，1911年香港大学开办，校园位于香港岛半山。其主楼

---

① 龙炳颐：《香港近三百年建筑初探》，彭华亮：《香港建筑》，中国建筑工业出版社1989年版，第14页。

陆佑堂（Loke Yew Hall）由香港利安建筑事务所（Leigh & Orange）设计，（图14—34）当时也是港大的唯一的教学楼，1914年曾一度用于医院。从它的建成年代看属于当时英国流行的爱德华式（Edwardian style），但主立面外廊轩敞气派，中部装饰华丽，中央高塔也很醒目。

图14—33 香港大会堂，1869年建成，1933年拆除后于原址建造汇丰银行

资料来源：何佩然：《筑景思城》，香港商务印书馆2010年版，第8页。

图14—34 香港大学陆佑堂（2014年摄）

1920年代以后，随着地价升高，不少位于中环和尖沙咀的商业建筑开始修建和重建。这一时期正是西方现代主义思潮涌动但尚未登堂入室、成为主导潮流之时，香港因

图14—35　拆除大会堂后建造的汇丰银行，1935
年建成时为香港最高建筑，图中穹顶建筑为高等法院

资料来源：何佩然：《筑景思城》，第30页。

其自由港地位，特重商业效果，商业建筑上竞相使用被视为时尚的装饰艺术运动形式，如湾仔大街市（1936年）的入口设在转角部位并采用流水线型。而最著名的建筑应属第二代汇丰银行总部大楼（1935年），其为钢结构的高层建筑，是整个东南亚地区最先使用这种先进结构的建筑。其高12层，一度是全东南亚最高的建筑，采用竖线条为主的装饰艺术运动风格，与周围水平伸展的折衷主义建筑形成鲜明对比。（图14—35）采用先进的建筑材料和结构形式以及时髦的建筑风格，成为香港大企业开展贸易、宣传自身形象的重要手段，此后建筑高度一再被刷新。可见，随着香港城市地位的变迁提升，香港的建筑从无到有，从妥协将就而成为城市财富和地位的象征，形成了独特的城市景观。

香港华人在香港开埠初期就修建了文武庙等建筑，这些建筑带有地道的岭南建筑风格。1930年代正值南京国民政府推行"中国固有形式"的时期，在大量公共建筑上使用大屋顶为标志的传统建筑符号。可能受内地风气所及，香港的一些建筑也尝试使用中国传统形式，以教会建筑为多，如铜锣湾圣玛丽堂、香港仔天主教堂和由公和洋行设计的东华医院（图14—36），政府办公建筑上仍遵循各种西

图14—36　广华医院，今为东华三院文物馆，正立面为纯岭南建筑风格，背立面为西式。公和洋行很少设计这种混合中西样式的建筑（2014年摄）

图14—37　中环中国银行大楼，陆谦受设计，
　　　　1951年（2016年摄）

方样式。

　　1941年日本取代英国统治香港，战争期间除重要建筑的局部整改外（如总督府改建），建筑业处于停滞状态。到1949年前后，由于一批在内陆执业的著名建筑师前来香港（另一部分迁台或远赴海外），这批建筑师在香港开展实践业务，在战后香港的城市发展中发挥了作用。其中的佼佼者如陆谦受设计了位于中环的中国银行大楼，立面形象与上海外滩的中国银行相似，但充分利用了土地，形成了不规则的裙楼。（图14—37）这批建筑师在1949年前后的建筑思想和实践的比较研究，则是考察"中心"与"边缘"关系的一个重要方面。

　　中国近代建筑史的研究已进行了20多年，但由于受既往思维模式的影响，在自身的边界划分上显得琐碎，如对内陆和边疆的概念一直都被孤立对待，对近代建筑的全貌缺少整体上的认识，也因此无法形成明晰的"中心/边缘"关系。人类学家王明珂在回答"什么是中国人"时，曾比喻说，"当我们在一张纸上画一个圆形时，事实上是它的'边缘'让它看来像个圆形。"[1]这一比方同样可用于思考是什么限制了我们对中国近代建筑发展的全面理解。汪坦先生在本学科成立之初曾提出"不打阵地战，有准备地迎接遭遇战"[2]。在学术繁荣发展的新时期，应该适时开展有步骤、有计划的针对边远地区的考察和系统研究，使学科发展纳入长远规划。

　　近年来中国近代史学界主张调和传统的"向上"的视角和社会史"向下"的视角，

---

①　王明珂：《华夏边缘：历史记忆与族群认同》，社会科学文献出版社2006年版，第3页。

②　汪坦：《第二次中国近代建筑史研究讨论会论文集序》，《华中建筑》1988年第3期。

"还原历史现场"①。对于中国近代建筑史研究而言，由于存在大量未开辟、未涉及的领域和课题，因此首先应明确"边缘"的区域，并进行跨越边界描述另一侧的情况的"侧向"拓展研究。清楚地认识本领域诸多知识盲区所以产生的原因，借重多元、边缘、微观的资料，使地方发出主体性的声音，由史料而史论，集腋成裘地形成一套理论体系，不失为深入开展中国近代建筑史研究的一条途径。

最后，中国近代建筑史是研究近代时期内的建筑怎样变迁和为什么变迁的学问，政治的、文化的、经济的因素是为着全面理解近代建筑的本质特征服务的。始终注意建筑本体的"中心"地位，才能使近代建筑史在博采众长之后形成自己独有的学科体系和语言。这也说明我们需要实际的基于原始文献与田野资料的研究，而非只是西方理论与概念的探讨。

---

① 桑兵：《从眼光向下回到历史现场——社会人类学对近代中国史学的影响》，《中国社会科学》2005 年第 1 期。

第十五章　中国近代建筑史研究的若干探索与趋向

由于历史原因，目前我国的近代建筑史研究主要集中于国内几个大学的建筑学院中，不同学校的研究重心有所不同。在此前提下，新生代学人利用其学术背景和训练，进行史料发掘和案例积累，继续探索近代城市中"有什么"的问题，同时在此基础上也开始有意识地讨论"为什么"会出现这些建筑现象。

实际上，任何一门学科的成熟理论的建立，都必须经过由归纳到演绎再到实证的过程。其间至关重要的一步，就是在大量翔实的个案研究的基础上建立起一套具有较强阐释能力和效用的理论体系。中国近代建筑史领域的理论工作还在第一阶段里摸索，但毕竟吐露出某些端绪，包括理论视野逐渐开阔，也初步进行了一些探讨。

下文根据笔者的研究经历，在参考现有研究成果的基础上，撷取一些带有理论探索色彩的课题，其中既包括初步概括的理论阐释框架，也涵盖了逐渐展露的理论视角和未及充分讨论的理论问题。它们共同的特征是更加注重从社会经济结构的演变和历史事件的结合探讨中国近代建筑和城市的发展，且视野不拘于一时一隅，并从不同方面在理论上试图对看似芜杂无关的现象进行精炼和抽象，体现了近些年从事本领域研究的学人一边积累案例和爬梳史料，一边探索着进行建构理论框架的努力。原拟十条，因前面各章已涉及近（现）代化理论、殖民主义理论、民族主义和国家建构理论、边缘—中心理论等方面，以下分别对其他6种研究视角简要述之。这方面的研究内容虽刚起步，但视角的变化使之前习焉不察的近代建筑现象成为研究的对象，有利于拓展研究范围、加深对近代建筑和城市发展的理解。

1. 全球图景中的观念史和思想史的研究视角

近代以还，随着世界资本主义的资本积累，各国之间的经济、文化等联系和贸易往来引发了各种物品、技术、人员和思想在全球范围内的流通。因此，在研究中凸显近代建筑现象的全球联系性是近年来本领域研究深入发展的重要标志。其中最典型的，是一些源自西方的观念因其代表了西方的文化和生活方式，作为"近代性"和"西化"的象征被带入非西方世界，被附带了更多的意义，并改变了当地的物质景观和文化趣味。

以上世纪初才在我国兴起的行道树种植观念为例，可以窥见观念史对研究我国近代以来城市景观的影响。除了美化街景之外，行道树还是国家近代化过程中美化城市、完善市政的一种手段。此外，因其选种、培育和维护所需的科学知识和系统组织效力，行道树也成为国家建构过程中的一环，体现出城市乃至国家的"近代性"（或现代性）。

我国传统的行道树事业有着深远的历史渊源，"论世界行道树，我国可称鼻祖"。然而近代以还，"古治不修，民风益替，道其颓矣"[①]究其原因，一是在20世纪初的城市规划和市政建设上，相比列强在华的租界和欧美城市，作为支撑这一近代性意象重要特征的林荫大道和行道树自然也为国人积极效仿。另一方面，行道树的选种、种植和维护涉及一系列科学知识。因此，借用"科学主义"普及行道树的各种知识，成为教育民众、褒扬民主主义和激发爱国精神的手段。1928年以后，行道树种植和植树节、植树式结合在一起[②]，具有了国家认同和纪念孙中山等象征意义，内容与形式又为之一变，产生了更加广泛的社会影响。

草坪的引入和接受过程也能说明观念对城市建设和景观改造的影响。在我国古典园林中，大面积规整的草坪基本从未成为重要的造园元素。在非西方世界，草坪最初是由殖民者带入的，但本地的精英阶层很快仿效建植类似的公共空间和私人宅邸。草坪不仅是像西方那样的生活和娱乐设施，同时也代表了城市的近代性和主事者的西方化的决心。（图15—1）经过数十年的学习和模仿，非洲和亚洲诸国在公共空间和机关单位的环境营造上也具备了类似西方的形象，在物质层面上局部实现了西方化，不惟改变了城市景观，也促成人们的生活方式发生了潜移默化的改变。例如，近代中国新创设的机关如西式学校、医院和根据西式风格兴建的官衙，在其建筑环境中都普遍使用了草坪。从这个视角考察我国近代以来园林和建筑的发展，能够突破某些占据主流的叙述脉络，将一

---

① 傅志强：《论植行道树》，《农林新报》1937 年第 14 卷第 17 期。

② 陈蕴茜：《植树节与孙中山崇拜》，《南京大学学报》2006 年第 5 期。

些以往不为人们注意的、零散孤立的现象连成一体，有助于拓展视野，形成研究近代建筑和园林的完整的全球图景。

图15—1　1908年外滩公园的大草坪和音乐台

资料来源：Virtual Shanghai Project. http：//www.virtualshanghai.net/Asset/Preview/dbImage_ID-488_No-1.jpeg.

此外，19世纪末、20世纪初是现代城市规划思想和方法逐渐形成的关键时期，欧美涌现的各种规划思想、方法和技术也被迅速介绍到非西方世界。例如，有关"新京"规划的时论和之后的研究所提到的各种西方规划思想和技术，实际是经过日本调适和改造后，再施用于其占领区的产物，从街道截面的设计上清晰可见技术思想在全球的传布。（详第七章）

2. 技术史的研究视角

中国近代建筑史的研究开展已30年，但此前多着力在讨论建筑造型和风格，较少见到有关建筑技术和建筑思想方面的研究。集中、系统地研究中国近代化进程中建筑技术的发展情况，近年来成为中国近代建筑历史研究向深入发展的关键环节，也为贯通近现代建筑的发展提供了一条关键线索。

哈尔滨工业大学因其地利，近年来对中东铁路沿线的建筑和城市规划进行了系统考察，取得了大量一手资料。对站台、机车库、仓库等建造技术的考察是其中的重要组成部分，从木材及其建筑技术应用、砖石及其建筑技术应用、砖石与其他材质混合技术应用、金属材料及其技术应用五个方面分别探讨了中东铁路建筑的材料应用技术特色①。以技术史为题的博士论文也出现不少②。

上述研究以史料搜集和整理为大端，但对近代技术的社会属性讨论稍显不足。李海清的技术史研究则对此进行了一些补充，在长时间段上考察了中国不同地区间的建造技术，他注意到因中国地域广袤、经济发展极端不均衡而导致了对近代技术的取舍，"有意识地关注和研究中国建筑工程建造模式存在的区域差异现象，应成为书写中国近代建筑技术史的一种必要条件"③，体现出探讨若干规律性的趋向。尤其有意义的是，建造技术的发展有其较强的稳定性和延续性，并不因政治史上的重要事件而随之发生突变，因而能以之为线索，跨越政治制度的更迭而考察不同时代建造技术对建筑形态的影响，以及相似的建筑形态背后建造技术的异同。

3. 机构史的研究视角

近年来，境内外的一批年轻学者对近代时期的建筑师团体和设计机构开展了较为系统的研究，其中郑红彬关于近代时期英国在华建筑师的研究、王浩娱关于1949年前后从大陆移民香港的67位中国建筑师在香港后继发展的研究、台湾学人吴慧君对基泰工程司迁台后发展的研究④，皆为其中卓然有声者，后二者均涉及了1949年之后的史实。

一方面，对近代建筑师及其同业团体形成的研究还有大量空白，这方面的工作不过刚起头绪；另一方面，对1949年以后的中国现代建筑设计单位和学术团体的研究则尚付阙如。1952年以后，由于社会主义改造的完成和城市单位制度的实施，而在大城市中组建了计划经济体制和单位管理制度之下的设计机构，即今天仍在发挥巨大影响的各大设计院。从机构史的角度看，设计院的发展历史可以成为勾勒一个城市现代建筑发展及社

① 刘大平、王岩：《中东铁路建筑材料应用技术概述》，《建筑学报》2015年第6期。

② 刘思铎：《沈阳近代建筑技术的传播与发展研究》，西安建筑科技大学博士论文，2015年。刘珊珊：《中国近代建筑技术发展研究》，清华大学博士论文，2015年。

③ 李海清：《20世纪上半叶中国建筑工程建造模式地区差异之考量》，《建筑学报》2015年第6期。

④ 吴慧君、苏明修：《台湾基泰工程司的组织运作与作品风格初探》，《台湾建筑学会第二十六届建筑研究成果发表会论文集》，2014年；吴慧君、苏明修：《台湾基泰工程司发展历程研究》，《台湾建筑学会第二十七届建筑研究成果发表会论文集》，2015年。

会变迁的缩影，即在社会主义制度建设的大背景下研究一个设计"单位"的形成过程及人们在其间的工作和生活，从一个侧面反映了北京城市生活的变化。同时，缕析设计院在不同历史时期的运营和管理机制，可以考察"单位"制度对建筑师工作的影响及相应的应对方法，梳理建筑师与单位间的复杂关系。由于设计院的退休职工中不乏亲身参与重要建设的健在者，结合口述历史，研究一个国营设计机构的创设和发展及与之相关的人物的活动，研究建筑师、设计单位、我国初期社会主义现代化建设三者间的互动关系。

除各大设计院外，对全国建筑行业负协调、引导之责的中国建筑学会是一种独特而重要的建筑机构，自其1953年诞生之日起，就和新中国的现代化建设密切相关，也折射出其波澜曲折的发展过程。研究中国建筑学会发展史的一条关键线索，是考察学会在各个历史时期的发展如何因应不同的政治、经济、文化等需求，如何从一个侧面反映新中国现代化进程。与之相关的，对中国建筑学会出版发行的《建筑学报》和其他建筑期刊如《建筑》、《建筑工人》的研究，或反映出这一时期建筑思潮和建筑界思想状态，或是我们了解当时建筑机构建设的直接材料。

因之，采用文献梳理和口述访谈相结合的方法，从一个关键机构的建置及组织和运转入手，考察中国现当代建筑的发展历程，这也为研究和书写中国现代建筑史提供了崭新途径。

4. 女性主义的研究视角

女性主义与建筑学和建筑史的关系同样在国内尚未得以充分探讨，关于如何从女性主义这一思想意识和政治运动的视角开展建筑史研究也远未形成固定的范式。笔者所见的最新研究，一是欧美的建筑史家突出了女性这一长期被忽视的性别角色在建筑史上的重要作用，此外延续了此前基于男女生理的不同而导致的社会性别差异的讨论，研究其与建筑空间和城市景观塑造之间的关系[1]。（图15—2）

一个典型的例子，是女性在美国早期的历史建筑保护中所扮演的角色及其对美国历史建筑保护的影响。美国早期的历史建筑保护多为民间志愿者发起的运动，政府很少直接干预。这一运动的起点——华盛顿故居弗农山庄的保护就是从民间开始，而妇女在美国

---

[1] Kathleen James-Chakraborty, *Architecture since 1400*, Minneapolis: University of Minnesota Press, 2014.

早期建筑保护运动中是真正的领导力量，这也是19世纪下半叶美国建筑保护运动的两个区别于其他欧洲国家的重要特色。女性在当时的美国社会里除了家政事务无法在社会上发挥其能力。但建筑保护需要协调多方的利益和"高超的交际和说服能力"①，受过良好教育的女性因此得以结成团体、主持其事，成为日后女性平权运动的渊薮。坎宁安女士的弗农山庄妇女协会为美国早期的建筑保护运动树立了楷模，其组织形式和工作方式都成为其后诸多女性建筑保护团体模仿的对象②。

另外，不论中外，在19世纪末以降的城市近代化过程中都出现了大量以女性形象为主的宣传画，体现了城市设施的进步和生活方式的转变，成为传达"近代性"的重要媒介。（图15—3）在这方面，我国近代建筑史研究存在较大不足，以女性视角为线索对近代的建设史实进行梳理，可望得到令人耳目一新的成果。

图15—2　19世纪末工艺美术运动中的美国妇女在家中设计和制作工艺品。采用女性视角对工艺美术运动和美国郊区化运动的研究讨论了女性在社会和家庭的角色及变迁。

资料来源：Kathleen James-Chakraborty, *Architecture since 1400*，p.299.

5. 近代建筑史向1949年以后拓展的问题

我国建筑史学界一般以1949年为界区分近现代建筑史。梁思成先生曾说，"在旧社

① 　James M. Lindgren，"'Virginia Needs Living Heroes': Historic Preservation in the Progressive Era"，*The Public Historian*，1991，Vol. 13（1），pp.9-24.

② 　1930年代初美国推行"新政"，政府开始多方干预市场和社会生活，建筑保护工作才逐渐从私人领导转入政府主导的轨道上。William J. Murtagh，*Keeping Time: The History and Theory of Preservationin America*，Pittstown, N.J.: The Main Street Press,1988，p.30.

图15—3 描绘20世纪初女士进行高尔夫球运动的
宣传画

资料来源：Georges Teyssot（ed.），*The American Lawn*，Princeton：Princeton University Press，1999，p.123.

会，建筑绝大部分是私人的事情。但在我们社会主义社会里，建筑已经成为我们的国民经济计划的具体表现的一部分。它是党和政府促进生产，改善人民生活的一个重要工具。建筑物的形象反映出人民和时代的精神面貌"①。汪坦先生也曾从所有制形式和生产方式等方面，认为以1949年作为区分有其道理②。

然而，由于历史具有连续性，研究1949年之后的建筑和城市形态，难免会向前回溯；反之亦然。而在形成一个稍长时段的范畴之后，也会更有利于全面认识历史过程发展的轨迹。以前文所提的现代化和国家建构理论为例，从现代化的进程上说，中国经历了自上而下的改革（1840—1911年）到自下而上的革命（1911—1949年），再到探索非资本主义的现代化道路（1949—1977年），直到今天仍在深入展开的全方位的改革与现代化几个大的发展时期。以现代化为主线研究中国近、现代建筑发展的历史，在更长的时段上开展研究，将是中国建筑史研究下一步的必然趋势。在近（现）代化的线索下将我国近代和现代建筑史贯通研究，考察自晚清以来不同的历史时期中央政府如何进行现代民族国家建构（state building）、如何设立新机构（如设计单位）与执行新政策、其与民间如何互动，以此为依据划分历史时期、确定研究内容，能更全面地反映近代以来建筑的发展全貌。

在中国现代建筑史研究中，将研究的起点向1949年之前回溯，体现历史发展的完整

---

① 梁思成：《建筑和建筑的艺术》，《人民日报》1961年7月26日。
② 汪坦："序"，《华中建筑》1987年第2期。

性和连续性，已逐渐成为学术界的共识。而考察1949年前后建筑机构和建筑师的联系、建筑和城市规划制度的异同、城市建设形态和方式的延续性和创造性等等，也将滋生出颇多饶富趣味的新课题。前文所述的现代化理论、民族主义理论以及技术史和机构史等研究视角，都是跨越了1949年这一政治史上人为设定的分界点而能在较长时段下进行考察，体现了历史运动的连续性特征而不割裂研究对象自身的发展链条。

6. 近代建筑史与城市规划史联并进行研究的问题

近代时期的建筑现象并非孤立、单独的事件，中国近代建筑史中的中微观研究也不能就事论事，而应力求"上下延伸"、"横向贯通"，把建筑的问题放在更广阔的历史背景中，考察其与所在的城市和国内、国际的思想、文化和经济环境的联系，其诸多特征反易显明而突起。

将近代建筑史与近代城市规划史相结合是反映这一认识的一种基本研究取向。中国近代城市和建筑的出现和发展是西方思想、技术、物资等在全球传播和流转过程的一个环节。不但近代建筑史和城市规划史的研究应在近代中国政治史和思想史的大脉络下进行，同时，也应当将这些建筑活动投置在世界背景中，以全球视野比较研究其传播背后的动因，则有利于从较高的位置来认识近代中国城市和建筑的全貌，并理解其所产生的语境及对其后所产生的影响。

以前文所说的近代时期有关城镇建设思想史的研究为例，研究各种城乡建设的观点、理论、学说等思想观念如何形成、发展、演替，以及它们如何在全球范围的传播和接受的过程，对贯通中外的近代建筑史和规划史研究可能行之有效。通过规划思想史的研究，清理规划思想发展的内在秩序，不仅能丰富城市规划的研究内容，而且可以构成研究城市规划的技术—形式（空间）—制度（法规）—思想的完整图景。（图15—4）

规划史研究的两条主要线索，即西方现代城市规划思想产生和传播，与我国近代以来对西方规划思想的调整和接受，如果被割裂开来，其成果难免是零星的和局部的，无法在繁杂的现象中提炼出规律、形成联系。相反，如果能设法贯通二者，同时充分借鉴建筑史、城市史、艺术史的史料基础和研究方法，则无疑利于形成我国近代建筑史和规划史研究的新理论框架。

总之，中国近代建筑史的研究经过30余年的发展，已经显现出在实地考证和案例研

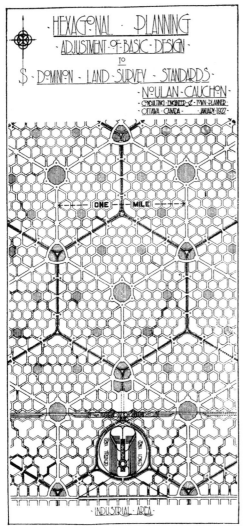

图15—4 加拿大规划师科根（Noulan Cauchon）的六边形城市模型，1927年

资料来源：Noulan Cauchon, Planning Organic Cities to Obviate Congestion Orbiting Traffic by Hexagonal Planning and Intercepters, *Annals of the American Academy of Political and Social Science*, Vol. 133, Planning for City Traffic（Sep., 1927），p.241.

究的基础上逐渐尝试理论建构的趋势。一方面，如果不以史料学为基础，而试图以思辨和描述来分析和解决问题，其成果很难垂之久远。但另一方面，如果历史研究仅仅停留于史料的搜集、史实的考订和事件的叙述，不进行归纳和概括，从微观领域上升到宏观领域，不借助于理论思维从历史现象中揭示历史过程的共同本质和普遍规律，就无从认识总的历史进程，无法窥见历史的全貌和整体，而且就连对于个别的历史事件和历史现象也很难予以正确的说明。随着近代建筑历史研究者知识结构的不断完善和研究方法的调整，在理论上总结和建构已成为学者的共识。

前文所述几方面有关理论探索工作不过举近年来近代建筑史研究大势之荦荦大端，且未充分展开论述。其他未及论述的重要方面，如系统整理近代建筑保护思想体系形成与演变的问题、形成完整全球图景问题（如对欧美以外地区的城市建设经验加以总结和引介）等，其视野也都不拘于一时一隅且涉及较多案例，从不同方面在理论上试图对看似芜杂无关的现象进行精炼和抽象。

随着改革开放的不断深入，我国和西方学界的交流日益密切，当前西方建筑史研究中采取的理论框架、研究方法和研究视角都被迅速引介到国内。对中国近代建筑史研究而言，国外学人的长处在于其查辨问题的敏感和建构理论体系的能力，植根于国内的学者则更易接近实物和采集一手资料。作为学沾中西、植根于国内的青年群体，其中的"健者"理当具有搜罗史料的热忱和进行理论探索的自觉，同时尤须注意史料的搜集和整理，避免将珍贵的史实压缩简化为某一西方理论的注脚。理论是在对大量史实进行爬罗剔抉的基础上逐渐形成的，它的宝贵之处在于其思辨性和抽象概括能力。而如果预设某种理论成立，再以史实对之验证，则不但史料搜集变得没有意义，这一工作本身也因缺少思辨而丧失了理论活力。

因此，中国近代建筑史研究的大势，是赓续前一时期田野踏勘的学术传统，在持续开展艰苦的实地调查和案例研究等基础上，一边积累和爬梳史料，一边进行理论建构探索。如何在史料和史论二者间保持平衡，将是我们所面对的重要课题。

第十六章　结论

本书的最后一章对前文反复论述的一些关键问题再做阐发和总结。它们包括：从学术史的角度看中国近代建筑史学科的建立与发展能得到什么结论和哪些启示？中国近代建筑史何以"自立"，即以史学研究的视角看其有哪些特点？中国近代建筑史研究有哪些重要的理论框架、可以从哪些方面开展分析？

中国近代建筑史是一门成立于上世纪80年代的年轻学科。概以言之，80至90年代的近代建筑史研究特点是汇总和搜集此前积累的史料，创辟出新的学术领域。新材料的发现、整理与出版，特别是与日本学者合作进行的《中国近代建筑总览》，以及以上海为代表的致力于某一特定城市和地区的近代建筑普查和研究，促成了中国近代建筑史研究的兴起；90年代以降则开始借用社会科学的理论和方法研究近代建筑史，研究对象从建筑单体进而研究近代建筑业各个方面的近代转型；2010年以来以新生代学人为代表的近代建筑史研究则更显著地体现了研究视角的多元化和研究视野的下移，不但与近代城乡建设相关的各种地方史、经济史、法制史、民众运动史、思想史和观念史成为研究对象，研究范围也开始向1949年以后的现代时期扩展。史学新思想、新方法的输入，则扩大了研究对象，导致了中国近代建筑史内容的更新。

中国近代建筑史研究中所能用的史料是这一学科与中国古代建筑史或西方建筑史区别开来的重要因素，这一点我们在第三章已阐述得很清楚。史料类型上的巨大丰富，使我们治中国近现代建筑史者有可能采用不同研究方法、从不同视角开展研究，也可以说这是区别于古代建筑史研究的重要特征。近代时期产生的新史料种类如档案、期刊、报纸等，如果能不辞辛劳广为搜罗、运用得当，将带来近代建筑史的研究方法的突破和研究重心的转移。同时，中国近现代建筑史的研究取向，已不再仅是为现实设计或保护服务，而是更趋重视过程性研究，根据一手资料重现历史场景，恢复大量有张力的历史细节。这种研究，能真正做到见人见物，显现"人"、制度与事件间的牵制与互动关系，也使对建筑的研究可以融入到近代中国社会发展和国家建构过程的大脉络中。这种与古代建筑史研究的重要区别正是由近代以来大量涌现的一手资料造成的。

在我国，严峻的外部殖民侵略压力和内部的民族自强运动是贯穿我国近代化过程的两个基本线索，二者相互交织，渗透了政府和社会的各个层面。西方殖民主义是我国近代城市和建筑产生和发展的重要原因，它不但改变了通商口岸的城市景观，而且在随之而来的西方生活方式和价值观的冲击下，中国的经济、社会、文化和政治生活也发生了巨大变化，如新式学堂、警察局、邮政局、公园、百货商店等从西方引进的机构和设施成为城市生活的重要组成部分。但是，近代中国从未彻底沦为某一列强的殖民地，西方殖民势力很少能真正渗透至城市化程度较低的广大地区。并且中国的传统文化有很强的独立性和延续性，争取民族独立和建设国富民强的"新中国"的理想贯穿着整个中国近现代史，也反映在各个阶段的城市建设和城市生活中。更重要的是，我国的台湾（1895—1945年）和东北（1905—1945年）都曾遭到日本的殖民统治，其在城市建设上又与西方殖民主义有所区别。因此，建立起全球视角的比较殖民主义理论框架，就能成为分析近代城市和建筑现象的一个重要工具。

另一方面，民族主义（Nationalism）则是甲午战争以后中国近代历史发展一个主要的动力。19世纪末20世纪初，不仅土耳其和中国，在朝鲜、印度、伊朗、越南、印度尼西亚和菲律宾等国陆续都掀起了一系列资产阶级改良运动，史学界称其为"第一次民族主义浪潮"。这些运动往往以一批受过欧洲教育的资产阶级知识分子为核心，以民族主义为思想武器和旗帜。虽然这些运动各自发生在世界各地，发展轨迹各不相同，但是在国家建构的过程中，在政策和实践上却表现出某些十分相似的特征。对所研究的课题，尤其是处于全球文化交流背景下的近代规划史和建筑史的课题，研究者尤其应该具有宽阔的国际视野。

此外，还有三对概念对分析近代时期的建筑现象有帮助：冲击与反应、传播与植根和中心与边缘。"冲击/反应"模式是费正清一代的汉学家分析中国问题的主要工具，1960年代以来对之批判反思颇多，但不可否认殖民主义、传教士等对中国近代城市建设和先进建筑技术引入方面的巨大影响与示范作用，这也是为什么我们用了很多篇幅在论述外力主导下的近代化的原因。但我们同时也应该注意民间自发的近代化在形成中国近代建筑特色过程中的重要补充作用。

从形式上分析能体现中西建筑文化交流的那些建筑，尤其是大量存在于民间的、"法度"欠当的建筑，可以看到一些外来建筑形式得以入土生根，是和我国传统建筑和传统文化有相当契合的，如前文分析过的外廊式建筑和碉楼民居。表面的形制变化并不意味着在其中生活的人们的居住意识形态和文化自信心的变化。而尝试消解有形、无形的"边界"，反思"中心"或"边缘"形成的原因及破解的办法，也许能更利于我们理解近代建筑现象的复杂性。

最后，1949年新中国的建立虽在意识形态、所有制形式和生产方式等方面带来了巨大变化，具有划时代的意义，但也未能阻断人、事、物在此前后的联系和延续。考察1949年以后的我国城市和建筑发展，有必要回溯到1949年之前讨论其思想根源，因此，前30多年有关近代建筑史的研究在一定程度上为我们将研究领域扩张到1949年以后奠定了基础。1949年以降的城市与建筑研究是一个广阔领域，我们迫切希望找到能贯通近现代时期的研究课题，探索出相应可行的研究方法。

本书参考文献

（按音序排列）

一、档案、报纸及其他

《把消费城市变成生产城市》（社论），《人民日报》1949年3月17日。

《北平市工务局第二科测绘股提出干线道路系统计划的签呈》，1934年10月27日。

曹云祥：《清华学校之过去及将来》（清华之教育方针目的及经费），《清华周刊》1926年增刊纪念号：3-11。

《大新公司新设备之一》，《新闻报》1936年1月10日。

冯友兰：《校史概略》，《清华周刊》1931年第35卷第11—12期。

《附录·清华学校校史》，《清华周刊》1927年第28卷第14期。

《馥记营造厂重庆分厂成立三周年纪念册》，1941年，中国国家图书馆藏。

国都设计技术专员办事处编：《首都计划》，1929年。

建筑工程部建筑科学研究院"中国近代建筑史编辑委员会"编（执笔人：杨慎初，黄树业，侯幼彬，吕祖谦，王世仁，王绍周）：《中国近代建筑史》（初稿），建筑科学研究院科学情报编译出版室，1959年，非正式出版物。

金富军：《周诒春图传》，未刊稿。

梁启超：《学问独立与清华第二期事业》，《清华周刊》总350期，1925年第9期。

梁思成：《建筑和建筑的艺术》，《人民日报》1961年7月26日，第7版。

《梁思成致梅贻琦信》，1945年3月9日，清华大学档案馆。

梁治华：《清华的园境》，《清华周刊》十二年纪念号，1923年。

林逸民：《呈首都建设委员会文》，国都设计技术专员办事处编：《首都计划》，1929年。

刘亦师：《墨菲档案中关于清华早期规划与建设史料汇论》。

卢绳：《河北省近百年建筑史提纲》，1963年5月，清华大学建筑学院资料室存。

"南滿洲鐵道株式會社"經濟調查會：《"新京"都市建设方案》，（極密）昭和十九年。

《汽车工人》，1954年12月24日。

《清华学校纪略（录光华学报）》，《东方杂志》第14卷第10号（内外时报）。

《清华园与清华学校》，《清华周刊》1921年十周年纪念号。

《清华周刊》本校十周年纪念号，1921年。

上海市市中心区域建设委员会编：《上海市政府征求图案》，1930年。

《什么叫市政》，《市政通告》1914年第2期。

《孙中山先生陵墓建筑悬赏征求图案条例》，《广州民国日报》1925年5月23日。

汪坦、张复合：《关于进行中国近代建筑史研究的报告》，1985年。

吴景超：《清华的历史》，《清华周刊》十二年纪念号，1923年。

《学校方面·序》，《清华周刊》1921年十周年纪念号。

《游美学生》，《清华周刊》本校十周年纪念号，1921年。

张复合：《中国近代建筑史2008—2009学年度春季学期教学大纲》。

张复合：《中国近代建筑研究三十年》。

张彝鼎：《清华环境》，《清华周刊》1925年第11次增刊。

长春市档案馆编：《长春市大事记（1948—1977）》，长春市图书馆藏。

《中华民国营造厂业同业公会联合会成立大会纪念刊》，1947年，中国国家图书馆藏。

http://find.galegroup.com/dvnw/start.do?prodId=DVNW&userGroupName=tsinghua.

http://hwshu.com/front/index/toindex.do.

https://collcctions.lib.utah.edu/.

https://web.library.yale.edu/divinity/digital-collections.

https://www.gale.com/uk.

二、中文著作

《河南近代建筑史》编辑委员会：《河南近代建筑史》，中国建筑工业出版社1995年版。

《康南海自编年谱》，中国近代史资料丛刊《戊戌变法》（四），上海人民出版社1957年版。

《历史研究》编辑部编：《中国近代史分期问题讨论集》，三联书店1957年版。

《中国建筑史》编写组编写：《中国建筑史》，中国建筑工业出版社1982年初版；1986年第2版；
　　1993年新1版（第3版）；2001年第4版；2004年第5版。

《中国近代城市与建筑》编写组编著，杨秉德主编：《中国近代城市与建筑》，中国建筑工业出版
　　社1993年版。

Henry Burt著，许止禅译：《实用土木工程学》第十册《钢建筑学》，中国科学图书仪器公司发
　　行，1940年。

〔美〕本·安德森著，吴叡人译：《想象的共同体——民族主义的起源与散布》，上海人民出版社
　　2003年版。

陈从周、章明主编，上海市民用建筑设计院编著：《上海近代建筑史稿》，上海三联书店1988年版。

陈恭禄：《中国近代史资料概述》，中华书局1982年版。

陈旭麓：《近代中国社会的新陈代谢》，三联书店2017年版。

陈旭麓：《近代中国社会的新陈代谢》，上海人民出版社1992年版。

陈兆坤：《实用建筑学》，商务印书馆1935年版。

辞海编辑委员会：《辞海》，上海辞书出版社1980年版。

"大东亚建设博览会事务局"：《满洲"建国"十周年纪念大东亚建设博览会》，1942年。

邓庆坦：《图解中国近代建筑史》，华中科技大学出版社2009年版。

董黎：《中国近代教会大学建筑史研究》，科学出版社2010年版。

费成康：《中国租界史》，上海社会科学院出版社1991年版。

冯刚、吕博：《中西文化交融下的中国近代大学校园》，清华大学出版社2016年版。

冯雄：《三和土》，商务印书馆发行，1933年。

高岱、郑家馨：《殖民主义史》（总论卷），北京大学出版社2003年版。

葛兆光：《思想史研究课堂讲录》，三联书店2004年版。

顾良飞：《清华大学档案精品集》，清华大学出版社2011年版。

郭廷以：《近代中国史纲》，中国社会科学出版社1999年版。

韩丛耀：《中国近代图像新闻史（1840—1919）》，南京大学出版社2011年版。

何一民主编：《近代中国城市发展与社会变迁（1840—1949）》，科学出版社2004年版。

侯幼彬等编：《中国近代建筑总览·哈尔滨篇》，中国建筑工业出版社1992年版。

胡绳：《胡绳全书》第6卷（上），人民出版社1998年版。

华通斋：《房屋工程》（第一编），1928年，国家图书馆藏。

黄光域：《外国在华工商企业辞典》，四川人民出版社1995年版。

黄述善：《冷气工程》，商务印书馆1936年版。

"建国"十周年祝典事务局：《"建国"十周年祝典并纪念事业志》，1942年。

建筑工程部建筑科学研究院建筑理论及历史研究室"中国建筑史编辑委员会"编（执笔人：侯幼
　　彬，王绍周，董鉴泓，吕祖谦，王世仁，黄树业，黄祥鲲）：《中国建筑史》第二册《中国近
　　代建筑简史》，中国工业出版社1962年版。

蒋廷黻：《中国近代史》，上海古籍出版社1999年版。

赖德霖：《中国近代建筑史研究》，清华大学出版社2007年版。

赖德霖、伍江、徐苏斌编：《中国近代建筑史》第三卷，中国建筑工业出版社2016年版。

赖德霖、伍江、徐苏斌编：《中国近代建筑史》第四卷，中国建筑工业出版社2016年版。

李安山：《对研究"双重使命"的几点看法》，《北大史学》第3辑，北京大学出版社1996年版。

李恭忠：《中山陵：一个现代政治符号的诞生》，社会科学文献出版社2009年版。

李海清：《中国建筑现代转型》，东南大学出版社2004年版。

李乾朗：《台湾近代建筑》，台北：雄狮图书公司1980年版。

李乾朗：《台湾近代建筑》，台北：雄狮图书公司1985年版。

李乾朗：《台湾近代建筑史》，台北：雄狮图书公司1980年版。

李瑞明：《岭南大学》，香港：岭南（大学）筹募发展委员会印行，1997年。

李重主编：《伪"满洲国"明信片研究》，吉林文史出版社2005年版。

梁实秋编：《远东英汉大辞典》，台北：远东图书公司1977年版。

梁漱溟：《中国文化要义》，收入中国文化书院学术委员会编：《梁漱溟全集》第三卷，山东人民
　　出版社1990年版。

梁思成：《中国建筑史》，百花文艺出版社1998年版。

《梁思成文集》（三），中国建筑工业出版社1985年版。

陆警钟：《暖气工程》，商务印书馆1938年版。

罗德里克·斯科特著，陈建明等译：《福建协和大学》，珠海出版社2005年版。

罗竹风编：《汉语大词典》卷10，汉语大词典出版社1992年版。

吕重九：《华西坝》，四川大学出版社2006年版。

"满洲事情案内所"：《"大满洲帝国""建国"十周年纪念写真帖》，"建国"十周年祝典事务局，1942年。

毛泽东：《毛泽东选集》第4卷，人民出版社1991年版。

苗日新：《导游清华园》，清华大学出版社2012年版。

苗日新：《熙春园·清华园考》，清华大学出版社2010年版。

铭贤廿周纪念委员编：《铭贤廿周纪念》，中华书局1929年版。

彭华亮：《香港建筑》，中国建筑工业出版社1989年版。

彭兆荣：《岭南走廊——帝国边缘的地理和政治》，云南教育出版社2008年版。

清华大学校史编写组：《清华大学校史稿》，中华书局1981年版。

清华大学校史研究室：《清华大学史料选编》第一卷，清华大学出版社1991年版。

清室善后委员会刊行：《故宫摄影集》，民国十四年（1925年）。

裘锡圭、杨忠：《文史工具书概述》，江苏教育出版社2006年版。

曲晓范：《近代东北城市的历史变迁》，东北师范大学出版社2001年版。

荣孟源：《史料与历史科学》，人民出版社1987年版。

上海城市志编纂委员会：《上海城市规划志》，上海社会科学院出版社1999年版。

上海市档案馆：《工部局董事会会议记录》，上海古籍出版社2001年版。

舒新诚、沈颐、徐元浩等主编：《辞海》，中华书局1936年版。

苏云峰：《从清华学堂到清华大学，1911—1929》，"中研院"近史所专刊（79），1996年。

孙中山：《实业计划》，外语教学与研究出版社2011年版。

汤用彬：《旧都文物略》，北京古籍出版社2000年版。

唐英、王寿宝：《房屋构造学》，商务印书馆1938年版。

唐英：《房屋建筑学》，商务印书馆1945年版。

天津市政协文史资料研究委员会编：《天津租界》，天津人民出版社1986年版。

汪坦、藤森照信主编：《中国近代建筑总览》（16册）。

汪坦主编：《第三次中国近代建筑史研究讨论会论文集》，中国建筑工业出版社1991年版。

汪坦、张复合主编：《第四次中国近代建筑史研究讨论会论文集》，中国建筑工业出版社1993年版。

汪坦、张复合主编：《第五次中国近代建筑史研究讨论会议论文集》，中国建筑工业出版社1998年版。

汪之力：《中国传统民居建筑》，山东科学技术出版社1994年版。

王尔敏：《今典释词》，广西师范大学出版社2008年版。

王方：《"外滩源"研究》，东南大学出版社2011年版。

王联主编：《世界民族主义论》，北京大学出版社2002年版。

王明珂：《华夏边缘：历史记忆与族群认同》，社会科学文献出版社2006年版。

王绍周主编：《中国近代建筑图录》，上海科学技术出版社出版1989年版。

王世仁、张复合等：《中国近代建筑总览·北京篇》，中国建工出版社1993年版。

王树槐：《庚子赔款》，"中研院"近代史研究所专刊（31），1974年。

王芸生：《六十年来中国与日本》，大公报馆出版部，民国二十一—二十三年（1932—1934年）。

王助民、李良玉：《近现代西方殖民主义史》，中国档案出版社1995年版。

伪满时期资料重刊委员会：《伪满洲国政府公报》（影印本）·第1号（1932年4月1日），辽沈书
    社1990年版。

吴梓明、梁元生主编，马敏、方燕编：《中国教会人学文献目录》第二辑，华中师范大学档案馆馆
    藏资料，香港：香港中文大学崇基学院宗教与中国社会研究中心，1997年。

吴梓明、史静寰、王立新：《基督教教育与中国知识分子》，福建出版社1998年版。

伍江：《上海百年建筑史（1840—1949）》，同济大学出版社1997年版。

伍江：《上海邬达克建筑》，上海科学普及出版社2008年版。

于泾：《长春厅志·长春县志》，长春出版社2002年版。

严昌洪：《中国近代史史料学》，北京大学出版社2011年版。

尹保云：《什么是现代化——概念与范式的探讨》，人民出版社2001年版。

雅礼校友会主编：《雅礼中学建校八十周年纪念册》，湖南人民出版社1986年版。

于维联主编，李之吉、戚勇执行主编：《长春近代建筑》，长春出版社2001年版。

余英时：《中国现代的民族主义与知识分子》，《民族主义》，台北：时报出版社公司1985年版。

虞和平主编：《中国现代化历程》第一卷，江苏人民出版社2001年版。

约翰·司徒雷登著，程宗家译：《在华五十年——司徒雷登回忆录》，北京出版社1982年版。

〔日〕越泽明著，黄世孟译：《中国东北都市计划史》，台北：大佳出版社1986年版。

张复合：《北京近代建筑史》，清华大学出版社2004年版。

张复合编：《第五次中国近代建筑史研究讨论会议论文集》，中国建筑工业出版社1998年版。

张复合编：《建筑史论文集》（第12辑），2000年。

张复合编：《中国近代建筑研究与保护》（二），清华大学出版社2001年版。

张复合编：《中国近代建筑研究与保护》（三），清华大学出版社2003年版。

张复合编：《中国近代建筑研究与保护》（四），清华大学出版社2004年版。

张复合编：《中国近代建筑研究与保护》（五），清华大学出版社2006年版。

张复合编：《中国近代建筑史研究与保护》（六），清华大学出版社2008年版。

张复合编：《中国近代建筑史研究与保护》（七），清华大学出版社2010年版。

张海鹏：《简明中国近代史图集》，长城出版社1984年版。

张海鹏：《中国近代通史》第一卷，江苏人民出版社2006年版。

张立程、汪林茂：《之江大学史》，杭州出版社2015年版。

张鹏：《都市形态的历史根基：上海公共租界市政发展与都市变迁研究》，同济大学出版社2008年
    版。

张润武、薛立：《图说济南老建筑》（近代卷），济南出版社2007年版。

张锳绪：《建筑新法》，商务印书馆1910年版。

章开沅、罗福慧主编：《比较中的审视：中国早期现代化研究》，浙江人民出版社1993年版。

郑洞国、郑建邦：《我的戎马生涯：郑洞国回忆录》，团结出版社2008年版。

中国建筑师学会：《中国建筑师学会章程》，全国图书馆文献缩微中心，1926年（1930年修正）。

中国建筑史编辑委员会编：《中国建筑简史》第二册，《中国近代建筑简史》，中国工业出版社
    1962年版。

中央编译局：《马克思恩格斯选集》第2卷，人民出版社1972年版。

周祖奭、张复合，〔日〕村松伸、〔日〕寺原让治：《中国近代建筑总览·天津篇》，日本亚细亚
    近代建筑史研究会，1989年。

朱有瓛、高时良编：《中国近代学制史料》第4辑，华东师范大学出版社1993年版。

邹德侬：《中国现代建筑史》，机械工业出版社2003年版。

三、中文论文

陈朝军：《中国近代建筑史（提纲）》，第四次中国近代史研讨会交流论文（1992年10月，重
    庆）。

陈锋：《赉安洋行在上海的建筑作品研究（1922—1936）》，同济大学硕士论文，2006年。

陈雳、杨昌鸣：《新罗马风·罗克格·涵化——近代德国建筑文化输入中国现象述评》，《建筑学报》学术论文专刊，2012年第8期。

陈思、刘松茯：《中东铁路的兴建与线路遗产研究》，《建筑学报》2017年第S1期。

陈寅恪、陈垣：《敦煌劫余录》序，陈寅恪：《金明馆丛稿二编》，上海古籍出版社1980年版。

陈蕴茜：《国家典礼、民间仪式与社会记忆——全国奉安纪念与孙中山符号的建构》，《南京社会科学》2009年第8期。

陈蕴茜：《空间重组与孙中山崇拜——以民国时期中山公园为中心的考察》，《史林》2006年第1期。

陈蕴茜：《植树节与孙中山崇拜》，《南京大学学报》2006年第5期。

陈志宏：《闽南侨乡近代地域性建筑研究》，天津大学博士论文，2005年。

陈志宏、王剑平：《当前骑楼建筑发展研究》，《华侨大学学报》（自然科学版）2007年第1期，第28卷。

陈重庆：《成都教会建筑述要》，《华中建筑》1988年第3期。

程宗泗：《北京清华学校参观记》，《新青年》1916年第2卷第3号。

董黎：《金陵女子大学的创建过程及建筑艺术评析》，《华南理工大学学报》（社会科学版）2004年第6期。

董黎：《中国近代教会大学校园的建设理念与规划模式——以华西协合大学为例》，《广州大学学报》（社会科学版）2006年第9期。

董豫赣、张复合：《北京"香厂新市区"规划缘起》《第五次中国近代建筑史研究讨论会论文集》，中国建筑工业出版社1998年版。

董正华：《长波理论与殖民主义史研究》，《北京大学学报》1988年第2期。

杜凡丁：《广东开平碉楼历史研究》，清华大学硕士论文，2005年。

杜鹰：《近代德国建筑师库尔特·罗克格在华作品调查及分析》，青岛理工大学硕士论文，2010年。

范文照：《中国建筑师学会缘起》，《中国建筑》1932年第1期。

房正：《中华工程师学会述论（1912—1931）》，"辛亥革命与上海"国际研讨会，2011年。

冯铁宏：《庐山早期开发及相关建筑活动研究（1895—1935）》，清华大学硕士论文，2003年。

傅志强：《论植行道树》，《农林新报》1937年第14卷第17期。

顾海：《木材防腐研究》，《建筑月刊》1932年第1卷第1期。

广州市政府：《广州珠海桥》，广州市政建设丛刊第一种，1934年。

过元熙：《博览会陈列各馆营造设计之考虑》，《中国建筑》1934年第2卷第2期。

何勋：《厦门大学与集美学村的近代建筑》，汪坦编：《第三次中国近代建筑史研究讨论会论文集》，中国建筑工业出版社1991年版。

胡巧利：《浅论孙科的都市规划思想及实践》，《广州社会主义学院院报》2013年第4期。

黄遐：《晚清寓华西洋建筑师述录》，张复合编：《第五次中国近代建筑史研究讨论会议论文集》，中国建筑工业出版社1998年版。

黄宗智、张世功：《学术理论与中国近现代史研究》，《学术界》2010年第3期。

江柏炜：《"五脚基"洋楼：近代闽南侨乡社会的文化混杂与现代性想象》，《建筑学报》2012年第10期。

荆其敏：《租界城市天津的过去、现在及未来》，《新建筑》1999年第3期。

赖德霖：《经学、经世之学、新史与营造学知建筑史学：现代中国建筑史学的形成再思》，《建筑学报》2014年第9—10期。

赖德霖：《学科的外来移植——中国近代建筑人才的出现和建筑教育的发展》，赖德霖：《中国近代建筑史研究》，清华大学出版社2007年版。

赖世贤、陈永明：《闽南红砖及红砖厝起源考证》，《新建筑》2017年第5期。

赖世贤、徐苏斌、青木信夫：《中国近代早期工业建筑厂房木屋架技术发展研究》，《新建筑》2018年第6期。

冷天：《尘封的先驱——康式钢筋混凝土技术的南京实践》，《建筑师》2017年第5期。

冷天：《得失之间——从陈明记营造厂看中国近代建筑工业体系之发展》，《世界建筑》2009年第4期。

冷天：《金陵大学校园空间形态及历史建筑解析》，《建筑学报》2010年第2期。

李百浩、郭建、黄亚平：《上海近代城市规划历史及其范型研究（1843—1949）》，《城市规划学刊》2006年第6期。

李百浩：《日本在中国的占领地的城市规划历史研究》，同济大学博士后报告，1997年。

李百浩：《日本殖民时期台湾近代城市规划的发展过程与特点（1895—1945）》，《城市规划汇刊》1995年第6期。

李百浩：《中国近现代城市规划历史研究》，东南大学博士后研究报告，2003年。

李百浩等：《济南近代城市规划历史研究》，《城市规划汇刊》2003年第2期。

李传义：《汉口旧租界近代建筑艺术的历史回顾》，《华中建筑》1988年第3期。

李传义：《武汉大学校园初创规划及建筑》，《华中建筑》1987年第2期。

李海清：《20世纪上半叶中国建筑工程建造模式地区差异之考量》，《建筑学报》2015年第6期。

李海清等：《作为环境调控与建造模式之间的必要张力：一个关于中国霍夫曼窑之建筑学价值的案例研究》，《建筑学报》2017年第7期。

李良玉：《关于中国近代史的分期问题》，《福建论坛》（人文社会科学版）2002年第1期。

李乾朗：《台湾近代建筑中地方传统与外来形式之关系》，《世界建筑》1986年第3期。

李天、周晶：《比商义品公司对天津法租界城市建设影响研究》，《建筑学报》（学术论文专刊）2012年第8期。

李蕥楠：《中国近代建筑史研究25年之状况（1986—2010）》，清华大学博士论文，2012年。

李治镇：《武汉近代建筑与建筑设计行业》，《华中建筑》1988年第3期。

李忠履：《山西铭贤学校图书馆概况》，《图学季刊》1936年第10卷第3期。

梁启超：《饮冰室文集类编》上。

林冲：《骑楼型街屋的发展与形态的研究》，华南理工大学博士论文，2000年。

林琳：《广东骑楼建筑的历史渊源探析》，《建筑科学》2006年第22卷第6期。

林申：《厦门近代城市与建筑初论》，华侨大学硕士论文，1998年。

林同炎：《克劳氏连架计算法》，《建筑月刊》1934年第2卷第1期。

刘大平、王岩：《中东铁路建筑材料应用技术概述》，《建筑学报》2015年第6期。

刘珊珊：《中国近代建筑技术发展研究》，清华大学博士论文，2015年。

刘思铎：《沈阳近代建筑技术的传播与发展研究》，《西安建筑科技大学》2015年。

刘松茯：《近代哈尔滨城市建筑的文化表征》，《哈尔滨建筑大学学报》2002年第2期。

刘先觉：《中国近代第一城——纪念澳门回归十周年》，《建筑与文化》2009年第11期。

刘亦师、张复合：《20世纪30年代长春的现代主义运动》，《新建筑》2006年第5期。

刘亦师：《1937年伪满国都建设纪念典礼述论》，《新建筑》2012年第5期。

刘亦师：《边疆·边缘·边界——中国近代建筑史研究之现势及走向》，张复合、刘亦师主编：《中国近代建筑研究与保护》（九），清华大学出版社2014年版。

刘亦师：《近代长春城市面貌的形成与特征（1900—1957）》，《南方建筑》2012年第5期。

刘亦师：《民国时期行道树种植观念之形成与普及探述》，《风景园林》2016年第4期。

刘亦师：《墨菲档案之清华早期建设史料汇论》，《建筑史》2014年第34卷第2期。

刘亦师：《墨菲研究补阙：以雅礼、铭贤二校为例》，《建筑学报》2017年第7期。

刘亦师：《清华大学大礼堂穹顶结构形式及建造技术考析》，《建筑学报》2013年第11期。

刘亦师：《中国建筑学会60年史略——从机构史角度看中国现代建筑史研究》，《新建筑》2015年
　　第2期。

刘亦师：《中国近代"外廊式建筑"的类型及其分布》，《南方建筑》2011年第2期。

刘亦师：《从近代民族主义思潮解读民族形式建筑》，《华中建筑》2006年第1期。

刘亦师：《墨菲档案之清华早期建设史料汇论》，《建筑史》2014年第2期。

刘源、陈翀：《〈申报·建筑专刊〉研究初探》，《建筑师》2010年第2期。

卢伟：《"适应性"中的不适应——墨菲校园规划的"适应性"演变及在闽的地域性抵抗》，《城
　　市规划》2017年第9期。

罗森：《清华大学校园建筑规划沿革，1911—1981》，《新建筑》1984年第4期。

罗森：《清华校园建设溯往（清华大学建校九十周年纪念）》，《建筑史论文集》（第14辑），清
　　华大学出版社2001年版。

罗照田：《贵格教派与华西老建筑》，《读书》2018年第9期。

潘崇：《清末五大臣出洋考察与近代中外教育交流》，《聊城大学学报》（社会科学版）2013年第
　　10期。

潘一婷：《解构与重构：〈建筑新法〉与〈建筑百科全书〉的比较研究》，《建筑学报》2018年第
　　1期。

彭怒、伍江：《中国建筑师的分代问题再议》，《建筑学报》2002年第12期。

彭长歆：《20世纪初澳大利亚建筑师帕内在广州》，《新建筑》2009年第6期。

彭长歆：《广州近代建筑结构技术的发展概况》，《建筑科学》2008年第3期。

蒲仪军：《上海近代空调技术发展溯源》，《暖通空调》2017年第7期。

钱海平：《以〈中国建筑〉与〈建筑月刊〉为资料源的中国建筑现代化进程研究》，浙江大学博士
　　论文，2010年。

钱毅：《开平碉楼的空间营造及近代侨乡村落空间演进中的文化承续》，张复合编：《中国近代建
　　筑研究与保护》，清华大学出版社2008年版。

乔明顺：《基督教演变述略》，《历史教学》1985年第11期。

桑兵：《从眼光向下回到历史现场——社会人类学对近代中国史学的影响》，《中国社会科学》
　　2005年第1期。

《上海市建筑协会章程》，《建筑月刊》1934年第2卷第3期。

司道光、刘大平：《中东铁路近代建筑中钢筋混凝土技术的应用与发展》，张复合、刘亦师编：
　　《中国近代建筑研究与保护》（十），清华大学出版社2016年版。

宋福进：《青岛近代建筑的历史特点》，汪坦、张复合主编：《第四次中国近代建筑史研究讨论会
　　论文集》，中国建筑工业出版社1993年版。

苏云峰：《从清华学堂到清华大学，1911—1929》，"中研院"近代史所专刊（79），1996年。

孙科：《都市规画论》，《建设》1919年第1卷第5期。

孙音：《成都近代教育建筑研究》，重庆大学硕士论文，2003年。

藤森照信著、张复合译：《外廊样式——中国近代建筑的原点》，《建筑学报》1993年第5期。

童乔慧：《澳门传统街道空间特色》，张复合编：《中国近代建筑研究与保护》（五），清华大学
　　出版社2006年版。

汪坦：《第二次中国近代建筑史研究讨论会论文集》序，《华中建筑》1988年第3期。

汪坦："序"，《华中建筑》1987年第2期。

汪晓茜：《移植和本土化的二重奏——东吴大学近代建筑文化遗产对我们的启示》，《新建筑》
　　2006年第1期。

王贵祥：《中国营造学社的学术之路》，《建筑学报》2010年第1期。

王俊雄：《南京首都计划研究》，台湾成功大学博士论文，2002年。

王立新：《美国传教士对中国文化态度的演变（1830—1932）》，《历史研究》2012年第2期。

王湘、包慕萍：《沈阳满铁社宅单体建筑的空间构成》，《沈阳建筑大学学报》（自然科学版）
　　1997年第3期。

王轶伦、赵立志：《山西汾阳原铭义中学近代建筑考察》，《第16届中国近代建筑史年会会刊》，
　　2018年。

王勇、刘卫东：《沪江大学校园空间形态及历史建筑解析》，《建筑学报》2008年第7期。

魏枢：《〈大上海计划〉启示录——近代上海华界都市中心空间形态的流变》，同济大学博士论
　　文，2007年。

魏嵩川：《清华大学校园规划与建筑研究》，清华大学硕士论文，1995年。

温玉清：《中国营造学社学术成就与历史贡献述评》，《建筑创作》2007年第6期。

文彦博等：《华西协和大学历史建筑特征初考》，《工业建筑》2016年第11期。

吴梓明：《义和团运动前后的教会学校》，《文史哲》2001年第6期。

吴慧君、苏明修：《台湾基泰工程司的组织运作与作品风格初探》，《台湾建筑学会第二十六届建筑研究成果发表会论文集》，2014年。

吴慧君、苏明修：《台湾基泰工程司发展历程研究》，《台湾建筑学会第二十七届建筑研究成果发表会论文集》，2015年。

伍江：《旧上海外籍建筑师》，《时代建筑》1995年第4期。

武求实：《法籍天津近代建筑师保罗·慕乐研究》，天津大学建筑学院硕士论文，2011年。

〔日〕西泽泰彦：《旧满铁大连医院本馆建设过程及历史评价》，张复合编：《第五次中国近代建筑史研究讨论会议论文集》，中国建筑工业出版社1998年版。

〔日〕西泽泰彦：《哈尔滨新艺术运动建筑的历史地位》，汪坦主编：《第三次中国近代建筑史研究讨论会论文集》，中国建筑工业出版社1991年版。

〔日〕西泽泰彦：《中日〈近代建筑总览〉的编撰与近代建筑史研究的理论和方法》，《建筑学报》2012年第10期。

〔日〕西泽泰彦：《哈尔滨近代建筑的特色》，侯幼彬、张复合等主编：《中国近代建筑总览·哈尔滨篇》，中国建筑工业出版社1992年版。

夏廷献：《清华学校之清华园》，《清华周刊》1918年第4期。

夏铸久：《殖民的现代性营造——重写日本殖民时期台湾建筑与城市的历史》，《台湾社会研究季刊》2000年第12期。

相贺兼介：《建国前後の思い出す》，《满州建筑雑誌》22（October）。

萧功秦：《清末新政与中国现代化研究》，《战略与管理》1993年第11期。

谢茹君：《广西北海近代骑楼街道与外廊式建筑研究》，清华大学硕士论文，2006年。

谢少明：《岭南大学马丁堂研究》，《华中建筑》1988年第3期。

邢晓辞：《略论改变近现代上海面貌的匈牙利建筑大师邬达克》，《东方企业文化》2010年第15期。

熊月之、周武：《"东方的哈佛"——圣约翰大学简论》，《社会科学》2007年第5期。

徐敏：《中国近代基督宗教教堂建筑考察研究》，南京艺术学院博士论文，2010年。

徐苏斌：《比较·交往·启示——中日近现代建筑史之研究》，天津大学博士论文，1991年。

徐苏斌：《中国近代建筑教育的起始和苏州工专建筑科》，《南方建筑》1994年第3期。

徐卫国：《近代教会校舍论》，《华中建筑》1988年第3期。

许纪霖：《共和爱国主义与文化民族主义——现代中国两种民族国家认同观》，《华东师范大学学报》（哲学社会科学版）2006年第4期。

杨秉德：《中国近代建筑史分期问题研究》，《建筑学报》1998年第9期。

杨秉德：《早期西方建筑对中国近代建筑产生影响的三条渠道》，《华中建筑》2005年第1期。

杨昌鸣、李娜：《原齐鲁大学"号院"修复技术策略评估研究》，张复合编：《中国近代建筑研究
　　与保护》（九），清华大学出版社2014年版。

杨思声：《近代泉州外廊式民居初探》，华侨大学硕士论文，2002年。

杨嵩林：《关于中国近代建筑史料工作方法浅见》，《华中建筑》1988年第3期。

姚蕾蓉：《公和洋行及其近代作品研究》，同济大学硕士论文，2006年。

姚远：《浅谈景明洋行在汉作品及其设计风格》，《武汉文博》2014年第2期。

易红英：《试探清末"五大臣"出洋对教育的考察》，《广州广播电视大学学报》2003年第12期。

于洪振：《从登州到济南：齐鲁大学校园空间变迁及其影响》，山东大学历史文化学院硕士论文，
　　2018年。

跃鹿：《之江大学史略》，《档案与史学》1998年第6期。

张柏春等：《20世纪50年代苏联援建第一汽车制造厂概述》，《哈尔滨工业大学学报》（社会科学
　　版）2004年第6卷第14期。

张复合、钱毅、杜凡丁：《开平碉楼：从迎龙楼到瑞石楼》，《建筑学报》2004年第7期。

张复合、钱毅、李冰：《中国广东开平碉楼初考》，《建筑史》2003年第2期。

张复合：《20世纪初在京活动的外国建筑师及其作品》，张复合编：《建筑史论文集》（第12
　　辑），2000年。

张复合：《关于中国近代建筑史之认识》，《新建筑》2009年第3期。

张复合：《中国近代建筑史研究与近代建筑遗产保护》，《哈尔滨工业大学学报》（社会科学版）
　　2008年第11期。

张复合：《北京近代建筑历史源流》，日本东京大学博士论文，1991年。

张复合：《中国第一代大会堂建筑——清末资政院大厦和民国国会议场》，《建筑学报》1995年第
　　5期。

张复合：《中国基督教堂建筑初探》，《华中建筑》1988年第3期。

张国雄：《开平碉楼的设计》，《五邑大学学报》（社会科学版）2006年第4期。

张海鹏：《关于中国近代史的分期及其"沉沦"与"上升"诸问题》，《近代史研究》1998年第2
　　期。

张嘉哲：《"中研院"近史所档案与史料的数字经验》，"海外文献的收藏与中国近现代史研究"国际学术研讨会论文集（加印本），复旦大学，2016年10月。

张敏：《〈盛京时报〉与清末东三省官制改革》，《徐州师范大学学报》2003年第29卷第2期。

张鹏、杨奕娇：《中国近代建筑结构技术演进初探——以上海外滩建筑为例》，《建筑学报》学术论文专刊，2017年第2期。

张润武：《济南近代建筑概说》，张润武、张复合等编：《中国近代建筑总览•济南篇》，中国建筑工业出版社1995年版。

张书铭、刘大平：《东北近代建筑用砖历史与信息解码》，《建筑学报》2018年第2期。

张淑娟、黄凤志：《"文化民族主义"思想根源探析——以德国文化民族主义为例》，《世界民族》2006年第6期。

张驭寰：《〈中国营造学社汇刊〉评介》，《中国科技史料》1987年第4期。

张长根：《圣约翰大学怀施堂》，《上海城市规划》2004年第6期。

赵国文：《中国近代建筑史纲目》，第三次中国近代史研讨会交流论文（1990年10月，大连）。

赵淑红、徐鑫：《澳门近代行政办公建筑考察研究》，张复合编：《中国近代建筑研究与保护》（七），清华大学出版社2010年版。

赵淑红：《澳门"近代晚期"建筑发展特点研究》，张复合编：《中国近代建筑研究与保护》（六），清华大学出版社2008年版。

赵淑红：《澳门近代建筑发展概略》，《华中建筑》2007年第8期。

郑红彬、王炎松：《景明洋行及其近代作品初探》，《华中建筑》2009年第1期。

郑红彬：《近代在华英国建筑师研究（1840—1949）》，清华大学博士论文，2014年。

郑师渠：《中国的文化民族主义》，《历史研究》1995年第5期。

郑振满：《国际化与地方化》，《近代闽南侨乡的社会文化变迁》，《近代史研究》2010年第2期。

《中国建筑》创刊号，1932年第1卷第1期。

周德均：《近代武汉"国际市场"的形成与发展》，《湖北大学学报》2006年第2期。

朱启钤：《中国营造学社缘起》，《中国营造学社汇刊》1930年第1卷第1期。

庄海红：《厦门近代骑楼发展原因初探》，《华中建筑》2006年第7期。

卓燕、林瑛：《私立华南女子文理学院博雅教育特色》，《中华女子学院学报》2018年第2期。

四、日文文献

村松伸：《中国建筑留学记》，东京：鹿岛出版会，1985年。

東京帝室博物館：《清國北京皇城写真帖》，東京：小川一真出版部，1906年。

藤森照信、汪坦等：《全調查東アジア近代の都市と建築》（东亚近代的都市与建筑全调查），株式会社筑摩書房，1993年。

西泽泰彦：《日露の接点から首都へ：图说满洲都市物语》，东京：河出书房新社，1996年。

西泽泰彦：《図説：满州都市物語》，東京：河出書房新社，1996年。

西泽泰彦：《图说：满铁——"满洲"的巨人》，东京：河出书房新社，2000年。

小林英夫：《満洲の歴史》，東京：講談社，2008年。

玉野井麻利子編：《満洲：交錯する歴史》，東京：藤原書店，2008年。

越泽明：《满洲国の首都计划》，东京：日本经济评论社，1988年。

佐藤昌：《滿洲造園史》，東京：日本造園修景協會，1985。

五、英文著作

Aaron Betsky, *James Gamble Rogers and the Architecture of Pragmatism,* Cambridge: MIT Press, 1994.

Abidin Kusno, *Behind the Postcolonial: Architecture, Urban Space, and Political Cultures in Indonesia,* New York: Routledge, 2000.

Albert Bergesen ed., *Studies of the Modern World System,* London: Academic Press, Inc., 1980.

Alfred Schinz, *Cities in China*, Stuttgart: Axel Menges, 1989.

Ananda Coomaraswamy, *Visvakarma: Examples of Indian Architecture, Sculpture, Painting, Handicraft,* London: Messr3, 1914.

Anthony D.King, *Colonial Urban Development: Culture, Social Power, and Environmen.*, London; Boston: Routledge & Paul, 1976.

Anthony D.King, *The Bungalow: the Production of a Global Culture*, London, Boston: Routledge & Kegan Paul, 1984.

Anthony King （ed.）, *Buildings and Society: Essays on the Social Development of the Built Environment,* London; Boston: Routledge & Kegan Paul, 1980.

Anthony King, *The bungalow: the production of a global culture*, London, Boston: Routledge & Kegan Paul, 1984.

Arnold Wright, *Twentieth century impressions of British Malaya: its history, people, commerce, industries, and resources*, Lloyd's Greater Britain Publishing Company, 1908.

Arthur H.Smith, *China and America To-Day*, New York: Young Peoples Missionary of the U.S.and Canada, 1907.

Banister Fletcher, *Sir Banister Fletcher's A History of Architecture*, Oxford; Boston: Architectural Press, 1996.

Bozdogan, Sibek, *Modernism and Nation Building: Turkish Architecture Culture in the Early Republic*, Seattle and London: University of Washington Press, 2001.

Brenda S.A.Yeoh, *Contesting space: power relations and the urban built environment in colonial, Singapore*, Kuala Lumpur: Oxford University Press, 1996.

Brenda Yeoh, *Contesting Space*, Singapore and Oxford: Oxford University Press, 1996.

Brenda Yeoh, *Contesting Space: Power Relations and the Urban Built Environment in Colonial Singapore*, Kuala Lumpur: Oxford University Press, 1996.

Bryan Little, *English Historic Architecture*, London: B.T.Batsford Ltd., 1964.

C.G.Crump, *History and Historical Research*, London: George Routledge and Sons, Ltd., 1928.

Carbonneau, Robert E., "The Catholic Church in China 1900—1949", in *Handbook of Christianity in China*, Volume Two: 1800-Present, edited by Tiedemann, R.Gary, Leiden: Brill, 2010.

Chaolee Kuo, *Identity Tradition and Modernity: A Genealogy of Urban Settlement in Taiwan*, Dissertation at Katholieke Unversitteit Leuven, 1992.

Charles Musgrove, "Building a Dream: Constructing a National Capital in Nanjing", Joseph W.Esherick (ed.), *Remaking The Chinese City: Modernity and Nationality Identity, 1900-1950*, Honolulu: University of Hawaii Press, 1999.

David Bray, *Social Space and Governance in Urban China*, Stanford: Stanford University Press, 2005.

David Kenneth Fieldhouse, *The Colonial Empires: A Comparative Survey from the Eighteenth Century*, New York: Delacorte Press, 1967.

Earnest B.Havell, *Indian Architecture, Its Psychology, Structure, and History from the First Muhammadan Invasion to the Present Day*, London: J.Murray, 1913.

Edward Denison and Guang Yu Ren, *Building Shanghai*, West Sussex: Wiley-Academy, 2006.

Erick Eyck, *Bismarck and the German Empire*, S.L: Allen and Unwin, 1950.

Gin-djin Su（徐敬直）, *Chinese Architecture—Past and Contemporary*, Hong Kong: The Sin poh Amalgamated
（H.K.）Limited, 1964.

Gwendolyn Wright, *The Politics of Design in French Colonial Urbanism*, Chicago: University of Chicago
Press, 1991.

Homi Bhabha （ed.）, *Nation and Narration*, New York: Routledge, 1994.

Jackson Lears, *No Place of Grace: Antimodernism and the Transformation of American Culture, 1880-
1920*, New York: Pantheon Books, 1981.

Jacobs M.Jacobs, *Edge of Empire: Postcolonialism and the City*, London & New York: Routledge, 1996.

Jane Beamish and Jane Ferguson, *A History of Singapore Architecture: The Making of a City*, Singapore:
Graham Brash, 1985.

Janet Parks and Alan G.Neumann, *The Old World Builds the New: the Guastavino Company and the
technology of the Catalan vault, 1885-1962*, New York: Columbia University Press, 1996.

Jeffery Cody, *Building in China: Henry Murphy's "Adaptive Architecture", 1914-1935*, Hong Kong: The
Chinese University Press, 2001.

Jeffrey Cody, "American Geometries and the Architecture of Christian Campuses in China", Daniel Bays,
China's Christian Colleges: Cross-Cultural Connections, 1900-1950, Palo Alto: Stanford University
Press, 2009.

Jeffrey Cody, *Building in China: Henry K.Murphy's "Adaptive Architecture, " 1914-1935*, Hong Kong: The
Chinese University of Kong Kong, 2001.

Jessie Lutz, *China and the Christian colleges, 1850-1950,*Ithaca and London: Cornell University Press,
1971.

Jonathan Reynolds, *Maekawa Kunio and the Emergence of Japanese Modernist Architecture*, University of
California Press, 2001.

Joshua Fogel, "Integrating into Chinese Society: A Comparison of the Japanese Communities of Shanghai
and Harbin" in *Japan's Competing Modernities: Issues in Culture and Democracy 1900-1930*, Sheron
Minichiello, eds.Honolulu: University of Hawai'I press, 1998.

Jyoti Hosagrahar, *Indigenous Modernities: Negotiating Architecture and Urbanism*, London; New York:

Routledge, 2005.

Kathleen James-Chakraborty, *Architecture since 1400*, Minneapolis: University of Minnesota Press, 2014.

Kusno, Abidin, *Behind the Postcolonial: Architecture, Urban Space, and Political Cultures in Indonesia*, New York: Routledge, 2000.

Lawrence J.Vale, *Architecture, Power, and National Identity*, New Haven: Yale University Press, 1992.

Louise Young, *Japan's Total Empire: Manchuria and the Culture of Wartime Imperialism*, Berkeley: University of California Press, 1998.

Madeleine Yue Dong, "Defining Beiping: Urban Reconstruction and National Identity", in Joseph W.Esherick（ed.）, *Remaking The Chinese City: Modernity and Nationality Identity, 1900-1950*, Honolulu: University of Hawaii Press, 1999.

Marcus Whiffen, *American Architecture since 1780*, Cambridge: The MIT Press, 1969.

Mark Gillem, *America Town: Building the Outposts of Empire*, New York: Routledge, 2004.

Mia Fuller, *Moderns Abroad: Architecture, Cities and Italian Imperialism,* London; New York: Routledge, 2007.

Michael Vann,"All the World's a Stage", Especially in the Colonies: L'Exposition de Hanoi, 1902-3. Martin Evans （ed.）, *Empire and Culture: The French Experience, 1830-1940,* New York: Palgrave MacMillan, 2004.

Nancy Chapman, *The Yale-China Association: A Centennial History,* Hong Kong: The Chinese University Press, 2001.

Nezar AlSayyad （ed.）, *Forms of Dominance: On The Architecture and Urbanism of the Colonial Enterprise*, Aldershot; Brookfield, Vt.: Avebury, 1992.

Nikolaus Pevsner, *A History of Building Types*, Princeton: Princeton University Press, 1976.

Patricia Morton, *Hybrid Modernities: Architecture and Representation at the 1931 Colonial Exposition*, Paris.Cambridge, Mass.: MIT Press, 2000.

Paul Rabinow, *French Modern: Norms and Forms of the Social Environment*m, Cambridge, Mass.: MIT Press, 1989.

Paul Turner, *Campus, An American Planning Tradition*, Cambridge, Massachusetts: MIT Press, 1984.

Philip West, *Yenching University and Sino-western Relations, 1916-1952*, Cambridge: Harvard University Press, 1976.

Prasenjit Duara, "Introduction: The decolonization of Asia and Africa in the twentieth century" in P.Duara ed., *Decolonization - Perspectives from Now and Then*, 2003: Taylor & Francis.

Prasenjit Duara, "The Imperialism of 'Free Nation': Japan, Manchukuo, and the History of the Present". In Aron Stoler, Carole McGranahan and Peter Perdue ed., *Imperial Formation*, Santa Fe: School for Advanced Research Press, 2007.

Ramon Myers and Mark Peattie （ed.）, *The Japanese Colonial Empire, 1895-1945*, Princeton: Princeton University Press, 1984.

Rebecca Karl, *Staging the World: Chinese Nationalism at the Turn of the Twentieth Century,* Durham: Duke University Press, 2002.

Richard Arthur Bolt, "The Tsing Hua College, Peking: With special reference to the Bureau of Educational Mission to the United States of America", *The Far Eastern Review*, Feb 1914.

Richard Forman, *Land Mosaics: The Ecology of Landscapes and Regions*, Cambridge: Cambridge University Press, 1995.

Richard Henry Dana, Jr.Richard Henry Dana, 1879-1933.Richard H.Dana, *Jr.Richard Henry Dana, （1879-1933）, Architect: Illustrations of His Work*, New York.1965.

Robert M.Crunden, *Ministers of Reform: The Progressives' Achievement in American Civilization, 1889-1920*, New York: Basic Books, 1982.

Robert Powell, *Singapore Architecture*, Singapore: Perliplus, 2004.

Robert Reed, *Colonial Manila: The Context of Hispanic Urbanism and the Process of Morphogenesis*, Berkeley: University of California Press, 1978.

Roger Brown,"Visions of a virtuous manifest: Yasuoka Masahiro and Japan's Kingly Way", In Sven Saaler and Victor Koschmann ed., *Pan-Asianism in Modern Japanese History*, London and New York: Routledge, 2006.

Rosalind Goforth, *Goforth of China*, Minneapolis: Dimension Books, 1937.

Rosalind Williams, *Dream worlds: mass consumption in late nineteenth-century France*, Berkeley: University of California Press, 1982.

Spiro Kostof, *A History of Architecture: Settings and Rituals*, New York: Oxford University Press, 1985.

Swati Chattopadhyay, *Representing Calcutta: Modernity, Nationalism, and the Colonial Uncanny,* London; New York: Routledge, 2005.

Walter Rossa, *Cidades: Indo-Portuguese Cities*, Lisbon: Deposito Legal, 1997.

Webster's Third New International Dictionary, Chicago: G.&C.Merriam Co., 1984.

Wen-hsin Yeh, "Republican origins of the danwei".Xiaobo Lu （ed.）, *danwei: the changing Chinese workplace in historical and comparative perspective*, London: M.E.Sharpe, 1997.

Wilfred Shaw, *The University of Michigan, an encyclopedic survey*, Ann Arbor, Michigan: University of Michigan, Digital Library Production Service, 2000.

William Beasley, *Japanese Imperialism, 1894-1945*, Oxford: Oxford University Press, 1987.

William Curtis, *Modern architecture since 1900,* Oxford Oxfordshire: Phaidon, 1982.

William J.Murtagh, *Keeping Time: The History and Theory of Preservationin America,* Pittstown, N.J.: The Main Street Press, 1988.

William Rowe, *Hankow: Commerce and Society in a Chinese City, 1796-1889*, Stanford University Press, 1984.

Yatuska Hajime, "The 1960 Tokyo Bay Project of Kenzo Tange", Arie Graafland（ed.）, *Cities in Transition*, Rotterdam: 010 Publishers, 2001.

Yelong Han, *Making China Part of the Globe: The Impact of America's Boxer Indemnity Remissions on China's Academic Institutional Building in the 1920s*, dissertation, the University of Chicago, 1999.

Zeynep Çelik, *Empire, Architecture, and the City: French-Ottoman Encounters, 1830-1914,* Seattle: University of Washington Press, 2008.

Zeynep Çelik, *Urban Forms and Colonial Confrontations: Algiers under French Rule*, Berkeley: University of California Press, 1997.

六、英文论文

Anderson，Kay J. "The Idea of Chinatown: The Power of Place and Institutional Practice in the Making of a Racial Category", *Annals of the Association of American Geographers*, 1987（77）.

Bill Sewell,"Reconsidering the Modern in Japanese History: Modernity in the Service of the Prewar Japanese Empire", *Japan Review*，2004，16.

Chu-Joe Hsia."Theorizing colonial architecture and urbanism: building colonial modernity in Taiwan", *Inter-Asia Cultural Studies*, Volume 3，Number 1，2002.

Clay Lancaster, "The American Bungalow", *The Art Bulletin*，Vol.40，No.3（Sep.，1958）.

Dom Sylvester Healy, "The plans of the New University Building", *Building of Catholic University of Peking*，No.6, July 1929.

Donald Gillin, "Portrait of a Warlord: Yen Hsi-shan in Shansi Province，1911-1930", *The Journal of Asian Studies*, May 1960.

Gene Ch'iao, Plan for an expanding Oberlin-in-China by Mr.H.K.Murphy. *Taiku Reflector*（*illustrated newsletter*），spring 1932（No.1）.

Guo Qinghua."Changchun: unfinished capital planning of Manzhouguo，1932-42", *Urban History*，31，1（2004）.

James M.Lindgren, "Virginia Needs Living Heroes: Historic Preservation in the Progressive Era", *The Public Historian*，1991，Vol.13（1）.

Janet Ore, Jud Yoho，"the Bungalow Craftsman，" and the Development of Seattle Suburbs, *Perspectives in Vernacular Architecture*，Vol.6，Shaping Communities（1997）.

Jean Douyau, "Impression of Manchoukuo", *Contemporary Manchuria*，July 1938，Vol. II，No.4.

Michael Hunt, "The American Remission of Boxer Indemnity: A Reappraisal", *Journal of Asian Studies*，v.31，n.3，May 1972.

Prasenjit Duara, "The Discourse of Civilization and Pan-Asianism", *Journal of World History* 12.1（2001）.

Robert Winter, "The Arts and Crafts as a Social Movement", *Record of the Art Museum*（Princeton University）Vol.34，No.2，Aspects of the Arts and Crafts Movement in America（1975）.

Roderick Smith, "The Japanese Shinkansen: Catalyst for the renaissance of rail", *The Journal of Transport History*.2003，24（2）:222-237.

Wang Haoyu, Mainland Architects in Hong Kong after 1949: A Bifurcated History of Modern Chinese Architecture, PhD dissertation，Hong Kong University，2008.

Yatuska Hajime, "The 1960 Tokyo Bay Project of Kenzo Tange", Arie Graafland（ed.），*Cities in Transition*, Rotterdam: 010 Publishers，2001: 175.

后 记

在本书的最后我简要回溯一下编写此书的过程，并对本书所采用的体例略加说明。

2005年春天，当时是我读研二的第二学期，导师张复合先生和我谈合编一本供他中国近代建筑史课堂使用的教材，指定我读16本的《中国近代建筑总览》和从1986年开始的历次近代建筑史会议论文集，然后交给我他办公室的钥匙。我用了一整个学期读这些早前的研究成果，眼界大开，渐对全国近代建筑的情况有了粗略的了解。张先生当时想的是抽取这些文章的内容，"编"成一部大书。后来因为我出国等等，这事拖了下来。但总算形成了一个还很粗疏的全局性的观念。

到2011年夏天，我住到清华博士生的宿舍重拾此事，发现即使是"编书"，一些确定叙述框架的关键问题，如近代建筑发展的主线、分期、特征等问题，至少都需先说明白。于是分别写了关于这些问题的小文章。不论张先生还是我，我们都觉得只靠浏览和综述别人的研究绝不会自然产生真知灼见，而只能有计划地进行相当数量的坚实的案例研究才能有所发现。那么，有了一个叙述框架，又有足够多的案例为支撑，最后总成而为一家之言，"编书"就有可能变成"写书"。此后一长段时间，我做的都是个案研究，又到处搜罗资料，"写"书的事情又拖了下来。

2012年我博士毕业回清华，恰逢当时张复合先生退休，我接替他讲授近代建筑史的课。这些年上课过程中，虽然课程内容随着研究的进展每年有所更新，但大体框架看来行之有效。这些年选课的学生逐年增加，确需一本教材作为辅助，而目前虽有皇皇数千万字的五卷本《中国近代建筑史》，但体量太大，线索分散，也不适合本科生教学使用。加上2017年本校实行人事制度改革，编写和出版教材就成为当务之急。

为了方便选课的学生和普通大众的了解，在经纬万端、头绪纷繁的近代城市和建筑现象中，有必要撷取一条能够揭示纲领、贯通全局的线索，而近代化无疑是这样一条贯穿始终的线索，而且比其他线索的涵盖面更宽。近代化主线像是一根韧性很足的钢索，由多股钢丝交织拧合而成——外力主导下的近代化、中国政府主导的近代化以及民间自发进行的近代化。各种近代化的路径有相当的独立性，但又互相作用，共同构成了我们看到的近代建筑的发展图景。由于我们尚处在对近代建筑"摸底"的阶段，书中没有涉及或以后将发现的近代建筑应都可归置于这一大脉络中，找到它们各自的位置与轨迹。这种体例本身也反映出对中国近代建筑的一种理解。

读者不难发现，本书采取的是不同以往按时序或按类型的方式来组织各章内容，甚至也不专在意某种建筑形式或风格流派，而是根据近代化的主线将近代建筑划归在3条路径中加以缕述。本书的内容反映的都是第4章中关于"主线"内容的扩展论述，如第5章至第9章都是"外力主导下的近代化"，后续两章分别简述中国政府主导的近代化和民间自发的近代化。实际上，至于按"分期"进行的讨论则需结合东北、华北等各大区近代的城市建筑状况分别进行，这部分内容虽然也是我讲课的重要内容，但要写成文字其规模已非本书所能企及。我只希望，本书作为纲领能钩玄提要地描述近代建筑发展的大貌，同时因其既有较宏观、较易懂的整体性描述，也包含了相对艰深的案例研究，对选课的同学和广大近代建筑史爱好者能起到参考作用。

本书是根据我近年来在清华大学建筑学院讲授《中国近代建筑史》课程的理论部分整理而成的，书名原为《中国近代建筑史讲义》。但因按地区讲授其近代城市与建筑发展的那部分内容未包括其中，经师友建议改用现名。书中多数章节都是这些年曾陆续在各种期刊发表过的小论文，其中有些是着眼全局的题目，如史料及前面说的主线、分期及对"中国""近代""建筑史"等概念的反思，另一些则是较为零散的案例研究，这次把它们重新组织在一个完整的体系中。今年年初又增写了后面几章内容，如基督教大学概览、近代时期的建筑教育和期刊等等，算作补齐全书的结构。我这些年进行的研究都是自己选定感兴趣的题目，有充分的学术自由。这次准备书稿又让我深觉有些"命题文章"也很有必要去做，非此不足以获得关于近代建筑全貌的切实的认识。实际上，我原本是计划再多搞几年案例研究再来写这本书，因为一些重要的案例如北京协和医科大学的研究还在进行当中，此外如上海等地的各种问题也尚无亲身感受，等等。但为应付所需，仓促成书。本书研究、写作和出版的过程中，得到国家自然科学基金、清华大学自主科研基金以及清华大学建筑学院的多方资助，特申谢忱；至于书中内容，虑有所短、知有所不及，尚希海内外君子教之。